国家自然科学基金项目资助：51668058，干旱区绿洲聚落的空间建构与环境适应性技术研究
——以南疆丝路沿线聚落为例

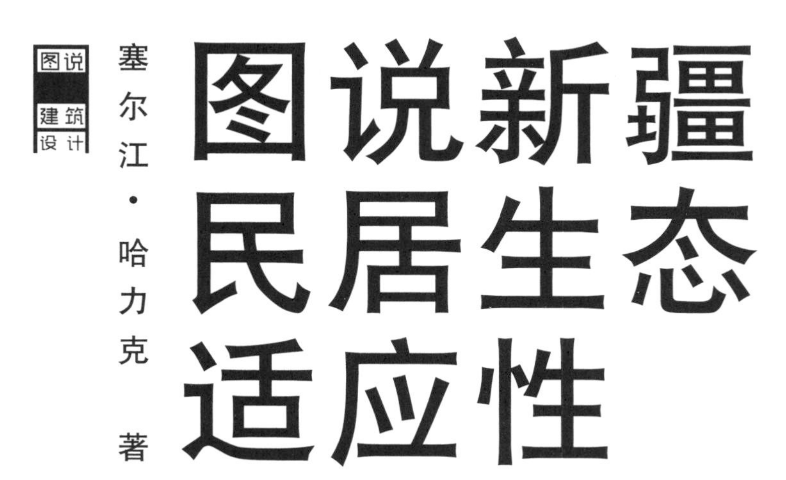

DESCRIPTION OF ECOLOGICAL ADAPTABILITY OF TRADITIONAL HOUSES OF XINJIANG

同济大学出版社·上海
TONGJI UNIVERSITY PRESS

内容提要

新疆是丝绸之路上的多种文化交融之地，也是西北干旱区最具代表性的区域之一。而南疆作为新疆干旱区绿洲的典型区域，极具研究价值。本书对南疆绿洲中传统绿洲聚落的空间分布、建构特征、适应性技术进行了多层次的研究。归纳绿洲聚落地域生态特征方面的适应性技术策略，梳理绿洲聚落建构技术的演变，解读空间建构与环境适应性技术及生态智慧。其目的是展示一部较为系统的干旱地区地域性绿洲聚落图说，可供建筑设计、城乡规划、园林景观、历史建筑保护工程、城市设计、建筑技术等专业研究人员及广大建筑专业爱好者阅读。

图书在版编目（CIP）数据

图说新疆民居生态适应性 / 塞尔江·哈力克著. --上海：同济大学出版社，2022.11
（图说建筑设计 / 华耕，江岱主编）
ISBN 978-7-5765-0431-6

Ⅰ. ①图… Ⅱ. ①塞… Ⅲ. ①居住环境—生态环境—新疆—图解 Ⅳ. ①X21-64

中国国家版本馆CIP数据核字（2023）第058576号

图说新疆民居生态适应性

塞尔江·哈力克 著

责任编辑 姜 黎　　责任校对 徐春莲　　封面设计 张 微

出版发行 同济大学出版社 www.tongjipress.com.cn
（地址：上海市四平路1239号 邮编：200092 电话：021-65985622）
经 销 全国各地新华书店
印 刷 上海安枫印务有限公司
开 本 787mm×1092mm 1/16
印 张 18.25
字 数 456 000
版 次 2022年11月第1版
印 次 2022年11月第1次印刷
书 号 ISBN 978-7-5765-0431-6

定 价 92.00元

序 一

塞尔江·哈力克教授的专著《图说新疆民居生态适应性》（以下简称《新疆民居》）深入研究南疆干旱地区绿洲聚落的空间建构与民居的环境生态适应性技术，历经四年的考察和研究，深度探索干旱沙漠化环境中传统绿洲聚落的建构智慧、生态基因，以及整体风貌与抵御灾害能力等，为我们展开了一幅生动的新疆民居的全景绘画。作者指出，绿洲聚落的规划建设需要探寻适宜技术层面上的解决途径，寻求技术优化手段，以改善人居环境，具有学术价值和实践意义，对于未来绿洲新型城镇化的规划建设具有重要的指导意义与参考价值。

作为丝绸之路的重要节点和西域文化的发祥地，随着国家实施西部大开发战略、“丝绸之路经济带”构想，新疆与各地区之间的交通更为便捷，交流方式也更为丰富，丝绸之路上的许多驿站已经发展成为新型绿洲城镇，古丝绸之路沿线的绿洲聚落、历史文物古迹和自然沙漠风光等成为珍贵的旅游资源。南疆丝绸之路沿线的绿洲聚落作为西部开放的前沿重镇，迎来了发展的重大历史机遇。

民居的首要功能是庇护所，遮风蔽雨，提供庇护，满足生活需求，那些历经千百年流传下来的传统民居都是为了应对当地严峻的地理条件、自然气候和生态环境才有了相应的形态，是低碳生活主导下的绿色建筑。作者指出，气候因素决定生活方式，也就决定民居的形态，气候是决定聚落建筑营造的最主要因素，气候影响聚落环境，应对气候需要适宜技术，气候提供了民居就地取材的建筑材料，气候也激发了人类的智慧。

新疆地域广袤，各地区在气候及地理条件方面也有很大的差异，新疆包括严寒地区和寒冷地区，大部分地区同时也是干旱地区，有些地区还是荒漠，著名的戈壁滩和塔克拉玛干沙漠就位于南疆，是世界上巨大的荒漠与半荒漠地区之一。沙尘天气多发，降水量小，蒸发量大，有些地区还位于地震带上。《新疆民居》集中研究了和田、喀什、阿克苏、库尔勒、吐鲁番、哈密等绿洲片区的气候和生态环境，论述了气候环境通过温差、日照、风环境、降水、地震等因素对民居进行塑造的原理。

《新疆民居》将视野聚焦于南疆干旱区绿洲传统聚落，对传统聚落选址、形态特征、聚落布局、院落模式及建筑空间建构技术加以罗列与分析。相较于当代诸多先进的建造技术，在新疆传统民居的技术系统中，生态建构智慧是寓于前人的生活和实践过程中的。在特定的气候环境条件下，通过适宜技术、低能耗的方式，营造出了相对舒适的空间环境，有效应对极端自然环境带来的生存挑战。更重要的是，当这些建筑需要废弃或重建时，也不会对环境造成任何的负担和破坏，真正实现了生态可持续发展。在重视可持续发展的当下，对干旱区绿洲传统聚落的选址、布局、建筑的营建模式等方面体现出的传统生态智慧进行归纳和总结，将传统技术与现代技术有机融合，择其精华以为今用，为极端自然及气候条件区域内的聚落提供更为科学、可操作性更强的绿色发展策略，为当地居民创造宜居的生活环境，是《新疆民居》的最大意义。

在此基础上，作者以大量的案例分析论述了南疆地区的老城和村落的绿洲聚落形态，列举各地区之间的差异和共性，以图解和图例全景式地详细论述了民居的空间肌理、生态空间、环境特征、景观特色、建筑形态、建构特征以及风貌特征等。大量的案例分析研究说明，传统的绿洲聚落与自然环境是完全适应的，每个地区、每个聚落又结合各地的自然特质、日照辐射和生态环境创造出独特的民居形态。《新疆民居》突出论述了维吾尔族民居中体现的特有生活方式，表现各地形成的“阿以旺”“辟夏以旺”“坎麦尔”“屯鲁克”“阿尔勒克”“卡普”“阿克赛乃”等空间组合，同时也介绍了各种设计策略、生态智慧、营建工艺和建筑材料等细节。

《新疆民居》填补了新疆民居研究的空白，从书中的论述、案例分析、总平面图和建筑测绘，可以看出作者研究和调查的深度和广度，这些案例、图片和图表的收集整理是相当浩瀚的工程，需要团队的合作和长期的积累。塞尔江·哈力克教授接受过建筑学和城乡规划的系统学习，获得硕士和博士学位，也曾经在意大利担任访问学者，长期在新疆的大学从事教学和科研工作，同时专注于新疆传统民居的研究，主持过多项国家自然科学基金、社科基金和科技部研究课题。在学术期刊上发表了数十篇相关论文，在国内外学术会议上作报告，也曾参加多项工程实践。他曾担任伊宁市副市长和规划局局长，以及伊犁哈萨克自治州规划服务中心主任等行政职务，也正因为丰富的阅历，深厚的学术背景和行政管理经历使得他能完成这项浩大的实证课题研究，也才有这部专著。

郑时龄

同济大学建筑与城市规划学院教授

中国科学院院士

2021年6月2日

序 二

每次乘飞机飞越新疆，俯瞰之下，多是沙漠和不毛之地，而片片绿洲，就像是孕育生命的绿色斑块，带来生机和希望。因为对口支援新疆大学的缘故，我也曾多次探访新疆各地，被当地丰富多样的民族历史文化深深吸引。在广袤的新疆大地上，面对极端气候条件却又生生不息的地域建筑文化，必定蕴藏着独到的营造智慧，而南疆干旱区绿洲特殊的地理气候条件和传统聚落形态与空间，像是一座宝库等待我们去持续发掘。

这本书聚焦于南疆干旱区绿洲传统聚落形态特征，从宏观、中观、微观三个层面，结合大量案例，对传统聚落的选址特征、布局模式、院落及建筑空间建构模式、策略和技术进行了系统分析，对传统的生态智慧进行了归纳和总结。本书所述及的冷巷、天井、土墙等地方建筑语言其实在各地方传统聚落中也都能看到，但对新疆相关建筑语言的研究有其独特的意义。首先，南疆干旱区绿洲聚落的语境特殊，它所面临的极端气候环境，要求对冬夏两端都作出恰当的回应，故而具有更加突出的综合性和系统性特征；其次，各地各民族在相近气候条件下展现了相似但有差异的适应性策略，譬如，为了实现冬暖夏凉，就有阿以旺、辟夏以旺、坎麦尔、屯鲁克、阿尔勒克等一系列原理相近但形态有别的建筑处理方法，对这种现象的针对性研究可以启发出更加细致的绿色设计思维。

十多年前，塞尔江·哈力克在我门下攻读博士学位的时候，就参加了“十一五”科技支撑计划课题“不同地域特色村镇住宅建筑设计模式研究”的工作，负责研究新疆地区的传统村落和住宅，打下了很好的研究基础，他的博士论文选题也是关于绿洲居住环境与营造智慧的，很高兴他能够把这项重要的研究工作不断推进，取得了许多新的研究成果，尤其是将现代环境分析技术运用于对传统建筑群落与居住空间的研究，对绿洲传统聚落的深入探究不仅有利于传统地域建筑文化的传承与延续，也在一定程度上丰富了新疆传统营造智慧通往现代化应用的路径。

黄一如

同济大学建筑与城市规划学院教授、副院长

2021年6月12日

前言

本书是根据国家自然科学基金项目“干旱区绿洲聚落的空间建构与环境适应性技术研究——以南疆丝路沿线聚落为例”（51668058）历时四年的研究成果撰写而成，研究背景、研究目标、研究内容、研究成果及体例方法均与课题一脉相承，因此，以课题前期立项阶段对干旱区绿洲聚落的空间建构与居住建筑的环境适应性技术的研究作为本书的前言。

新疆自古以来是中西方文明的汇聚之地，也是我国西北干旱区最具代表性的区域之一，塔里木盆地位于新疆南部，环塔里木盆地丝绸之路各道沿线，绿洲聚落、古遗址成群、成带分布。研究环塔里木盆地丝路沿线的绿洲聚落的发展与兴衰、空间建构、环境适应性技术与自然灾害防治等相关问题，对于指导当代绿洲新型城镇空间建构、区域经济的发展、城乡统筹、脱贫攻坚和改善人们生活水平具有重要的现实意义。

随着国家西部大开发战略、“丝绸之路经济带”构想的相继提出，新疆与各城市之间的交通已经更加便捷，交流方式也更加丰富，许多早期丝绸之路上的驿站发展成为新型绿洲城镇，古丝绸之路沿线的绿洲聚落、历史文物古迹和自然沙漠风光等成为全世界珍贵的旅游资源。南疆丝路沿线绿洲聚落作为西部开放的前沿、重镇，迎来了新发展的重大历史机遇，为配合新疆地区丝绸之路的复兴建设和国家向西经济战略的实施，南疆绿洲聚落（城镇）面临更加集中和全方位的挑战，绿洲聚落（城镇）的发展能否顺应时代的潮流，把握住发展的机遇，并且实现可持续发展，无疑是当下一个迫在眉睫的课题。

在“一带一路”倡议的重大机遇下，南疆地区将迎来新一轮大规模的城市建设，这一宏大的系统工程的建设工作，必然需要有与之相对应的理论加以指导。南疆地区生态脆弱、土壤沙化严重、气候恶劣，笔者通过考察南疆绿洲聚落的空间建构与环境适应性技术，对干旱沙漠化环境中聚落的空间布局、建构形态、整体风貌与抵御灾害能力等方面深入研究，调整技术方法，探寻技术层面上的解决途径，从而达到优化技术手段、改善人居环境的目的。因此，该研究以传统绿洲聚落的历史经验为切入点，归纳传统绿洲聚落的建构智慧与生态基因，探讨其绩效原理和调试方法，相信在未来绿洲新型城镇规划建设中，具有一定的指导意义与参考价值。

2015年9月11日中共中央政治局召开会议，会议强调，推进生态文明体制改革要搭好基础性框架，构建产权清晰、多元参与、激励约束并重、系统完整的生态文明制度体系。生态环境的保护日益受到国家和人民的重视。21世纪国家重点开展生态文明建设工作，加强重点生态保护区（尤其是大江大河源头区）、草原、湿地、天然林以及生物多样性的保护与沙漠化治理。塔里木盆地周边的绿洲聚落分布于塔克拉玛干沙漠边缘，生态环境脆弱。因此，在环境层面上，应当通过沙漠化治理、绿洲保护等手段来提升绿洲的防风沙能力；在聚落空间建构层面上，应当适应当地气候、地理等条件，达到保护南疆地域生态文化、营造良好的人文环境、提升人民幸福感的目的。可见，对于绿洲聚落的生态保护修复、人文环境的营造是绿洲聚落保护中迫在眉睫的工作。

本书紧跟建设“丝绸之路经济带”的时代发展步伐，综合考虑南疆地区丝绸之路沿线绿洲聚落的可持续发展，从人文历史延续性、调试空间布局、改良建构技术、提升抵御自然灾害能力与环境适应性技术等方面出发，力求找到一条经济增长的有效途径和可行之路，致力于改善民生等现实问题，进而促进该地区经济、文化、旅游的发展。

基于对新疆南部塔里木盆地周边地区，以丝绸之路中段南道、中道沿线的绿洲聚落为主的区域的深入研究，对该区域绿洲聚落的形成、发展与兴衰脉络展开梳理，以不同时期绿洲聚落的空间建构与环境适应性技术为研究对象，对各时期绿洲聚落的分布与分类、空间建构、生态环境适应性技术、抵御自然灾害能力与防治措施等相关问题展开论述和讨论，为未来新型城镇规划建设提供借鉴与参考。

本书共分为8章，其中第1章为绿洲概况，第2章为各绿洲气候环境分析，第3章为各绿洲聚落形态特征，第4章为各绿洲民居的生态空间分析，第5章为各绿洲民居营造特征，第6章为图解各绿洲民居建构特征，第7章为绿洲聚落的营建、生态智慧与设计策略探究，第8章为总结与展望。

本书主编单位为新疆大学。

本书参编人员有教授、副教授、讲师、博士和硕士研究生，均为课题组成员，主要按新疆南部塔里木盆地周边各大绿洲的内容分工。

其中，喀普兰巴依·艾来提江、张龄之、朱紫悦负责协助撰写文字部分，并完善和绘制整本书的图纸资料，为这本书的整体质量提升作出了很大贡献。

和田绿洲片区由努力夏提·迪里木拉提、克比尔江·衣加提、张龄之、王珂等参与调研、绘制图纸及撰写文字；喀什绿洲片区由范峻玮、朱紫悦、孙应魁、巴彦·塞尔江等参与调研、绘制图纸及撰写文字；阿克苏绿洲片区由喀普兰巴依·艾来提江、张巧、张朔、叶克本·哈布迪西、麦吾兰·吐尔逊江、巴恒古丽·吾木尔别克等参与调研、绘制图纸及撰写文字；库尔勒绿洲片区由刘锦涛、张耀春、王烨、穆学理等参与调研、绘制图纸及撰写文字；吐鲁番绿洲片区由谢姆斯耶·如则、韦尼拉·沙依劳、阿曼古丽·艾山等参与调研、绘制图纸及撰写文字；哈密绿洲片区由喀普兰巴依·艾来提江、张龄之等参与调研、绘制图纸及撰写文字；各绿洲气候环境分析文字、图纸等由陈炳合负责撰写与绘制；各绿洲民居空间与建构特征文字、图纸等由范峻玮、韦尼拉·沙依劳、高翔、巴彦·塞尔江等参与撰写与绘制；绿洲聚落的营建、生态智慧与设计策略探究部分文字、图纸由朱紫悦、喀普兰巴依·艾来提江等参与绘制与撰写。

本书中的图片除部分引自公开出版的书刊外，其余所有插图和照片均为本书作者和参与者自绘、自摄或在开放资源网站下载的原图基础上加工绘制而成。

塞尔江·哈力克

2021年立春于乌鲁木齐

目 录

序一
序二
前言

第1章 绿洲概况 …… 1

1.1 新疆绿洲概况 …… 2
1.1.1 新疆区位、生态、经济概况 …… 2
1.1.2 绿洲空间分区 …… 5
1.1.3 国内外研究概况 …… 5
1.2 和田绿洲片区 …… 7
1.2.1 绿洲概况 …… 7
1.2.2 自然环境 …… 9
1.2.3 地形地貌 …… 12
1.2.4 产业特征 …… 12
1.3 喀什绿洲片区 …… 15
1.3.1 绿洲概况 …… 15
1.3.2 自然环境 …… 17
1.3.3 地形地貌 …… 18
1.3.4 产业特征 …… 18
1.4 阿克苏绿洲片区 …… 21
1.4.1 绿洲概况 …… 21
1.4.2 自然环境 …… 23
1.4.3 地形地貌 …… 24
1.4.4 产业特征 …… 26
1.5 库尔勒绿洲片区 …… 29
1.5.1 绿洲概况 …… 29
1.5.2 自然环境 …… 30
1.5.3 地形地貌 …… 31
1.5.4 产业特征 …… 31
1.6 吐鲁番绿洲片区 …… 34
1.6.1 绿洲概况 …… 34
1.6.2 自然环境 …… 35
1.6.3 地形地貌 …… 38
1.6.4 产业特征 …… 38
1.7 哈密绿洲片区 …… 40

1.7.1 绿洲概况 ······40
1.7.2 自然环境 ······43
1.7.3 地形地貌 ······45
1.7.4 产业特征 ······46

第2章 绿洲气候环境分析 ······49

2.1 气候区类型与分析 ······50
2.2 和田绿洲片区生态气候环境分析 ······53
2.3 喀什绿洲片区生态气候环境分析 ······55
2.4 阿克苏绿洲片区阿克苏生态气候环境分析 ······58
2.5 阿克苏绿洲片区库车生态气候环境分析 ······61
2.6 库尔勒绿洲片区生态气候环境分析 ······64
2.7 吐鲁番绿洲片区生态气候环境分析 ······67
2.8 哈密绿洲片区生态气候环境分析 ······69
2.9 绿洲地区生态气候环境分析总结 ······72
2.9.1 气候环境特征 ······72
2.9.2 气候环境对民居的塑造 ······72
2.9.3 总结 ······74

第3章 绿洲聚落形态特征 ······75

3.1 和田绿洲聚落形态特征 ······76
3.1.1 和田团城（老城） ······76
3.1.2 和田乡村聚落形态特征 ······83
3.2 喀什绿洲聚落形态特征 ······88
3.2.1 喀什老城区 ······88
3.2.2 喀什乡村聚落形态特征 ······90
3.3 阿克苏绿洲聚落形态特征 ······95
3.3.1 乌什老城区 ······95
3.3.2 库车老城区 ······100
3.3.3 温宿县老城区 ······109
3.3.4 阿克托海乡十三大队 ······110
3.4 库尔勒绿洲聚落形态特征 ······112
3.4.1 库尔勒老城区 ······112
3.4.2 库尔勒乡村聚落形态特征 ······114
3.5 吐鲁番绿洲聚落形态特征 ······118
3.5.1 吐鲁番老城区 ······118
3.5.2 吐鲁番乡村聚落形态特征 ······120
3.6 哈密绿洲聚落形态特征 ······126
3.6.1 哈密老城区 ······126
3.6.2 哈密乡村聚落形态特征 ······131

第4章 绿洲民居的生态空间分析 ……137

4.1 和田绿洲民居的生态空间 ……138
4.1.1 总平面分析 ……138
4.1.2 平面分析 ……138
4.1.3 剖面分析 ……141
4.2 喀什绿洲民居的生态空间 ……142
4.2.1 总平面分析 ……142
4.2.2 平面分析 ……142
4.2.3 剖面分析 ……144
4.3 阿克苏绿洲民居的生态空间 ……145
4.3.1 总平面分析 ……145
4.3.2 平面分析 ……146
4.3.3 剖面分析 ……147
4.4 库尔勒绿洲民居的生态空间 ……149
4.4.1 总平面分析 ……149
4.4.2 平面分析 ……149
4.4.3 剖面分析 ……151
4.5 吐鲁番绿洲民居的生态空间 ……151
4.5.1 总平面分析 ……151
4.5.2 平面分析 ……152
4.5.3 剖面分析 ……153
4.6 哈密绿洲民居的生态空间 ……154
4.6.1 总平面分析 ……154
4.6.2 平面分析 ……154
4.6.3 剖面分析 ……156
4.7 “候空间”居住模式与“生态空间”的总结 ……157
4.7.1 “候空间”居住模式 ……157
4.7.2 “生态空间”总结 ……158

第5章 绿洲民居空间营造特征 ……161

5.1 和田绿洲民居的空间特征 ……162
5.1.1 和田传统民居基本概况 ……162
5.1.2 和田传统民居特征概述 ……162
5.1.3 和田传统民居建构特征归纳 ……163
5.1.4 和田传统民居风貌特征归纳 ……163
5.1.5 和田传统民居测绘图 ……164
5.2 喀什绿洲民居的空间特征 ……174
5.2.1 喀什传统民居概况 ……174
5.2.2 喀什传统民居特征概述 ……174
5.2.3 喀什传统民居建构特征归纳 ……175
5.2.4 喀什传统民居风貌特征归纳 ……175
5.2.5 喀什传统民居测绘图 ……175

5.3 阿克苏绿洲民居的空间特征……185
5.3.1 阿克苏传统民居概况……185
5.3.2 阿克苏传统民居特征概述……185
5.3.3 阿克苏传统民居建构特征归纳 185
5.3.4 阿克苏传统民居风貌特征归纳……186
5.3.5 阿克苏传统民居测绘图……186
5.4 库尔勒绿洲民居的空间特征……196
5.4.1 库尔勒传统民居概况……196
5.4.2 库尔勒传统民居特征概述……197
5.4.3 库尔勒传统民居建构特征归纳……197
5.4.4 库尔勒传统民居测绘图……197
5.5 吐鲁番绿洲民居的空间特征……201
5.5.1 吐鲁番传统民居概况……201
5.5.2 吐鲁番传统民居特征概述……201
5.5.3 吐鲁番传统民居建构特征归纳 202
5.5.4 吐鲁番传统民居风貌特征归纳……202
5.5.5 吐鲁番传统民居测绘图……202
5.6 哈密绿洲民居的空间特征……211
5.6.1 哈密传统民居概况……211
5.6.2 哈密传统民居特征概述……211
5.6.3 哈密传统民居建构特征归纳……212
5.6.4 哈密传统民居风貌特征归纳……212
5.6.5 哈密传统民居测绘图……212

第6章 绿洲民居建构特征……223

6.1 民居空间建构特征……224
6.1.1 “阿以旺”空间建构……224
6.1.2 “辟夏以旺”空间建构……226
6.1.3 “坎麦尔”空间建构……227
6.1.4 “屯鲁克”空间建构……228
6.1.5 “阿尔勒克”空间建构……229
6.1.6 “卡普”空间建构……230
6.2 墙体建构特征……231
6.2.1 生土夯土墙……231
6.2.2 生土土坯墙……232
6.2.3 篱笆编制墙……232
6.2.4 石头墙……233
6.2.5 砖墙……234
6.3 屋顶建构特征……235
6.3.1 平顶……235
6.3.2 拱顶……236
6.3.3 穹隆顶……237
6.4 房屋构配件建构特征……237
6.4.1 门……237
6.4.2 窗……238
6.4.3 柱子……239
6.4.4 檐部……240
6.4.5 栏杆……242
6.4.6 台阶……243

第7章 绿洲聚落的营建、生态智慧与设计策略探究 ······ 245

7.1 聚落营建阶段概述 ······ 246
7.1.1 主动选择 ······ 246
7.1.2 被动适应 ······ 247
7.1.3 主观利用 ······ 247
7.2 干旱区绿洲聚落生态智慧解析 ······ 247
7.2.1 生态智慧概述 ······ 247
7.2.2 聚落营造中的生态智慧——以哈密市五堡乡博斯坦村为例 ······ 247
7.2.3 街巷空间营造中的生态智慧——以喀什老城区街巷空间为例 ······ 248
7.2.4 庭院空间营造中的生态智慧 ······ 249
7.2.5 建筑单体空间营造中的生态智慧 ······ 250
7.2.6 建筑建构技术中的生态智慧 ······ 251
7.2.7 干旱区绿洲聚落生态智慧启示 ······ 252
7.3 聚落群体建筑的气候适应性设计策略 ······ 252
7.3.1 通过绿地生态网络建设，防止沙尘天气影响城镇环境 ······ 252
7.3.2 聚落建筑通过紧凑式布局相互遮荫降温 ······ 253
7.3.3 通过气候区特征布置街道的方向及其通风道 ······ 254
7.3.4 通过建筑形体处理改善通风条件 256
7.3.5 通过遮盖物营造公共凉爽空间 ······ 257
7.3.6 通过绿化与水体冷却的方法获取空气降温 ······ 257
7.3.7 通过防风物抵御夏季风沙 ······ 258
7.3.8 通过顶部遮阳抵御夏季太阳暴晒 ······ 259
7.4 单体建筑的气候适应性设计策略 ······ 260
7.4.1 依季节变化调整生活空间获取舒适环境 ······ 260
7.4.2 根据气候特征布置建筑户外空间 ······ 261
7.4.3 利用综合遮阳措施提供舒适建筑环境 ······ 261
7.4.4 通过紧凑式布置节约土地、减少能耗 ······ 262
7.4.5 通过设计与技术措施增强自然采光 ······ 262
7.4.6 通过植物遮阳降温 ······ 264
7.4.7 通过特殊辅助设施降温 ······ 264
7.4.8 通过覆土实现建筑内冬暖夏凉 ······ 265

第8章 总结与展望 ······ 267

8.1 概述 ······ 268
8.2 宏观：水资源因素主导下形成的绿洲总体形态特征 ······ 268

8.3 中观：多因素共同缔造的村落形态特征······268
8.3.1 功能布局······269
8.3.2 街巷空间······269
8.3.3 建筑分布特征······269
8.4 微观：院落与民居建筑空间特征······270
8.5 结语······271

参考文献······272
后记······275

第1章

绿洲概况

所谓“绿洲”（Oasis），一般认为是在荒漠之中，能够供人“住”和“喝”的地方，维吾尔语称之为“博斯坦”。

在我国学术界，对绿洲这一概念的解释较为多样。例如，周立三先生提出，极端干旱气候区内，有水草，能够生产，尤其是能够发展灌溉的，人们能够实现长期定居的地方，就是绿洲；汤奇成、曲跃光等认为，绿洲是人类从事农业开发的结果，是极端干旱地区的特殊农业现象。

根据形成的具体方式，大体上可以将绿洲分为天然绿洲和人工绿洲两种。依据地理部位，又可以将天然绿洲划分为沿河绿洲、扇缘绿洲与湖滨绿洲等。人工绿洲多指随着人类活动范围的扩大，科学技术的发展，生产水平的提高，在较适宜人居的区域进行的绿洲改造。实际上，现在新疆的绿洲基本上都属于天然–人工复合绿洲，或者是纯粹的人工绿洲。

1.1 新疆绿洲概况

1.1.1 新疆区位、生态、经济概况

新疆维吾尔自治区，简称“新”，是中国5个省级民族区域自治行政单位之一，位于西北边陲地区，首府乌鲁木齐。新疆位于亚欧大陆中心地带，历史上是古丝绸之路的重要通道，现在是第二座“亚欧大陆桥”的必经之地，战略位置十分重要。其东南部与我国甘肃省、青海省和西藏自治区接壤，北、西、西南分别与蒙古、俄罗斯、哈萨克斯坦、吉尔吉斯斯坦、塔吉克斯坦、阿富汗、巴基斯坦、印度8国接壤。陆地边境线长达5600多千米，占中国陆地边境线的四分之一；全区总面积为166.49万平方千米，约占中国陆地面积六分之一，是中国陆地边境线最长、毗邻国家最多、陆地面积最大的省级行政区（图1–1）①。

新疆东西长大约1950千米，南北长大约1550千米。地理特点是山脉与盆地相间排列、盆地被高山环抱，喻称“三山夹两盆”。北部为阿尔泰山，南部为昆仑山，中部天山把新疆分为南北两半，南部为塔里木盆地，北部为准噶尔盆地，习惯上称天山以南为南疆，天山以北为北疆，把哈密、吐鲁番盆地则称为东疆。山地和高原约占50%，沙漠约占25%，戈壁约占18%，绿洲约8%，约为13万平方千米（包括天然绿洲和人工绿洲）。

表1–1　新疆绿洲面积统计表②

区域	绿洲		天然–人工绿洲		人工绿洲	
	面积/km^2	占比/%	面积/km^2	占比/%	面积/km^2	占比/%
南疆	76826.7	56.61	48733.2	66.03	28093.5	45.38
北疆	50961.8	37.55	20326.7	27.54	30635.1	49.49
东疆	7925.5	5.84	4749.1	6.43	3176.4	5.13
全疆	135714.01	100.00	73809.0	100.00	61905.01	100.00

① 图片来源：新疆维吾尔自治区自然资源厅，审图号：新S（2020）026号。

② 资料来源：根据韩德林，《新疆人工绿洲》，中国环境科学出版社（2001）资料计算。

图1–1 新疆维吾尔自治区地图

新疆区内有大小绿洲共8000多个，总面积13.57万平方千米，占新疆国土面积的8.22%（表1–1）。其中天然绿洲（包括河谷绿洲、平原绿洲、扇缘低地和湖滨湿地绿洲）占比为54.39%；人工绿洲（包括农业绿洲、城镇绿洲和工矿绿洲）占比为45.61%。绿洲中面积较大（1000～1200平方千米）的有100多处，主要散布在塔里木盆地以及准噶尔盆地边缘。

1）人口经济

新疆是我国多民族聚居地区，共有56个民族。依据2018年新疆统计公报，全区常住人口2486.76万人，比上年末增加42.09万人，其中，城镇常住人口1266.01万人，占总人口比重（常住人口城镇化率）为50.91%，比上年末提高1.53%。

据2018年新疆统计公报，初步核算，全年实现地区生产总值12 199.08亿元，比上年增长6.1%。其中，第一产业增加值1692.09亿元，增长4.7%；第二产业增加值4922.97亿元，增长4.2%；第三产业增加值5584.02亿元，增长8.0%。第一产业增加值占地区生产总值的比重为13.9%，第二产业增加值比重为40.3%，第三产业增加值比重为45.8%。全年人均地区生产总值49 475元，比上年增长4.1%。

2）气候环境

新疆远离海洋，深居内陆，四周有高山阻隔，海洋气流不易到达，形成明显的温带大陆性气候。气温温差较大，日照时间充足（年日照时间达2500～3500小时），降水量少，气候干燥。新疆年平均降水量为150毫米左右，但各地降水量相差很大，南疆的气温高于北疆，北疆的降水量高于南疆。最冷月（1月），在准噶尔盆地，平均气温在零下20℃以下，该盆地北缘的富蕴县绝对最低气温曾达到–50.15℃，是全国最冷的地区之一。最热月（7月），在号称“火洲”的吐鲁番平均气温在33℃以上，绝对最高气温

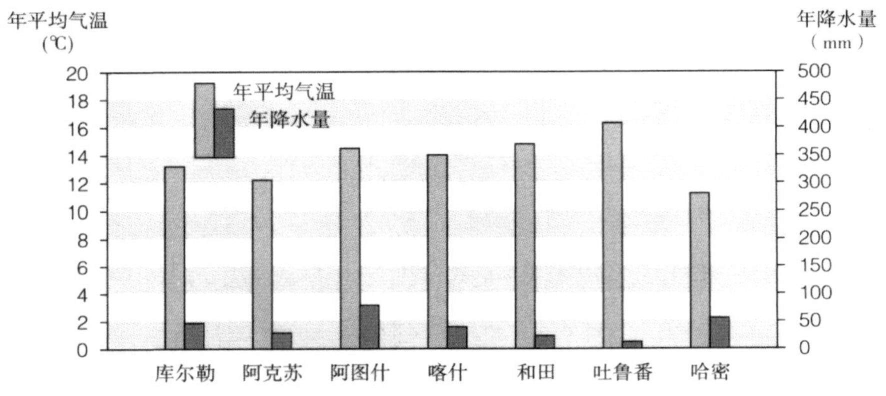

图1-2　新疆南疆和东疆地区主要城市年平均气温和年降水量图

曾达49.6℃，居全国之冠。新疆大部分地区春夏和秋冬之交日温差极大，故历来有“早穿皮袄午穿纱，围着火炉吃西瓜”之说（图1-2）①。

3）资源环境

（1）水资源

新疆三大山脉融雪形成500多条河流，分布于天山南北的盆地，其中较大的有塔里木河（中国最大的内陆河）、伊犁河、额尔齐斯河（流入北冰洋）、玛纳斯河、乌伦古河、开都河等20多条。许多河流的两岸，都有无数的绿洲，颇有“十里桃花万杨柳”的塞外风光。新疆有许多自然景观优美的湖泊，总面积达9700平方千米，占全疆总面积的0.6%以上，其中著名的十大湖泊是博斯腾湖、艾比湖、布伦托海、阿雅格库里湖、赛里木湖、阿其格库勒湖、鲸鱼湖、吉力湖、阿克萨依湖和艾西曼湖。

新疆境内形成了独具特色的大冰川，共计1.86万余条，总面积2.4万多平方千米，占全国冰川面积的42%，冰储量2.58亿立方米，是新疆的天然“固体水库”。新疆的水资源极为丰富，人均占有量居全国前列。大沙漠占全国沙漠面积的2/3，其中塔里木盆地中的塔克拉玛干沙漠的面积为33.67万平方千米，是中国最大的沙漠，为世界第二大流动沙漠，仅次于阿拉伯半岛上的鲁卜哈利沙漠。准噶尔盆地的古尔班通古特沙漠，面积48 000平方千米，为中国第二大沙漠。

（2）土地资源

新疆农林牧可直接利用土地面积10.28亿亩（1亩=666.7平方米），占全国农林牧宜用土地面积的十分之一以上。后备耕地2.23亿亩，居全国首位。新疆是全国五大牧区之一，在“三山”和“两盆”周围有大量的优良牧场，牧草地总面积7.7亿亩，仅次于内蒙古、西藏，居全国第三。太阳能理论蕴藏量1450～1720千瓦时/平方米·年，年日照总时数2550～3500小时，居全国第二位。

（3）矿产资源

新疆矿产种类全、储量大，开发前景广阔。发现的矿产有138种，其中9种储量居全国首位，32种居西北地区首位。石油、天然气、煤、金、铬、铜、镍、稀有金属、盐类矿产、建材非金属等蕴藏丰富。新疆石油资源量208.6亿吨，占全国陆上石油资源量的30%；天然气资源量为10.3万亿立方米，占全国陆上天然

① 图片来源：刘戈青，《新疆维吾尔自治区地图集》，中国地图出版社，2009，第13页。

气资源量的34%。新疆石油气勘探开发潜力巨大，远景十分可观。全疆煤炭预测资源量2.19万亿吨，占全国的40%。黄金、宝石、玉石等资源种类繁多，古今驰名。

1.1.2　绿洲空间分区

新疆地区可大致分为山地、山前、绿洲、荒漠四个生态分区，其中，绿洲生态区与城镇的发展建设关系最为密切。受地理条件、水资源等因素的影响，新疆城乡居民点大部分分布于绿洲之上。随着时代的发展变迁，新疆绿洲城镇经历了由分散、封闭的传统型向集中、开放的现代化的发展演变，从绿洲城镇的格局演变中可以看出，水资源及绿洲农业仍然是影响新疆绿洲城镇的基本格局的关键因素，整体呈现出以绿洲为基础，水资源为核心的生态格局。根据地域结构统一、自然条件相近、景观格局和开发方向相对一致、流域归属和水系控制一致、绿洲区界与行政边界一致等原则，以绿洲为基础，以水资源为核心，将全疆分为7个一级分区，其中 6 个一级分区再细分为15个二级分区。

一级分区分别为：准噶尔盆地北部绿洲区、准噶尔盆地南部绿洲区、东疆绿洲区、伊犁河谷绿洲区、塔里木盆地北部绿洲区、塔里木盆地西部绿洲区、塔里木盆地南部绿洲区。

二级分区分别为：准噶尔盆地北部绿洲区，包括额尔齐斯—乌伦古河流域绿洲亚区、塔额盆地绿洲亚区；准噶尔盆地南部绿洲区，包括博州绿洲亚区、乌鲁木齐—奎屯绿洲亚区、奇台—木垒绿洲亚区；东疆绿洲区，包括巴里坤—伊吾绿洲亚区、吐鲁番绿洲亚区、哈密绿洲亚区；塔里木盆地北部绿洲区，包括阿克苏河流域绿洲亚区、渭干河流域绿洲亚区、开都—孔雀河流域绿洲亚区；塔里木盆地西部绿洲区，包括喀什—阿图什绿洲亚区、叶尔羌河流域绿洲亚区；塔里木盆地南部绿洲区，包括和田河流域绿洲亚区、东昆仑山—阿尔金山山前绿洲亚区①。

根据国家自然科学基金项目研究范围，以及依据自然条件和气候环境相近，人文环境和景观格局相似，流域归属和水系控制、绿洲区界与行政边界一致等原则，本书研究范围以绿洲为基础，以水资源为核心，确定研究东疆绿洲区、塔里木盆地北部绿洲区、塔里木盆地西部绿洲区、塔里木盆地南部绿洲区的一级分区和二级分区。本书研究范围为新疆中南部地区。

1.1.3　国内外研究概况

国内关于绿洲所进行的、较具有系统性的研究始于20世纪40年代，其中代表性的著作有周立三发表的《哈密——一个典型的沙漠沃洲》以及陈正祥撰写的《塔里木盆地》，两位作者都对新疆哈密绿洲的形成和历史变迁进行了深入的研究。

从20世纪50年代至80年代，诸多专家学者相继进行了多次对干旱地区农、林、牧、水、土、矿产等资源的调查、评价和开发工作，并且组织了较为丰富的科学考察活动。以上研究工作都对绿洲研究有所涉及，为以后的绿洲相关研究工作奠定了基础。

90年代以后，随着黄盛璋建立“绿洲学”倡议的提出，绿洲学研究迎来了热潮，绿洲研究得以全面发展。

① 中国城市规划设计研究院，新疆维吾尔自治区住房与城乡建设厅，《新疆新型城镇化发展规划研究》，2015，第136页。

其一，关于绿洲体系研究。通过对绿洲水系演变的研究，冯绳武（1992年）指出绿洲发展过程基本可以划分为三个主要阶段，即自然绿洲、半自然绿洲和人工绿洲。另外张林源（1995年）将我国绿洲演变过程划分成了包括原始绿洲阶段、古绿洲阶段、老绿洲阶段和新绿洲阶段在内的四个阶段。

其二，关于绿洲稳定性研究。以河西走廊为例，陈昌毓（1990年）对绿洲的适宜面积和稳定性进行了研究。赵建新（1993年）指出，河流间距较大、流量及引水规模较小的区域，较容易形成分散的绿洲体系，相反则容易形成连片成带的绿洲体系。韩德林（1999年）认为，能流、物流、人流、信息流的良性循环是绿洲稳定性的基础。

其三，关于绿洲影响因素和可持续发展的研究。樊自立（1993年）提出，在对绿洲的诞生产生重要影响的气候、水文、地貌、人类社会等综合因素中，水的因素是最为突出的。汪永文（1995年）指出，一方面绿洲地处荒漠之中，荒漠化是与绿洲化并存的基本地理过程；另一方面，人类对资源的不当利用通常也会导致沙漠化进程的加速。同年，王炳华、刘文锁等提出，除河流改道、上游扩大引水垦田外，战乱也是古绿洲衰亡的一个重要因素。

1）近代中外研究概况

19世纪末20世纪初，关于塔克拉玛干地区的一系列的考察和报告，引起了中西方研究者对这片区域的兴趣，他们认为塔里木盆地不是文化空白区，而是具有可观的远古历史文化资源。这里汇集了几大文明的精髓，无论从地理环境、自然遗产类型、植物多样或遗产多样等角度，都能够补充展示丝绸之路的整体价值。19世纪与20世纪相交的二三十年间，不少欧洲和日本的探险家在西域进行考古探险活动。不可否认的是，这些探险家们将考古探险的全过程记录了下来，并公布了出土遗物科学研究的成果，对文化的传播起到了一定的积极作用，例如斯坦因（M. Aurel Stein）的《古代和田：中国新疆考古发掘的详细报告》和《西域考古记》等。此后，国际上对于丝绸之路沿线历史、地理和地区之间关系研究的著作日渐丰富。20世纪二三十年代，美国学者劳费尔（Berthold Laufer）出版了《中国伊朗编》，成为研究古代中西方文明交流的权威著述。

1909年，我国学者也投入到丝绸之路的研究中。罗振玉、王国维等学者基于对斯坦因等人发现的敦煌、罗布泊、尼雅等地竹简的搜集和研究，编辑出版了《流沙坠简》。此外，陈寅恪等大师也对西域考古文化领域的研究作出了巨大的贡献。1930年，张星烺先生编写的《中西交通史料汇编》成为“中西方交通史”研究的主要参考书目。在此之后，冯承钧先生翻译了大量有关西域的法文文献，通过考证及研究撰写了大量论文；陈垣先生对中西交通史，特别是外来文化进行了大量的研究；向达先生关于西域文明对中原文化的影响进行了系统性的探讨，这些都为研究丝绸之路东西方文明交流提供了重要的材料和例证。20世纪中期，多部有关西域及丝绸之路的译著得到出版，拓宽了我国学者对丝绸之路研究的思路。

2）新疆绿洲聚落研究

国内绿洲聚落发展研究主要始于改革开放之后，到20世纪90年代产生了一批研究成果，散见于学术期刊中，大多是从特定绿洲聚落的某一方面进行分析，如生态环境、干旱区资源与环境、经济等；20世纪90年代末期，绿洲聚落的研究重点集中在绿洲聚落区域体系与城镇化的研究，21世纪初期开始逐渐拓宽领域，从生态学、考古学、社会学、人类学与地理学视角等进行研究，但是，单一学科的研究视角仍居多。

其中，《塔里木盆地城镇的地域演化》（张小雷，1993年12月）一文分析了塔里木盆地城镇从原始聚落、西域三十六国、西汉屯垦聚落到汉后多中心城镇和近代环状城镇格局的地域演化过程，以及现代城镇地域分布的变化及其特点；《绿洲建筑学若干关键问题研究——西北绿洲地区生土聚落变迁研究与生态技术优化对策》（岳邦瑞、王军，2007年）一文，指出地域性聚落营造体系和营造技术是应对绿洲生态安全威胁、建设可持续发展的绿洲人居建设适宜模式的重点。其他研究成果包括相关论文和专著，有《新疆绿洲城镇空间结构的系统研究》（李春华，2006年）、《宋以前中国南疆地区古城分布及形态的初步研究》（殷晓磊，2011年）等。

杨晓峰、周若祁、李生英等学者从城市规划与建筑学视角对东疆吐鲁番地区的建筑进行研究，在吐鲁番地区选取特定的聚落进行定点研究，既分析了民居建筑特征，又对聚落整体布局的合理性进行了探讨。全疆范围来看，虽然南疆、北疆等地区类似的研究内容不及东疆，但也已具有一定的深度。

王小东、张胜仪、陈震东、荆其敏等学者，在其书中对新疆聚落与民居的研究展开多视角、多维度的归纳和梳理。尤其是在生态环境整体分析与多种学科融合研究方面各有侧重，不难看出不同地区聚落的差异性与特征。

《气候与生态建筑——以新疆民居为例》（刘敏，2007年）、《从新疆民居谈气候设计和生态建筑》（王亮、马铁丁，1994年）、《生态建筑与西部传统民居》（袁春学，2002年），还有主题为中国聚落和中国西北传统聚落并涉及新疆聚落的著作，包括《生态视野：西北干热气候区生土聚落发展研究》（赵雪亮，2004年）、《人居空间与自然环境的和谐共生——西北少数民族聚落生态文化浅析》（马宗保、马晓琴，2007年），以及硕士论文《新疆生土建筑的研究——以吐鲁番为例》（李生英，2007年）等，都在全疆范围内对聚落进行了研究，内容涵盖了新疆具有地域差异的各地区。

1.2 和田绿洲片区

和田绿洲片区主要是以和田地区行政区域范围为主，在新疆绿洲空间分区中属一级分区塔里木盆地南部绿洲区，包括二级分区和田河流域绿洲亚区和东昆仑山—阿尔金山山前绿洲亚区部分区域。

1.2.1 绿洲概况

和田绿洲片区位于新疆维吾尔自治区南端，属于我国极端干旱区，是我国南疆地区，也是和田地区的核心区域，其背靠昆仑山脉，面向塔克拉玛干沙漠（图1-3）[①]。喀喇昆仑山上的冰雪到了夏天就会融化，顺着山坡流淌形成河流。河流经戈壁、沙漠，渗入沙子里变成地下水，地下水沿着不透水的岩层流至沙漠低洼地带后，即涌出地面，孕育了和田绿洲。目前，在行政区划上，和田绿洲主要包括和田县、墨玉县、洛浦县以及和田市三县一市的地域（图1-4）[②]，总面积约8.1万平方千米，约占和田地区整体面积的 32.6%（图1-5）[③]。和田地区南越昆仑山抵藏北高原，东部与巴音郭楞蒙古自治州毗连，北部深入塔克拉玛干沙漠腹地，与阿克苏地区相邻，西部连喀什地区，西南枕喀喇昆仑山与印度、巴基斯坦相争之地克什米尔接壤。东西长约670千米，南北宽约600千米，总面积24.78万平方千米。和田绿洲主要是两条河流冲积成的山前洪积平原，两条河流（玉龙喀什河和喀拉喀什河）贯穿绿洲南北。戈壁、沙漠是和田绿洲的基质景观，河流贯穿绿洲南北，是绿洲的廊道轴线。其中，以天然植被为主的荒漠绿洲交错带对保持绿洲内部系统稳

① 图片来源：根据 Google Earth 卫星影像图改绘。
② 图片来源：董弟文，《城镇化背景下的和田绿洲时空演变分析》，新疆大学硕士论文，2019，第20页。
③ 图片来源：同上。

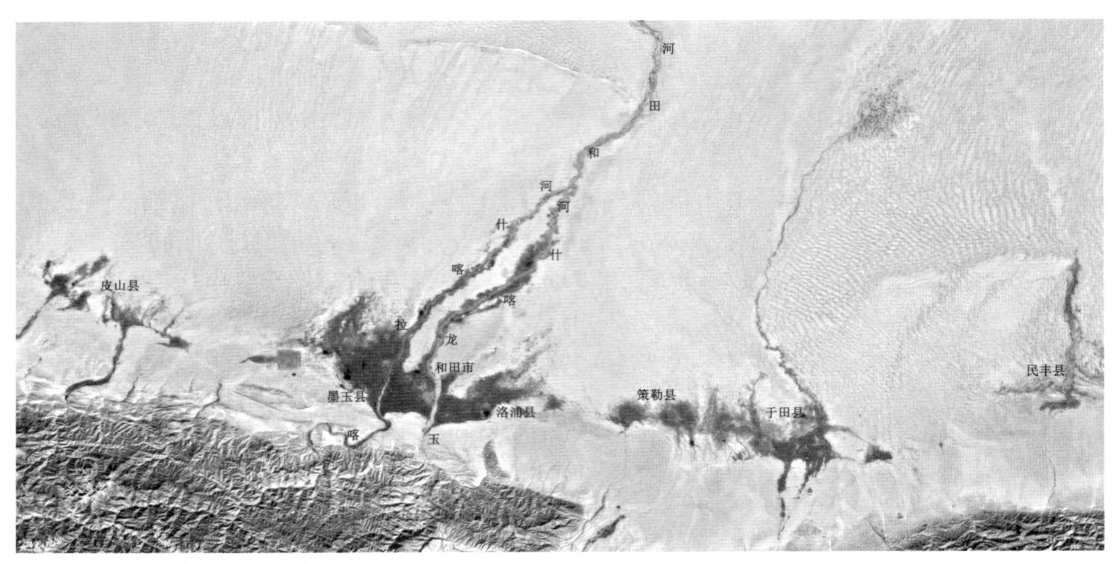

图1-3　和田绿洲地理位置图

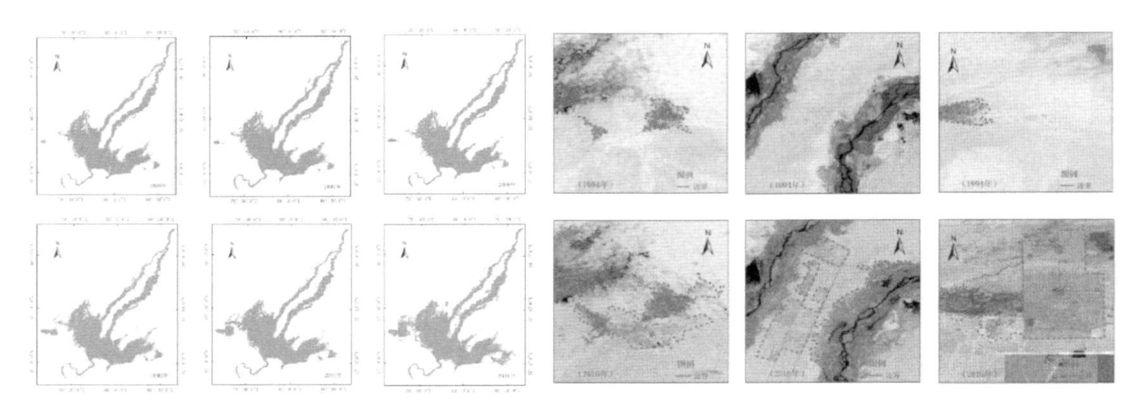
图1-4　1994—2016年和田绿洲演变

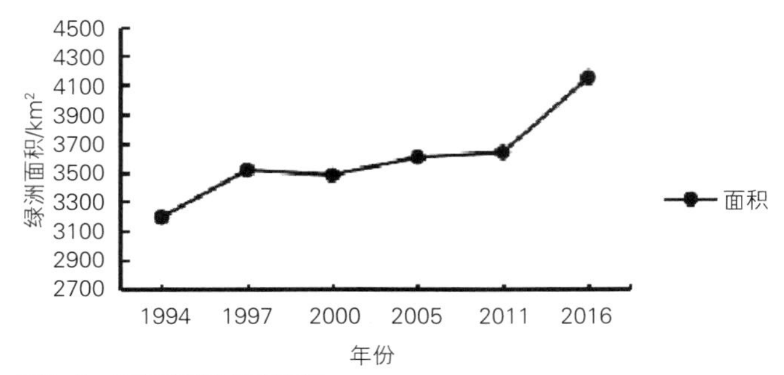

图1-5　和田绿洲面积变化

定，阻隔荒漠景观的扩展具有重要作用。

2018年末，和田地区总人口253.06万人①。其中：和田市40.89万人、和田县35.61万人、墨玉县64.9万人、皮山县32.22万人、洛浦县29.71万人、策勒县16.92万人、于田县28.97万人、民丰县3.84万人。城镇人口54.86万人；乡村人口198.19万人。主要有维吾尔族、汉族、回族、哈萨克族、柯尔克孜族、满族、蒙古族、藏族、土家族、乌孜别克族等22个民族。

1.2.2 自然环境

1）气候环境

和田地区位于亚欧大陆腹地，帕米尔高原和天山屏障于西、北，西伯利亚的冷空气不易进入；南部绵亘着的昆仑山、喀喇昆仑山，阻隔了来自印度洋的暖湿气流，形成了暖温带极端干旱的荒漠气候（图1-6）。气候主要特点是四季分明，夏季炎热，冬季冷而不寒，春季升温快而不稳定，常有倒春寒发生，多风沙天气，秋季降温快；全年降水稀少，光照充足，热量丰富，无霜期长，昼夜温差大（图1-7、图1-8）②。四季多风沙，每年沙尘天气220天以上，其中浓浮尘（沙尘暴）天气在60天左右，气象专家从冷

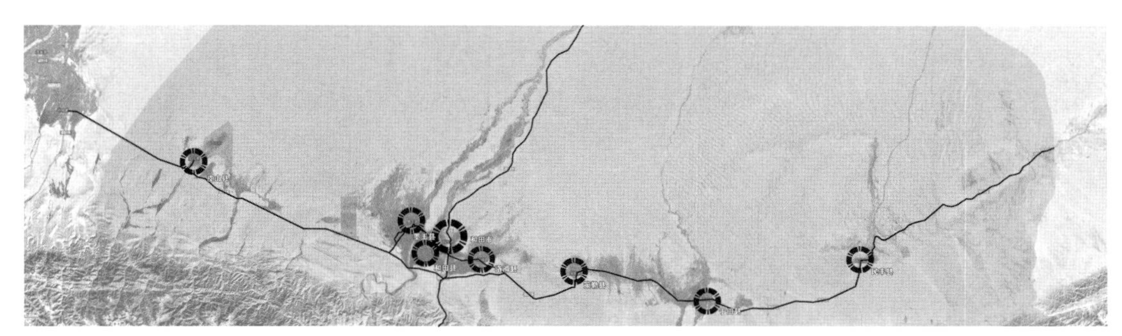

图1-6 和田地区各县城分布图

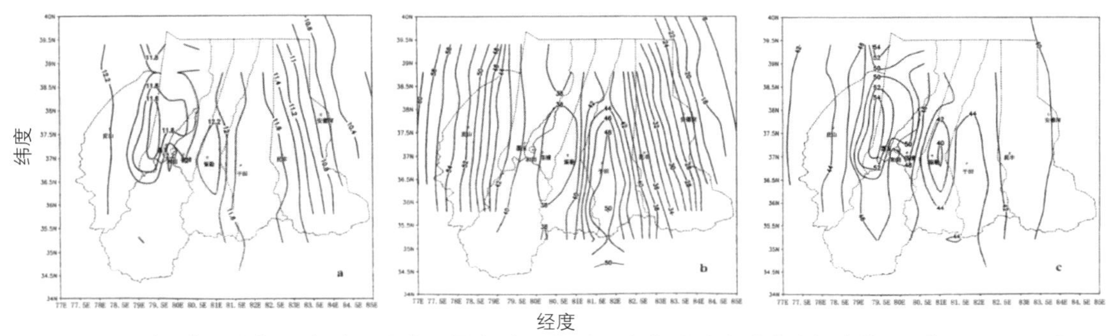

图1-7 和田地区年平均气温（a）、降水总量（b）、相对湿度（c）空间分布（相应单位：℃，mm，%）

① 数据来源：新疆维吾尔自治区统计局编《新疆统计年鉴2019》，2019，第73-94页。

② 图片来源：刘海涛、李绣东、买买提、张向军、王仁春，《南疆和田地区气候变化特征分析——以北部绿洲区为例》，《干旱资源与环境》，2010年第24卷06期。

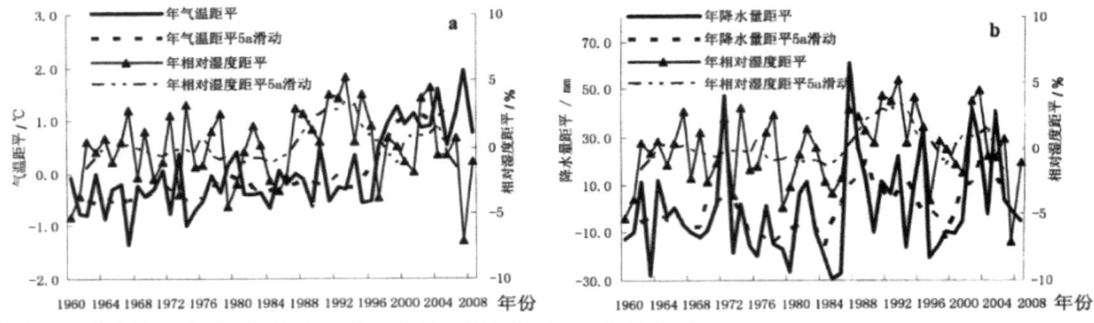

图1-8　年气温与相对湿度距平（a）、年降水量与相对湿度距平（b）

空气影响路径和沙尘天气落区的角度，将新疆沙尘天气划分为5种类型（一类是南疆西部的乌恰山区翻山进入南疆盆地，导致喀什到和田中东部出现沙尘暴；二类是冷空气从阿克苏到巴州北部翻越西天山进入南疆盆地，造成阿克苏和巴州地区的沙尘天气；三类是较强冷空气东南移，造成北疆大风沙尘天气；四类是较强冷空气东南移，受天山地形阻挡，沿天山北坡堆积，到了一定的强度从“三十里”“百里”风区泻入吐鄯托盆地和哈密地区；五类是进入东疆的冷空气再回流“东灌”进入南疆盆地，造成南疆盆地的风沙天气，此类沙尘天气是南疆盆地沙尘天气出现频率最高的一种），2020年和田市环境空气质量达到优良天数84 天（AQI≤100），优良率为 23%。

由于全区范围大，面积广，不同地形、地貌条件下，生物、气候差异极大，大致可分为南部地区、绿洲平原区、北部沙漠区三种气候类型。

2）水文环境

和田地区境内有安迪尔河、尼雅河、克里雅河、策勒河、玉龙喀什河、喀拉喀什河、桑株河、皮山河、加勒万河、天南河、昌隆河、萨利吉勒干西河、奇普恰普河等大小河流36条，年径流量74亿立方米。河流季节反差极大，夏季洪涝，秋冬严重干旱，春季极为缺水，4—5月来水量仅占全年的7%。

和田地区河流大都是内陆河，可划分为皮山、和田—墨玉—洛浦、策勒—于田—民丰及羌塘高原湖区等5个内流区。流入印度的奇普恰普河外流区（年外流水量2.93亿立方米）。平原区流区有河流36条，引用灌溉和人畜饮水的有30条。和田地区年均地表水径流量为73.352亿立方米。其中皮山内流区径流量为7.065亿立方米，和田—墨玉—洛浦内流区径流量为45.094亿立方米，策勒—于田—民丰内流区径流量为21.193亿立方米。另羌塘高原内流湖区共有水资源9.43亿立方米。玉龙喀什河与喀拉喀什河，2条河水占全区各河总水量的61.2%。地下水年溢出径流量为11.92亿立方米，不可重复利用的河床潜流为1.661亿立方米。冰川面积11 447平方千米，占全疆冰川面积的43.9%。冰川水资源储量11 400亿立方米，年补给地表水约14亿立方米，占年径流量的20%。南部高山区冰川是塔里木盆地南部内陆河流的源头，也是和田主要河流补给的重要来源之一。

表1-2 和田地区区划[①]

区划简介	人口	面积	政府驻地
和田市	40.89万人	155.04平方千米	和田市乌鲁木齐北路
和田县	35.61万人	41 403.17平方千米	和田县古江南路
墨玉县	64.90万人	25 788.86平方千米	墨玉县银河北路
皮山县	32.22万人	39 741.52平方千米	皮山县固玛镇
洛浦县	29.71万人	14 314平方千米	洛浦县洛浦镇城区街道
策勒县	16.92万人	31 688.01平方千米	策勒县英巴扎街
于田县	28.97万人	39 094.83平方千米	于田县建德路
民丰县	3.84万人	56 759.86平方千米	民丰县尼雅镇

3）土地资源

和田地区土地总面积达2492.7万公顷（1平方米＝100公顷），其中山地1110.2万公顷，占总面积的44.5%，平原13 388.5万公顷，占总面积的55.5%（图1-9）[②]。山地面积中，除草场219.4万公顷、冰川70.5万公顷和少量耕地、林地外，42%为难以利用的裸岩石砾地。平原面积中，沙漠1031.8万公顷，占74.6%；戈壁206.7万公顷，占15%；绿洲面积9730平方千米，占土地总面积的3.96%（表1-3）[③]。

表1-3 和田绿洲土地利用类型转换[④]

类型	2000—2005年	2005—2010年	2010—2015年
耕地	186	29	277
林地	-3	0	-3
草地	-150	-4	-184
城乡工矿居民用地	7	0	8
水域	5	0	5
未利用土地	-57	-25	-103

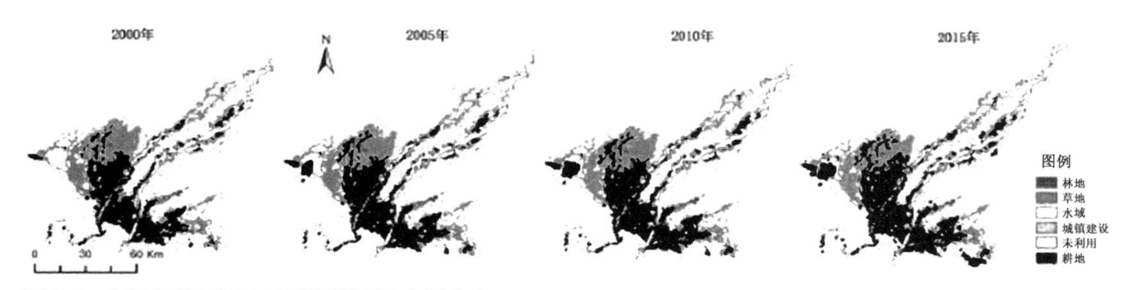

图1-9 和田绿洲不同土地利用类型的空间分布

① 表格来源：作者自制。
② 图片来源：董弟文，《城镇化背景下的和田绿洲时空演变分析》，新疆大学硕士论文，2019年，第24页。
③ 数据来源：同上。
④ 表格来源：同上。

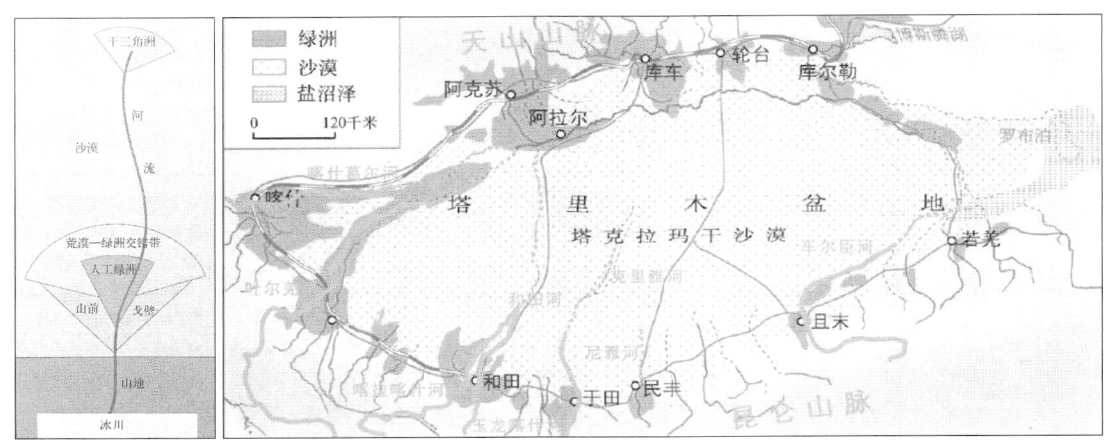

图1-10 和田绿洲生态格局模式

4）矿产资源

截至2015年，和田地区已发现矿产61种。其中能源矿产6种，有煤、天然气、石油、油页岩、热泉、铀；金属矿产15种，有铁、锰、银等；化工原料非金属矿产9种，有硫、盐、硼、硭硝等；建材矿产18种，有石膏、石棉、石墨等；冶金辅助原料矿产5种，有菱镁矿、白云岩、黏土、石灰岩和石英岩；宝玉石矿产6种，有和田玉、昆仑玉、金刚石、玛瑙、石榴石和绿柱石。

1.2.3 地形地貌

和田地区南越昆仑山抵藏北高原，北临塔里木盆地，北低南高，由西向东缓倾，地势由北部的海拔1050米上升到南部山地7167米。从地貌上粗略划分：一半为盆地，一半为山区山地，绿洲面积9730平方千米。南部昆仑高山呈弧形横贯东西，峰峦重叠，山势险峻。北坡为浅丘低山区，峡谷遍布，南坡则山势转缓。山脉高峰一般海拔为6000米左右，最高达7000米以上。由于气候干燥，荒漠高度一般达3300米，个别地段可达5000米，南北坡雪线分别在6000米和5500米以上。在昆仑山与喀喇昆仑的地理分界处断裂形成林齐塘洼地，发育着现代盐湖与盐碱沼泽，形成高山湖泊。和田地区自山麓向北，戈壁横布，各河流冲积扇平原绿洲接连分布，扇缘连接塔克拉玛干沙漠直至塔里木盆地中心（图1-10）①。

1.2.4 产业特征

1）产业整体概况

据《新疆统计年鉴2019》中的统计数据，2018年，和田地区生产总值为305.58亿元，第一产业68.66亿元，第二产业54.75亿元，第三产业182.17亿元。三次产业结构为22.5：17.9：59.6。第三产业成为拉动经济

① 图片来源：中国城市规划设计研究院，新疆维吾尔自治区住房与城乡建设厅，《新疆新型城镇化发展规划研究》，2015，第37页。

图1-11 2010—2018年和田地区生产总值及增速

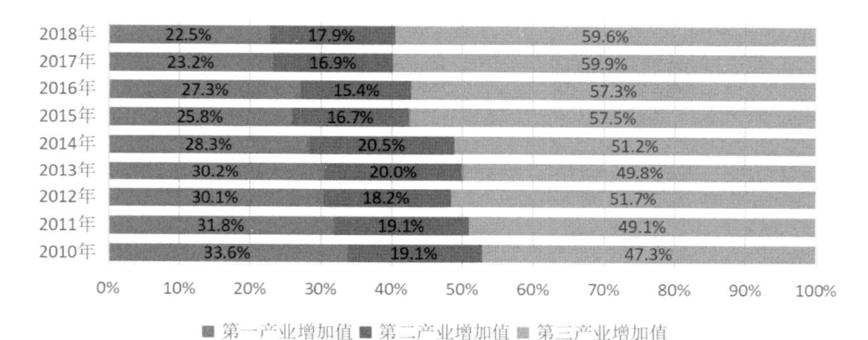

图1-12 2010—2018年和田地区三次产业增加值占生产总值比重

增长的第一动力。人均地区生产总值为12 094元①（图1-11、图1-12）②。

2）旅游产业

和田旅游资源较为丰富，有美尔力克沙漠、千里葡萄长廊、尼雅遗址、安迪尔古城、丹丹乌里克故城遗址、桑株岩画、神秘泪泉、米利克阿瓦特、约特干、阿克斯比尔、热瓦克等，还有阿克斯皮力古城、买力克阿瓦提古城、喀拉墩古城、阿西古城堡、阿萨古城堡以及约特干遗址、热瓦克佛塔、库克玛日木石窟等都是世界知名的古遗址。依据《新疆A级旅游景区名录》（2020年1月），全地区共有国家级A级景区32个（表1-4③、表1-5）。主要景点：

（1）乌鲁瓦提景区位于昆仑山南麓的喀拉喀什河上游山口处、和田县浪如乡境内，距和田市71千米。2011年12月批准为国家AAAA级旅游景区。水库水最深达110米，水库坝高131.8米，2001年竣工发电系统并入和田电网。已建成的景点有：大坝、索龙桥、大坝夜景、溢洪道、玉龙大坝飞瀑等。

（2）昆仑湖公园是和田地区最大的公园，占地88 000平方米。园内以昆仑湖为中心，水面面积28 000平方米。昆仑湖东部、南部岸线平直，东北角狭长。湖中有一湖心岛，湖的西北角为荷花池；东部三个鱼池。

---

① 数据来源：新疆维吾尔自治区统计局编《新疆统计年鉴2019》，2019，第54-55页。

② 数据来源：根据新疆维吾尔自治区统计局编《新疆统计年鉴2019》中数据自绘。

③ 数据来源：新疆维吾尔自治区文化与旅游厅，《新疆A级旅游景区名录》（2020年1月）。

表1-4　和田地区国家级景区一览表（资料来源：新疆维吾尔自治区文化与旅游厅）[①]

等级	序号	景区位置	景区名称
AAAA	1	策勒县	策勒县达玛沟佛教文化遗址
	2	和田县	和田乌鲁瓦提风景区
AAA	1	于田县	库尔班·吐鲁木纪念馆
	2	于田县	龙湖旅游区
	3	策勒县	策勒县板兰格高山草原景区
	4	洛浦县	洛浦县阿其克千山河谷景区
	5	和田市	和田市吉亚丽人艾特莱斯绸手工作坊
	6	和田市	和田夜市（玉泉湖公园）
	7	和田市	和田玉都城
	8	和田市	和田市团城民俗旅游景区
	9	和田市	和田市昆仑公园
	10	和田市	和田市昆仑动物园
	11	和田市	和田市欣明·南国城景区
	12	和田市	和田市大漠胡杨景区
	13	和田市	和田县无花果王景区
	14	和田市	和田县核桃王景区
	15	墨玉县	其娜民俗风情园
	16	墨玉县	夏合勒克庄园
	17	墨玉县	拉里昆湿地
	18	皮山县	皮山县塔吉克民族风情园
AA	1	于田县	城市公园
	2	策勒县	策勒县农耕文化园
	3	策勒县	策勒县沙海碧湖景区
	4	策勒县	策勒县人文生态旅游园区
	5	洛浦县	洛浦县玉龙湾景区
	6	洛浦县	洛浦县博物馆
	7	和田市	和田市“红色记忆”收藏馆
	8	和田县	和田县塔提勒克苏生态景区
	9	墨玉县	桑皮纸一条街
	10	墨玉县	喀拉喀什河渠首爱国主义教育基地
	11	皮山县	桑株古核桃园
A	1	墨玉县	玉海滩（东风水库）

① 表格来源：作者自制。数据来源：新疆维吾尔自治区文化与旅游厅。

表1–5 文物古迹（资料来源：新疆和田地区行政公署）[①]

尼雅遗址	策勒小佛寺	热瓦克佛寺遗址	佛教圣地牛头山
桑株岩画	古代和田烽燧	买里克阿瓦提古城遗址	老达玛沟遗址
亚尕乌依吕克古城遗址	布盖乌于来克寺院	布扎克墓地	阿克斯皮力古城
扎瓦遗址	麻扎塔格古城堡	喀拉墩古城	安迪尔古城遗址
丹丹乌里克遗址	山普鲁古墓群	约特干遗址	夏合勒克庄园
吐尔地阿吉庄园	阿西阿萨城堡	圆沙古城遗址	—

（3）其娜民俗风情园位于墨玉县城南，阿克萨拉依乡其那巴格村，距和田市40千米。2007年年底被评为自治区级3A景区、全国工农业示范点、五星级农家乐。园中有一株梧桐树，维吾尔语为“其娜”，“其娜”是英语china在维吾尔语里的音译，意思是“中华桐”。树高30多米，主杆直径达3米，树冠遮盖地面1.5亩。

（4）白玉河亦称玉龙喀什河，自古因盛产和田白玉而得名。白玉河是白玉的主要产地，主要有青玉、青白玉、黄玉、碧玉、白玉等36种，白玉河发源于昆仑山北坡，全长504千米，年径流量22.6亿立方米。

（5）尼雅遗址于民丰县境内，地处县城正北沙漠腹地，尼雅河的下游古河道上，塔克拉玛干沙漠的南缘，古丝绸之路的南道上，国家级重点文物保护单位。尼雅遗址是古代居民的居住遗址，系汉晋时期距今约1800年的“精绝国”所在地，是塔克拉玛干沙漠最重要的古代遗址之一，南北分布大约27千米，东西宽约8千米，以河渠为界，是研究西域历史的珍贵文字资料。遗址内出土文物珍贵，所以尚未对一般游客开放。

1.3 喀什绿洲片区

喀什绿洲片区主要是以喀什地区行政区域范围为主，在新疆绿洲空间分区中属一级分区塔里木盆地西部绿洲区，包括二级分区喀什—阿图什绿洲亚区和叶尔羌河流域绿洲亚区。

1.3.1 绿洲概况

喀什绿洲地处欧亚大陆中部，中华人民共和国西北部，新疆西南部，东临塔克拉玛干大沙漠，东北部与柯坪县、阿瓦提县相连，西北部与阿图什市、乌恰县和阿克陶县相连，东南部与皮山县相连，西部与塔吉克斯坦接壤，西南部与阿富汗、巴基斯坦接壤。喀什绿洲周边邻近国家还有吉尔吉斯斯坦、乌兹别克斯坦和印度。全区总面积16.2万平方千米，东西宽约750千米，南北长535千米。喀什绿洲因有叶尔羌河和喀什噶尔河等河流的灌溉变得生机盎然。叶尔羌河与喀什噶尔河域北、西、南三面环山，被天山南支、帕

① 表格来源：作者自制。数据来源：新疆和田地区行政公署。

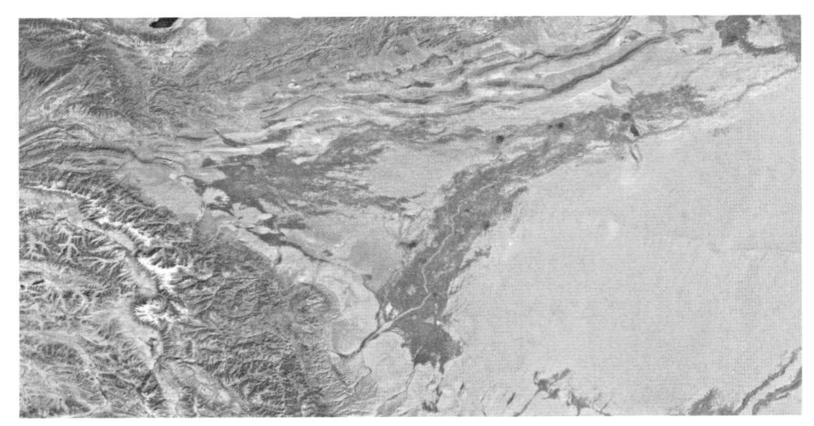

图1-13　喀什绿洲卫星图

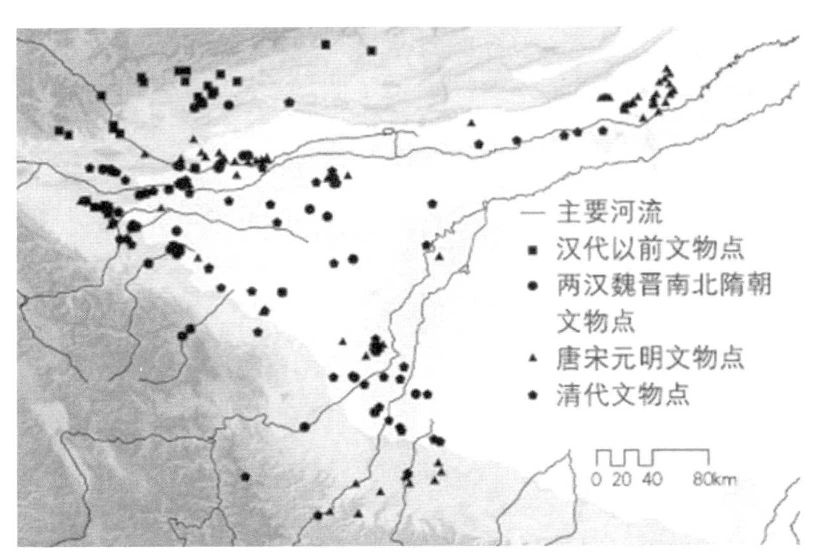

图1-14　喀什地区历代聚落分布图

米尔高原和喀喇昆仑山包围，东边开放的平原灌溉绿洲接塔克拉玛干沙漠（图1-13[①]、图1-14[②]）。

2018年末，喀什地区总人口463.38万人[③]。其中：喀什市65.15万人、疏附县28.41万人、疏勒县38.22万人、英吉沙县30.95万人、泽普县22.36万人、莎车县89.20万人、叶城县55.23万人、麦盖提县27.24万人、岳普湖县17.97万人、伽师县46.10万人、巴楚县38.45万人、塔什库尔干塔吉克自治县4.10万人。出生率为17.98‰，死亡率为11.05‰，自然增长率为6.93‰。城镇人口106.53万人；乡村人口356.85万人。

喀什地区主要有维吾尔族、汉族、塔吉克族、回族、哈萨克族、柯尔克孜族、满族、蒙古族、乌孜别克族等。2018年末，喀什地区维吾尔族428.92万人，汉族27.85万人，塔吉克族43 643人[④]。

---

① 图片来源：Google Earth 卫星影像图。

② 图片来源：陶金、张杰、刘业成，《新疆喀什地区古代聚落时空分布研究》，《城市规划》，2016年7月，第93-98页。

③ 数据来源：新疆维吾尔自治区统计局编《新疆统计年鉴2019》，2019，第73-94页。

④ 同④。

1.3.2 自然环境

1）气候环境

喀什地区属于暖温带大陆性干旱气候带区。喀什境内的四季分明，日照时间较长，其大气温度的年较差和日较差变化比较大，降水量很少，蒸发较大。夏季天气极为炎热，但是酷暑期较短；冬季无严寒，但很长时间都处于低温期；春夏时节的天气多大风、沙暴、浮尘。该地地形复杂，不同区域的气候有较大差异，大体上可以分为5个气候区域：

第一个是平原气候区，其中包括喀什市区的北部、中部广大冲积平原地区，年平均气温大约11.5℃，年降水量则变化较大，有39～664毫米不等，春夏秋冬四季分明。气温的年变化和日变化大，降水量在不同时节的变化显著。该地的日照时间长，蒸发较强，气候干燥。该地冬季低温期长，夏季则炎热期长。在春季，升温快，常有倒春寒的现象出现；秋季较短，气温迅速下降。春季时节多大风、沙暴天气，浮尘天气日数频繁。

第二个是沙漠荒漠气候区。在喀什地区的喀什市南部、麦盖提县东部和叶城东北部，气候干燥，降水稀少，年降水量常常在40毫米以下，风沙多，日照强，属于塔克拉玛干沙漠荒漠地带。此气候区的大陆性气候比较显著，年平均气温一般都在11℃以上，冬寒夏热，冷暖变化较为剧烈。

第三个是山地丘陵气候区。叶城县中部、巴楚县和伽师县北部，疏附县、英吉沙县和莎车县西部海拔1500～3000米处山区丘陵地带。年平均气温在11℃以下，冬季较长，夏季较短。年降水量在70毫米以上，主要集中在夏季，时有大雨甚至暴雨山洪发生。山区河谷地带气候适宜，夏季温热，冬季偏暖。

第四个是帕米尔高原气候区。此气候区主要是塔什库尔干塔吉克自治县县域，冬寒夏温，其年平均气温一般都在5℃以下，降水量较少，且降水主要是在春夏。此地大风日多，辐射较强，且光照充足。

第五个是昆仑山气候区。此区主要是塔什库尔干县的南部和叶城县的南部，年平均气温一般都在5℃以下，该地的山峰上终年积雪，严寒干燥，风大雪多，天气变化无常。

2）水文环境

喀什地区各河系的源头位于冰川、山区积雪带，随着山区不同季节水分的融化而使各河的年内枯洪变化明显。全地区有叶尔羌河流域和喀什噶尔河流域大小河流10条，其中较大河流有叶尔羌河、提孜那甫河、克孜勒河、盖孜河、库山河5条。全地区河水年径流量120亿立方米，还有地下回归水10亿立方米，水能蕴藏量760万千瓦，易开发120万千瓦。河流的供水特点是枯、洪期差异较大。6—9月洪水期的径流量为年径流量的60%～80%。

喀什地区地下水的动储量约在50亿～60亿立方米（包括上层滞水）。地下水主要补给区是在洪积扇、冲积扇。各大河流在出山口后的砾质洪积物上大量渗漏，其渗漏量约占河水的30%以上，是平原区地下水径流形成的主要来源。地下水运动规模在上游扇形地上主要为补给形成区，至下游则为蒸发消耗区。

3）土地资源

喀什地区土壤有机质含量低，一般在1%以下。全地区有耕地57.5万公顷，园地3.3万公顷，牧草地161万公顷，可利用草场11.48万公顷（其中改良草场2.96万公顷、围栏草场1.38万公顷），水域面积79.9万公顷。[①]

---

① 数据来源：喀什地区土地利用数据-土地资源类数据-地理国情监测云平台（dsac.cn）。

4）矿产资源

喀什地区已发现矿产67种，矿产地224处。其中大型矿床12处。矿产主要有石油、天然气、煤、油页岩、铁、铬、钛、锰、钒、金、银、铂、铜、铅、镁、钴、钨、美矿、白云岩、萤石、熔剂灰岩、硫铁矿、自然硫、岩盐、蛇纹岩、重晶石、皂石、方纳磷、膨润土、水泥石灰岩、饰面大理石、石英岩、砂岩、黏土、宝石、玉石、东陵石、黄玉、石榴石、电气石、水晶、金刚石、玛瑙等。其中石膏储量居全国前列，蛇纹岩储量居全国第三位，石油、天然气、水泥石灰岩、熔剂灰岩、饰面大理石、花岗岩、磁铁矿、硫铁矿、玉石储量丰富。

1.3.3 地形地貌

喀什地区北天山南脉横卧，西为帕米尔高原耸立，南面则是喀喇昆仑山，东部为一望无垠的塔克拉玛干大沙漠，总体地势呈三面环山、一面敞开之态。众山和一望无垠的沙漠中有叶尔羌河、喀什噶尔河的冲积平原，冲积平原的整个地势西南高、东北低，呈倾斜态势。稳定的塔里木盆地、天山、昆仑山地槽褶皱带为主的构造单元共同组成了该地地貌的总体轮廓。由于来自印度洋的湿润气流、北冰洋的寒冷气流都难以到达，喀什地区呈现出干旱炎热的暖温带的荒漠景观。但山上的冰雪的融水给干旱炎热的绿洲开发创造了有利条件，形成了较为集中的喀什噶尔和叶尔羌河这两大绿洲。境内乔戈里峰海拔最高，足有8611米，最低处位于塔克拉玛干大沙漠，海拔仅有1100米。

绿洲中的林木较为缺乏。全区现有35.53万公顷的林地面积，其中有22.93万公顷的天然林，森林覆盖率仅有2.75%。喀什地区的树品种类有杨树、桑树、柳树、沙枣、松树、梧桐、柏树、杉树、槐树、胡杨、红柳、沙棘等。此外绿洲中生土资源同样丰富，能为生土建筑提供丰富的原材料。

1.3.4 产业特征

1）产业整体概况

据《新疆统计年鉴2019》中的统计数据，2018年，喀什地区生产总值为890.1亿元，第一产业281.35亿元，第二产业220.82亿元，第三产业387.96亿元。三次产业结构为31.6：24.8：43.6。第三产业成为拉动经济增长的第一动力。人均地区生产总值为19 176元（图1-15、图1-16）[①]。

2）旅游产业

截至2020年年初，新疆喀什地区共有5A级旅游景区3个，4A级旅游景区6个，3A级旅游景区26个，2A级旅游景区14个（表1-6）[②]。

① 数据来源：根据新疆维吾尔自治区统计局编《新疆统计年鉴2019》中数据自绘。

② 表格来源：作者自制。数据来源：新疆维吾尔自治区文化与旅游厅。

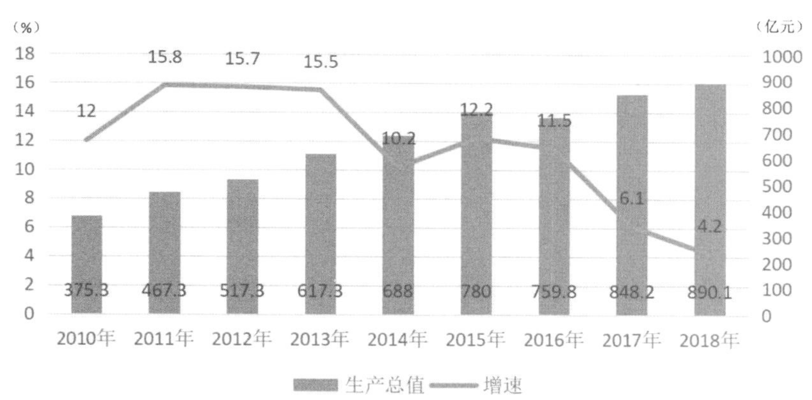

图1-15 2010—2018年喀什地区生产总值及增速

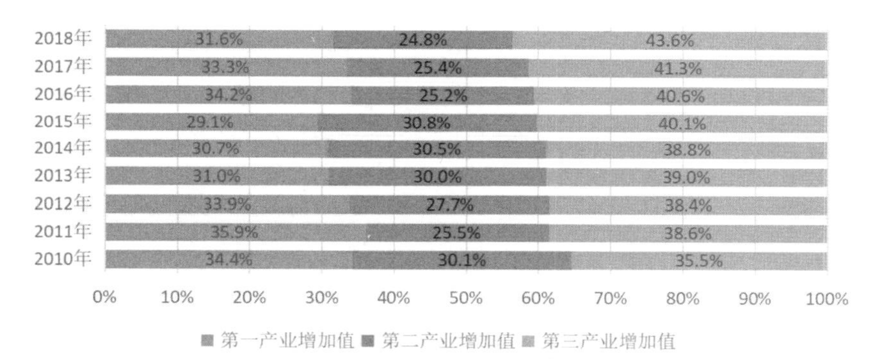

图1-16 2010—2018年喀什地区三次产业增加值占生产总值比重

表1-6 喀什地区国家级景区一览表（资料来源：新疆维吾尔自治区文化与旅游厅）

等级	序号	景区位置	景区名称
AAAAA	1	喀什市	喀什古城
	2	泽普县	泽普县金胡杨景区
	3	塔什库尔干县	帕米尔旅游区
AAAA	1	喀什市	香妃园景区
	2	巴楚县	红海旅游景区
	3	麦盖提县	刀郎画乡
	4	叶城县	叶城县宗郎灵泉景区
	5	英吉沙县	南湖旅游度假区
	6	岳普湖县	达瓦昆沙漠旅游风景区
AAA	1	喀什市	高台民居旅游景区
	2	喀什市	中西亚国际贸易市场
	3	喀什市	骑仕大观园
	4	喀什市	西域生态庄园

续表

等级	序号	景区位置	景区名称
AAA	5	巴楚县	白沙山沙漠公园
	6	麦盖提县	刀郎乡里
	7	麦盖提县	刀郎文化广场
	8	麦盖提县	世界和平公园
	9	莎车县	莎车县叶尔羌湿地公园
	10	莎车县	莎车县古城景区
	11	莎车县	莎车县米夏红樱桃景区
	12	莎车县	莎车县中国巴旦木之乡景区
	13	疏附县	新疆民族乐器村
	14	疏附县	麻赫穆德喀什噶里景区
	15	疏勒县	张骞公园
	16	疏勒县	香妃湖花卉庄园景区
	17	叶城县	叶城县锡混亚迷城景区
	18	叶城县	叶城县坡陇原始森林景区
	19	叶城县	叶城县核桃七仙园景区
	20	叶城县	叶城县烈士陵园
	21	叶城县	叶城县邓缵先纪念馆
	22	英吉沙县	穆孜鲁克湿地公园
	23	泽普县	古勒巴格景区
	24	泽普县	布依鲁克乡塔吉克风情小镇
	25	岳普湖县	柳树王风景区
	26	伽师县	胡杨林生态园
AA	1	喀什市	盘橐城
	2	喀什市	福乐智慧园
	3	喀什市	喀什市和田玉雕刻展览馆
	4	莎车县	莎车县喀尔苏沙漠
	5	莎车县	莎车县十二木卡姆故乡园
	6	疏附县	西域奇观景区
	7	疏勒县	牙甫泉沙疗滑雪中心景区
	8	英吉沙县	小刀村
	9	英吉沙县	土陶村
	10	英吉沙县	达瓦孜
	11	英吉沙县	木雕村
	12	塔什库尔干县	文化艺术中心
	13	伽师县	森林旅游生态园
	14	伽师县	奥斯特园林绿化综合农业示范基地

1.4　阿克苏绿洲片区

1.4.1　绿洲概况

阿克苏绿洲内辖温宿县、阿瓦提县、阿克苏市、柯坪县、乌什县、库车、沙雅县、新和县、拜城县。阿克苏绿洲位于新疆天山南麓、塔里木盆地以及世界第二大沙漠塔克拉玛干沙漠的北部，东接巴音郭楞蒙古自治州，西与吉尔吉斯斯坦、哈萨克斯坦两国交界，南与喀什地区、和田、克孜勒苏柯尔克孜自治州相邻，北靠天山山脉，同伊犁州相望（图1-17）①。绿洲面积共13 623平方千米，阿克苏绿洲因有阿克苏河和库车河等河流的灌溉而变得生机盎然，是我国西北干旱区内较为典型的扇形冲积平原绿洲。

阿克苏绿洲内乡村聚落平均分布密度约为1.5个/平方千米，整体上呈现出集聚分布的模式。聚落在空间上的分布具有较大的差异，整体上表现为北部多于南部，中部多于东西两侧。在绿洲北部地区以及阿瓦提县境内出现两处高密度聚落分布区，在绿洲东西两侧以及阿拉尔市境内大片区域形成聚落密度的稀疏分布区（图1-18）②。阿克苏绿洲内聚落的规模差异大且等级分异明显，小规模的聚落数量繁多，大规模的聚落比重较小。从聚落规模的局部空间分异来看，绿洲内聚落整体上呈现出“中部高，四周低”的空间分异特征，且大规模聚落集群分布的现象明显。绿洲内聚落用地规模与聚落密度呈现出明显的负相关关系，

图1-17　阿克苏绿洲卫星图

① 图片来源：Google Earth 卫星影像图。

② 图片来源：张贝贝《塔里木盆地北缘绿洲聚落格局与生态经济发展研究》，新疆大学硕士论文，2018。

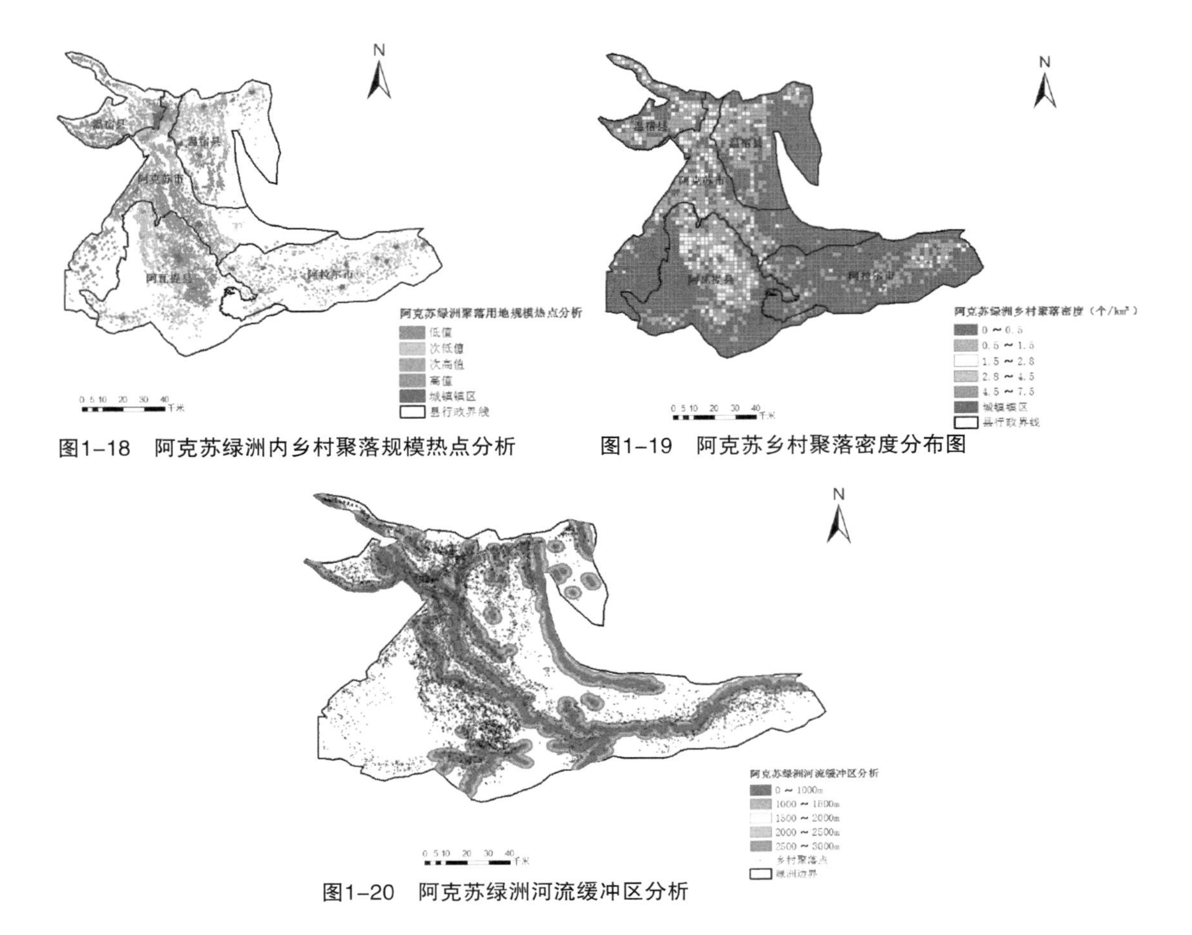

图1-18　阿克苏绿洲内乡村聚落规模热点分析

图1-19　阿克苏乡村聚落密度分布图

图1-20　阿克苏绿洲河流缓冲区分析

在空间上形成了明显的高密度小规模分布区和低密度大规模分布区（图1-19）①。

位于绿洲南端兵团辖区内的聚落形状趋于规则，复杂性低且聚落的破碎化程度低，连续性和稳定性都比较好。绿洲东西两侧的聚落形状复杂性低，形态简单，自东向西聚落的破碎化程度先增加再减少，连续性不好，稳定性差。绿洲中部的聚落形态复杂且不规则，破碎化程度高，连续性较差且较为分散（图1-20）②。

2018年年末，阿克苏地区总人口256.16万人③。其中：阿克苏市55.11万人、温宿县26.65万人、库车48.86万人、沙雅县26.42万人、新和县19.42万人、拜城县24.04万人、乌什县23.30万人、阿瓦提县26.84万人、柯坪县5.53万人。出生率为14.79‰，死亡率为9.12‰，自然增长率为5.67‰。城镇人口87.83万人；乡村人口168.33万人。

阿克苏地区主要有维吾尔族、汉族、回族、柯尔克孜族、蒙古族、哈萨克族、满族、乌孜别克族等38个民族。2018年年末，汉族47.53万人，回族13 828人④。

---

① 图片来源：张贝贝《塔里木盆地北缘绿洲聚落格局与生态经济发展研究》，新疆大学硕士论文，2018。
② 图片来源：同上。
③ 数据来源：同上。
④ 数据来源：同上。

阿克苏是东西方文明的交汇点和古代西域及古丝绸之路文化中心之一。“古丝绸之路”文化和民族文化，孕育了与西方和中原地区迥异的古代龟兹文化和多浪文化，以佛教石窟、壁画、音乐、舞蹈著称于世。

1.4.2 自然环境

阿克苏绿洲属于温暖带大陆性气候，远离海洋，地处亚欧大陆深处，气候干燥，日照时间长，降雨量少，年日照时数为2750～3029小时，太阳的总辐射量达到了5340～6220兆焦/平方千米，属于全国太阳辐射量比较多的地区。昼夜温差大，光热等资源相当丰富，无霜期较长，大致为183~227天，年降水量42.4～94.4毫米，年均温为9.9～11.5℃，冬季寒冷、夏季干热是主要的气候特点。

1）气候环境

阿克苏绿洲位于塔里木盆地北缘，北靠天山。由于从阿拉伯海经伊朗高原，过帕米尔高原西部影响我国新疆中北部地区的西路水汽输送带，受地球大气盛行偏西风的影响经帕米尔高原后逐渐向东偏折，从伊犁高地进入新疆中北部地区，在此与新地岛爆发的南下冷空气汇合，冷暖空气交汇使得天山一带经常出现四季分布较为均匀的过程性降水。因此阿克苏地区降水北多南少，北部天山南麓降水量300～600毫米之间，降水及冰雪融水汇流成河，成为阿克苏河和库车河流的主要发源地。越往南降水越少，库车市域年平均降水量仅为 67.3 毫米，年蒸发量高达2863.4毫米，是平原地区降水量的42.5倍，山区降水量的12.7倍。

阿克苏夏热冬冷，平原地带常年平均气温11.4℃，极端最高气温为41.5℃，极端最低气温为−27.4℃，温度在地域和季节分布上不均。北部高山终年严寒，无四季之分，东南部因紧邻塔克拉玛干大沙漠，以夏季酷热冬季严寒为主要特点，年温差和昼夜温差明显高于其他地区。却勒塔格山是平原与山区气候分界线。中部沿县城一带的南北区域，形成一条暖温带，温度适宜，温差变化较小，四季分明，适合居住。

2）水文环境

阿克苏绿洲境内共拥有16条河流、60余条大小泉水。塔里木河水系、渭干河水系、阿克苏河水系是其主要的水系，台兰河、库车河等为境内较小的水系，地表水径流量129.42亿立方米。

库车市域水系发达，水资源丰富，对山前绿洲发育起到了决定性的作用。主要河流为渭干河、库车河、拉依苏河和塔里木河，均为内陆河。渭干河、库车河和拉依苏河均发源于北部天山，由天山冰雪融水汇集而成，自北向南贯穿市域，在南部平原区分叉为多个支流。其中，渭干河和库车河是库车绿洲形成的主要水系，尤其在渭干河和库车河水系的交叉地段，水网、沟渠密集，土壤肥沃，水热条件好，利于作物生长，农业发达，形成库车一带主要的经济区。

渭干河流出山口后呈辐射状分布，形成扇形冲积平原绿洲——渭干河流域绿洲。渭干河由北向南贯穿整个绿洲，最终消失于南部戈壁沙漠之中，是渭干河绿洲唯一的主要水源（图1−21）①。

由于降水量匮乏，渭干河绿洲主要依靠渭干河及地下水作为主要水源。渭干河是绿洲重要的河流，由发源于汗腾格里峰东侧冰川的木扎提河从西端进入拜城盆地，汇集卡普斯浪河、台勒维丘克河、喀拉苏河与黑孜河流出拜城盆地后形成。

① 图片来源：北京清华城市规划设计研究院，《新疆库车历史文化名城保护规划》，未出版，2010年1月，规划说明书第8页。

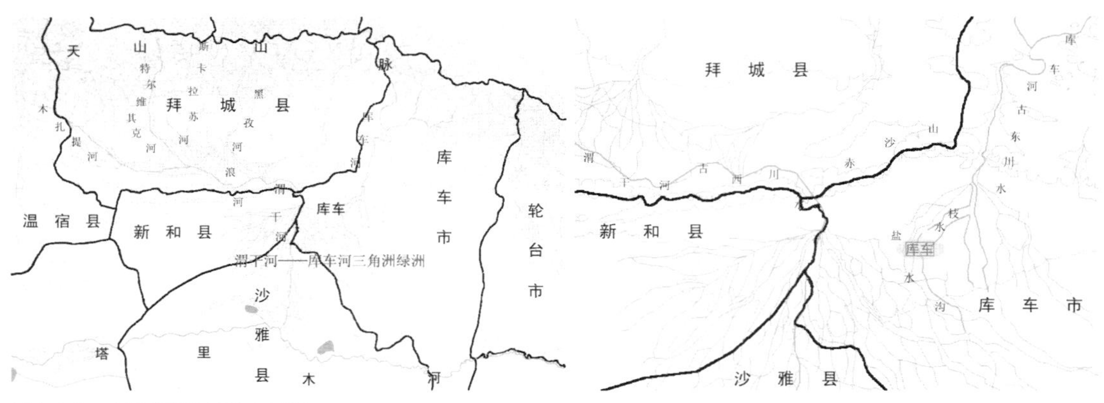

图1-21　库车绿洲主要水系图

3）土地资源

垂直性和区域性分布是阿克苏绿洲内土壤的主要特点。受干旱荒漠气候的影响，在天山南坡、托木尔峰脚下，土壤的垂直带向上推移，基带是荒漠棕漠土带，向上依次为山地棕钙土带、山地栗钙土带、亚高山草原土带、高山草甸土带和高山寒漠土带等。由天山南坡至平原地带的土壤大致可以划分为荒漠棕钙土、荒漠棕漠土、灌淤土、潮土、草甸土、盐土等。主要原因是受到单斜构造以及成土母质的不同与潮化、盐化的影响，构成了土壤同一地带而形成的区域性分布。

库车的总面积为1.52万平方千米，库车市土地使用率高达 69.42%，高于疆内 40.8%的水平。①

渭干河三角洲和库车河冲洪积扇地带是库车县的主要农业耕作区，全市耕地、园地面积的95.5%集中分布在该区域内，居民点、交通用地的93.5%分布在该区域，从这里可以看出，库车市所在的库渭绿洲内，平原绿洲十分集中，市域所在绿洲内土地开发利用的程度较高。

4）矿产资源

库车矿产丰富，且多为优质矿，含量丰富，开采条件好，主要分布在中北部的低山区。库车地区铜矿、铁矿、盐矿的开采和冶炼历史悠久，北魏时已成为整个西域地区的铜、铁矿开采和冶炼的中心，是推动当地经济繁荣的重要支柱。

1.4.3　地形地貌

阿克苏绿洲是在塔里木河的上游发育形成的绿洲，绿洲内自北向南呈现出山地—绿洲—荒漠的地貌格局（图1-22）②，地势特点为北部高南部低，且自西北向东南倾斜。境内的最高点是海拔高度为7435.3米的托木尔峰；境内的最低处则位于塔里木河的两岸，海拔仅为945～1020米。绿洲北部为天山山区，拥有众多的山峰且多为荒土地和裸土地，如托木尔峰、汗腾格里峰等。绿洲中部为山麓砾质扇形区、冲积平原区。水资源丰富，土壤肥沃，其中面积广阔、水草丰茂的天然草场也分布于此，戈壁与绿洲相间分布。南部是一望无际、浩瀚无垠的塔克拉玛干大沙漠。绿洲东部有拜城盆地，西部有乌什谷地。

库车地处亚欧腹地，位于世界第一大内陆盆地——塔里木盆地北缘，北靠天山中段南麓，南接塔克拉

① 数据来源：中国政府网库车市人民政府官方网站。
② 图片来源：根据 Google Earth 卫星影像图改绘。

玛干沙漠。地势北高南低并向南倾斜，可大致划分为北部天山高山区、中部砾石戈壁低山区和南部冲积平原区（图1-23）[①]。

库车域以314国道为界，靠北以山区为主，约占全县总面积的46.2%。平均海拔在2000米以上，最高海拔高程为4550米；南部以平原为主，约占县总面积的53.8%，平均海拔在930～1225米之间；平原的北半部，地形自西向东是渭干河冲积洪积平原，库车河洪积平原和东部的洪积扇群带；南部为塔里木河冲积平原。其中，北部天山是阿克苏及库车河流的主要发源地，山顶常年为冰雪覆盖，中下部以山地森林草原为主，适合牧业发展。南部是历史悠久的河流冲积或洪积扇绿洲，面积广阔、地势平坦、水系密布，且泥沙有机质含量高，为发展农牧业提供了良好的条件。中部因降水少，土壤贫瘠，植被稀少，但矿产丰富，拥有铜矿、铁矿、盐矿开采和冶炼的悠久历史。

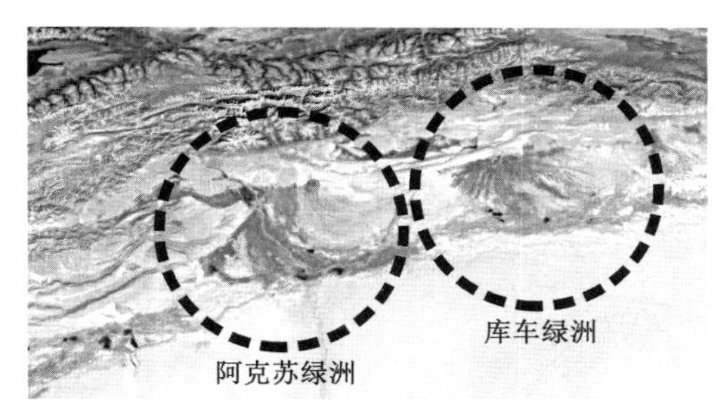

图1-22　阿克苏绿洲地貌格局

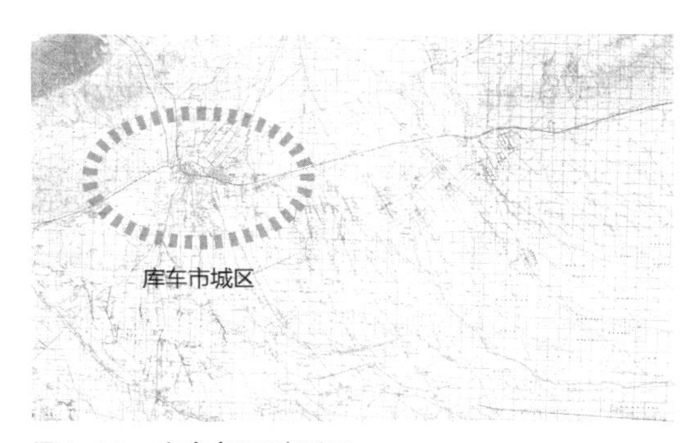

图1-23　库车郊区地形图

库车城区位于市域中部，渭干河和库车河水系中游的交叉地段，前缘为亚砾质和亚黏土的冲积平原，水网、沟渠密集，土壤肥沃；并处于北部高山（终年严寒）和南部沙漠（夏热冬寒）之间的南北向暖温带内，温度适宜，温差变化较小，有利于作物生长，适合居住。同时，与北部天山牧区、矿区和南部草湖农牧区距离适中，受塔克拉玛干沙漠沙尘影响较小，自然条件优越（图1-24、图1-25）[②]。

图1-24　库车地形图

---

① 图片来源：《新疆库车历史文化名城保护规划》，库车市人民政府，北京清华城市规划设计研究院，2010年1月。
② 同上。

图1-25　库车城区地形图（1999年版）

1.4.4　产业特征

1）产业整体概况

据《新疆统计年鉴2019》中的统计数据，2018年，阿克苏地区生产总值为1027.42亿元，第一产业259.36亿元，第二产业388.18亿元，第三产业379.88亿元。三次产业结构为25.2：37.8：37.0（图1-26，图1-27）。[①] 其中，库车生产总值为243.80亿元，第一产业23.32亿元，第二产业163.62亿元，第三产业56.86亿元。三次产业结构为9.6：67.1：23.3，第二产业成为拉动经济增长的第一动力。全区人均地区生产总值为36 092元，库车人均地区生产总值为49 948元（图1-28）[②]。

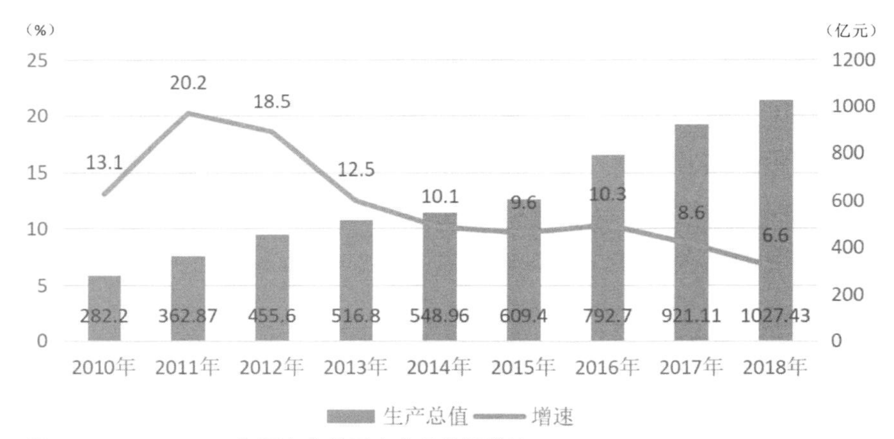

图1-26　2010-2018年阿克苏地区生产总值及增速

① 数据来源：根据新疆维吾尔自治区统计局编《新疆统计年鉴2019》中数据自绘。
② 图片来源：中国政府网库车市人民政府官方网站，《库车2018年国民经济和社会发展统计公报》，2019年4月，http：//www.xjkc.gov.cn/zwgk/ghjh/tjxx/20191107/i473060.html。

年份	第一产业增加值	第二产业增加值	第三产业增加值
2018年	25.2%	37.8%	37.0%
2017年	26.5%	36.4%	37.1%
2016年	22.6%	34.3%	43.1%
2015年	23.1%	49.1%	27.8%
2014年	22.0%	52.0%	26.0%
2013年	22.6%	35.3%	42.1%
2012年	22.9%	36.0%	41.1%
2011年	25.5%	35.3%	39.20%
2010年	29.2%	32.1%	38.7%

图1-27　2010—2018年阿克苏地区三次产业增加值占生产总值比重

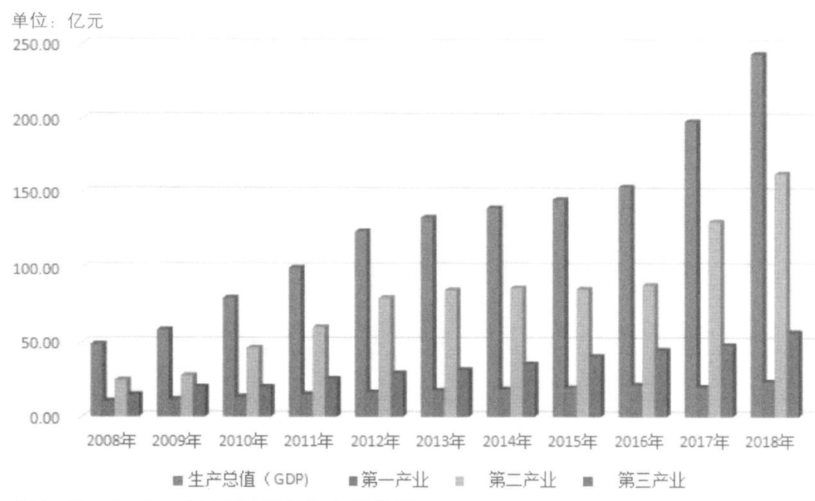

图1-28　2008—2018年库车市生产总值

2）旅游产业

截至2020年年初，新疆阿克苏地区共有4A级旅游景区12个，3A级旅游景区15个，2A级旅游景区4个（表1-7）[①]。

表1-7　阿克苏地区国家级景区一览表

等级	序号	景区位置	景区名称
AAAA	1	阿克苏市	多浪河景区
	2	阿克苏市	国家湿地公园景区
	3	库车	天山神秘大峡谷
	4	库车	库车龟兹绿洲生态园

① 表格来源：作者自制。数据来源：新疆维吾尔自治区文化与旅游厅。

续表

等级	序号	景区位置	景区名称
AAAA	5	库车	库车王府
	6	新和县	沙漠花海景区
	7	拜城县	拜城县克孜尔石窟
	8	阿瓦提县	刀郎部落
	9	温宿县	天山神木园
	10	温宿县	天山托木尔大峡谷景区
	11	乌什县	燕泉山景区
	12	乌什县	沙棘林景区
AAA	1	阿克苏市	森林公园
	2	阿克苏市	凤泉河景区
	3	阿克苏市	幸福公园
	4	阿克苏市	阿克苏地区博物馆
	5	库车	浙商商贸城
	6	库车	甬库团结村景区
	7	沙雅县	沙雁洲景区
	8	新和县	天籁加依景区
	9	拜城县	拜城县卡普司浪河景观带
	10	拜城县	康其湿地公园
	11	拜城县	铁热克温泉
	12	温宿县	天山托木尔平台子景区
	13	温宿县	海立方欢乐海世界
	14	温宿县	龙泉湖公园
	15	乌什县	天南第一木耳村
AA	1	温宿县	帕克勒克景区
	2	温宿县	高老庄西游乐园景区
	3	温宿县	阿克布拉克景区
	4	柯坪县	柯坪县人民公园

1.5　库尔勒绿洲片区

库尔勒绿洲片区主要是以巴音郭楞蒙古自治州行政区域范围为主，在新疆绿洲空间分区中属一级分区塔里木盆地北部绿洲区，主要包括二级分区开都—孔雀河流域绿洲亚区和东昆仑山—阿尔金山山前绿洲亚区部分区域。

1.5.1　绿洲概况

巴音郭楞蒙古自治州，简称巴州，“巴音郭楞”为蒙古语音译，意为“富饶的流域”。巴州地处新疆维吾尔自治区东南部，东邻甘肃、青海，南倚昆仑山，并与西藏相接；西连新疆和田、阿克苏地区，北以天山为界与伊犁、塔城、昌吉、乌鲁木齐、吐鲁番、哈密等地州市相连（图1-29）[①]。东西和南北最大长度为800余千米。全州行政区划47.15万平方千米，占新疆总面积的四分之一，是中国面积最大的地级行政区，相当于苏浙闽赣四省面积之和。

巴州下辖“八县一市”，以天山为界线，南四县一市分别为轮台县、尉犁县、若羌县、且末县和库尔勒市，北四县为焉耆县、和静县、和硕县、博湖县，州府设在库尔勒市。库尔勒是东西方文明的交汇点和古代西域及古丝绸之路文化中心之一。“古丝绸之路”文化和民族文化，孕育了与西方和中原地区迥异的古代龟兹文明。

图1-29　巴音郭楞蒙古自治州卫星图

① 图片来源：Google Earth 卫星影像图。

2018年末，巴音郭楞蒙古自治州总人口124.21万人[①]。其中：库尔勒市47.27万人、轮台县11.62万人、尉犁县10.69万人、若羌县3.44万人、且末县7.10万人、焉耆回族自治县13.12万人、和静县18.46万人、和硕县6.62万人、博湖县5.89万人。出生率为11.96‰，死亡率为7.56‰，自然增长率为4.40‰。城镇人口68.19万人；乡村人口56.02万人。

巴音郭楞蒙古自治州主要有维吾尔族、汉族、回族、蒙古族、满族、哈萨克族、俄罗斯族、乌孜别克族等。

1.5.2 自然环境

1）气候环境

巴州属中温带和暖温带大陆性气候，主要特征为干旱少雨、蒸发量大，日照长。由于全州地域辽阔，地形复杂，高山地区与平原地区、焉耆盆地的北四县与塔里木盆地的南四县一市之间的气候又有较大差异。高山地区春秋相连，终年无夏，平原地区则四季分明，夏季炎热。位于塔里木盆地边缘的库尔勒、轮台地区无霜期长达194～223天；位于塔里木盆地东南边缘的若羌地区无霜期长达181～199天；且末地区无霜期185天左右；位于焉耆盆地的北四县无霜期最短，为180天左右。

2）水文环境

巴州共有大小河流53条。按河流的发源地可分为天山水系和东昆仑山水系。天山水系的河流主要有开都河、黄水沟、清水河、迪那河、库尔楚河等，滋润着焉耆盆地、库尔勒、尉犁、轮台平原的大片土地；东昆仑山—阿尔金山水系的河流主要有车尔臣河、喀拉米兰河、莫勒切河、米兰河、塔什赛依河、瓦石峡河等，孕育着若羌、且末两地的绿洲。全州境内共有大小湖泊69个，总面积2398平方千米。主要湖泊有博斯腾湖、罗布淖尔湖、台特马湖、鲸鱼湖等。位于焉耆盆地东南部的博斯腾湖，东西长55千米，南北宽25千米，湖水高程1048米，水域面积1001平方千米（图1-30[②]）。降水量：巴州全州年平均降水量为200毫米，呈现出山区多、平原少，北部多，南部少，盆地沙漠区更少。巩乃斯河上游年降水量近1000毫米，焉耆盆地仅为53.9～77毫米，南部边缘地区不足20毫米，其中瓦石峡乡全年降水量仅为9.2毫米，为全国全疆降水最少的地区。

蒸发量：巴音布鲁克草原牧区生长季蒸发量700毫米，是同期降水量的1.5~3倍，焉耆盆地生长季蒸发量1200毫米左右，是同期降水量的15~20倍，塔里木盆地东部各地生长季蒸发量1300～1500毫米，是同期降水量的20倍以上。

气温：巴州天山山区年平均气温为−4.5℃，阿尔金山山区年平均气温低于0℃，焉耆盆地年平均气温为8℃，极端低温为−35~−30℃；塔里木盆地东部年平均气温为10℃左右，极端低温为−33~−26℃；其中巴音布鲁克草原全年中有一半以上时间月平均气温低于−6℃，小珠勒图斯年极端低温曾经达到过−48.1℃，为全疆年平均温度最低的地区。

风速及风向：大、小珠勒图斯交界处的开都河上游，翻越巩乃斯艾肯达坂的冷空气沿开都河南下，巴音布鲁克多为东风。受对流层高空西风气流引导，天山山区、阿尔金山山区及开都河两岸多西北风。塔

① 数据来源：新疆维吾尔自治区统计局编《新疆统计年鉴2019》，2019，第73-94页。
② 图片来源：作者自绘。

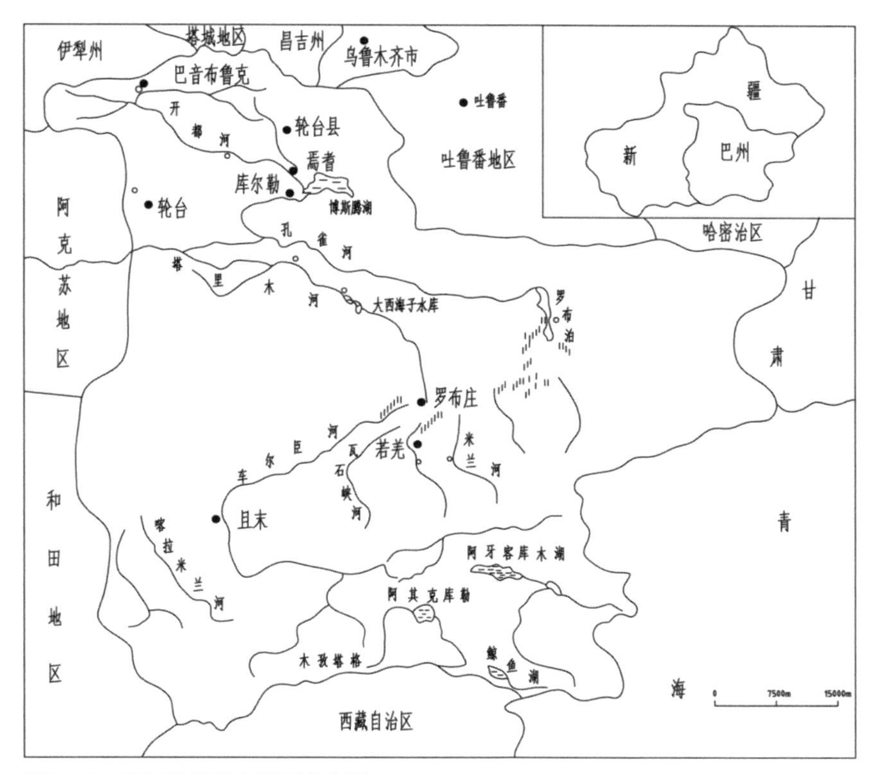

图1-30　库尔勒绿洲水资源分布图

里木盆地内巴州各地多偏东风。山麓湖滨地带的风向，有明显的日变化，凌晨多山（陆）风，白天多谷（湖）风，天山山区、阿尔金山山区、焉耆盆地多为偏西或西北大风，受罗布卓尔风区、铁门关风口影响的县市，则多偏东或东北大风。

1.5.3　地形地貌

巴州地形整体为“一盆两山”，由北至南分别为天山山脉、塔里木盆地东部和昆仑山、阿尔金山三个地貌区，基本格局呈“U”形（图1-31、图1-32）①。山地面积22.5万平方千米，占47.7%，平原面积24.66万平方千米，是世界第二大沙漠，最低点罗布泊海拔778米。我国第二大草原巴音布鲁克草原也在境内，绿洲草原海拔多为1000米以下，为当地各族人民提供了宜居生存环境。

1.5.4　产业特征

1）产业整体概况

据《新疆统计年鉴2019》中的统计数据，2018年，阿克苏地区生产总值为1027.51亿元，第一产业155.31亿元，第二产业560.08亿元，第三产业312.12亿元。三次产业结构为15.1：54.5：30.4。第二产业成为

① 图片来源：根据 Google Earth 卫星影像图改绘。

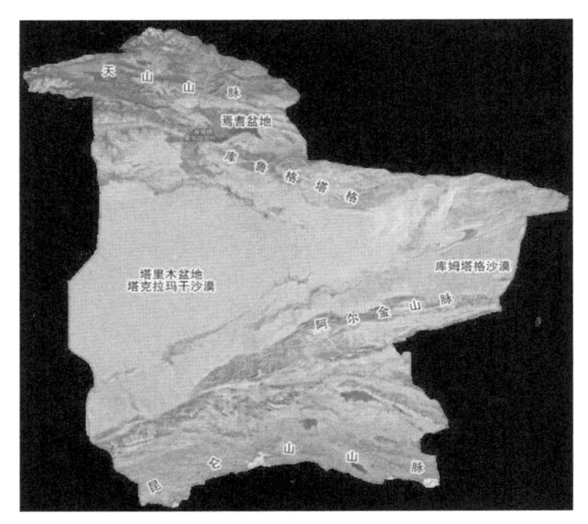

图1-31　巴音郭楞蒙古自治州地貌图

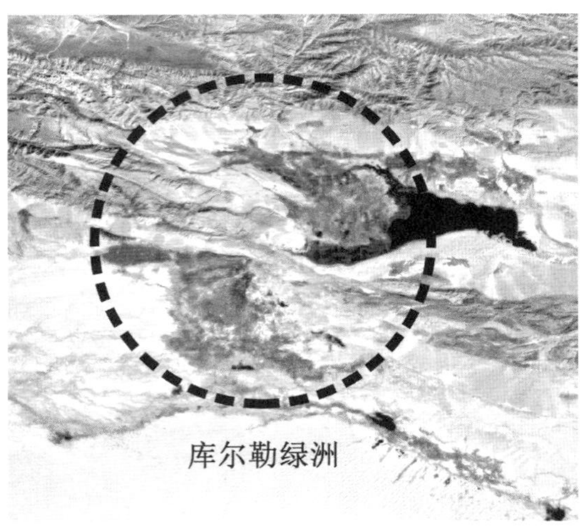

图1-32　库尔勒绿洲卫星图

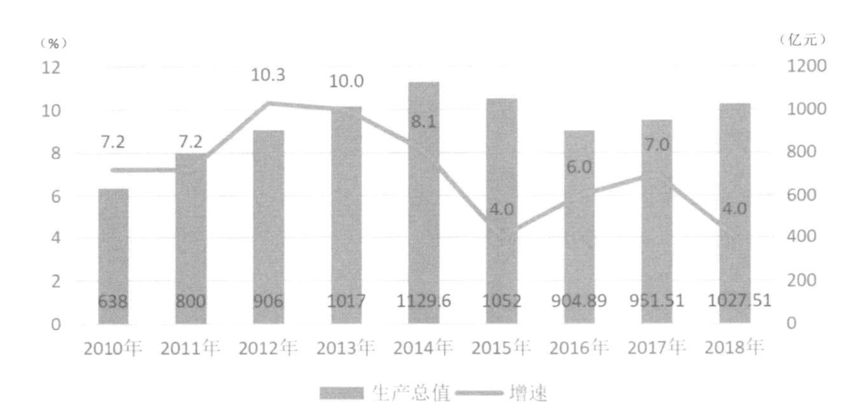

图1-33　2010—2018年巴音郭楞蒙古自治州生产总值及增速

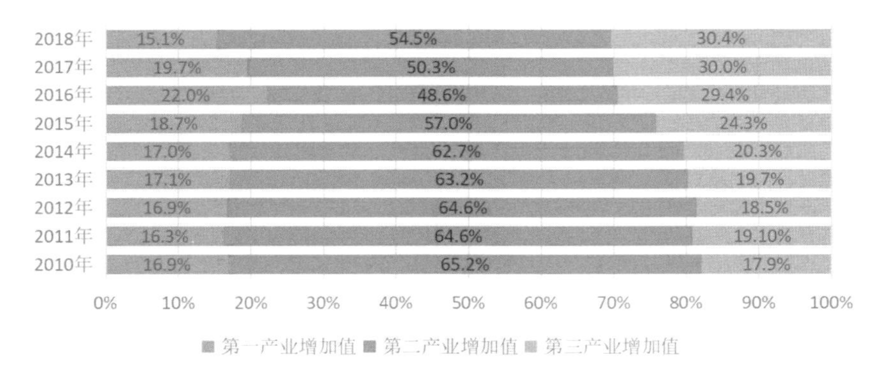

图1-34　2010—2018年巴音郭楞蒙古自治州三次产业增加值占生产总值比重

拉动经济增长的第一动力（图1-33、图1-34）[①]。全区人均地区生产总值为72 029元。

---

① 图片来源：根据新疆维吾尔自治区统计局编《新疆统计年鉴2019》中数据自绘。

2）旅游产业

截至2020年年初，新疆巴音郭楞蒙古自治州共有5A级旅游景区2个，4A级旅游景区8个，3A级旅游景区8个，2A级旅游景区5个（表1-8①）。

表1-8 巴音郭楞蒙古自治州国家级景区一览表

等级	序号	景区位置	景区名称
AAAAA	1	博湖县	博斯腾湖景区（大河口）、博斯腾湖景区（莲海世界）
	2	和静县	巴音布鲁克景区
AAAA	1	尉犁县	罗布人村寨景区
	2	和硕县	金沙滩景区
	3	轮台县	塔里木胡杨林公园景区
	4	和静县	巩乃斯景区
	5	库尔勒市	天鹅河景区
	6	和静县	黄庙景区
	7	焉耆县	霍拉山丝路古村
	8	和静县	北山森林公园景区
AAA	1	焉耆县	乡都酒堡景区
	2	库尔勒市	铁门关景区
	3	库尔勒市	五德玉苑风情园
	4	库尔勒市	康庄生态园
	5	尉犁县	红色达西村景区
	6	和静县	克尔古提景区
	7	和静县	土尔扈特民俗文化村
	8	和静县	东归生态公园景区
AA	1	尉犁县	罗布泊大裂谷
	2	温宿县	帕克勒克景区
	3	温宿县	高老庄西游乐园景区
	4	温宿县	阿克布拉克景区
	5	柯坪县	柯坪县人民公园

① 表格来源：作者自制。数据来源：新疆维吾尔自治区文化与旅游厅。

1.6 吐鲁番绿洲片区

吐鲁番绿洲主要是以吐鲁番市行政区域范围为主，在新疆绿洲空间分区中属一级分区东疆绿洲区，包括二级分区吐鲁番绿洲亚区。

1.6.1 绿洲概况

吐鲁番是古丝绸之路的必经之地，位于塔里木盆地的东北部，北部有天山和博格达的主要山峰，积雪整年都在积蓄，融化的雪水给盆地提供了水源，加上土地肥沃，所以早在公元前2世纪就已是一个农业发达、人口众多的绿洲。在这样一片独特气候环境和十分有限的区域内，人们用智慧营建出绿洲聚落。①

吐鲁番具有珍贵的历史遗存、丰厚的文化底蕴和特色鲜明的地方民族人文资源。丝路文化、生土文化、井渠文化、葡萄文化等在历史、艺术建筑、风情、科学、生活等各个领域都留有深深的印记。吐鲁番至今保留了较丰富的历史文化遗存，其中著名的高昌故城和交河故城，分别处于市境的东、西部。史称高昌为西域门户，是丝绸之路的重要枢纽。交河故城及其周围丰富的史前至汉唐文化遗存，柏孜克里克千佛洞和苏公塔，也以其独特的文化内涵，彰显着不可替代的存在价值。

吐鲁番市由于军事、政治等原因与内地联系紧密，曾一度成为全疆的经济中心，较之全疆其他地区，受中原地区的影响较多。当今吐鲁番是新丝绸之路和亚欧大陆桥重要交通枢纽。兰新铁路、南疆铁路在这里交会，与吐鲁番机场、G30线形成了“公路、铁路、航空”为一体的立体交通运输体系，具有“连接南北、东联西出、西来东去”的区位和便捷交通优势。由于吐鲁番气候特殊，生态脆弱，风沙防治一直是环境治理中的重点问题。吐鲁番传统村落民居不仅很好地满足了居民对于当地恶劣区域环境的生活需求，还有效地结合了当地的建筑营建特色，在历史发展演化过程中充分发挥着创新精神，使之不断满足吐鲁番地区人民的生存需求，逐步达到宜居的要求。在吐鲁番绿洲聚落民居的营造过程中，依照吐鲁番市自然环境

图1-35 吐鲁番绿洲卫星图

① 资料来源：塞尔江·哈力克、阿曼古丽·艾山，《吐鲁番绿洲传统聚落公共空间形态特征与营造探究》，《华中建筑》2020年第2期。

和社会环境等影响因素及当地的生活习俗、经济特点，营造出了当地特有的居住环境（图1-35）①。

2018年年末，吐鲁番市总人口63.34万人②。其中：高昌区29.03万人、鄯善县22.34万人、托克逊县11.97万人。出生率为13.43‰，死亡率为11.82‰，自然增长率为1.61‰。城镇人口22.93万人；乡村人口40.41万人。主要有维吾尔族、汉族、回族、哈萨克族、满族、蒙古族、乌孜别克族等27个民族。

吐鲁番是古丝绸之路上的重镇，有4000多年的文化积淀，曾经是西域政治、经济、文化的中心之一。已发现文化遗址200余处，出土了从史前到近代4万多件文物，从出土文物来看，吐鲁番至少使用过18种古文字、25种语言，大量的文物和史实证明，吐鲁番是世界上具有深远影响的各种文化的交融汇合点。吐鲁番木卡姆（现代维吾尔语中，意思为“古典音乐”，是一种民族艺术形式）被称为新疆十二木卡姆的古老源泉之一，《吐鲁番木卡姆》的歌词除由古典诗歌和民间歌谣组成，不仅具有两种语体风格，还使用了多音节的长句“艾则勒”（多音节的长句）格律诗。《吐鲁番木卡姆》是吐鲁番本土古老而又传统的艺术精粹，现已结集出版，并荣获国家大奖。

1.6.2 自然环境

1）气候环境

吐鲁番属于典型的大陆性干旱、荒漠气候，由于远离海洋，四周高山环抱，形成了日照长、气温高、温差大、降水少、风力强的大气候特点，素有“火洲”“风库”之称（图1-36、图1-37）③。吐鲁番春季短暂，开春早，升温快；夏季漫长，高温酷热，在五月至八月均逾40℃，夏季平均气温为30℃左右（图1-38④、图1-39⑤）；每年进入四月气温可高达30℃以上，直至九月、十月仍在30～38℃间徘徊。在十一月后气温急降至零下，直至来年三月才逐渐解冻。

吐鲁番盆地全年干热少雨，具有较长的无霜期。天然形成的温室效应在此地非常明显，蕴含了大量的地热、矿产资源，故此地的瓜果、葡萄、蔬菜、棉花等经济作物长势良好，已成为吐鲁番地区的名片。

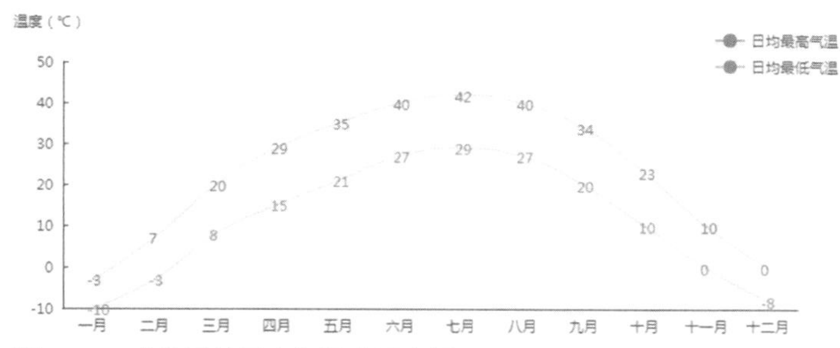

图1-36 吐鲁番地区全年温度示意图

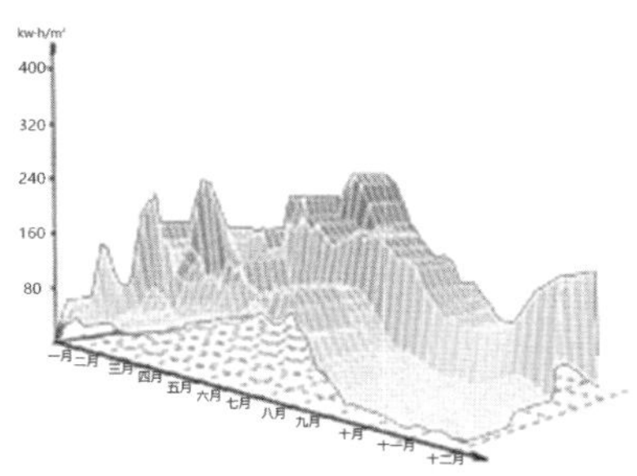

图1-37 吐鲁番地区全年风量示意图

① 图片来源：Google Earth 卫星影像图。

② 数据来源：新疆维吾尔自治区统计局编《新疆统计年鉴2019》，2019，第73-94页。

③ 图片来源：杨彩霞《绿洲城市空间形态演变及其生态适应性研究——以吐鲁番为例》，西安建筑科技大学硕士论文，2018。

④ 图片来源：中国气象局信息中心气象资料室、清华大学建筑技术科学系，《中国建筑热环境分析专用气象数据集》，中国建筑工业出版社，2005。

⑤ 图片来源：同②。

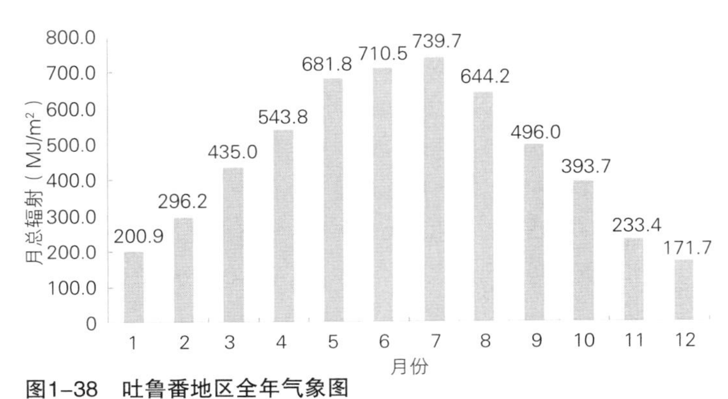

图1-38　吐鲁番地区全年气象图

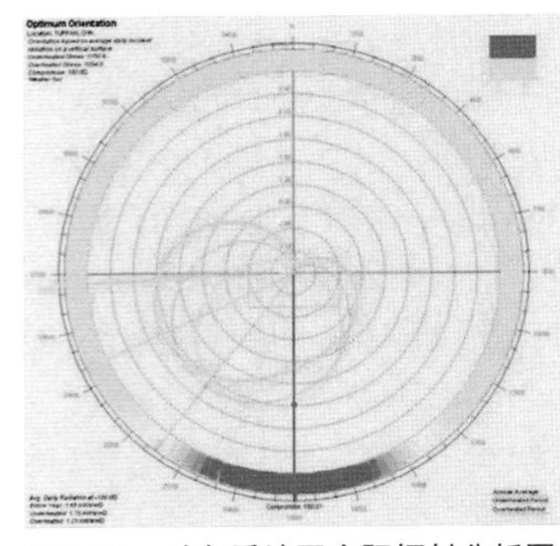

图1-39　吐鲁番地区太阳辐射分析图

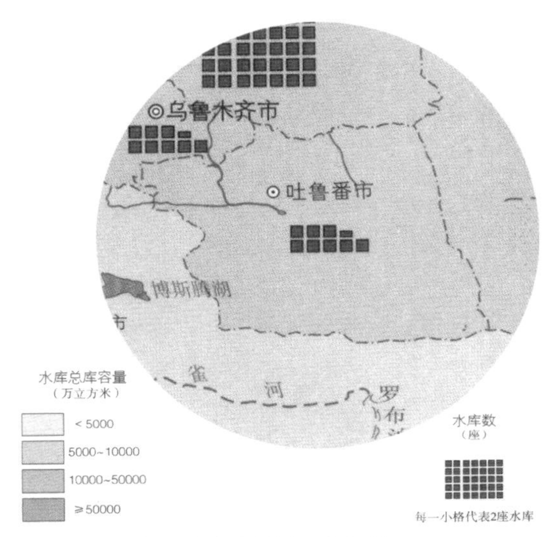

图1-40　吐鲁番市水库数量及库存量

图1-41　吐鲁番市流域分区

2）水文环境

在降雨极度匮乏的条件下，雪山、冰川的融水及河流自然成了东疆地区的生命之水，众多连绵不绝的海拔高度在雪线之上的雪岭雪峰，组成独具特色的冰川体系，在全国冰川面积中占比约为42%。吐鲁番盆地内赖以生存的水资源则主要来自天山山脉的博格达山和喀拉乌成山，其中博格达山一直被称为吐鲁番地区绿洲聚居的保护神。盆地内主要河流有坎儿齐其河、二塘沟、黑沟、塔尔郎沟等。吐鲁番降水稀少、气候干旱，蒸发量大，水资源短缺。该地区水资源主要来源于西部和北部山区的天山水系和火焰山水系，山区降雨和雪融水是水资源的唯一补给源，吐鲁番水源由地下水和地表水两部分组成。天山水系的河流是吐鲁番的主要水利资源（图1-40、图1-41）①，但枯洪悬殊，水量极不稳定；火焰山水系水量不大，但比较稳定。地表水流中较大的有坎尔其河、柯柯亚河、二塘沟河、恰勒汗河、黑沟河、煤窑沟

① 图片来源：刘戈青，《新疆维吾尔自治区地图集》，中国地图出版社，2009，第15页。

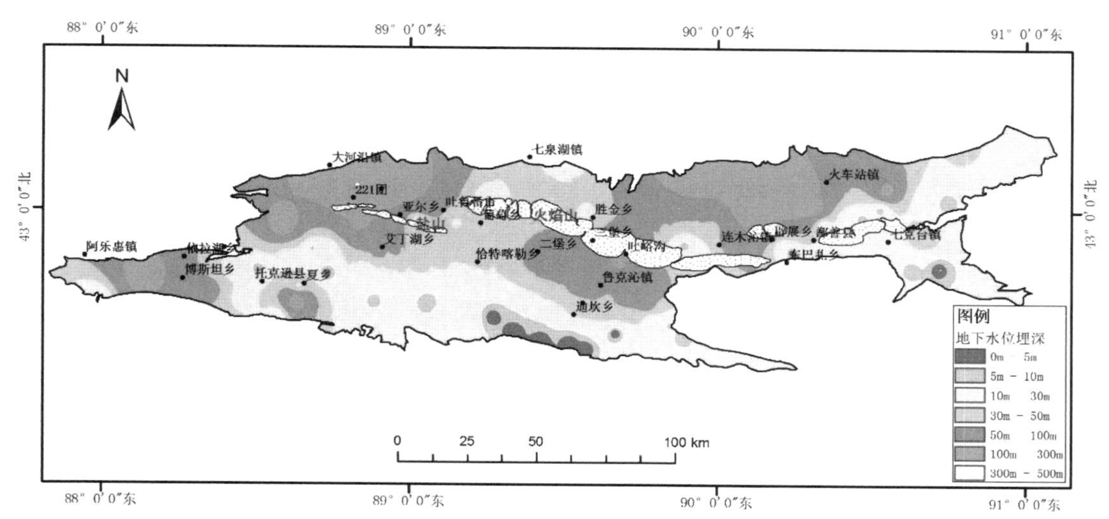

图1-42　吐鲁番地下水资源分析图

河、塔尔朗河、大河沿河、白杨河、乌斯通沟河、珠鲁木头沟河、阿拉沟河、鱼儿沟河13条河流，其中流经吐鲁番市的河流有5条（图1-42①）。

地下水主要来源于天山、博格达山峰的积雪融水。博格达峰的北坡比较阴湿，水汽较多，多为短小河流，在山麓造成洪积和冰水沉积平原；南坡则比较干燥，河网较稀，涓涓雪水顺坡而下，经过低山山带到达山麓，但河流短促，地表径流很少，大多是一出山口就渗入透水性很强的砾石层而转为地下水，在流经盆地中部时，受到前山的阻拦作用，使得这个向斜构造成为丰富的地下水储蓄场所，但地下水埋藏深度较大，在地下形成伏流，加之这里蒸发量极大，地表径流短缺，农业发展在很大程度上受到用水的限制。吐鲁番位于天山支脉东部的博格达山南坡，选址在重要的水源线上。北部山区是吐鲁番水资源的主要形成区，包括地表水和地下水。山区上游发育着5条内陆河流，自西向东纵向排列，依次为大河沿河、塔尔朗河、煤窑沟河、黑沟河、恰勒坎沟河，均发源于北部天山山脉东部博格达峰南侧，集水面积1949平方千米，流域面积为15 283平方千米，多年平均总流量2.91亿立方米，是吐鲁番城市居民生活和生产用水的主要水源。

3）土地资源

吐鲁番市截至2009年，辖区面积70 049平方千米，吐鲁番盆地山区面积为9850平方千米，平原面积为59 863平方千米。吐鲁番市森林面积133.1万亩，占辖区总面积0.23%。林地中山区有成片林，主要分布在吐鲁番市和鄯善县海拔2000米以上的山坡。全市山区天然林资源5万亩，活立木总蓄积量30万立方米，树种以云杉、落叶松、胡杨为主。吐鲁番市林业用地总面积2 347 383亩，森林覆盖率为1.92%。其中：天然林面积1 618 177亩，覆盖率1.55%；人工林面积385 570亩，覆盖率0.37%；林地面积2 003 747亩，占林业用地面积的85.36%；灌木林面积134 453亩，占林业用地面积的57.3%，育苗基地1000亩。②

① 图片来源：《吐鲁番市城市总体规划（2013-2030）》，吐鲁番市人民政府、湖南省城市规划研究设计院，2014.4。
② 数据来源：吐鲁番市土地利用数据-土地资源类数据-地理国情监测云平台（dsac.cn）。

4）矿产环境

吐鲁番市成矿条件优越，位于著名的东天山成矿带，找矿潜力大、矿产种类较齐全，配套较好、资源优势明显，探明资源储量大、质量好、分布集中，开发条件好，有利于规模开发利用。已发现矿产68种（含亚种），占全自治区已发现矿种138种的49.2%，占中国已发现的171种的39.7%，其中能源矿产4种，金属矿产18种，非金属矿产40种，水气矿产3种。发现矿产地400余处，有一定规模的146处，其中特大型6处，大型13处，中型47处，小型80处。煤、石油、天然气、金、铁、铜、芒硝、花岗岩、钠硝石、膨润土等矿产资源储量大，极具开发潜力。在已查明资源储量的矿种中，煤、石油、天然气位居全自治区前列；钾硝石、钠硝石、蒙皂石的资源储量居中国首位；饰面用花岗岩资源储量居全自治区首位，膨润土居全自治区第二位。

1.6.3 地形地貌

新疆地区的地理形状丰富灵活，高低起伏十分明显，境内有著名的阿尔泰山脉、天山山脉和南边的昆仑山山脉，三大山脉连绵起伏，中间便是两大盆地——位于南疆的塔里木盆地和位于北疆阿尔泰山与天山山脉之间的准噶尔盆地，这样便形成了通称为“三山夹两盆”的新疆地形总概念。吐鲁番盆地是新疆天山南坡的一个山间盆地，是一个典型的地堑盆地，也是中国地势最低（-154.31米）和夏季气温最高的地方。它的四周为山地环绕，北部的博格达山和西部的喀拉乌成山一段，高度都在3500～4000米之间。其中博格达峰海拔5445米。南部的觉罗塔格山，一般在1500米以下。紧邻盆地南部山麓最低部分的艾丁湖面却低于海面154米，是中国最低的洼地。

吐鲁番市位于一条东西大道和一条南北大道的交会点上，是丝绸之路的必经之地，也是北方游牧民族穿越天山、进入塔里木盆地的要道。

1.6.4 产业特征

1）产业整体概况

吐鲁番市位于乌鲁木齐经济圈内（图1-43）[①]，同时也是天山北坡经济带上的重要节点。吐鲁番是新疆的特色精品旅游基地、全疆重要的特色农副产品加工基地。吐鲁番是自治区七个经济区之一的乌鲁木齐经济区的副中心城市；据《新疆统计年鉴2019》中的统计数据，2018年，吐鲁番市生产总值为310.59亿元，第一产业49.54亿元，第二产业157.06亿元，第三产业103.99亿元。三次产业结构为16.0：50.6：33.4。第二产业成为拉动经济增长的第一动力（图1-44、图1-45）[②]。全市人均地区生产总值为49 279元。

2）旅游产业

截至2020年年初，吐鲁番市共有5A级旅游景区1个，4A级旅游景区5个，3A级旅游景区7个，2A级旅游景区4个（表1-9[③]）。

① 图片来源：《吐鲁番地区志》。

② 数据来源：根据新疆维吾尔自治区统计局编《新疆统计年鉴2019》中数据自绘。

③ 表格来源：作者自制。数据来源：新疆维吾尔自治区文化与旅游厅。

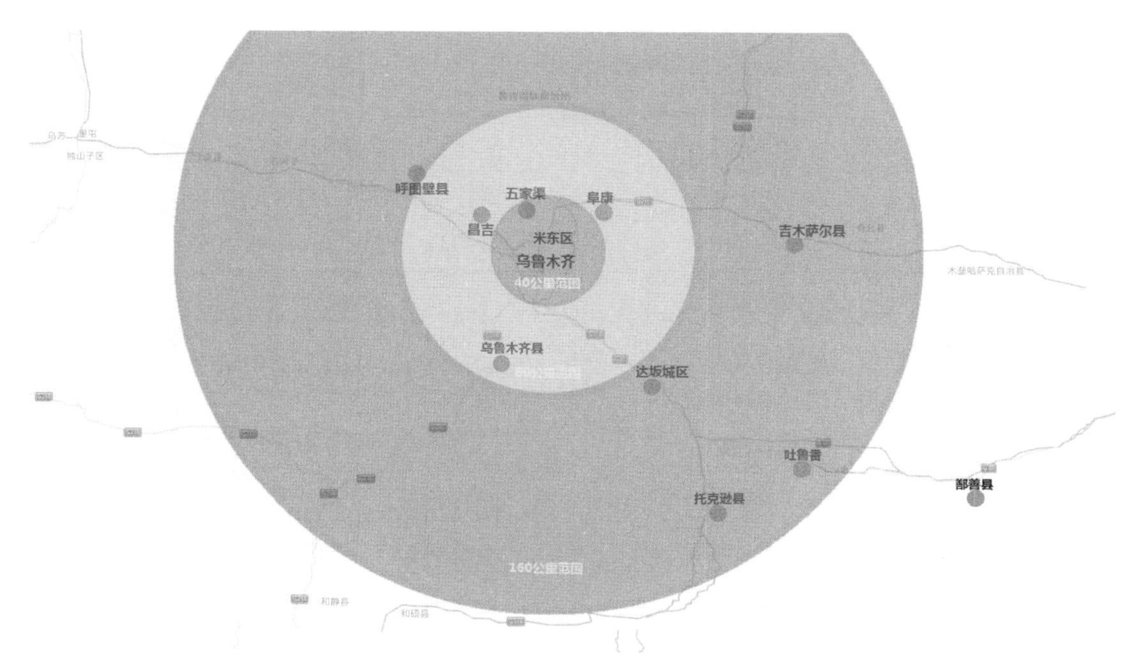

呼图壁县
五家渠
阜康
昌吉
米东区
乌鲁木齐
40公里范围
吉木萨尔县
乌鲁木齐县
达坂城区
吐鲁番
鄯善县
托克逊县
160公里范围

图1–43　乌鲁木齐经济圈副中心

（%）
（亿元）
12
10
8
6
4
2
0
350
300
250
200
150
100
50
0
5.8
6.3
10
8.1
8
6.1
5.5
9.8
7.4
185.3
217.5
243.9
267.2
277.5
250.2
225.1
262.52
310.59
2010年
2011年
2012年
2013年
2014年
2015年
2016年
2017年
2018年
生产总值
增速

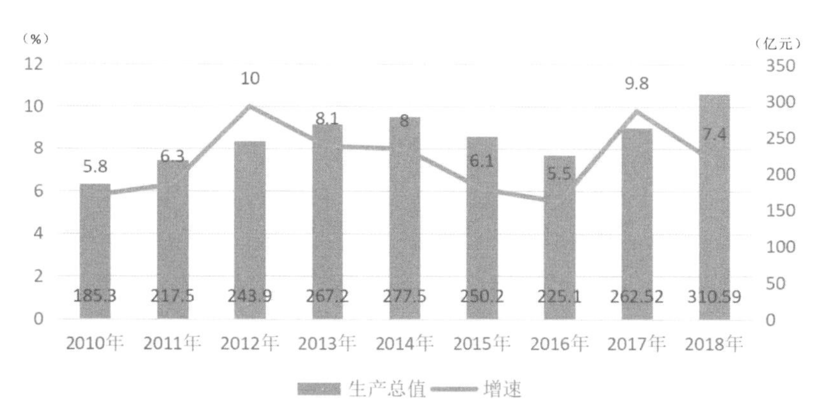

图1–44　2010—2018年吐鲁番市生产总值及增速

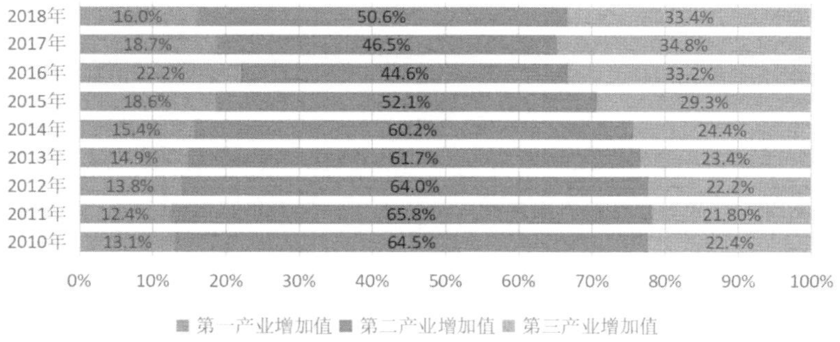

2018年 16.0% 50.6% 33.4%
2017年 18.7% 46.5% 34.8%
2016年 22.2% 44.6% 33.2%
2015年 18.6% 52.1% 29.3%
2014年 15.4% 60.2% 24.4%
2013年 14.9% 61.7% 23.4%
2012年 13.8% 64.0% 22.2%
2011年 12.4% 65.8% 21.80%
2010年 13.1% 64.5% 22.4%
0%
10%
20%
30%
40%
50%
60%
70%
80%
90%
100%
第一产业增加值
第二产业增加值
第三产业增加值

图1–45　2010—2018年吐鲁番市三次产业增加值占生产总值比重

表1-9　吐鲁番市国家级景区一览表

等级	序号	景区位置	景区名称
AAAAA	1	示范区	葡萄沟景区
AAAA	1	鄯善县	库木塔格沙漠风景名胜区
	2	高昌区	坎儿井游乐园
	3	高昌区	坎儿井民俗园
	4	高昌区	吐鲁番博物馆
	5	高昌区	火焰山景区
AAA	1	高昌区	艾丁湖景区
	2	高昌区	交河景区
	3	鄯善县	吐峪沟景区
	4	鄯善县	楼兰酒庄
	5	托克逊县	盘吉尔怪石林景区
	6	高昌区	葡萄乐园接待中心
	7	高昌区	交河驿・坎儿井源
AA	1	鄯善县	车师酒庄
	2	托克逊县	南湖杏花村
	3	高昌区	交河古村
	4	高昌区	郡王府影视城

1.7　哈密绿洲片区

哈密绿洲片区主要是以哈密市行政区域范围为主，在新疆绿洲空间分区中属一级分区东疆绿洲区，主要是包括二级分区哈密绿洲亚区。

1.7.1　绿洲概况

哈密是新疆维吾尔自治区下的一个地级市，位于新疆最东端，地跨天山南北，南北距离约440千米，东西相距约404千米。哈密市是新疆通向内地的要道，自古就是丝绸之路的咽喉，有“西域襟喉，中华拱卫”和“新疆门户”之称。其东部、东南部与甘肃省酒泉市为邻；南接巴音郭楞蒙古自治州；西部、西南部与昌吉回族自治州、吐鲁番市毗邻；北部、东北部与蒙古国接壤，有长达586.663千米的国界线。其设有国家一类季节性开放口岸——老爷庙口岸，是与蒙古国发展边贸的重要开放口岸之一（图

图1-46 哈密绿洲卫星图

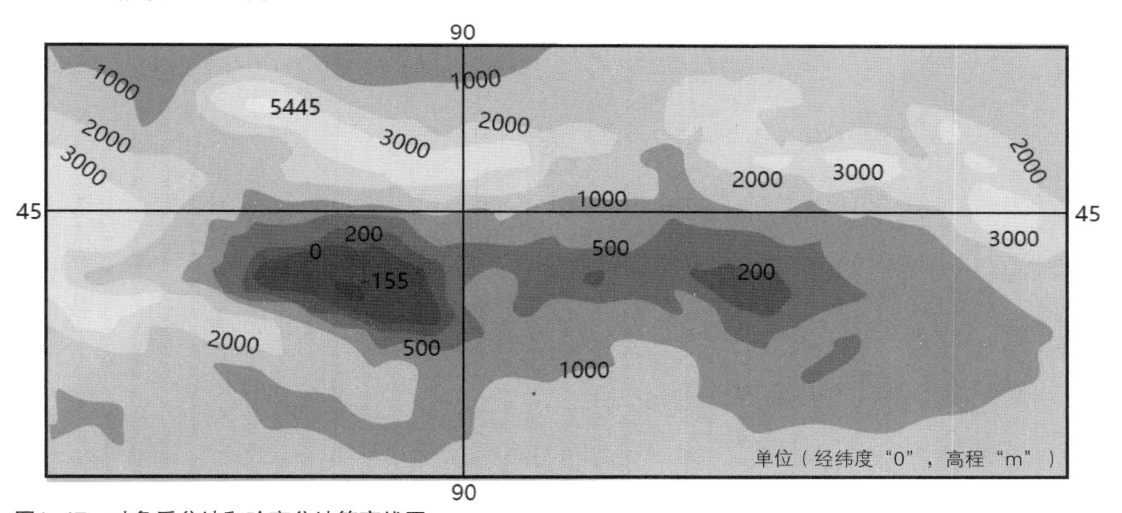

图1-47 吐鲁番盆地和哈密盆地等高线图

1-46）①。

2016年2月18日，国务院已批复同意撤销哈密地区，成立地级哈密市。截至2016年，哈密市共辖3个县级行政区，包括1个市辖区、1个县、1个自治县，分别是伊州区、伊吾县、巴里坤哈萨克自治县（图1-47②、表1-10③）。辖区内驻有新疆生产建设兵团第十三师、吐哈石油勘探指挥部等多个中央、自治区单位。曾是古“丝绸之路”重镇，地处中原与西域文化交汇之地，历史文化源远流长，人文、自然景观星罗棋布，融南北疆景色和气候于一地，有“新疆缩影”之称。

---

① 图片来源：Google Earth 卫星影像图。

② 图片来源：作者自绘。

③ 数据来源：新疆维吾尔自治区统计局编《新疆统计年鉴2019》，2019，第73-94页。

表1-10　哈密市行政区划表

区划	驻地	人口（万人）	面积（平方公里）	区划代码	区号	邮编
伊州区	东河区街道	43	81794	652201	0902	839000
伊吾县	伊吾镇	2	19821	652203	0902	839300
巴里坤哈萨克自治县	巴里坤镇	11	37304	652202	0902	839200

2018年末，哈密市总人口55.94万人①。其中：伊州区43.22万人、巴里坤哈萨克自治县10.60万人、伊吾县2.12万人。出生率为11.24‰，死亡率为5.55‰，自然增长率为5.69‰。哈密地域辽阔、人口少、城市化水平相对较高（图1-48、图1-49）②。城镇人口27.08万人；乡村人口28.86万人。主要有维吾尔族、汉族、哈萨克族、回族、蒙古族、满族、乌孜别克族、俄罗斯族等。2018年末，哈密市维吾尔族11.19万人，汉族36.63万人，哈萨克族56 136人③。

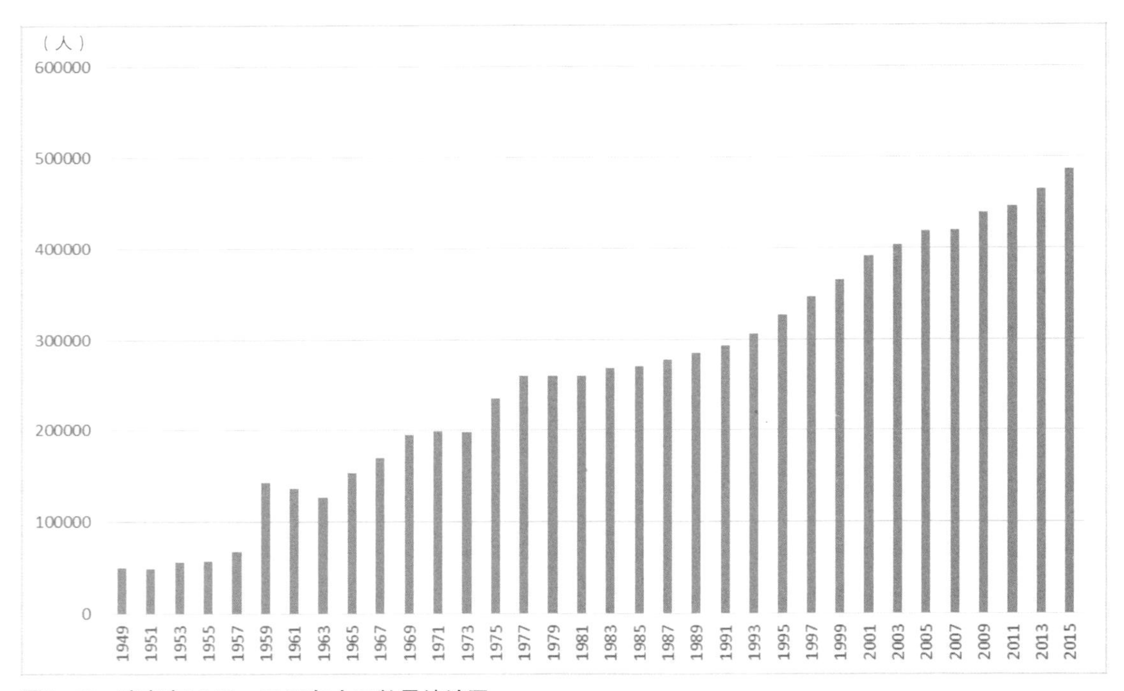

图1-48　哈密市1949—2015年人口数量统计图

① 数据来源：新疆维吾尔自治区统计局编《新疆统计年鉴2019》，2019，第73-94页。

② 图片来源：赵柏伊，《丝绸之路绿洲城市空间形态演变研究——以哈密为例》，西安建筑科技大学硕士论文，2018，第27-28页。

③ 数据来源：根据新疆维吾尔自治区统计局编《新疆统计年鉴2019》中数据自绘。

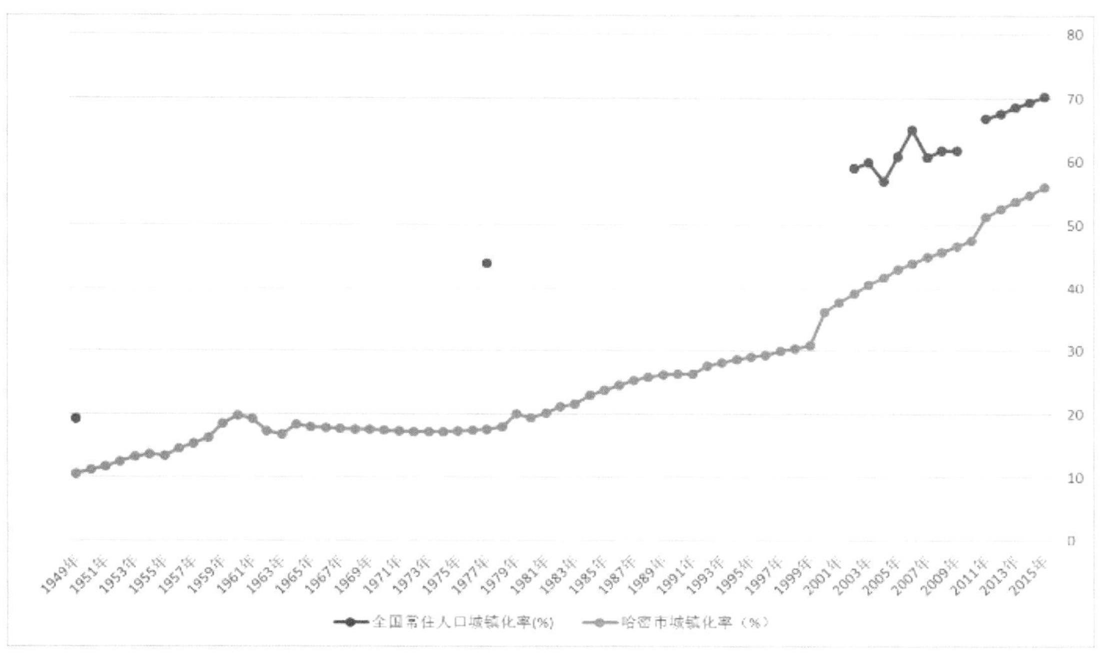

图1-49　1949—2015年我国城镇化率与哈密城镇化率统计

1.7.2　自然环境

1）气候环境

哈密属典型的温带大陆性干旱气候，干燥少雨，晴天多，年平均气温9.8℃（图1-50）①，年蒸发量3300毫米，无霜期182天。春季多风、冷暖多变，夏季酷热、蒸发强，秋季晴朗、降温迅速，冬季寒冷、低空气层稳定。极端最高气温43℃，极端最低气温-32℃，无霜期平均182天。空气干燥，大气透明度好，云量遮蔽少，光能资源丰富，日照充足，全年日照时数为3300~3500小时，是全国日照时数最多的地区之一，也是全国光能资源优越地区之一。

天山山脉自东向西400千米横亘其中，形成山南山北迥然不同的两大自然环境区：山北巴里坤、伊吾两县草原广阔，夏季凉爽宜人，冬季冰优雪丰；山南哈密盆地干燥少雨，昼夜温差大，日照时间长。

2）水文环境

哈密水资源以天山冰雪融水和地下水为主（图1-51）②，地表水和浅层水资源为16.96亿立方米，其中地表径流量为8.7亿立方米，地下水可开采量8.2亿立方米。

（1）地表水：哈密盆地水系处于天山东段南坡与库鲁克山之间，流域面积约8万平方千米，由29条相对独立的山沟水组成，它们自成流域。山沟水主要分布在北部山区，由巴尔库山和喀尔里克山南坡的融雪

① 图片来源：杨艳玲、秦榕、王仁昭，《新疆哈密地区近55a降水变化特征的时间序列分析》，第33届中国气象学会年会，西安，2016年11月。

② 图片来源：https://www.sohu.com/a/531671533_100152387。

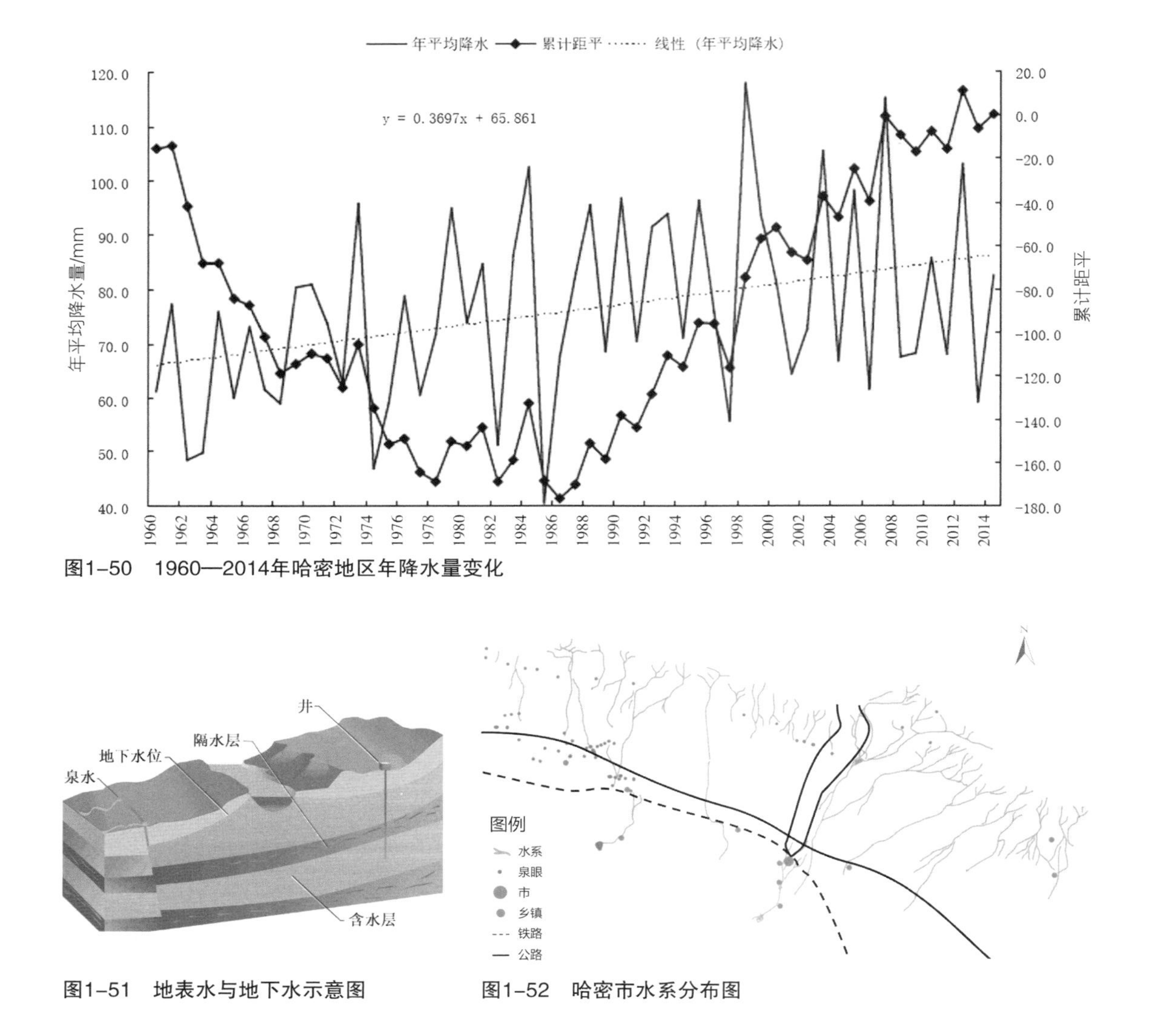

图1-50　1960—2014年哈密地区年降水量变化

图1-51　地表水与地下水示意图

图1-52　哈密市水系分布图

水和降水形成（图1-52）①。

（2）地下水：哈密绿洲农业以灌溉为主，农业灌溉用水除地表水以外，很大部分要靠地下水来提供。地下水是平原地区工农业用水的主要来源。地下水埋藏浅、易开采、水质好、水源相对稳定。哈密地下水储量为 3.16 亿立方米左右（按山区径流渗漏70%估量），年开采量为 2.51 亿立方米左右。哈密单位面积产水量为0.89万立方米/平方千米，是全国平均水平的 1/33，全疆平均水平的 1/6。区域内人均水资源量为2800立方米，是全疆人均占有水资源量的1/2，尤其是哈密市，人均占有量仅1500立方米，低于国际警戒线的 1700立方米。

（3）坎儿井：在哈密绿洲，会发现一行行南北向整齐排列、状如火山堆积物的土包，这便是勤劳的哈密人民开挖坎儿井所堆积的泥土、沙砾。被誉为“地下长城”的坎儿井，曾经促进了哈密绿洲农业的迅

① 图片来源：作者自绘。

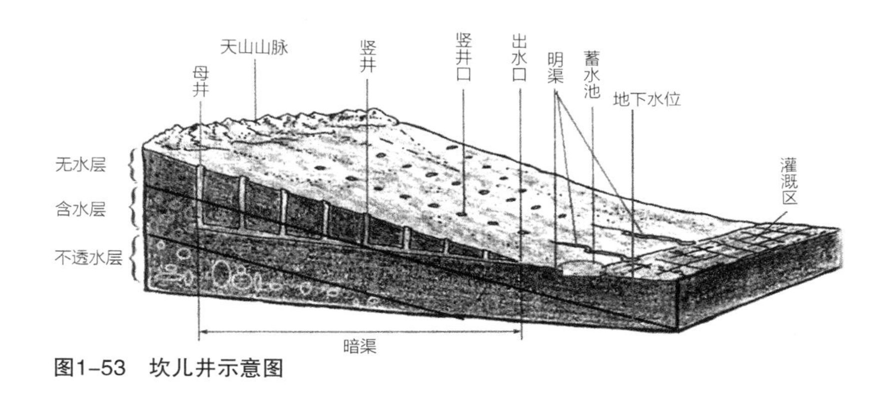

图1–53　坎儿井示意图

速发展。但在大修防渗渠、水库和机井之后，坎儿井的作用逐渐被人们忽视了。哈密绿洲坎儿井限于东到沁城，西至七角井，北到岔哈泉，南至五十里拱拜范围内。它是利用天山山前盆地的特殊地理环境，沿着由高（北）到低（南）的地势，使渗入戈壁下的水从地下含水层自动流出来，坎儿井暗渠和竖井部分分布于戈壁滩上，出水的龙口、明渠和涝坝位于绿洲部分，利于农田灌溉和人畜用水（图1–53）①。

3）土地资源

截至2015年，哈密可垦地500万亩，已开垦110万亩。天然草场面积6290.4万亩，可利用草场5850万亩。哈密土壤共分13个土类、31个亚类、39个土属。其中戈壁平原分黑钙土、草甸土、灰色森林土、亚高山草甸土和高山冰渍土，灌耕土、潮土、栗钙土、棕钙土主要分布在耕地，沼泽土分布于巴里坤湖。全市有荒地70.46万公顷，其中比较肥沃的一、二级荒地有11.46万公顷，宜用的三、四级荒地59万公顷。

4）矿产资源

哈密矿产资源丰富、种类多、品位高、储量大，大多位于铁路、公路沿线。截至2008年，已探明各类矿种76种，占新疆已发现矿产的65%，储量居全疆第一位的有17种，资源保有储量潜在价值20 589.78亿元。

1.7.3　地形地貌

天山山脉横亘于哈密，将城市分为山南山北。山北森林、草原、雪山、冰川浑然一体，山南的哈密盆地是冲积平原上的一块绿洲。地形呈中间高南北低，地势差异大。南北两侧是中低山区，包括中蒙边界的东准噶尔山地及哈密盆地以南久经侵蚀起伏平缓的觉罗塔格山。这些山低而散乱，顶部浑圆，相对高度一般在200米上下。哈密市高山占总面积的4.5%，沙漠占总面积的1.5%，平原戈壁占总面积的27.9%，丘陵占总面积的65.5%，水面占总面积的0.1%，农业耕地占总面积的0.5%。已开发利用的耕地、草场、林地、水面约占总面积的29.35%，未利用的戈壁、沙漠、高山约占总面积的70.65%（图1–54）②。

① 图片来源：关晓武、张柏春，《新疆坎儿井传统技艺研究与传承》，安徽科学技术出版社，2017，第16页。

② 图片来源：张婷玉，《哈密地区传统村落空间形态的特色及更新设计研究——以阿勒屯村为例》，吉林建筑大学硕士论文，2018，第18页。

图1-54　哈密市自然景观示意图

1.7.4　产业特征

1）产业整体概况

据《新疆统计年鉴2019》中的统计数据，2018年，哈密市生产总值为536.6亿元，第一产业40.58亿元，第二产业322.35亿元，第三产业173.67亿元。三次产业结构为7.6：60.1：32.3。第二产业成为拉动经济增长的第一动力（图1-55、图1-56）[①]。人均地区生产总值为86 805元。

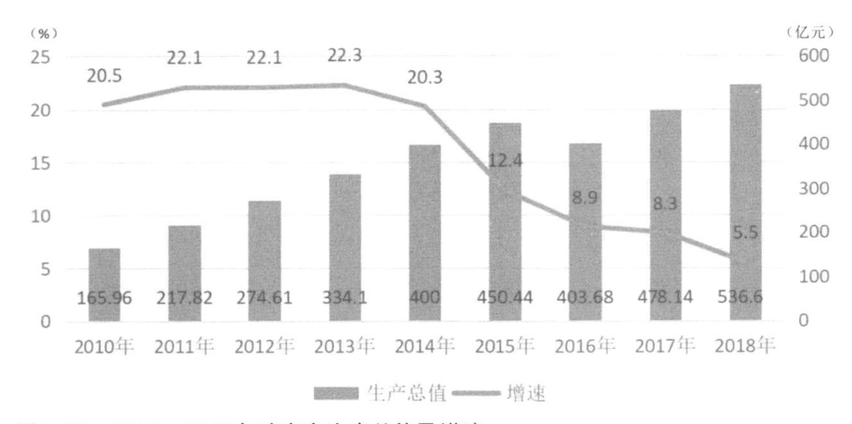

图1-55　2010—2018年哈密市生产总值及增速

① 图片来源：根据新疆维吾尔自治区统计局编《新疆统计年鉴2019》中数据自绘。

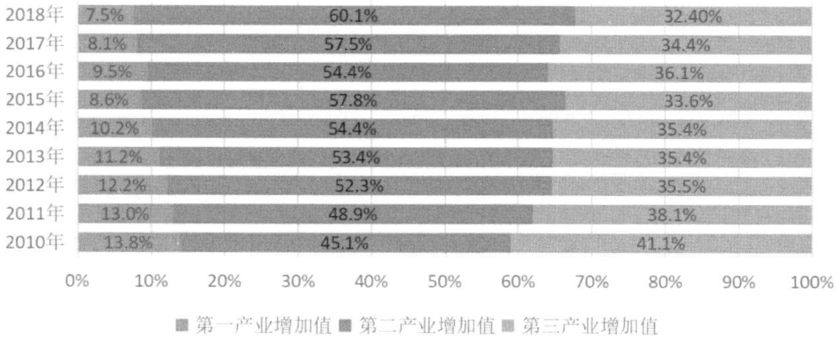

年份	第一产业增加值	第二产业增加值	第三产业增加值
2018年	7.5%	60.1%	32.40%
2017年	8.1%	57.5%	34.4%
2016年	9.5%	54.4%	36.1%
2015年	8.6%	57.8%	33.6%
2014年	10.2%	54.4%	35.4%
2013年	11.2%	53.4%	35.4%
2012年	12.2%	52.3%	35.5%
2011年	13.0%	48.9%	38.1%
2010年	13.8%	45.1%	41.1%

图1-56　2010—2018年哈密市三次产业增加值占生产总值比重

2）旅游产业

截至2020年初，哈密市共有4A级旅游景区6个，3A级旅游景区6个，2A级旅游景区3个（表1-11）[①]。

表1-11　哈密市国家级景区一览表

等级	序号	景区位置	景区名称
AAAA	1	伊吾县	胡杨林生态园景区
	2	巴里坤县	巴里坤高家湖景区
	3	巴里坤县	巴里坤古城景区
	4	伊州区	哈密王景区
	5	伊州区	魔鬼城景区
	6	伊州区	东天山风景名胜区
AAA	1	伊吾县	伊水园景区
	2	巴里坤县	巴里坤湖景区
	3	伊州区	哈密瓜园景区
	4	伊州区	非物质文化遗产保护中心
	5	伊州区	哈密新雅艺术花园酒庄
	6	伊州区	金色年华度假村
AA	1	巴里坤县	巴里坤怪石山景区
	2	伊州区	坎儿井景区
	3	伊州区	西路军进疆纪念园

① 表格来源：作者自制。数据来源：新疆维吾尔自治区文化与旅游厅。

第 2 章

绿洲气候环境分析

自工业文明发展以来，现代主义建筑呈现出的是一种与历史和自然割裂的态度，因此不仅造成了各地建筑风貌的趋同，也产生了环境与能源危机问题。在这样的背景下，各国建筑师开始在建筑设计中注重气候适应性因素。近年来，随着可持续发展的理念深入人心，碳中和、绿色建筑、生态建筑的理念越来越受到重视。在相关的探索和研究过程中，建筑师们逐渐意识到，传统建筑中蕴含着巨大的生态价值。传统建筑，尤其是传统民居，经历了数千年的磨合，在有限的生产条件下，依靠较少的可利用资源，完成了生产与生活需求，体现了人类活动与自然环境的协调发展。

气候作为决定聚落建筑营造的最主要的因素之一，从直接和间接两个方面影响着传统聚落建筑的形成。直接影响方面，建筑作为人们遮蔽风雨的住所，其形态首先需要适应气候条件，从而表现出具有针对性的特质；间接影响方面，不同的气候环境孕育出不同的生产和生活方式，进而出现相应的住居模式，住居模式决定过了居住的功能需求，从而也决定着建筑形态。不同的气候条件对传统聚落村镇的住宅建筑营造模式提出了不同的要求，这些聚落与建筑通过总体布局、剖面形式、空间组织、体量造型和构筑方式等多个方面的长期调整，以被动的生态适应性回应了当地的气候环境。因此，以科学的手段分析南疆绿洲的气候环境特征、探寻气候对传统民居的影响，对于当地绿洲人居环境的营建有着重要的意义。

2.1 气候区类型与分析

要研究一个地区的气候特征，首先要明白当地所属的气候类别。对气候进行分区可以明确不同气候条件地区的共性和差异，有助于建筑生态适应性的研究。气候按照不同的原则有多种分类方法，从建筑的气候适应性角度来看，比较科学的是柯本气候分类法。除此之外，我国针对建筑设计的规范性条文中，也有对建筑气候区的划分。

1）柯本气候分类法

柯本气候分类法是由柯本建立的世界上第一个数量型气候分类系统，并在随后的应用过程中得到了多次修改与补充。柯本气候分类法考虑了气温和降水，还参照了生物植被的分布，是较为全面的分类方法。表2-1[1]显示了柯本气候分类及其特点。根据此分类法，此次研究区域属干燥性气候区中的沙漠气候。

表2-1　柯本气候分类法

气候区	气候特征	气候类型	气候指标
A赤道潮湿气候区	全年炎热最冷月平均气温≥18℃	热带雨林气候	全年多雨，最干月降水≥60mm
		热带季风气候	雨季特别多雨，最干月降水＜60mm
		热带草原气候	有干湿季节之分，最干月降水＜60mm

① 资料来源：刘念雄、秦佑国，《建筑热环境》，清华大学出版社，2005。

续表

气候区	气候特征	气候类型	气候指标
B干燥性气候区	全年降水稀少，根据降水的季节分配，分冬雨区、夏雨区、年雨区	沙漠气候	半干旱250mm＜降水≤750mm
		稀树草原气候	夏季干旱，最干月降水≤40mm，不足冬季最多的1/3
C湿润性温和型气候	最热月平均气温>10℃，0℃＜最冷月平均气温＜18℃	地中海气候	夏季干旱，最干月降水≤40mm，不足冬季最多的1/3
		亚热带湿润性气候	夏半年降水量最大月份的降水量为冬半年降水量最少月份的10倍及以上
		海洋性西岸气候	最热均温在10℃及以上且在22℃以下，一年内至少有四个月的均温在10℃及以上；年内各月降水量分布较均匀
D湿润性冷温型气候区	最热月平均气温＞10℃，最冷月平均气温＜0℃	湿润性大陆性气候	一年内最冷月份均温在0℃以下且在−38℃以上，最热月份均温在22℃及以上；年内各月降水量分布较均匀
		针叶林气候	一年中月平均气温在0℃以下的月份长达6~7个月，月平均气温在10℃以上月份只有1~3个月；气温年较差40℃以上
E区极地气候区	全年寒冷，最热月平均气温＜10℃	苔原气候	0℃＜最热月平均气温＜10℃生长苔藓，地衣类植物
		冰原气候	最热月平均气温＜0℃，终年覆盖冰雪
H山地气候区		山地气候	海拔在2500m以上

2）中国建筑气候区划分

《民用建筑设计通则》（GB 50352—2005）从建筑热工设计角度出发，将我国范围内建筑热工设计划分为7个区。

从中国建筑气候区划分图来看，研究区属于Ⅶ区的寒冷区。不难看出，新疆塔里木盆地周边地区属于寒冷、干旱区，气候干燥，降雨量小，日照时间长，太阳辐射强度大。因此，规划与建筑设计必须满足表2-2[①]中的Ⅶ区的寒冷区要求之外，春夏秋季也要满足隔热、防风沙、日晒、降温、通风、遮阳与保温的要求。在这样的特殊自然气候环境下，当地的建筑在空间组合、建筑材料及构造和整体审美取向上都表现出十分独特的个性。

① 表格来源：https://www.sohu.com/a/374219617_371173。

表2-2　不同分区对建筑基本要求

<table>
<tr><th colspan="2">分区名称</th><th>热工分区名称</th><th>气候主要指标</th><th>建筑基本要求</th></tr>
<tr><td>Ⅰ</td><td>ⅠA
ⅠB
ⅠC
ⅠD</td><td>严寒地区</td><td>1月平均气温≤−10℃，
7月平均气温≤25℃，
7月平均相对湿度≥50%</td><td>1.冬季防寒、保温、防冻等
2.ⅠA，ⅠB：防止冻土、积雪危害
3.ⅠB，ⅠC，ⅠD区西部：防冰雹、风沙</td></tr>
<tr><td>Ⅱ</td><td>ⅡA
ⅡB</td><td>寒冷地区</td><td>1月平均气温−10～0℃，
7月平均气温18～28℃</td><td>1.冬季防寒、保温、防冻等，夏季部分地区兼顾防热
2.ⅡA：防热、防潮、防暴风雨，沿海地带应防盐雾侵蚀</td></tr>
<tr><td>Ⅲ</td><td>ⅢA
ⅢB
ⅢC</td><td>夏热冬冷地区</td><td>1月平均气温0～10℃，
7月平均气温25～30℃</td><td>1.夏季遮阳、防热、通风、降温，冬季兼顾防寒
2.防雨、防潮、防洪、防雷电
3.ⅢA：防暴雨、台风袭击及盐雾侵蚀</td></tr>
<tr><td>Ⅳ</td><td>ⅣA
ⅣB</td><td>夏热冬暖地区</td><td>1月平均气温>10℃，
7月平均气温25～29℃</td><td>1.夏季遮阳、防热、通风、防雨
2.防潮、防暴雨、防洪、防雷电
3.ⅣA：防暴雨、台风袭击及盐雾侵蚀</td></tr>
<tr><td>Ⅴ</td><td>ⅤA
ⅤB</td><td>温和地区</td><td>1月平均气温18～25℃，
7月平均气温0～13℃</td><td>1.防雨、通风
2.ⅤA：防寒
3.ⅤB：防雷电</td></tr>
<tr><td rowspan="2">Ⅵ</td><td>ⅥA
ⅥB</td><td>严寒地区</td><td rowspan="2">7月平均气温＜18℃，
1月平均气温−22～0℃</td><td rowspan="2">ⅥA、ⅥB：防冻土危害、防风沙
ⅥC东部：应防雷电</td></tr>
<tr><td>ⅥC</td><td>寒冷地区</td></tr>
<tr><td rowspan="2">Ⅶ</td><td>ⅦA
ⅦB
ⅦC</td><td>严寒地区</td><td rowspan="2">7月平均气温≥18℃，
1月平均气温−20℃～−5℃，
7月平均相对湿度＜50%</td><td rowspan="2">除ⅦD外，防冻土危害
ⅦB：防积雪危害
ⅦC：防风沙，夏季兼顾防热
ⅦD：夏季防热，吐鲁番盆地隔热、降温</td></tr>
<tr><td>ⅦD</td><td>寒冷地区</td></tr>
</table>

3）小结

气候分区可以概括性地总结出一个地区的气候特征，但同一分区下的不同片区仍有差异。根据各类气候划分标准可以看出，影响一个地区气候特征的主要因素是气温、湿度、风向、降水、日照等。以下将从空气质量、地震活动与以上因素方面，分析南疆各绿洲片区的气候环境特征，以及气候因素对建筑的影响。

2.2 和田绿洲片区生态气候环境分析

1）气候概况

和田地区位于新疆的南部，亚欧大陆的腹地，是典型的内陆干旱区，属于暖温带极端干旱荒漠气候。其主要特点是：夏季炎热，冬季冷而不寒，四季分明，热量丰富，昼夜温差及年较差大，无霜期长，降水稀少，蒸发强烈，空气干燥。年平均气温12.5℃。夏季极端高气温为41.1℃，最热月（7月）平均气温25.7℃；冬季极端最低气温-21.6℃，最冷月（1月）平均气温-4.1℃（图2-1）[①]。

2）湿度、风向与日照

和田地区气候干燥，全年平均降水量38毫米，平均降水日数17.3日，年平均相对湿度42.7%（图2-2）[②]。

当地全年与冬季主导风向为北风，夏季主导风向为西南风（图2-3）[③]。

和田是中国光能资源较丰富的地区，太阳总辐射量大，全年日照时数2470～3000小时。6月—7月日照时数最多，2月最少，全地区年平均日照百分率在58%～60%之间，最高可达84%。全年所受辐射量最多的是正南方向，冬季是南向偏东，夏季则东、西、南三向所受辐射较多（图2-4、图2-5）[④]。

3）空气质量与地震情况

和田所处的塔克拉玛干沙漠南缘是我国沙尘天气多发地区之一，全年盛行的北风带来沙尘导致空气质量较差。除12月空气质量较好外，其余月份均以污染天气为主，3月份尤为严重（图2-6）[⑤]。

和田地区位于西昆仑地震带，地震灾害较为频繁。2010年至2020年间共发生地震4717次，其中4级以上地震71次，6级以上地震4次（图2-7）[⑥]。

4）气候因素对建筑的影响

综合各项气候因素可知，和田地区的昼夜温差、冬夏温差都比较大，因此本地区建筑在建造时要兼顾保温与隔热，以适应不同的时间与季节。在南疆地区的各个绿洲中，和田地区夏季气候较为严酷，建筑应

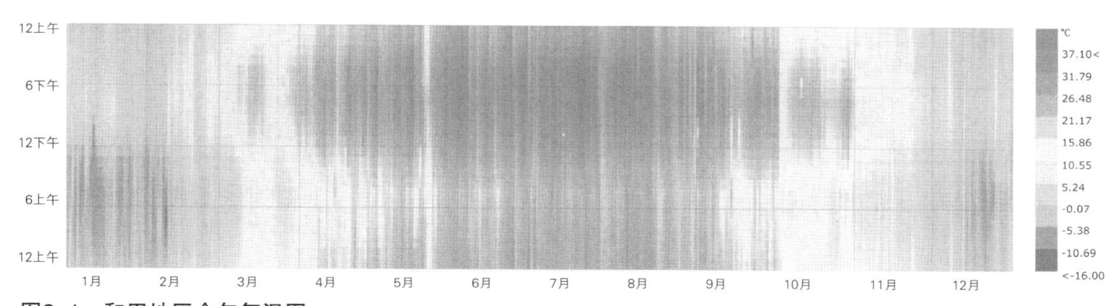

图2-1 和田地区全年气温图

① 图片来源：作者自绘。数据来自：https：//www.ladybug.tools/epwmap/。
② 图片来源：同上。
③ 图片来源：同上。
④ 图片来源：同上。
⑤ 图片来源：作者自绘。数据来自：https：//www.aqistudy.cn/historydata/。
⑥ 图片来源：作者自绘。数据来自：http：//earthquake.ckcest.cn/dzcestsc/earthquake_tyml.html。

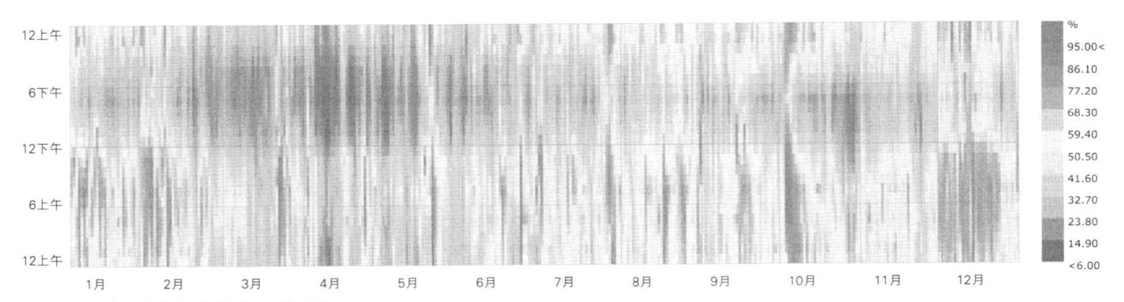

图2-2　和田地区全年相对湿度图

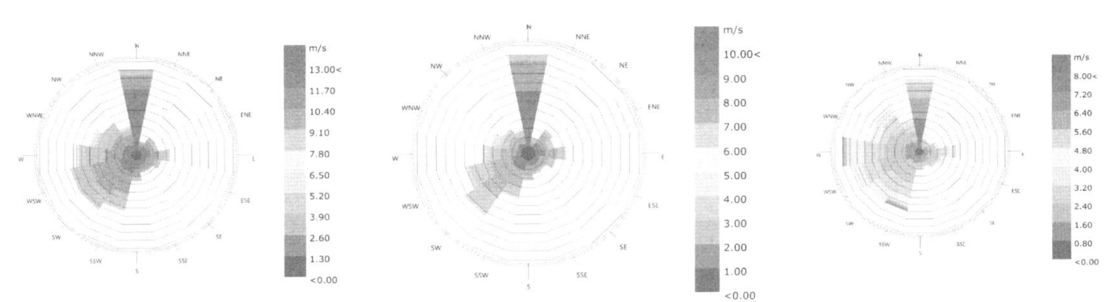

图2-3　和田地区全年（左）、冬季（中）、夏季（右）风玫瑰图

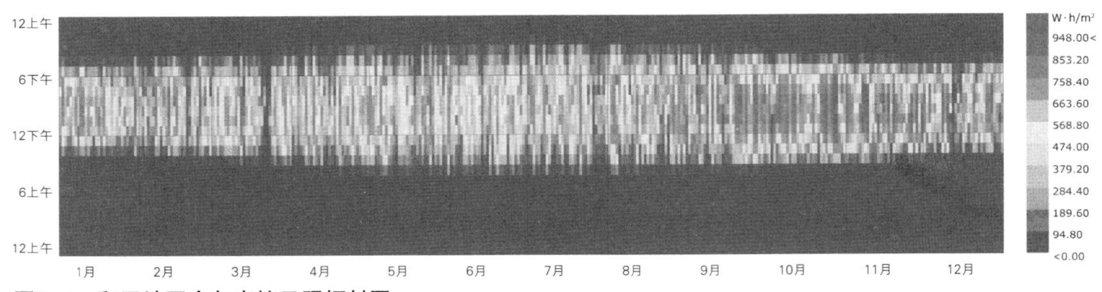

图2-4　和田地区全年直接日照辐射图

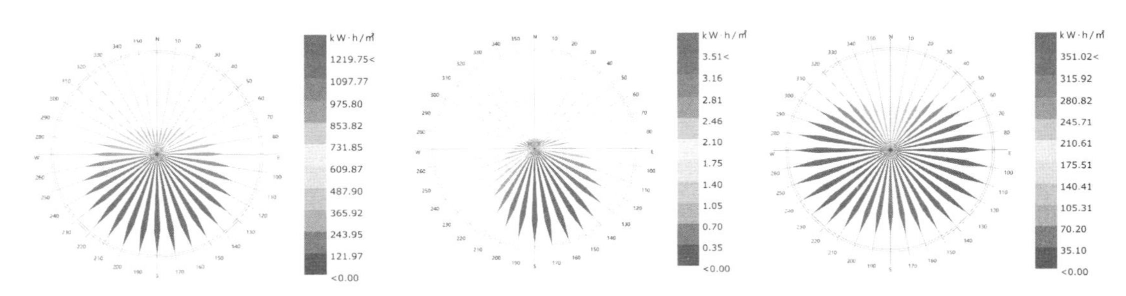

图2-5　和田地区全年（左）、冬季（中）、夏季（右）辐射玫瑰图

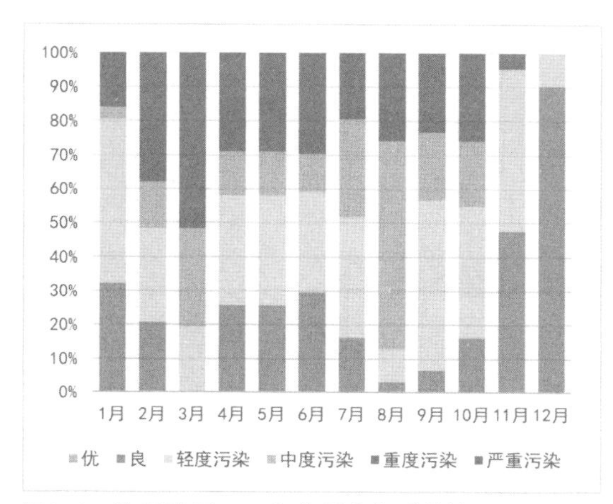

图2-6 和田地区2020年各月空气质量情况

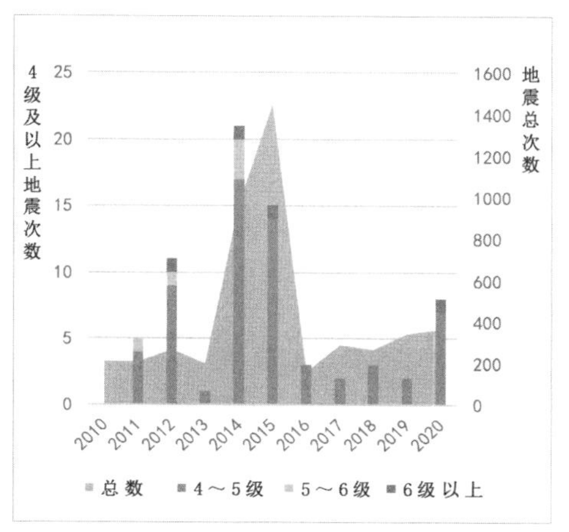

图2-7 和田地区2010—2020年地震情况

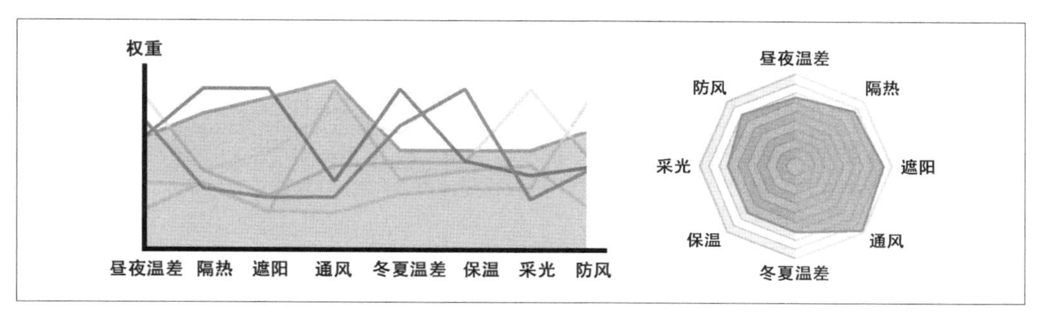

图2-8 和田地区建筑生态适应性因素评价

当多注重夏季的遮阳与通风（图2-8）①。

2.3 喀什绿洲片区生态气候环境分析

1）气候概况

喀什地区属暖温带大陆性干旱气候带。境内四季分明，光照长，气温年和日变化大，降水很少，蒸发旺盛。夏季炎热，但酷暑期短；冬无严寒，但低温期长。年平均气温12.28℃。夏季极端高气温为39.2℃，最热月（7月）平均气温25.8℃；冬季极端最低气温-22.3℃，最冷月（1月）平均气温-5.5℃（图2-9）②。

2）湿度、风向与日照

喀什地区年平均降水量64毫米，年蒸发量约为2100毫米，全年平均降水日数为27.9天；全年平均相对湿度51.2%（图2-10）③。

当地全年与冬季主导风向为北风。夏季主导风向为北风、西北风与西风（图2-11）④。

---

① 图片来源：作者自绘。

② 图片来源：作者自绘。数据来自：https：//www.ladybug.tools/epwmap/

③ 图片来源：同上。

④ 图片来源：同上。

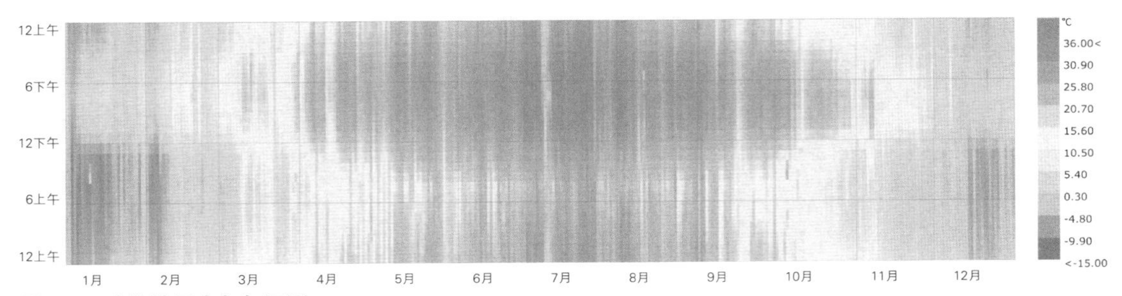

图2-9　喀什地区全年气温图

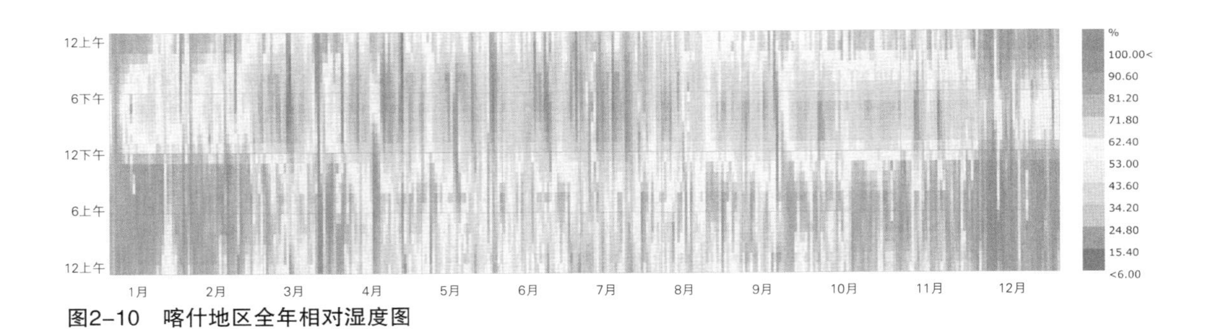

图2-10　喀什地区全年相对湿度图

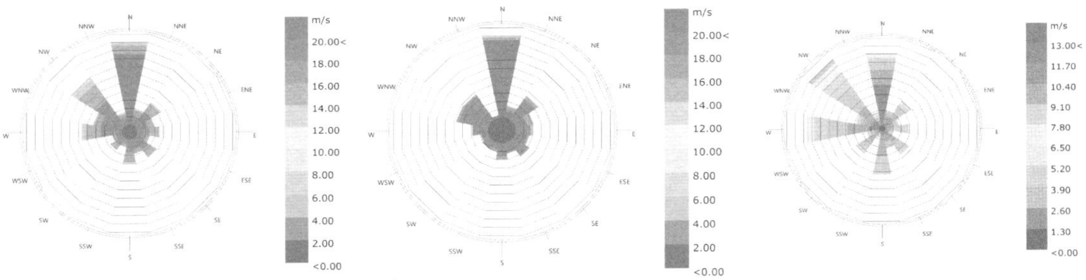

图2-11　喀什地区全年（左）、冬季（中）、夏季（右）风玫瑰图

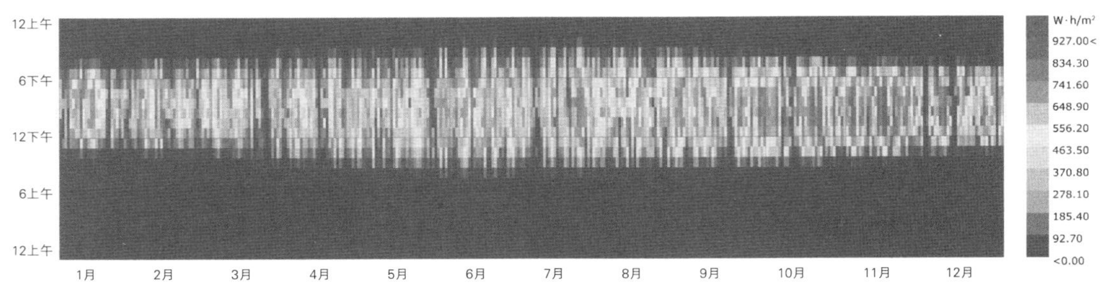

图2-12　喀什地区全年直接日照辐射图

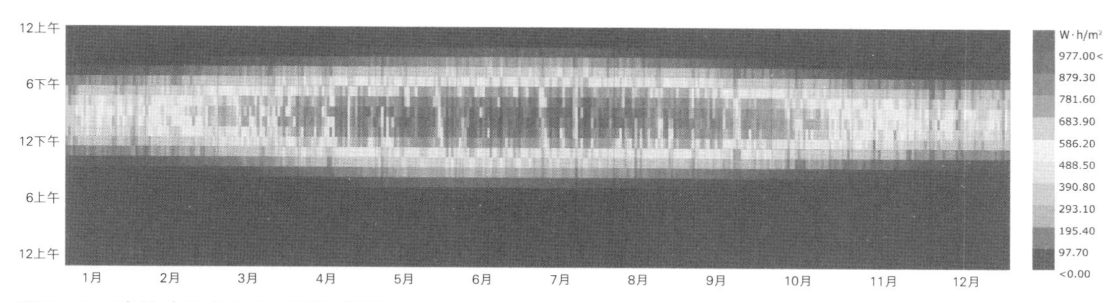

图2-13　喀什地区全年总日照辐射图

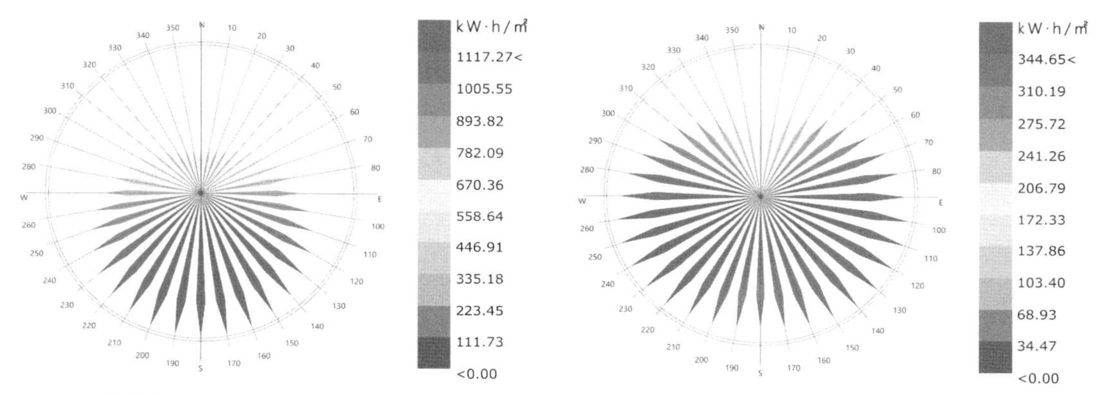

图2-14　喀什地区全年（左）、夏季（右）辐射玫瑰图

喀什地区全年日照时数3285小时。全年所受辐射最多的方向为南向，夏季所受辐射较多的方向为东向、西向与南向（图2-12—图2-14）①。

3）空气质量与地震情况

2020年喀什地区空气质量有效监测天数356天，其中达到优良天数159天，优良率45%。1月至4月空气污染较为严重，5月至8月空气质量相对较好（图2-15）②。

喀什-乌恰交界区是新疆地震活动最强烈的地区之一，因而喀什地区地震活动较为频繁。2010年至2020年间共发生地震4334次，其中4级以上地震41次，6级以上地震1次（图2-16）③。

4）气候因素对建筑的影响

由以上气候的分析与比较可得知，喀什地区气候环境整体较为温和，但建筑应当注重冬季防风。由于空气干燥，夏季隔热的主要措施是遮阳与通风，这二者不仅要从建筑单体层面上体现，也有赖于聚落整体布局的影响（图2-17）④。

① 图片来源：作者自绘。数据来自：https：//www.ladybug.tools/epwmap/。
② 图片来源：作者自绘。数据来自：https：//www.aqistudy.cn/historydata/。
③ 图片来源：作者自绘。数据来自：http：//earthquake.ckcest.cn/dzcestsc/earthquake_tyml.html。
④ 图片来源：作者自绘。

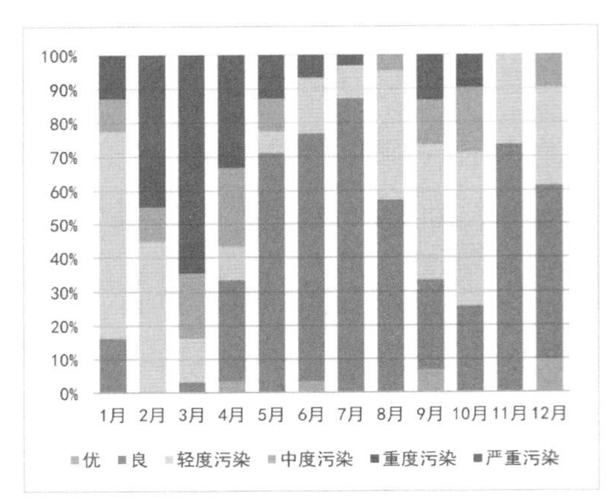

图2-15 喀什地区2020年各月空气质量情况

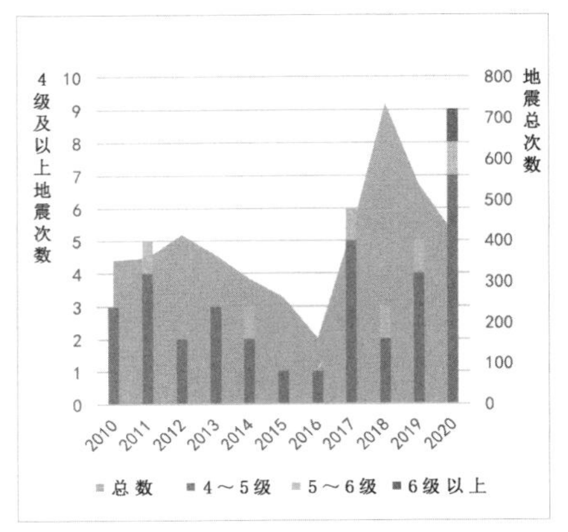

图2-16 喀什地区2010—2020年地震情况

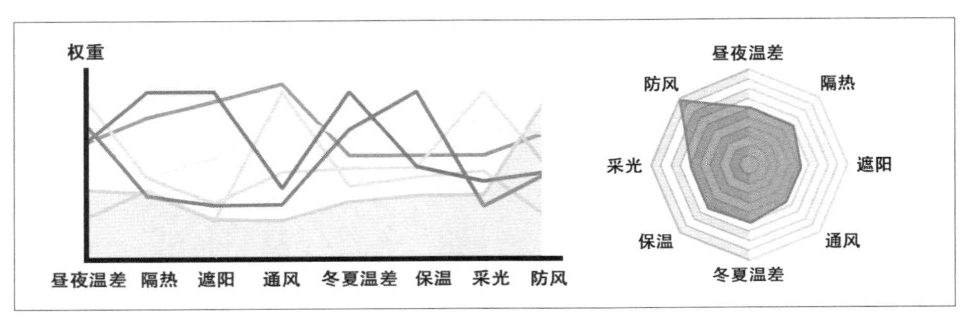

图2-17 喀什地区建筑生态适应性因素评价

2.4 阿克苏绿洲片区阿克苏生态气候环境分析

1）气候概况

阿克苏地区属暖温带大陆性干旱气候特征。降水稀少，蒸发量大，气候干燥，无霜期较长。年平均气温10.8℃。夏季极端高气温为40.7℃，最热月（7月）平均气温23.9℃；冬季极端最低气温-27.6℃，最冷月（1月）平均气温-8.2℃（图2-18）①。

2）湿度、风向与日照

阿克苏地区年平均降水量80.4毫米，全年平均降水日数35.9天，平均相对湿度为57.2%（图2-19）②。

当地全年及冬季主导风向为东北风，夏季主导风向为西北风（图2-20）③。

阿克苏地区空气干燥，云量少，晴天多。全年平均日照时数2809小时，全年日照百分率在60%～70%。全年所受辐射最多方向为西南向（图2-21—图2-23）④。

---

① 图片来源：作者自绘。数据来自：https：//www.ladybug.tools/epwmap/。

② 图片来源：同上。

③ 图片来源：同上。

④ 图片来源：同上。

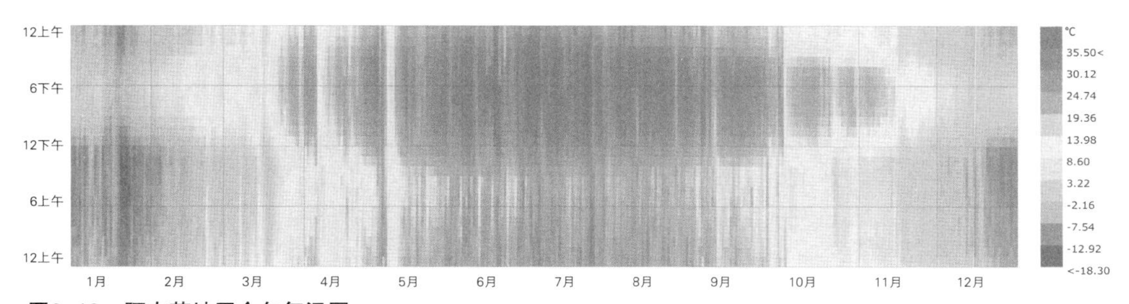

图2-18 阿克苏地区全年气温图

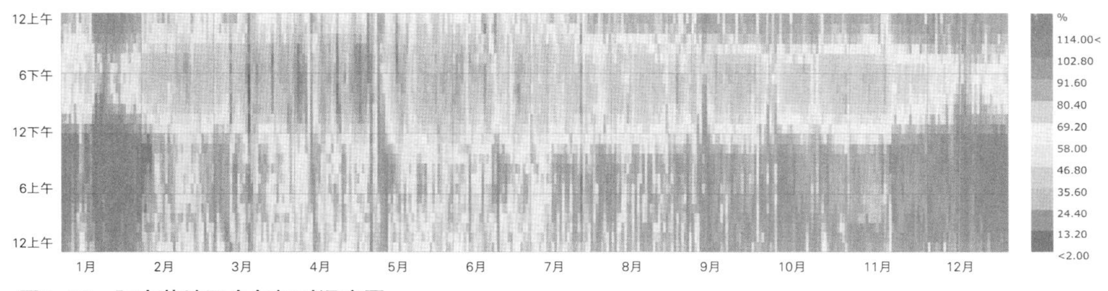

图2-19 阿克苏地区全年相对湿度图

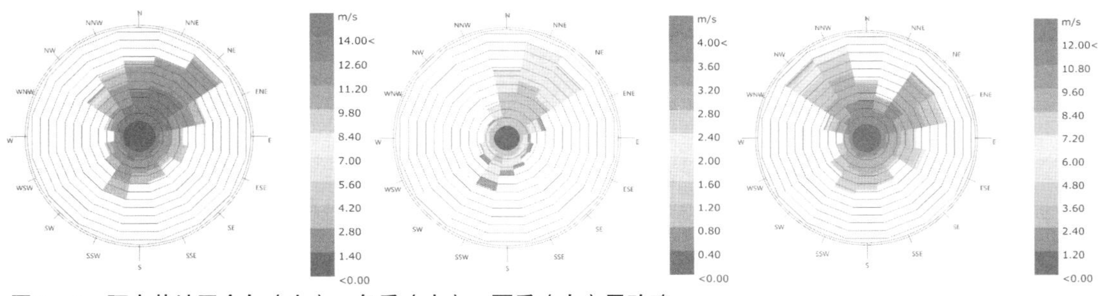

图2-20 阿克苏地区全年（左）、冬季（中）、夏季（右）风玫瑰

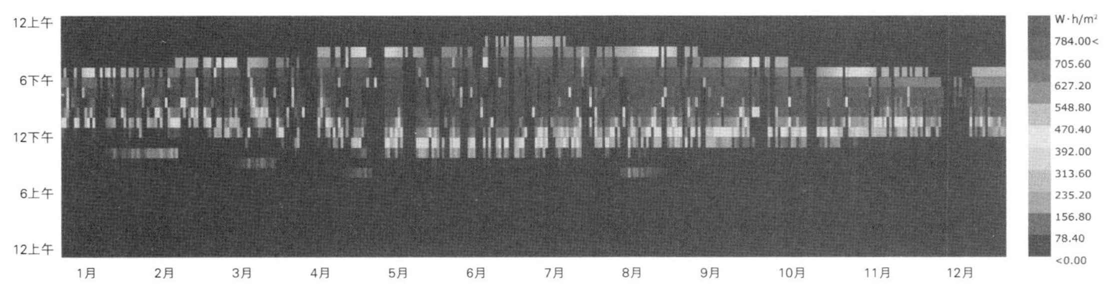

图2-21 阿克苏地区全年直接日照辐射图

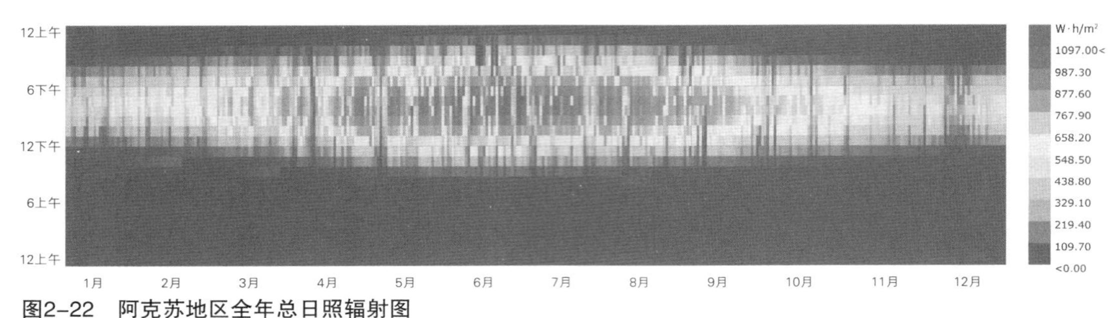

图2–22　阿克苏地区全年总日照辐射图

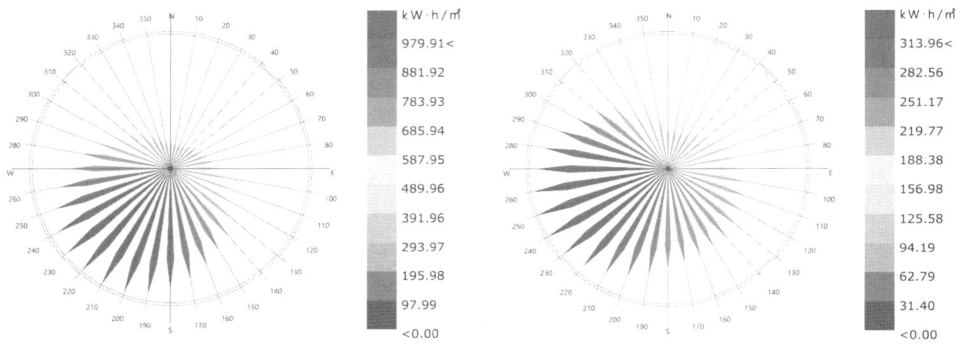

图2–23　阿克苏地区全年（左）、夏季（右）辐射玫瑰图

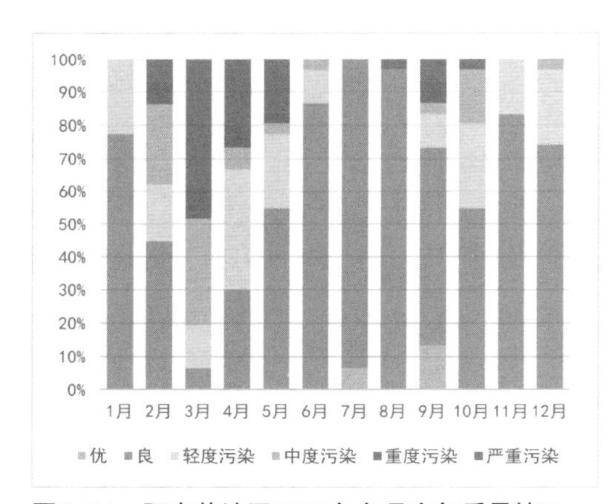

图2–24　阿克苏地区2020年各月空气质量情况

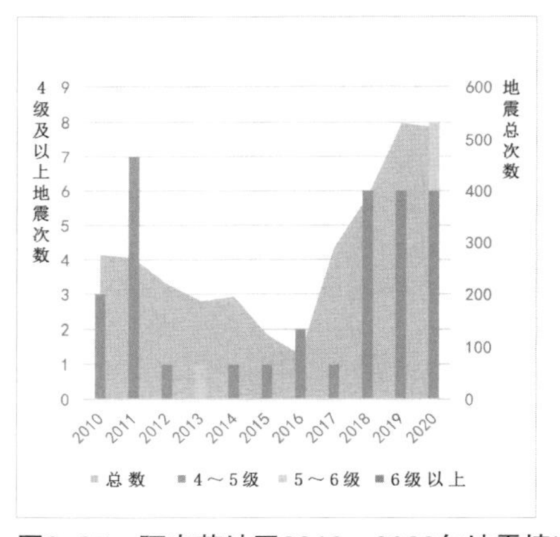

图2–25　阿克苏地区2010—2020年地震情况

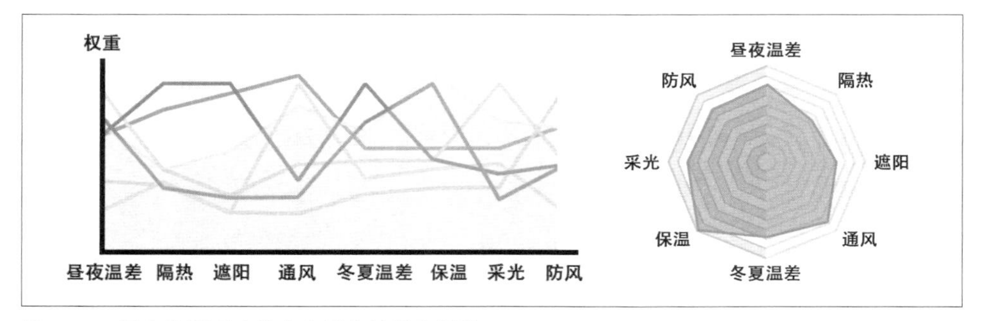

图2–26　阿克苏地区建筑生态适应性因素评价

3）空气质量与地震情况

阿克苏地区位于塔克拉玛干沙漠西北部，由于全年主导风向为偏北风，因而沙尘灾害较轻。2020年阿克苏地区空气质量有效监测天数366天，其中达到优良天数239天，优良率65%。2—4月空气污染较为严重，以3月份尤甚；6—8月空气质量相对较好，7月份全月为空气优良天气（图2-24）①。

阿克苏地区位于地震活动较为频繁的柯坪块区内。2010—2020年共发生地震活动3094次，其中4-5级地震34次，5级以上地震3次（图2-25）②。

4）气候因素对建筑的影响

从温度、湿度、温差等因素来看，阿克苏地区的气候类型和喀什、和田等地相似，但冬季气候更为严峻，因此民居在建造时应当注重外墙的保温、采光与防风等（图2-26）③。

2.5　阿克苏绿洲片区库车生态气候环境分析

1）气候概况

库车地区属暖温带大陆性干旱气候，热量丰富，气候干燥，降水稀少，夏季炎热，冬季干冷，年温差和日温差都很大。年平均气温11.29℃。夏季极端最高气温为41.5℃，最热月（7月）平均气温26℃；冬季极端最低气温-27.4℃，最冷月（1月）平均气温-6.5℃（图2-27）④。

2）湿度、风向与日照

库车地区干旱少雨，年平均降水量72毫米，全年平均降水日数为36天；空气干燥，全年平均相对湿度46.7%（图2-28）⑤。

当地全年主导风向为北风（图2-29）⑥。

库车地区全年日照时数2915小时。全年所受辐射最多的方向为南向， 夏季所受辐射较多的方向为东南向（图2-30—图2-32）⑦。

3）空气质量与地震情况

库车地区地处塔克拉玛干沙漠北缘，每年春、夏转换季节为沙尘期。加上气候干燥少雨，极易发生大范围沙尘天气。由此造成可吸入颗粒物与细颗粒物的指标超标严重（图2-33）⑧。

库车地区与阿克苏地区同属柯坪块区，2010年至2020年共发生地震1804次，其中，4~5级地震7次，5级以上地震2次（图2-34）⑨。

4）气候因素对建筑的影响

库车地区与阿克苏地区相近，气候状况也较为相似，因此在建筑布局的处理上两地有共同之处，但更

① 图片来源：作者自绘。数据来自：https：//www.aqistudy.cn/historydata/。

② 图片来源：作者自绘。数据来自：http：//earthquake.ckcest.cn/dzcestsc/earthquake_tyml.html。

③ 图片来源：作者自绘。

④ 图片来源：作者自绘。数据来自：https：//www.ladybug.tools/epwmap/。

⑤ 图片来源：同上。

⑥ 图片来源：同上。

⑦ 图片来源：同上。

⑧ 图片来源：作者自绘。数据来自：https：//www.aqistudy.cn/historydata/。

⑨ 图片来源：作者自绘。数据来自：http：//earthquake.ckcest.cn/dzcestsc/earthquake_tyml.html。

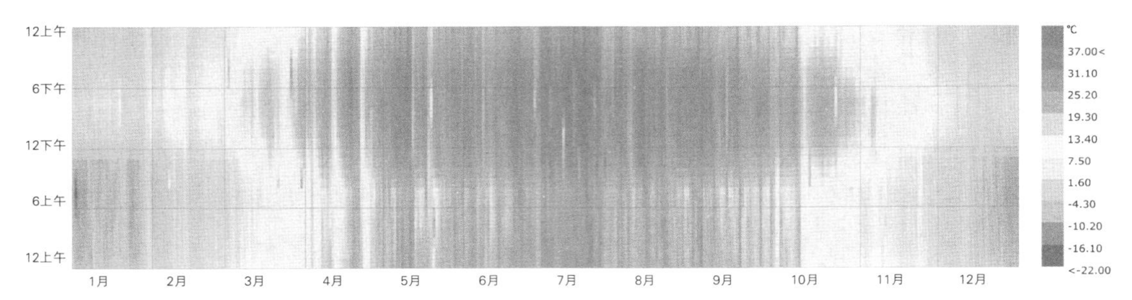

图2-27　库车地区全年气温图

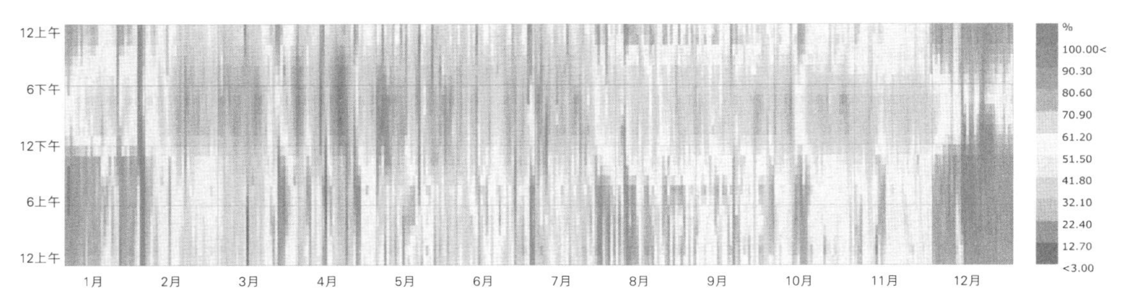

图2-28　库车地区全年相对湿度图

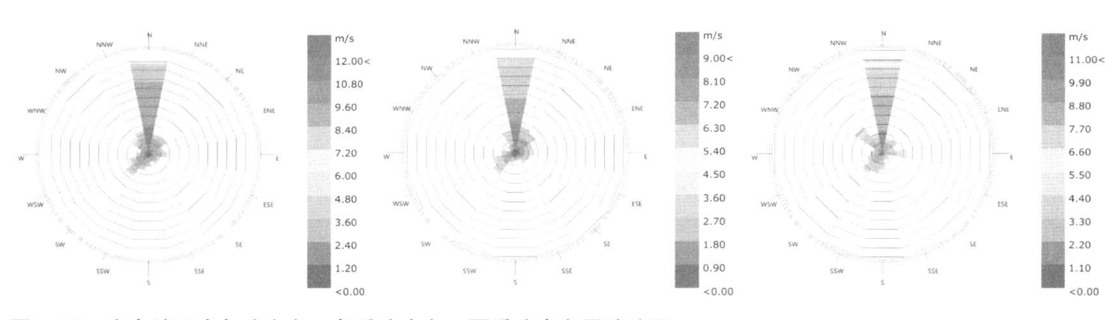

图2-29　库车地区全年（左）、冬季（中）、夏季（右）风玫瑰图

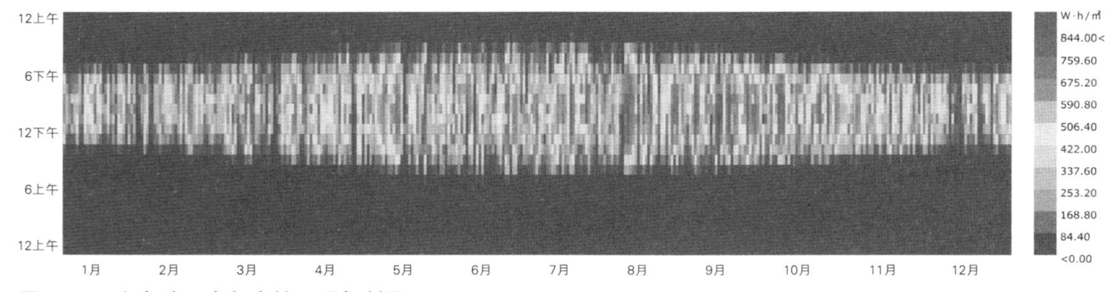

图2-30　库车地区全年直接日照辐射图

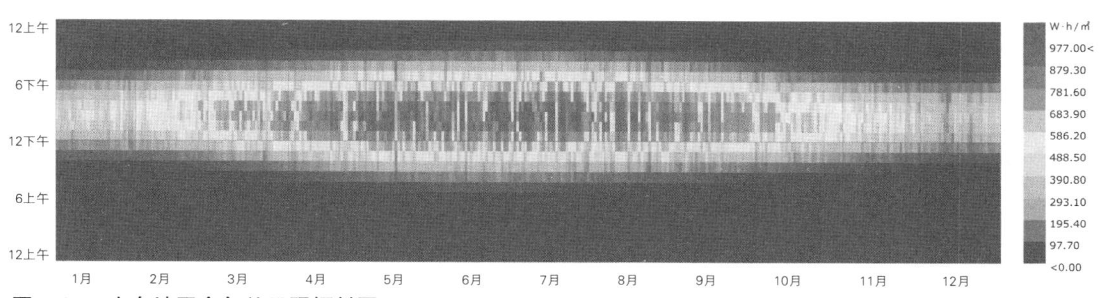

图2-31 库车地区全年总日照辐射图

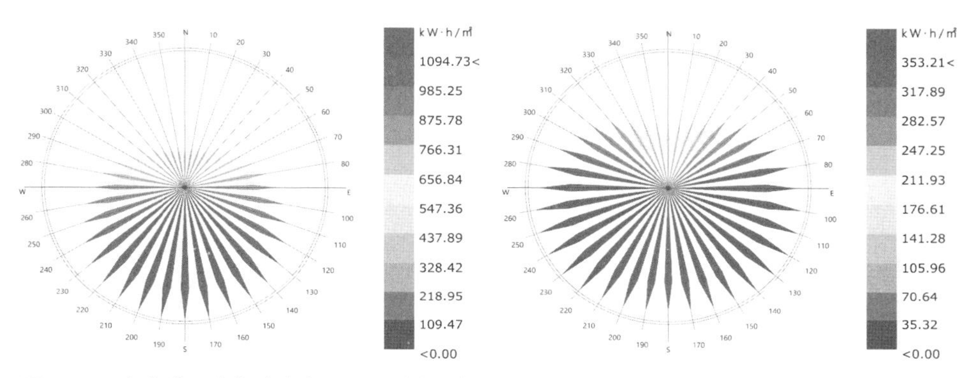

图2-32 库车地区全年（左）、夏季（右）辐射玫瑰图

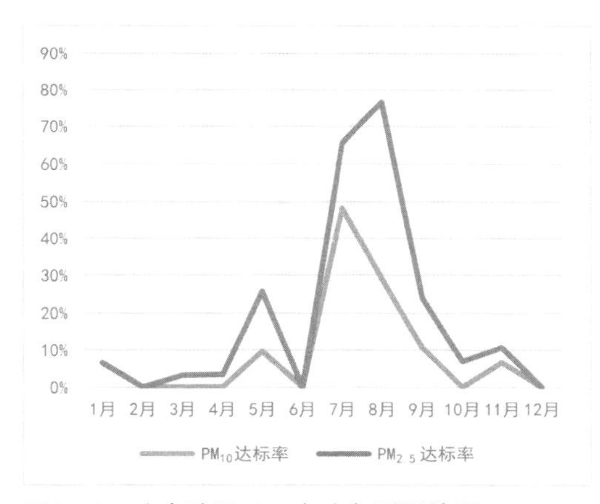

图2-33 库车地区2018年空气质量情况

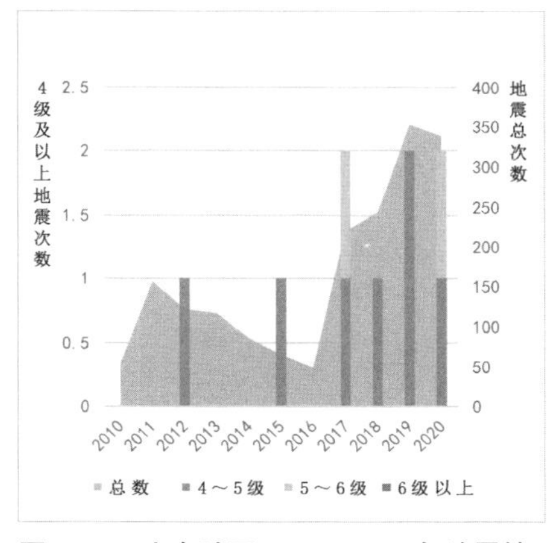

图2-34 库车地区2010—2020年地震情况

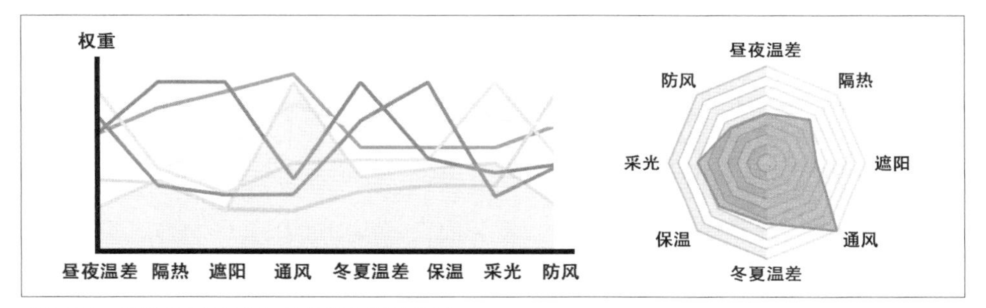

图2-35 库车地区建筑生态适应性因素评价

炎热的夏季与更干燥的气候也使得库车地区的建筑发展出了其自身的特殊性。库车地区的建筑在夏季通风与冬季采光方面应当考虑得更多（图2-35）[①]。

2.6　库尔勒绿洲片区生态气候环境分析

1）气候概况

库尔勒地区位于新疆腹地，处在中国最大的沙漠——塔克拉玛干沙漠的边缘，属暖温带大陆性干旱气候。年平均气温11.66℃。夏季极端高气温为40℃，最热月（7月）平均气温26.9℃；冬季极端最低气温-28.1℃，最冷月（1月）平均气温-7℃（图2-36）[②]。

2）湿度、风向与日照

库尔勒地区降水量稀少，蒸发量大，年平均降水量不到57.4毫米，年最大蒸发为2800毫米左右，年平均降水日数31日（图2-37）[③]。

当地冬季主导风向为东北风，夏季主导风向为东南风（图2-38）[④]。

库尔勒地区全年总日照时数平均为2990小时，全年所受辐射最多的方向为西南向，夏季则西向所受辐射最多（图2-39、图2-40）[⑤]。

3）空气质量与地震情况

库尔勒是塔克拉玛干沙漠周边绿洲中空气质量较好的地区之一。2020年库尔勒地区空气质量有效监测天数366天，其中达到优良天数272天，优良率74%。仅3月与10月份有超过半数的污染天气；5月至9月空气质量较优（图2-41）[⑥]。

库尔勒地区位于南天山东段地震活动区边缘。2010年至2020年间共发生地震4714次，其中，4~5级地震33次，5级以上地震9次（图2-42）[⑦]。

4）气候因素对建筑的影响

库尔勒地区位于沙漠边缘，极端气温较多，风沙大，因此民居在建造时不仅要考虑建筑单体，还应创造出舒适的周边环境，使建筑能够应对严酷的自然条件。在南疆各绿洲中，库尔勒地区昼夜温差最强，因此民居要有合适的建造措施来抵御温差。冬季的采光也是应当着重考虑的部分（图2-43）[⑧]。

---

① 图片来源：作者自绘。

② 图片来源：作者自绘。数据来自：https：//www.ladybug.tools/epwmap/。

③ 图片来源：同上。

④ 图片来源：同上。

⑤ 图片来源：同上。

⑥ 图片来源：作者自绘。数据来自：https：//www.aqistudy.cn/historydata/。

⑦ 图片来源：作者自绘。数据来自：http：//earthquake.ckcest.cn/dzcestsc/earthquake_tyml.html。

⑧ 图片来源：作者自绘。

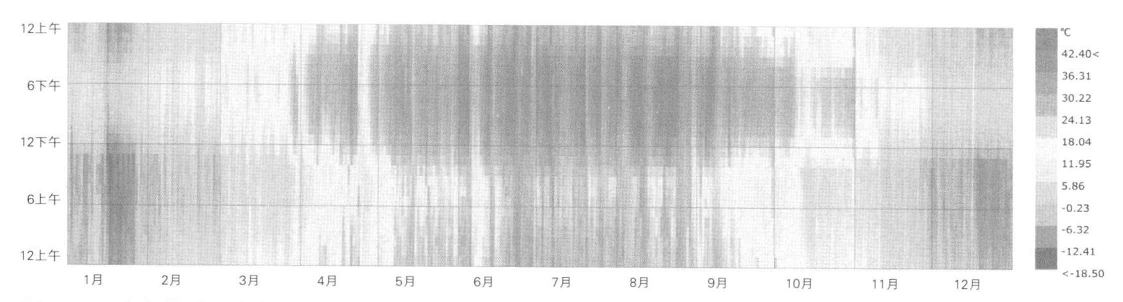

图2-36 库尔勒地区全年气温图

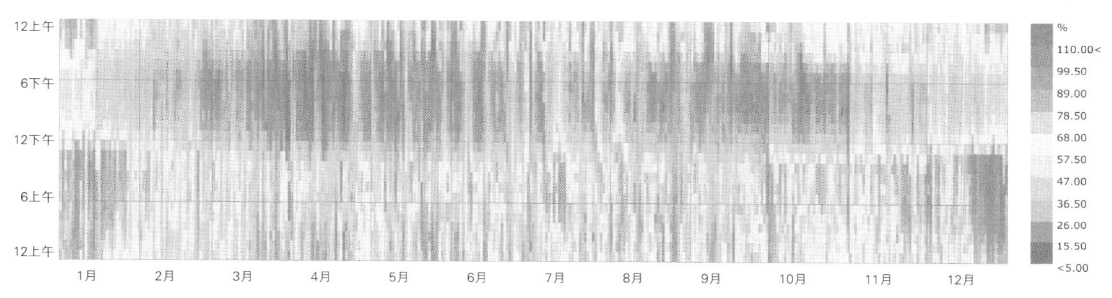

图2-37 库尔勒地区全年相对湿度图

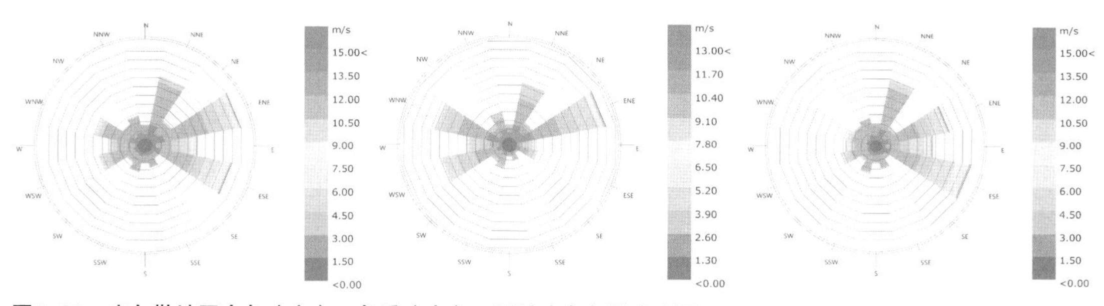

图2-38 库尔勒地区全年（左）、冬季（中）、夏季（右）风玫瑰图

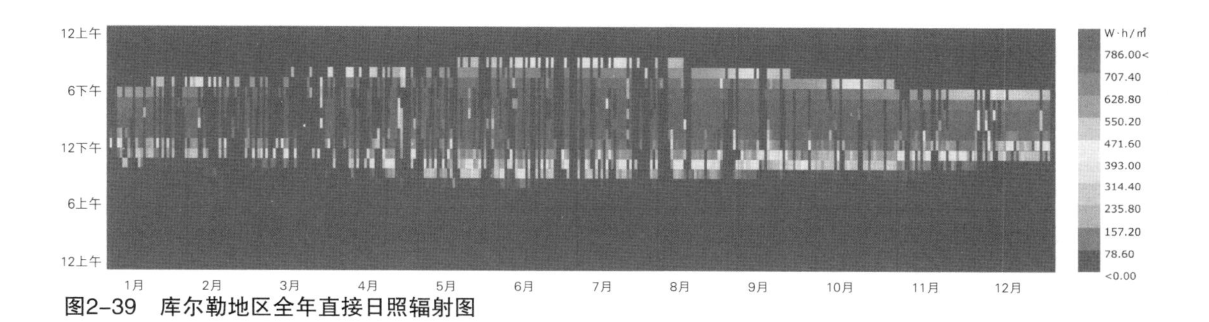

图2-39 库尔勒地区全年直接日照辐射图

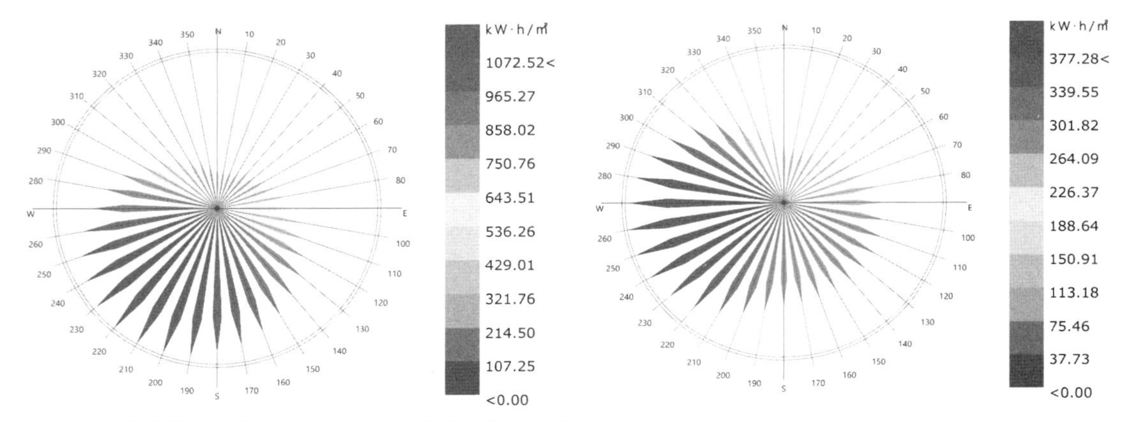

图2-40　库尔勒地区全年（左）、夏季（右）辐射玫瑰图

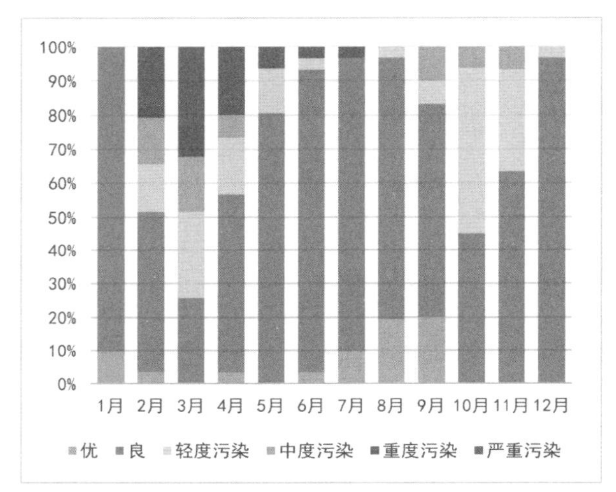

图2-41　库尔勒地区2020年各月空气质量情况

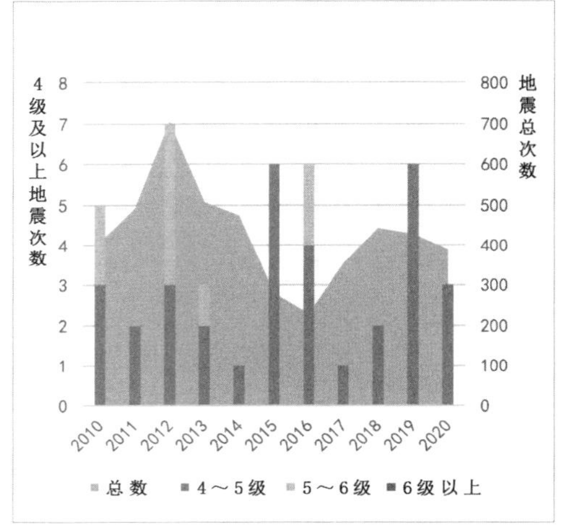

图2-42　库尔勒地区2010—2020年地震情况

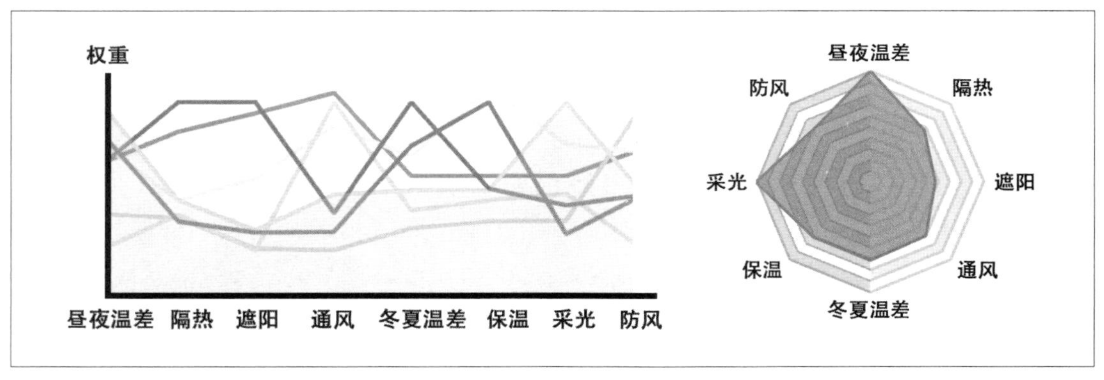

图2-43　库尔勒地区建筑生态适应性因素评价

2.7　吐鲁番绿洲片区生态气候环境分析

1）气候概况

吐鲁番地区属于暖温带干旱荒漠气候。主要气候特点：干燥、高温、多风。盆地内年日照时数长、蒸发量大、降水量少。年平均气温14.4℃，有100天以上为高于35℃的炎热天气。夏季极端高气温为49.6℃，最热月（7月）平均气温32.8℃；冬季极端最低气温-28.7℃，最冷月（1月）平均气温-7.1℃；日温差和年温差均较大（图2-44）①。

2）湿度、风向与日照

吐鲁番盆地内干旱少雨，降水量少且分布不均，季节性差异大，全年平均降水日数为13.8；空气干燥，全年平均相对湿度38.7%（图2-45）②。

吐鲁番地势高低悬殊，温度振幅较大，导致了多风天气的产生，风能资源丰富，但也致使冬季、夏季及全年均无明显的主导风向（图2-46）③。

吐鲁番地区太阳辐射强，日照时间长，光能丰富，年平均总辐射量5938.3兆焦/平方米，年日照百分率69%。

3）空气质量与地震情况

2020年吐鲁番地区空气质量有效监测天数366天，其中达到优良天数209天，优良率57%。4—8月份空

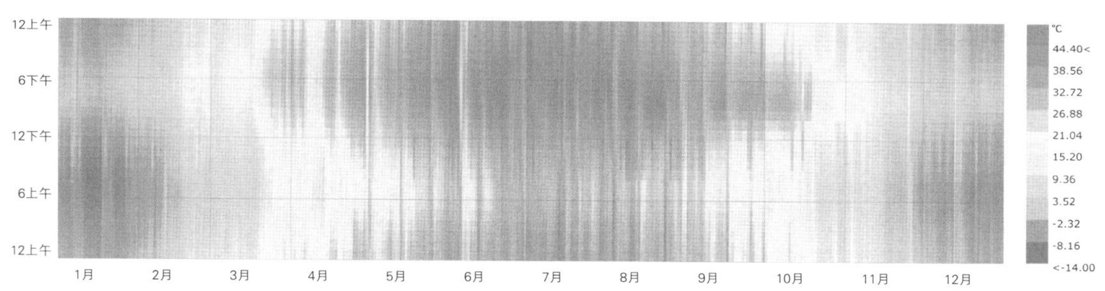

图2-44　吐鲁番地区全年气温图

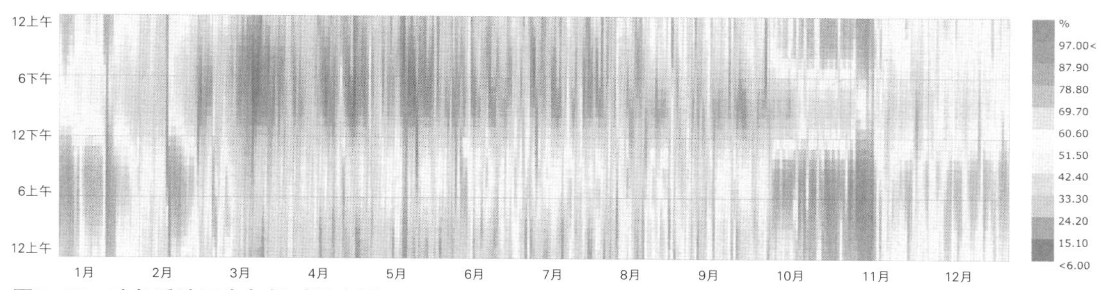

图2-45　吐鲁番地区全年相对湿度图

① 图片来源：作者自绘。数据来自：https：//www.ladybug.tools/epwmap/。
② 图片来源：同上。
③ 图片来源：同上。

气质量较好，9月份则整月为污染天气。1—3月、11—12月空气质量较差（图2-47）①。

2010—2020年间，吐鲁番地区共发生地震1784次，其中，4~5级地震6次，5级以上地震2次（图2-48）②。

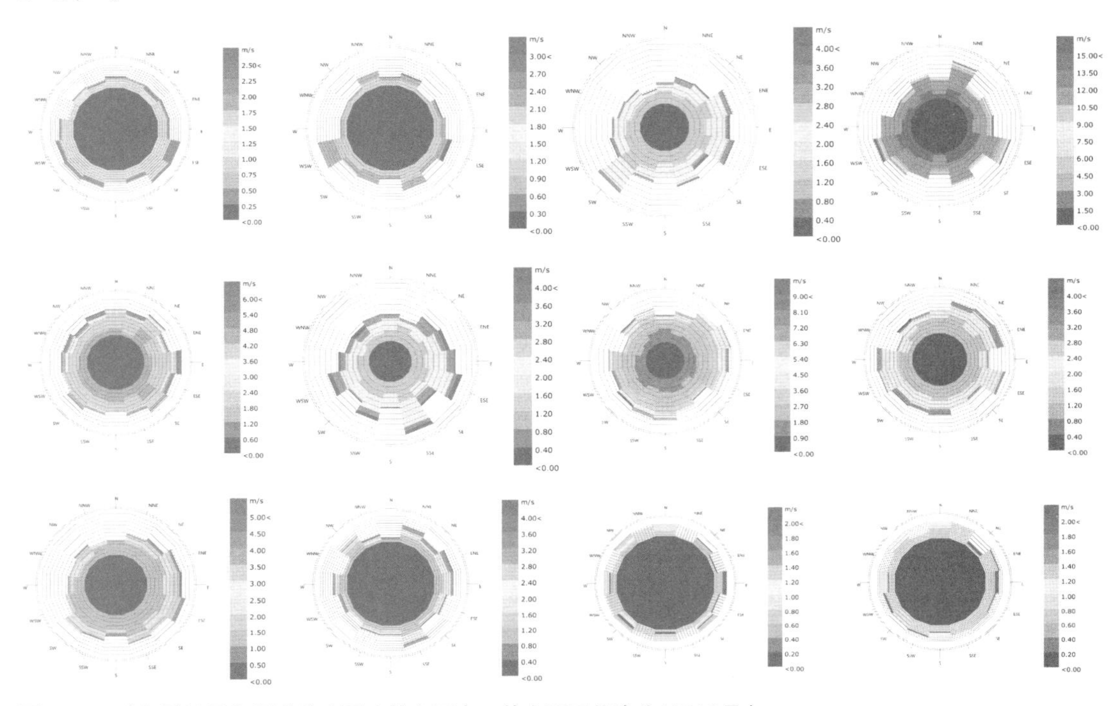

图2-46　吐鲁番地区各月风玫瑰图（从左至右、从上至下依次为1至12月）

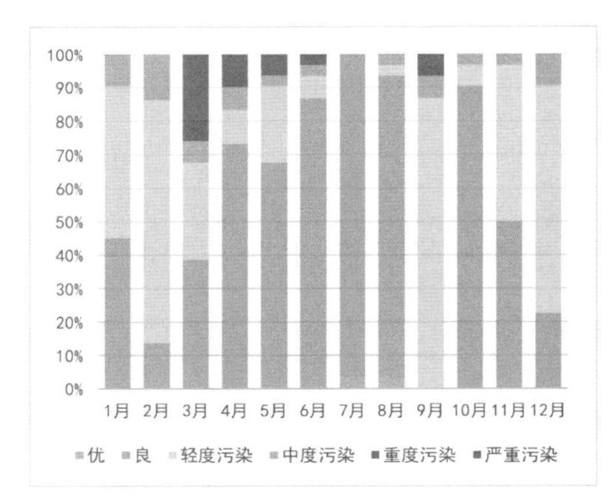

图2-47　吐鲁番地区2020年各月空气质量情况

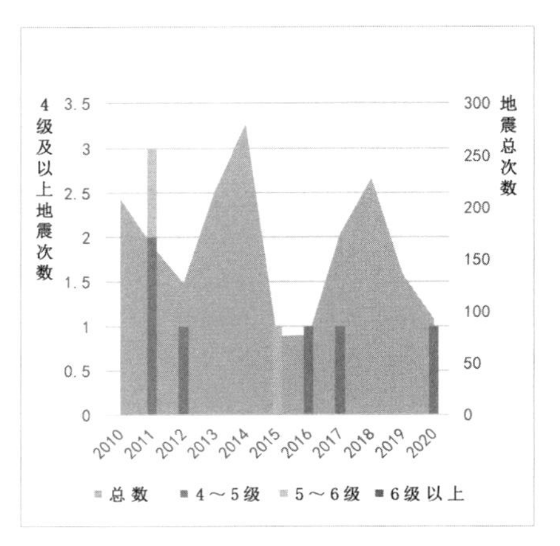

图2-48　吐鲁番地区2010—2020年地震情况

① 图片来源：作者自绘。数据来自：https：//www.aqistudy.cn/historydata/。

② 图片来源：作者自绘。数据来自：http：//earthquake.ckcest.cn/dzcestsc/earthquake_tyml.html。

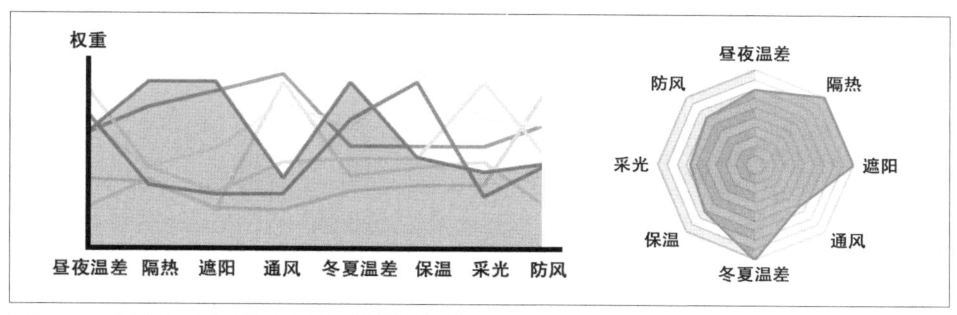

图2-49 吐鲁番地区建筑生态适应性因素评价

4）气候因素对建筑的影响

吐鲁番地区的气候环境整体较为严峻，其特点是夏季极端酷热，降水极少而蒸发量大，因此当地民居在建造房屋时首要应当考虑的是隔热与遮阳问题。当地的冬夏温差与昼夜温差都较大，因此民居应当有相对应的应对措施。除此之外，由于特殊的盆地环境影响，吐鲁番地区有其独特的风环境，形成了当地特有的对流风，风沙大但全年都没有主导风向，因此建筑应当有一定的防风沙措施（图2-49）①。

2.8 哈密绿洲片区生态气候环境分析

1）气候概况

哈密地区属温带大陆性干旱气候，干燥少雨，晴天多，年平均气温10℃。夏季极端高气温为43.9℃，最热月（7月）平均气温25.6℃；冬季极端最低气温-32℃，最冷月（1月）平均气温-11.3℃（图2-50）②。

2）湿度、风向与日照

哈密地区干旱少雨，年平均降水量39毫米，年蒸发量约为3300毫米，全年平均降水日数为24.9；空气干燥，全年平均相对湿度44%（图2-51）③。

当地空气干燥，大气透明度好，云量遮蔽少，光能资源丰富，为全国光能资源优越地区之一，日照充足，全年日照时数3285小时。全年所受辐射最多的方向为南偏西，夏季所受辐射较多的方向为西偏南（图2-52—图2-54）④。

哈密地区全年主导风向为东北风（图2-55）⑤。

3）空气质量与地震情况

哈密地区在南疆各绿洲中空气质量最优。2020年哈密地区空气质量有效监测天数365天，其中达到优良天数320天，优良率88%。仅2月份有12天的中轻度污染，其他月份均以空气优良天数占多数（图2-56）⑥。

2010—2020年间，哈密地区共发生地震2096次，其中，4~5级地震5次，5级以上地震2次（图2-57）⑦。

① 图片来源：作者自绘。
② 图片来源：作者自绘。数据来自：https：//www.ladybug.tools/epwmap/。
③ 图片来源：同上。
④ 图片来源：同上。
⑤ 图片来源：同上。
⑥ 图片来源：作者自绘。数据来自：https：//www.aqistudy.cn/historydata/。
⑦ 图片来源：作者自绘。数据来自：http：//earthquake.ckcest.cn/dzcestsc/earthquake_tyml.html。

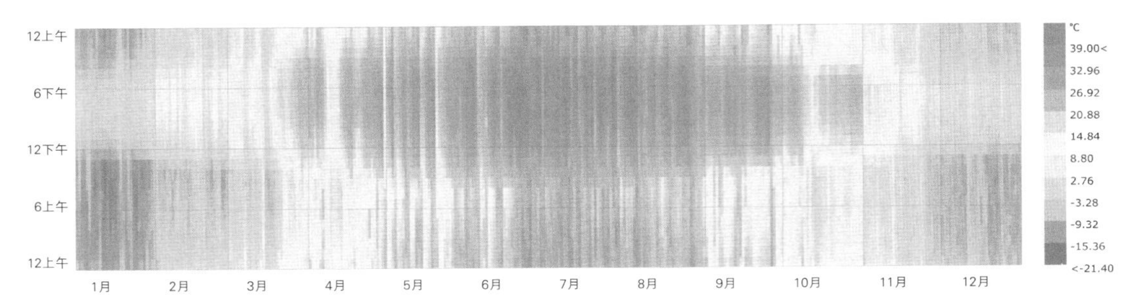

图2-50　哈密地区全年气温图

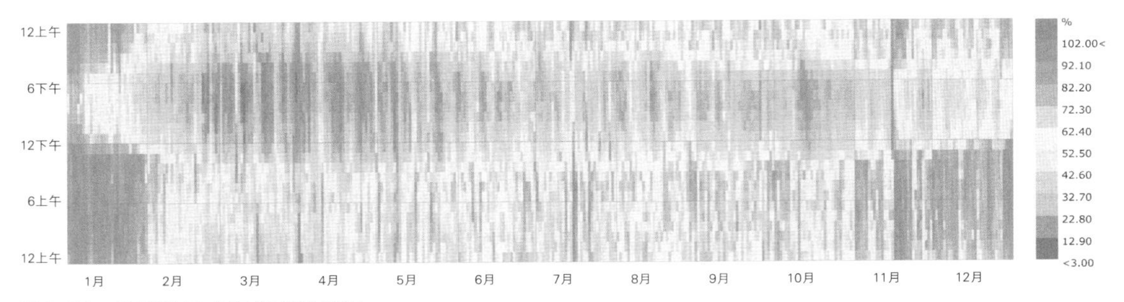

图2-51　哈密地区全年相对湿度图

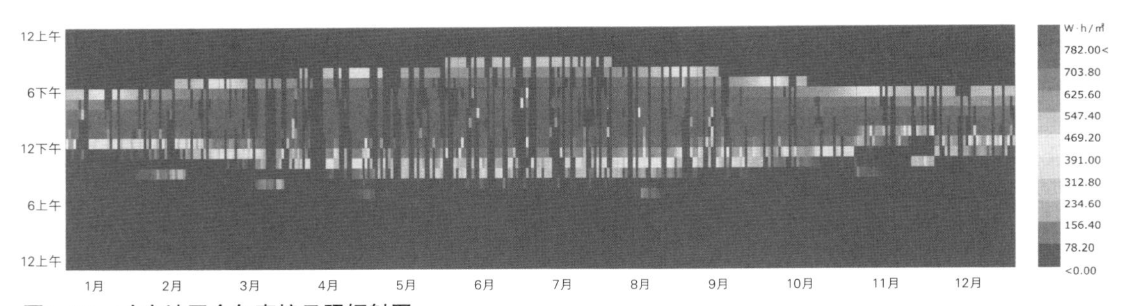

图2-52　哈密地区全年直接日照辐射图

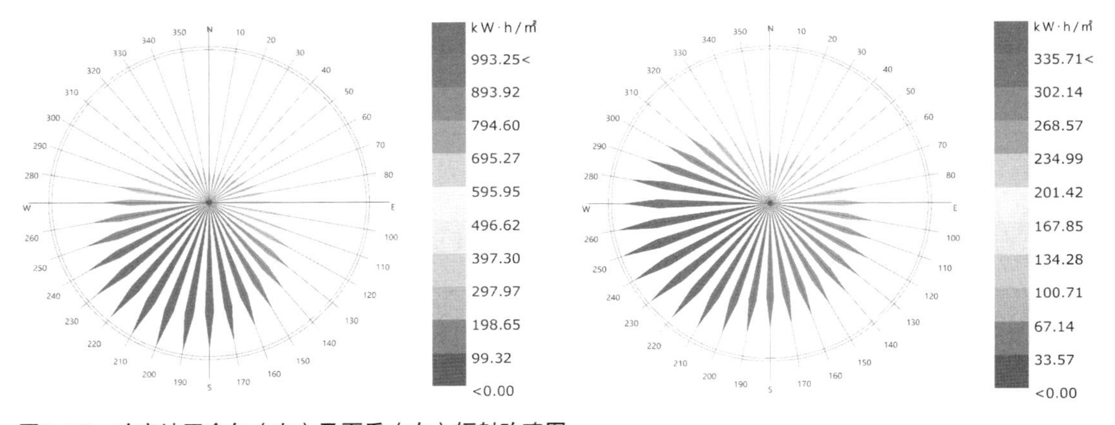

图2-53　哈密地区全年（左）及夏季（右）辐射玫瑰图

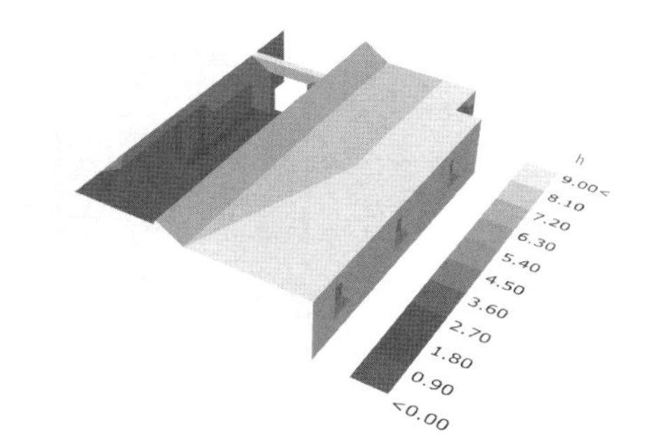

图2-54 哈密地区建筑冬季日照时数图

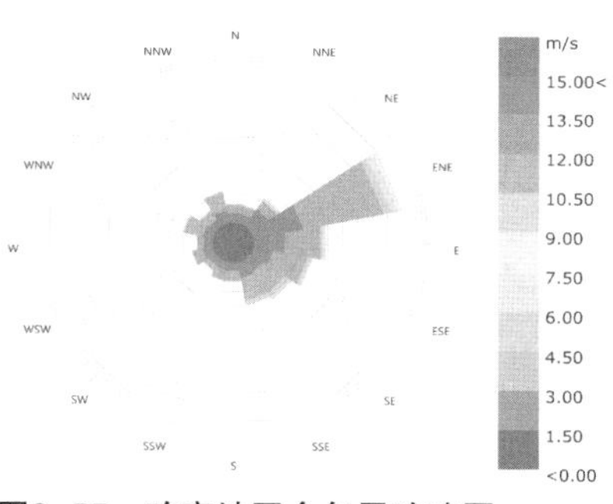

图2-55 哈密地区全年风玫瑰图

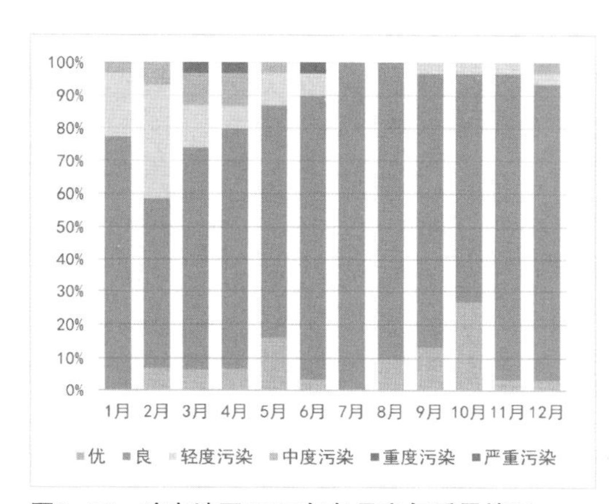

图2-56 哈密地区2020年各月空气质量情况

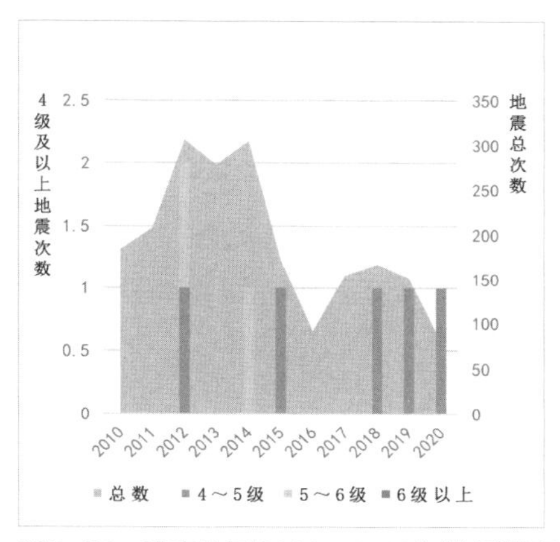

图2-57 哈密地区2010—2020年地震情况

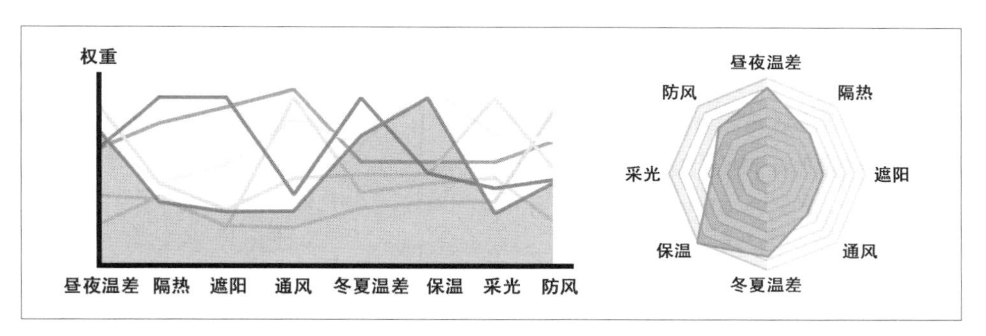

图2-58 哈密地区建筑生态适应性因素评价

4）气候因素对建筑的影响

哈密地区与吐鲁番同属于吐哈盆地，因此两地在气候条件上有一定的相似性。但哈密地区的气候较为温和。除了必要的夏季隔热与冬季保温外，方向性较强的风条件也可以在聚落与单体建筑的布局中加以利用（图2-58）①。

① 图片来源：作者自绘。

2.9 绿洲地区生态气候环境分析总结

2.9.1 气候环境特征

南疆的绿洲地区分布广泛，以塔里木盆地为中心，从北至南依次分布着库尔勒、库车、阿克苏、喀什、和田等绿洲聚落，东北部的吐鲁番、哈密两地亦属此区域。虽然这些聚落的位置分散，跨度达1500多千米，但气候特征上有一定的相似性。最明显的就是，由于深处内陆远离海洋，东部的东南季风和太平洋的湿气难以到达；周围有天山、帕米尔高原和昆仑山的严密阻挡，来自北冰洋、大西洋的冷湿气流和印度洋的热湿气流也无法到达，因此造成降雨稀少，气候干旱，空气湿度极低。除此之外，这些地区的典型气候特征还有：昼夜及冬夏温差大、太阳辐射量大、日照充足、风沙灾害严重等。虽然各地的民居在细节上各有差别，但相似的气候环境特点也塑造了相似的传统建造形式。

2.9.2 气候环境对民居的塑造

相比于其他地区来说，南疆绿洲的各聚落气候环境条件较为脆弱。因此，在长时间与自然环境的斗争中，当地的民居采取了各种方式以抵御这种恶劣的气候，以此营造舒适的居住生活环境。具体影响民居建造的气候因素如下。

1）温差

南疆绿洲地区最典型的气候特点就是温差较大。以全年来看，各地的最冷月与最热月平均气温的温差都在30℃以上，吐鲁番地区更是达到了40℃。而更为明显的则是昼夜温差，以春夏和秋冬之交时尤甚。因此，如何平衡温差，营造稳定的室内热环境，就成为当地民居需要解决的首要问题。一般来说，围护结构的材料选取是关系到昼夜温差调节的重要环节。当地传统民居大多使用的是生土材料，结构上采取土坯砌块或夯土夯筑的形式。生土材料的特点就是导热性差，再加上大多数墙体都很厚，因此围护材料的热惰性很强，可以有效延缓室内温度随室外变化的速度，在昼夜温差很大的情况下形成较为稳定的室内热环境。而冬夏温差的调节则需依靠植物，有庭院的民居大多会在院内种植果树与葡萄，没有庭院的也会在建筑周边种植乔木。夏季植物旺盛的枝叶可以遮挡阳光，叶片的蒸腾作用也可以带走热空气；冬季叶片凋落，不影响阳光的照入。除此之外，当地民居的开窗多为小窗、高窗，有的墙面甚至不开窗，以此将室内封闭起来，有效减少室外环境对室内的影响，有利于冬季保温与夏季隔热，也是平衡温差的一种措施。

2）日照

南疆绿洲各地区的日照都十分充足，太阳辐射较强。日照环境是一把双刃剑，一方面人的生活离不开日照，冬季的采光也尤为重要；但另一方面在夏季的高温下，较强的辐射会带来负面的人体感受。南疆地区夏季空气湿度极低，因此良好的遮阳措施可以极大地降低空气温度。所以夏季的遮阳是绿洲民居应对气候环境的重点。在聚落的层面上，当地民居大多布局紧凑，利用建筑间的相互遮挡来降低辐射量；有的地方还会在街巷上加建过街楼，增强遮阳效果。建筑单体层面上，吐鲁番民居有高架棚及地下、半地下空间，和田民居有阿以旺[①]空间，喀什民居有较深的廊道空间，这些空间都有效地将夏季的太阳辐射隔绝于外，为室内提供凉爽舒适的环境。当地大多数民居的窗户隔栅在作装饰的同时也很好地起到了遮阳作用。而到了冬季，太阳高度角降低，阳光可以通过高架棚的侧面、阿以旺的侧窗、廊道的侧面等照射进来，为室内提供天然的采光。

3）风环境

风环境对建筑带来的主要影响是风沙灾害。新疆的塔里木盆地周边受西北和东北两个盛行风向的交叉影响，风沙活动较为频繁；吐鲁番地区独特的地理环境也带来了独特的风环境，当地人民深受风沙灾害的困扰。因此，防风沙成为绿洲民居的一大重点。各地的民居不约而同地采用了封闭式的空间组织方式。例如，和田地区的民居大多以阿以旺为中心，建筑单元环绕四周布置，大多数门窗均开向阿以旺空间，外墙几乎无窗或只采用高窗，以这种封闭的环境抵挡风沙的侵袭；与和田地区相比，喀什地区的风沙虽然较少，但仍然采用了阿克赛乃[②] 形式，即四面围合的庭院，以这种封闭的方式防御春夏季的风沙与浮尘。

除了风沙之外，由于冬季寒冷，南疆绿洲地区的建筑还应注重冬季防风。由于这些绿洲分布于盆地周边，周围地势较高，因此风吹进来后在此地形成了一个循环，导致各地的主导风向都各不相同。例如喀什地区冬季主要刮北风，阿克苏地区是东北风，库尔勒地区是东风。各地的民居防风设计要因地制宜，门窗等处应避开各地的主导风向，避免冷风渗透。吐鲁番地区由于本身地处一个小盆地内，所以全年无主导风向，民居在建造时难以针对性地做出冬季防风措施。但夏季的吐鲁番地区是全国最热的地区之一，因此要利用好当地的风环境，做好夏季的通风。当地在高架棚高空普遍使用的镂空花墙构造，即出自此考虑，在夏季可以利用热压作用促进通风，带走高架棚空间内的热空气。

4）降水

南疆各地区降水极为稀少，因此建筑基本不用考虑屋顶的排水问题。所以与伊犁等北疆地区盛行的坡屋顶民居不同，南疆绿洲地区的传统民居多为平屋顶，使用生土材料且不做覆瓦等防水处理。但同样是由于干旱少雨，水资源在当地尤为珍贵，因此各聚落都因水而成，围绕水源展开。聚落大多没有明显的形制要求，空间形态自由多样。

5）地震

新疆是中国内陆地震活动最频繁的地区之一。位于南疆地区的地震带有南天山地震带、西昆仑地震带与阿尔金地震带。这些地震带上的聚落受地震灾害风险较大，以和田、喀什与阿克苏三地最为突出。因此，这些地区的传统民居多采用土木结构，以木制梁柱为框架，生土作填充墙，楼板为木质密肋板，抗震性能较纯生土结构或砖石结构更为优异。吐鲁番与哈密所在的吐哈盆地没有直接坐落于地震带上，但受北天山地震带影响，地震活动亦较为频繁，当地采用的土拱结构也在砌筑工艺上有抗震的考虑。可以看出，地震情况也是影响南疆绿洲民居形态的重要因素之一。

---

① “阿以旺”是整个院落中的一小部分空间，即在小庭院上加盖平屋顶，并设有通风采光的天窗。从形式上看，它既是一个完全封闭的室内空间，又是一个具有天窗的大庭院。阿以旺空间被周边的生活用房围住，具有保温效果，而阿以旺的窗又能带来气流的循环，形成空间自生的微气候。

② 阿克塞乃是和田地区的一种建筑形式，是屋顶中央开敞的露天厅室，用于采光通风，也是居民日常起居的地方，其在形式上与阿以旺十分相似。“阿克”的意思是白色，“塞乃”的意思是地方，因此其字面意思是白色的地方。但这里的“白色”并不仅仅指的是墙面粉刷的白色，而是指当阳光直射入庭院时，该空间便充满光照，形成“白色的空间”。

2.9.3 总结

一个地方的气候特点对当地建筑的形成，尤其是传统民居的形成是决定性的。所谓建筑的地域特征，很大程度上就是千百年来当地居民在与自然环境相斗争、相协调的过程与结果在建筑上的表达，南疆绿洲地区亦是如此。在早已现代化的今天，我们仍要做好建筑与气候环境的契合，而要做到这一点，就要去深入了解当地的传统民居，在这些传统的宝库中寻找新的启发。

第3章

绿洲聚落形态特征

聚落是人类各种活动的聚居地的总称。它不仅是居住建筑的集合体，还包括与居住直接有关的其他生活习俗设施和生产设施。聚落是人们居住、生活、休息，开展社会活动和各种生产活动的场所，一般分为城市聚落和乡村聚落。“聚落”一词古代指村落，如中国的《汉书・沟洫志》的记载，“或久无害，稍筑室宅，遂成聚落”；近代泛指一切居民点。

聚落通常是指固定的居民点，只有极少数是游动性的，例如：游牧民族的一年四季为了牲畜“逐草而居”的聚落点。聚落由各种建筑物、构筑物、道路、绿地、水源、公共活动和生产地等物质要素组成，规模越大，物质要素构成越复杂。聚落的建筑外貌因居住方式不同而异。

绿洲是干旱荒漠背景下的特殊景观，其形成与发展要受到所处环境和所拥有的资源特别是水资源的强烈限制①。绿洲聚落主要是以绿洲为背景的固定的居民点，由于绿洲生态环境的特殊性，可以从绿洲人居环境学视角研究。绿洲人居环境具有以下鲜明的特点②：封闭性、维水性、极脆弱性、强依赖性、弱承载力、文化的多样性。绿洲人居环境的这些特点，蕴含着绿洲人居聚落面临的特殊矛盾，揭示出绿洲聚落形态特征研究的迫切性和必要性。

3.1　和田绿洲聚落形态特征

3.1.1　和田团城（老城）

1）团城（老城）聚落概况

和田团城位于和田老城核心区，东临文化路，北临台北路，南临北京路，规划面积83.7公顷。团城以商业为中心，街巷向四周呈环形围绕，因而被称为“团城”。从研究中可以看出，团城是一个典型的绿洲传统民俗街区，充分体现着干旱区绿洲中人类与自然协调和融合的发展特征。

和田团城拥有上百年历史，是和田市的老城区。从前，居民以出售鸽子等家禽作为主要收入来源，因而团城又被称为“鸽子巷”；现在的团城，以其地域传统建筑、特色商铺、手工艺作坊以及传统民俗等深厚民俗文化内涵，成为国家AA级旅游景区，其中“阿以旺”式民居建构技术被录入国家级非物质文化遗产名录。经过当地对和田团城的多次改造提升及保护规划的编制，现在的团城已变成一条“阿以旺”式建筑的特色街区，一跃成为和田新晋的“网红打卡地”。

团城内居住用地布局紧凑（图3-1）③，保持着传统的聚居模式，人均居住用地面积18.57平方米，分为蒙其库卡和霍加木阔里拜西两个社区。据不完全统计，团城人均居住建筑面积约18平方米，其中40%以上的家庭人均居住建筑面积低于15平方米，居住密度较高。

特殊的气候及环境使团城具有了独特的聚落形态和风貌，也因此影响着街坊、建筑、院落空间及景观构成的街区整体风貌。街区建筑群通过狭窄的街巷串联。充满传统风貌特色的建筑群、狭窄的街巷、街区内水系、古水井、古树等环境要素共同营造出独具地域特色的街区环境风貌，集中体现出民族文化内涵丰富、生态环境宜居，可应对极端自然环境的街区特色风貌（图3-2）④。

---

① 陈仲全，张正栋，《绿洲的结构与绿洲开发》，西北师范学院西北资源环境研究所编著。第18~24页。

② 赵克俭，韩丽蓉，宁黎平，《绿洲人居环境的评价》，青海大学学报（自然科学版），2005，23（1）：第26~29页。

③ 图片来源：同上。

④ 图片来源：《和田市团城历史文化街区保护规划》，2018年4月。

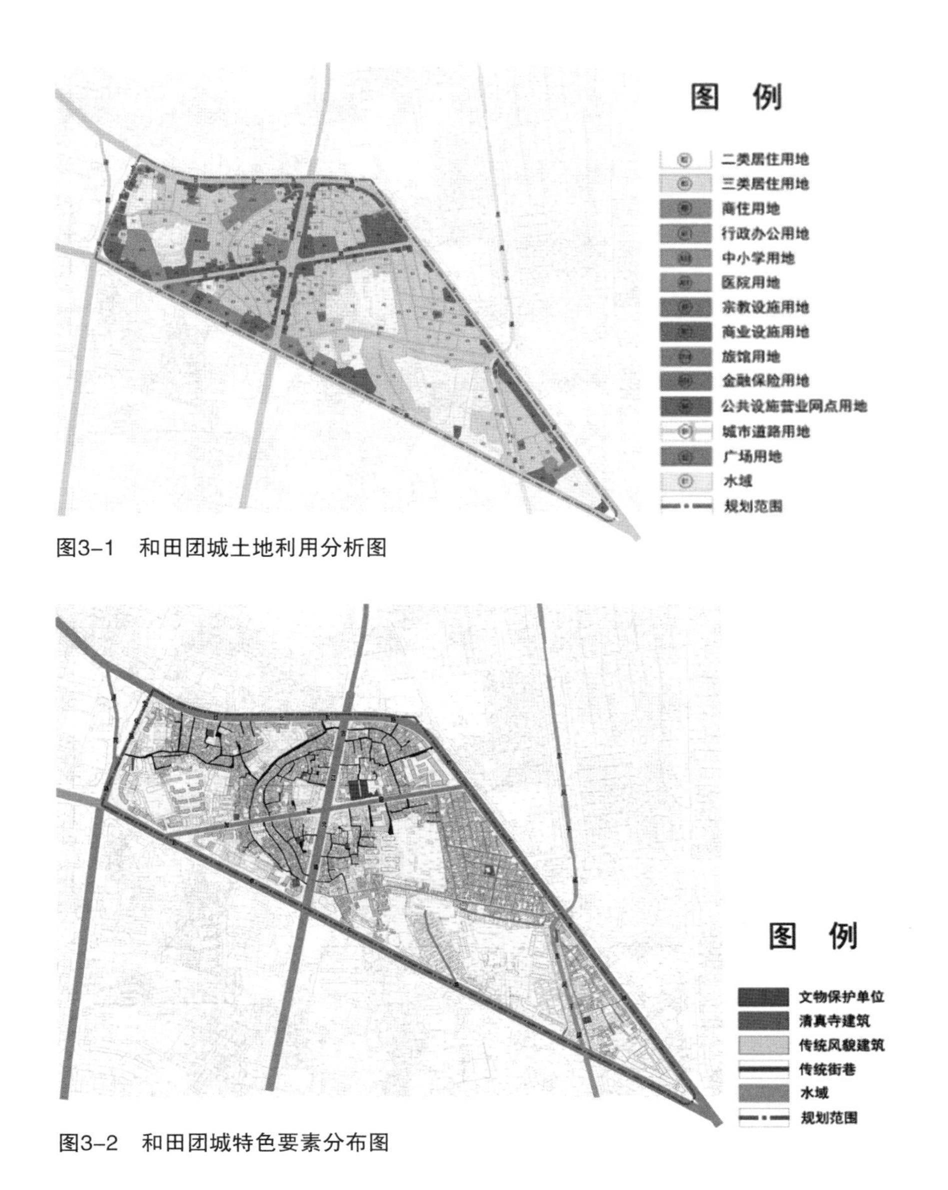

图3–1 和田团城土地利用分析图

图3–2 和田团城特色要素分布图

2）聚落空间肌理

团城以商业为中心，圈层式环绕布局民居建筑，圈状的主要街巷宽度为4～6米，次要街巷由主街发散形成1～3米宽的拓扑状道路，延伸到民居组团内部或连接到圈状主街巷（图3–3）①，形成“圈层布置+带状分布+拓扑关系”的街区肌理（图3–4）②。

团城的平面布局略呈圆形，主干道布局为十字形街，包括加买路、古江路等；次要街道布局以环形

① 图片来源：喀普兰巴依•艾来提江拍摄。

② 图片来源：《和田市团城片区城市设计》，2017年。

图3-3　和田团城实景

图3-4　和田团城空间肌理

为主，且常处于阴影之中，可以避免或减轻街区的风沙侵害。街区内部街巷主要是居民日常交流和组织交通的空间，在公共服务建筑（如村委会等）前，布置有少量的公共活动空间，但仍缺少集中用于社会交往的公共空间。

3）聚落景观风貌特征

在和田自然地形、气候等特殊环境因素的共同影响下，团城逐步形成新疆南部绿洲人居聚落中的生态性营造智慧及特色建筑风貌，这些特色也突出体现在和田地区的城市规划建设、民居建筑建设等方面。在

图3-5　生土建筑

绿洲聚落的民居营造方面，其采用的传统建造技术均与气候和自然环境特征密切相关。其中，和田地区代表性的"阿以旺"式民居，现已被列入国家级非物质文化遗产名录——维吾尔族民居建筑技艺。

和田传统民居主要建设特点如下：

（1）以生土作为主要的建筑材料

生土材料既是自然的，也是人工的，这种材料的应用使当地突出地面的建筑或构筑物与大地浑然一体。在和田地区，生土材料被大量使用在城市建设之中，团城也不例外，不仅是民居建筑，道路、围墙、室内外设施（如馕坑、灶台、土炕等）等也采用了生土材料。此外，由于当地的降水量较少，使用生土材料建造民居可以大大简化民居建造过程中的防湿及防潮处理。由于具备多方面优势，生土材料成为和田传统民居的最主要建筑材料（图3-5）①。

（2）高密度、窄街道与紧凑院落

和田团城的布局特点是建筑密度高、街巷狭窄、建筑肌理水平伸展、稠密复杂等（图3-6）②，这种高密度的布局形式具有"毯式建筑"的典型特征。这样的布局形式为街巷空间提供了大量的遮阳区域。依据日本建筑师芦原义信提出的街道宽高比（D/H）参数理论，和田团城内街巷宽度多为2～4米，小于2~3层的建筑高度，则$D/H \leqslant 1$，街巷较为狭窄，易产生较强的压抑感。

团城的院落内部布局较为拥挤，民居占地面积占院落用地面积比重较大，居住用地面积小于室外活动区域面积。这种紧凑的院落布局形式一方面可以减少民居受到太阳直射的面积，从而减少炎热天气对室内温度的影响，适当降低室内温度升高的速度；另一方面，紧凑的布局中，狭窄的巷道相当于高墙围成的内院，提供交通和公共活动空间的同时利于组织通风。

（3）"阿以旺"式民居及庭院

在和田地区的特色民俗文化及气候特征的共同影响下，团城形成了以"阿以旺"风格为主、多种建筑风貌共存的特色风貌建筑群，由于地处沙漠边缘，干旱少雨，气温高、温差大，风沙强烈，风暴日多，从而发展出一种集合式、内向封闭的民居形态。

从布局特点看，布置在民居中心的是一个内向式的、封闭的核心空间（内庭或大房），被称作"阿以旺"。"阿以旺"在维吾尔语里是"明亮的处所"的意思，"阿以"有月亮的意思，还有内天井、休息、

① 图片来源：喀普兰巴依•艾来提江拍摄。

② 同上。

图3-6　团城狭窄街道

图3-7　阿以旺窗实景图

廊下等含义（图3-7）[1]。居室、客房、厨房、库房等空间布置在"阿以旺"四周。"阿以旺"空间不仅是联系周围房间的交通枢纽和过渡空间，还是一个多功能的综合性空间，可用作待客、纳凉休息、进餐宴请、夜宿等居民活动。此外，建筑除户门、侧窗外，向外不开任何孔洞，可以起到防风沙、避酷热、通风和冬季保温的多重效用。

在建筑结构方面，"阿以旺"式民居主要采用土木结构体系，墙体形式以厚实的土坯墙、夯筑墙为主，其中也有部分墙体采用内加木柱支撑垫梁的方式，施工技术简单、平面布局灵活。

（4）平屋顶

和田地区的气候特征决定了其屋顶形式的选择。因降水天气较少，屋顶形式不受降水量的影响，故和田传统民居大都采用平屋顶（图3-8）[2]，团城片区也不例外，民居多为平屋顶。此外，由于和田地区天气较为炎热，屋顶空间也成为院落空间的重要组成部分，承担着居民生产和生活等各项功能：一是在屋顶上加建晾房，用于晾晒干菜、葡萄等作物，成为生产加工的场地；二是可以搭起棚架作为乘凉的露台，再放上简单的床具，成为盛夏夜晚的露宿之处；三是由于每户民居屋顶间距离较短，屋顶成为邻里间交流和沟通的重要空间之一。

（5）过街楼及半街楼

和田地区居民为争取更宽敞的院落空间及更大的民居室内使用面积，巧妙地借用院落旁的街巷上部空间建造过街楼（跨过街巷搭建到相邻建筑上形成过街楼）或半街楼（建造二层时，将房屋向街巷延伸，形

① 图片来源：喀普兰巴依•艾来提江拍摄。
② 同上。

图3-8 平屋顶建筑

图3-9 半街楼及过街楼

成半街楼）扩展生活空间，团城中也是如此（图3-9）①。过街楼一方面能为居民们提供所需要的生活空间，且不影响下部街巷的通行；另一方面，不影响通风的同时，增加街巷内的阴影面积，减少街巷受太阳直射的面积，为居民提供凉爽的荫凉，此外，在夏季，高墙窄巷可加快街巷下部空间空气的流速，形成惬意的“冷巷风”。

（6）高棚架

和田传统民居通常在房前屋侧架起大而高的凉棚，使居住建筑被覆盖在阴影之下（图3-10）②，可有效减弱太阳直射的影响，团城中的院落也如此。高棚架是居民日常生活内容由室内到室外延伸的空间，承担着日常起居、亲友社交等活动的功能。同时利用庭院中种植的植物及棚架下种植葡萄形成葡萄廊架，有效增强遮阳纳凉、降温加湿的作用，创造怡人的院落空间。

（7）高窗与花格窗

和田传统民居的开窗既小又少，且多采用高窗的形式，这样能够阻挡部分强烈阳光的直射，起到遮

① 图片来源：喀普兰巴依•艾来提江拍摄。

② 同上。

图3-10　高棚架

图3-11　高窗

图3-12　花格窗

阳和防风沙的作用，同时有利于保温隔热和保持室内的私密性（图3-11）①。此外，花格窗也是当地极具特色的建筑要素（图3-12）②，这种窗户图案以细密的花格纹路为主，呈镂空的形态，不但美观，而且方便通风、遮挡阳光。团城民居中也多采用高窗和花格窗的形式。采用这样的窗户可以达到形式与功能的融合，较好地诠释了“适用、经济、绿色、美观”建筑方针原则。

（8）景观环境

为营造绿色宜居的居住环境，减弱自然、气候对人居环境的影响，和田地区居民在院落中通过葡萄架、种植花棚、石榴树与核桃树等景观要素，形成了和田地区独具特色和代表的景观环境。院落中葡萄藤等植物蔓延生长，通过藤架覆盖到整个院子中；也有部分从院落中蔓延生长至街巷，街巷中形成特色的阴影空间，成为街巷绿化的一部分（图3-13）③。

---

① 图片来源：喀普兰巴依•艾来提江拍摄。

② 同上。

③ 同上。

图3-13 团城景观环境

3.1.2 和田乡村聚落形态特征

1）于田县阿羌乡喀什塔什村

（1）村落概况

喀什塔什村地处和田地区于田县阿羌乡（图3-14）[④]，紧邻皮什盖村及雄古拉村，村落环境天蓝水清，居民热情好客。村内矿产资源丰富，有石膏、芒硝、铝等，产业以小型工业及农业种植为主，企业有造纸厂、丝棉厂，主要农产品为玉米、葱、香菜、玉米尖、菊花菜、桑椹、梨子等。

村落周边沙漠、自然草地、耕地环绕，北侧有一沙丘（图3-15）[⑤]，南侧一条河流环绕村落流淌而

图3-14 村落位置图

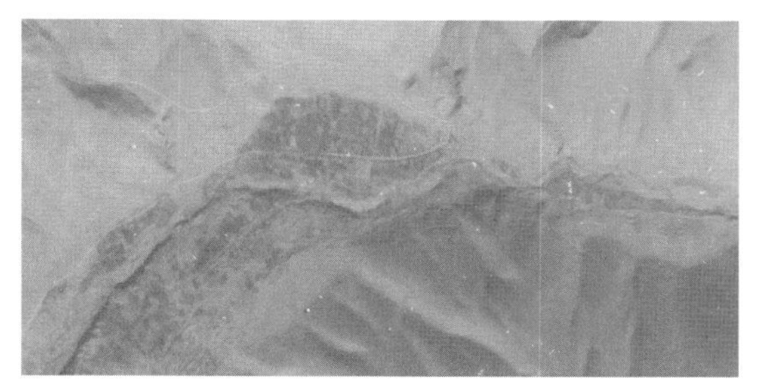

图3-15 村落地形图

④ 图片来源：根据 Google Earth 卫星影像图改绘。

⑤ 同上。

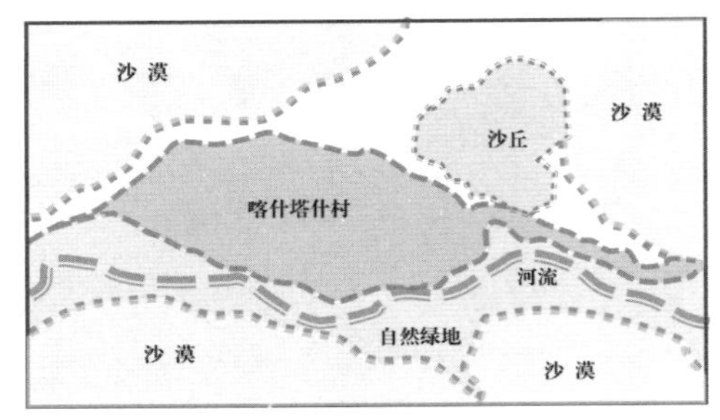

图3-16 村落周边环境分析

过。河流环绕的村落选址一定程度上缓解了和田地区由于干旱少雨的气候特征带来的诸多问题（图3-16）①。

（2）村落空间特征

村落的布局是典型的传统逐水而居式，河流绕村而过，河流分支水渠穿村而过，整体呈现出内向型的布局形式（图3-17）②。

从村落布局看，为解决居民取水等生活需求，民居多分布在靠近水域一侧，故村落东侧建筑密度较高；村落中部有一公共广场，供居民交流沟通、生活娱乐及散步游憩等；同时，村委会等公共建筑也为居民提供生活服务和活动空间。道路以交通性道路和生活性巷道为主，一条东西向道路承担村内外的交通功能（图3-18）③，整体路网顺应地形地势铺开，呈网格状分布。建筑沿道路紧密排布，由于建筑间距较小，建筑间的巷道在满足居民间的交往需求的同时，可有效的组织村落通风。院落多为传统的庭院式布局形式，院落内民居建筑形式多样，凸显出和田地区浓郁的地域文化。

从村落选址、村落布局、院落布局、建筑朝向、建筑材料、景观营造等方面都可以看出和田民居为抵御自然环境及天气影响，做出了生态适应性选择，由此可见和田聚落营建中蕴含的传统生态智慧。

（3）村落景观特色

村落南侧分布着自然水域，丰富的水资源为村落提供了一个生机勃勃的绿色自然空间，同时也养育了村落中生活着的百姓，居民通过河流取水一方面满足日常的生活用水需要，另一方面也可用于浇灌农作物和喂养牲畜。河流不仅是满足居民生产生活的物质需要的重要资源，河流及周边的自然绿地，也在村庄内

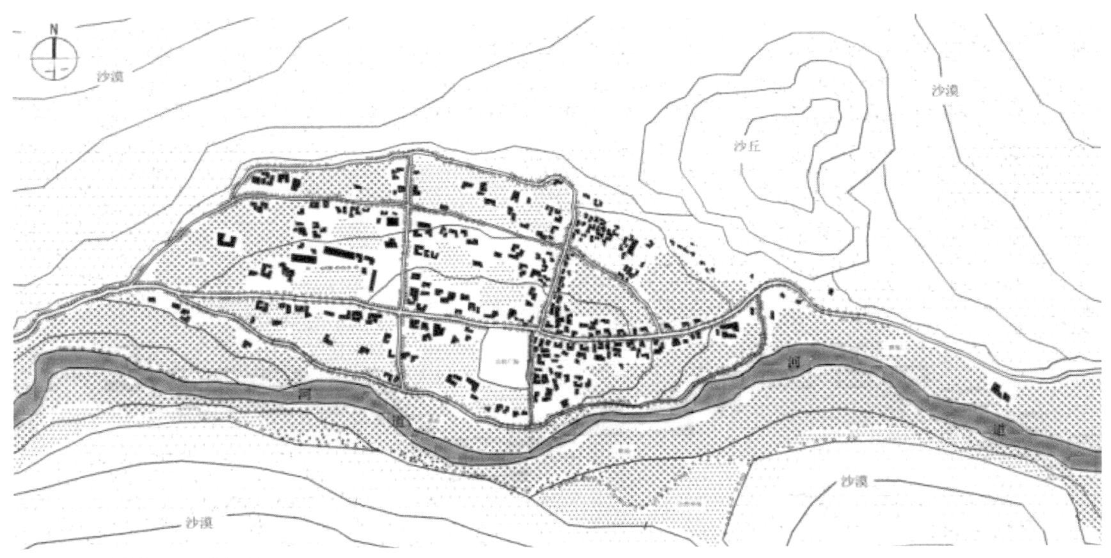

图3-17 村落肌理分析图

① 图片来源：作者自绘。
② 同上。
③ 同上。

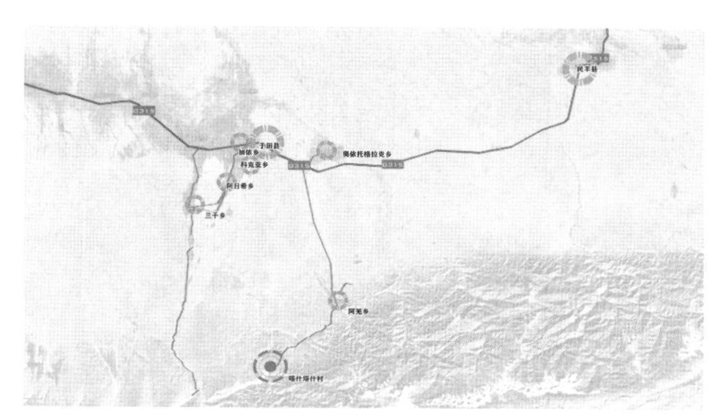

图3-18　村落周边乡村及道路

图3-19　村落位置图

营造了良好的景观空间，成为居民亲近自然的重要空间。

2）墨玉县依提帕克村

（1）村落概况

依提帕克村位于墨玉县西北部喀尔赛乡，北临塔克拉玛干沙漠边缘，村落内共108户，401人。喀拉喀什河为村落提供水源，主要用于灌溉，居民生活用水基本都是自来水。此外，在调研中也发现，有些田地地头处设有地下水装置，可见村落内也有部分的灌溉用水来自地下水（图3-19、图3-20）①。

村落周边耕地及沙漠环绕，西南侧分布有一水库，位于耕地与沙漠中间。受自然环境因素限制，村落内部可居住面积较少，同时为减弱高温、沙尘等气候因素的影响，村落呈内向型布局（图3-21）②。

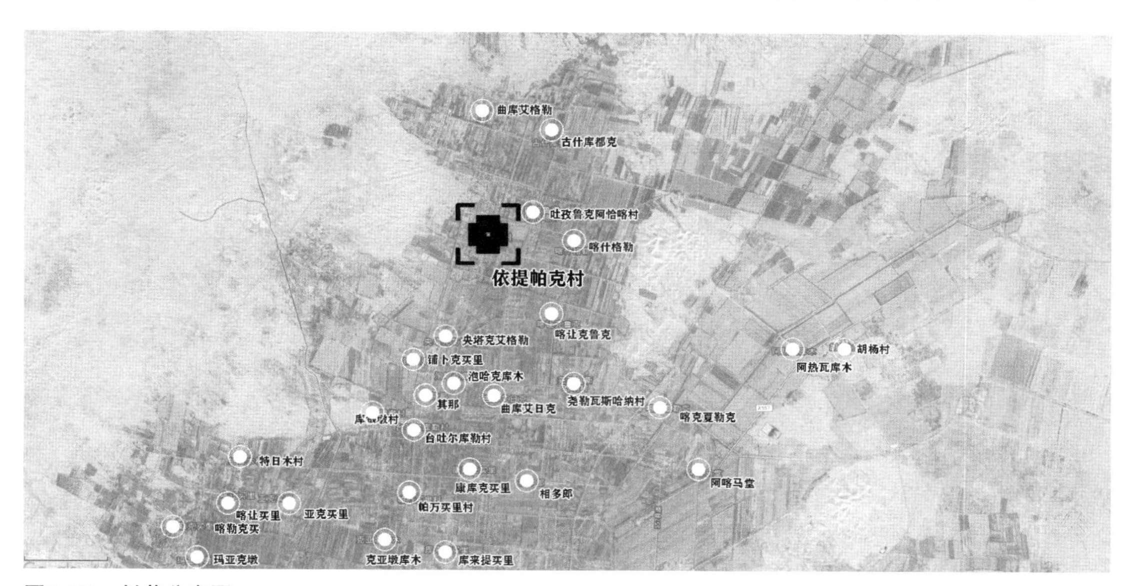

图3-20　村落分布图

① 图片来源：作者自绘。

② 同上。

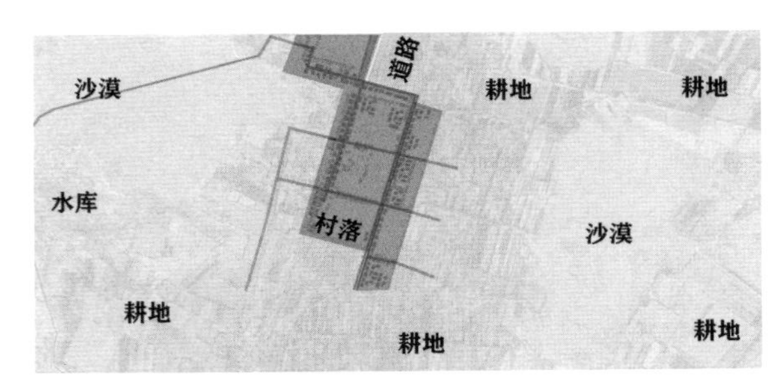

图3-21　村落周边环境分布图

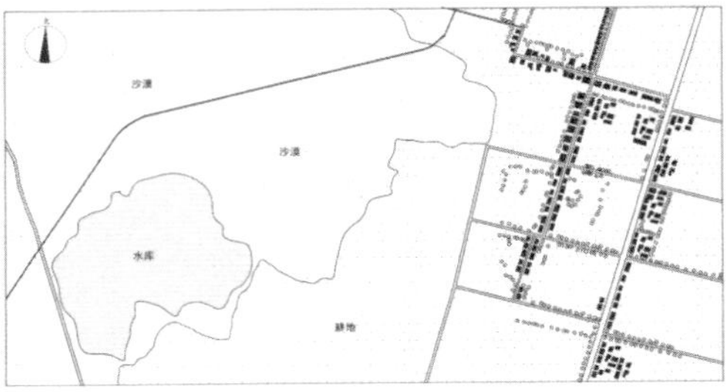

图3-22　村落肌理分析图

（2）村落空间特征

村落与自然环境、整体形态及地形地势紧密依存，因地制宜。村落内道路呈带状分布，建筑随道路排布且略有错落，院落布局因地制宜，多为庭院式布局，统一且富有变化，集中布置于道路两侧。村落内建筑、道路及景观环境共同构成了有机、整体、带状的村落整体布局，同时与周边沙漠、耕地环境形成紧密依存的关系（图3-22）①。

（3）村落景观特色

村落周边沙漠、水库及耕地环绕，道路两侧通过行道树进行道路绿化，耕地景观与行道树结合的方式，构成了简单自然的村庄景观环境（图3-23、图3-24）②。

图3-23　村落实景图

村落的选址、布局，院落、建筑的朝向、平面布局，景观营造等方面均充分考虑了当地的自然条件及气候因素，以降低夏季炎热、冬季寒风以及沙尘暴等影响。其中，风对民居起着两面的作用，既要“借风”，又要“避风”：一方面，风速的大小会提升或降低建筑物的换气量和换热量，适当的风速可以显著改善室内人居环境；另一方面，风速过大也会影响居民的生活，易出现沙尘暴等极端天气。

3）和田市阔恰村

（1）村落概况

阔恰村位于和田市吉亚乡，是和田地区一个自然村，周边有艾里玛塔木村、吉勒尕艾日克村，农作物主要是小麦、玉米和核桃，村庄物华天宝，山清水秀，气候宜人，历史悠久（图3-25）③。经调研发现村落正在发展民宿，现规划八处民宿，已有两处基本成形，可见，村落未来将大力发展乡村旅游，助力实现村庄产业振兴。村落周边多为耕地及沙漠，当地充分利用沙漠景观，在村落西北侧建设沙漠旅游景区、胡杨林景区以及环塔营地（“塔”指塔克拉玛干沙漠），着力带动村落旅游产业的发展，从而促进村庄的经

① 图片来源：作者自绘。
② 图片来源：作者自摄。
③ 图片来源：作者自绘。

图3-24　村落水系实景图

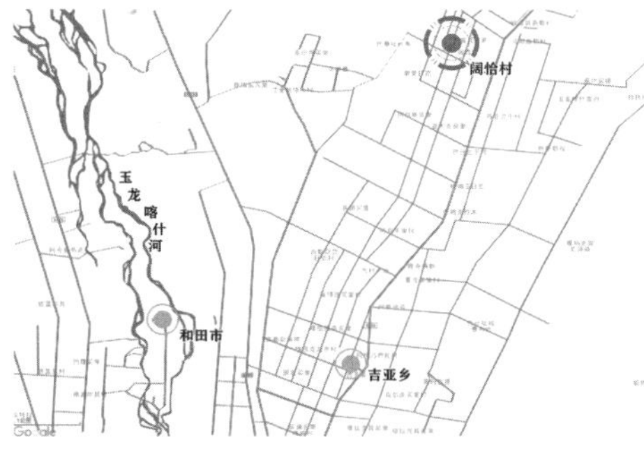

图3-25　村落位置

图3-26　周边环境分析图

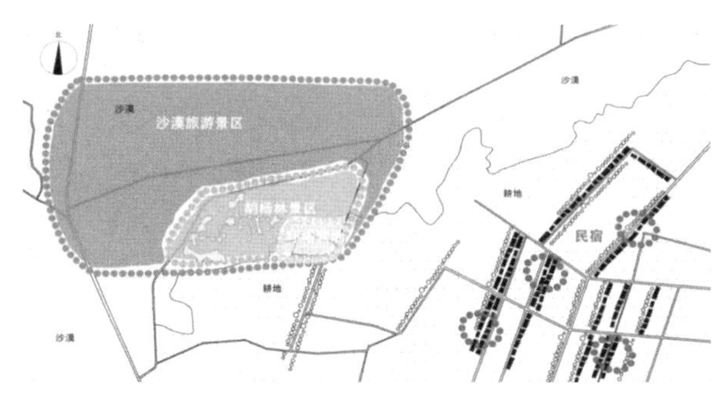

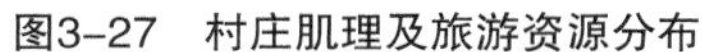

图3-27　村庄肌理及旅游资源分布

图3-28　街巷

济发展。

（2）村落空间特征

村落整体形态顺应地势地形，因地制宜。道路布局呈南北走向，多为十字交叉型路网，院落多为传统庭院式布局，建筑沿道路紧密排布、错落有致；整体环境规整统一（图3-26）①。可以看出，村落的选址、布局，建筑朝向、平面布局等均体现出当地为应对特殊地域气候特征，按照生态环境和生态宜居的自然理念勾勒出的村落形态，充分体现了本土性的生态智慧（图3-27②、图3-28③）。

（3）村落景观特色

阔恰村依托村庄自然景观环境、传统院落空间和沙漠胡杨自然风景及周边旅游资源等发展优势大力发

① 图片来源：作者自绘。
② 图片来源：作者自绘。
③ 图片来源：作者自摄。

图3-29　民宿及内部空间

图3-30　胡杨景区

图3-31　环塔营地

展乡村旅游，其中民宿经营也成为了当地居民新的收入来源（图3-29）①。

其中，大漠胡杨生态景区（图3-30）②，位于和田市吉亚乡境内，距和田市约10千米。景区以打造4A级景区、和田旅游形象标杆、新疆沙漠观光胜地和民俗特色示范村为目标，建设西域秘境沙漠文化景观、户外探险旅游基地、“环塔聚落”自驾游服务大本营等旅游景观和设施，使景区成为集沙漠观光、民俗风情体验、康养理疗、水上娱乐、汽车越野、生态科普和户外探险于一体的生态旅游区。

2019中国环塔（国际）拉力赛以“丝路环塔，闪耀和田”为主题，从阿克苏市出发，途经克孜勒苏柯尔克孜自治州，终点到达大漠胡杨景区大营。通过举办多次重要赛事等方式，以和田文化、美食、美景为主题，向全国推介和田地区的文化和旅游资源，通过探索旅游产业融合新路径和发展新模式，带动地区经济发展（图3-31）③。

3.2　喀什绿洲聚落形态特征

3.2.1　喀什老城区

1）喀什老城概况

喀什老城区位于喀什市中心，面积有4.25平方千米之多，居民约12.68万人。老城区内街巷纵横交错，

① 图片来源：作者自摄。
② 同上。
③ 同上。

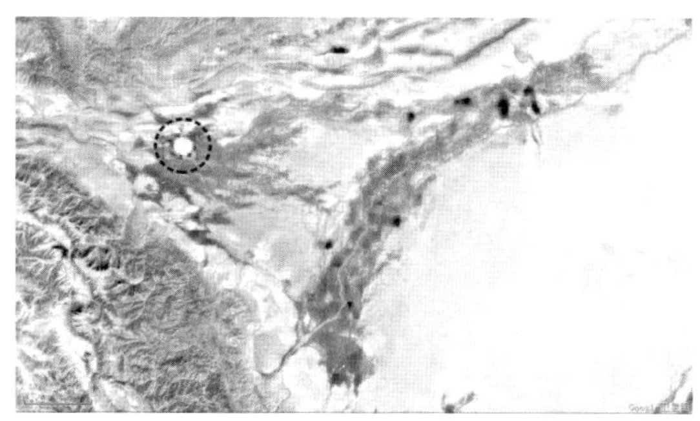

图3-32　喀什绿洲中的喀什

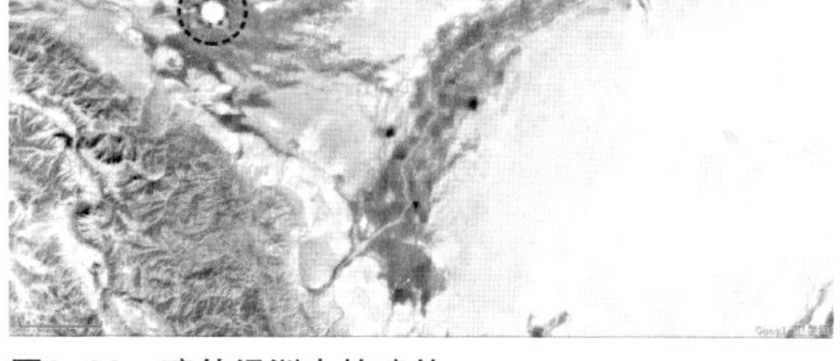

图3-33　喀什市中的喀什老城

曲径通幽，用地布局灵活多变；民居建筑大多为土木、砖木结构，不少传统民居已有上百年的历史，组成一个充满异域风情的古老城市街区（图3-32，图3-33）①。

2）老城空间肌理

喀什老城的聚落形态整体上呈现出无序、密集、自然生长的特征，经常被人称作“迷宫”。老城布局呈现该特征的原因是多样的，其中最主要原因是土地可利用的面积有限，以及人口的增加，使聚落呈现出内向性的发展规律。

老城内街巷的封闭性及曲折的走向，很容易使人在其中迷失方向，此外，蜿蜒曲折的街巷也可以有效地防阻风沙（图3-34）②。另外，街巷上架着的过街楼也是聚落内向性生长的明证。

图3-34　喀什老城聚落图

① 图片来源：根据 Google Earth 卫星影像图改绘。

② 图片来源：新疆喀什历史文化街区保护规划，天津大学城市设计研究院，2007。

图3-35　喀什老城街巷结构

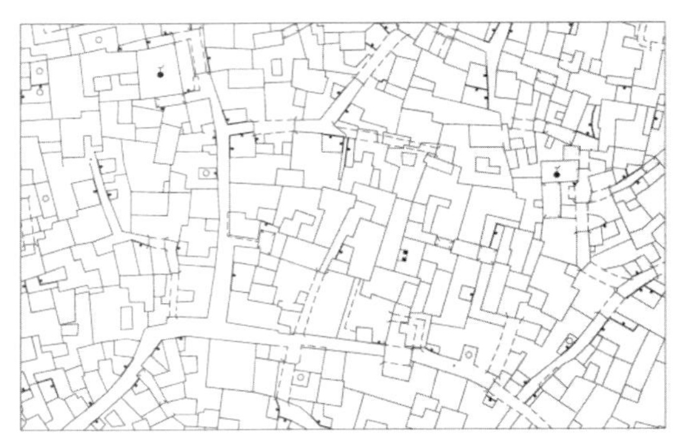

图3-36　喀什老城肌理图

喀什老城区内蜿蜒曲折的街道（图3-35，图3-36）[①]，消除了街巷狭长产生的单调感，创造出一种具有丰富多变视觉效果的街道景观：狭小的窗口、粉红色的夯土实墙，使整个街道拥有了梦幻般的诗意；过街楼向街道的局部悬挑，也在竖向空间上为街道增添了层次感。

3）老城景观环境

喀什老城区的建筑基本都是土木结构，从外观看，砖式拼花的建筑立面在看似简陋的生土民居中，蕴含着浓郁的民族风情和深厚的历史年代感。其中，较有特色的便是过街楼，过街楼零散地分布在狭窄街道的上方，在用地紧张的喀什老城区内，采用过街楼的方式可以有效地增加居民的使用面积。同时，在炎炎夏日，过街楼可以有效地遮挡南疆地区强烈的太阳辐射，形成荫凉的街巷空间。尤其是在太阳辐射极为强烈的地区，过街楼无疑是一种创造宜人街道空间的绝好方式，其产生的光影效果也为街道空间带来了有变化的节奏韵律，为街道空间注入新的活力。

3.2.2　喀什乡村聚落形态特征

1）帕哈太克里买里斯村

（1）村落概况

帕哈太克里买里斯村位于佰什克然木乡。该乡位于疏附县县城东北，乡境地势北高南低，东靠阿克喀什乡，西接浩罕乡，南边和阿瓦提乡毗连，北与阿图什市接壤（图3-37[②]、图3-38[③]）；东西长26千米，南北宽12千米，总面积201.51平方千米，共有耕地4.2万亩（1亩=666.67平方米）。“佰什克然木”在维吾尔语中意为“丰裕天堂”，以此为名大概因为此地物产丰饶，风景优美。该乡素以“瓜果之乡”闻名，果品的种类、品质名列全疆之冠。该地区种植有全国稀有的阿月浑子，也称开心果，维吾尔语称“皮斯特”，属坚果类植物，是新疆喀什地区名贵稀有的果树品种；此地干旱的气候、强烈的光照，稀少的降水及独特的土壤，十分适合开心果的种植。

① 图片来源：作者自绘。

② 图片来源：根据 Google Earth 卫星影像图改绘。

③ 图片来源：Google Earth 卫星影像图。

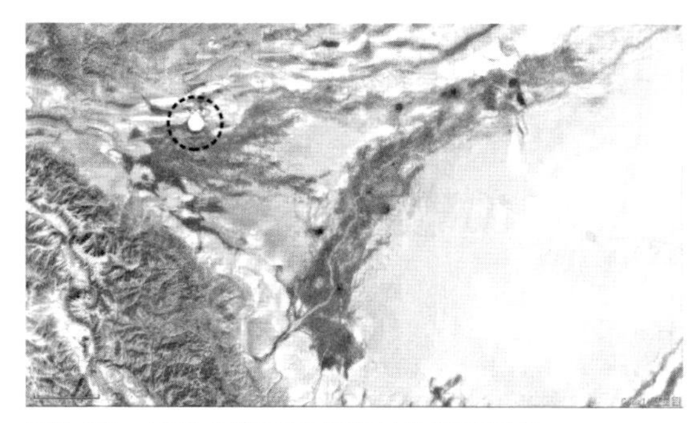
图3-37 帕哈太克里买里斯村的绿洲区位

图3-38 帕哈太克里买里斯村的乡镇区位

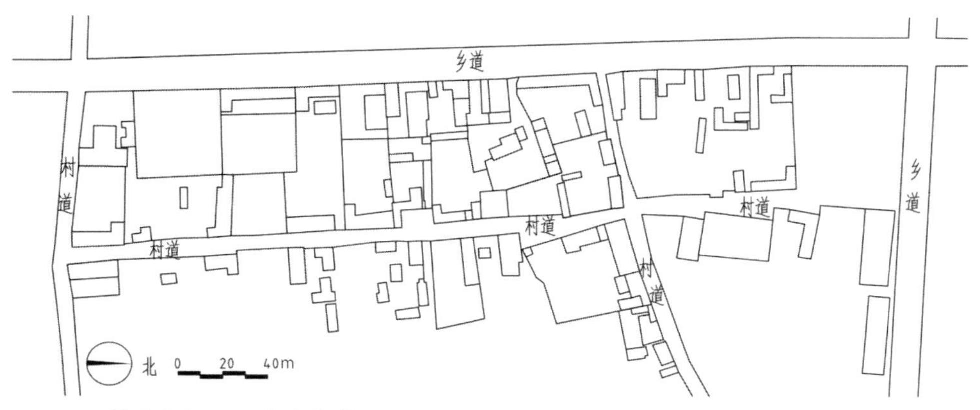

图3-39 帕哈太克里买里斯村村落图

（2）村落空间特征

乡村聚落与老城聚落不同，乡村具有更多的土地资源，宅基地面积高达数百平方米，其院落中可以有更多的空余地用于家庭经济生活相关活动。帕哈太克里买里斯村几乎每家都会有较大面积的葡萄种植区（也有其他果树的种植，但葡萄是喀什地区种植范围最广、种植株数最多的植物）、牲畜区等从事生产活动的区域和附属空间。民居选址基本依路而建，整体上呈现出较为疏松的聚落形态，在民居朝向方面，不因地形限制而七扭八歪，基本与道路呈垂直或平行的关系（图3-39—图3-41）①。

（3）村落景观特色

村落的选址极佳。由于该村北面是天山山脉的西段，村落地势北高南低，南部有一条蜿蜒而过的河流，符合坐北朝南、负阴抱阳的传统居住理念及逐水而居的传统聚落选址特征（图3-42）②。

村落内呈现出沿路密、内部疏的建筑空间布局形态。帕哈太克里买里斯村的街道形态基本是网格状。总体来看，帕哈太克里买里斯村民居建筑基本紧挨街巷布置，且主房坐北朝南。院落空间多为庭院式布局，除建筑用地外，其余用地多种植葡萄、枣树、梨树之类的果树或种蔬菜及农作物，居民可以通过庭院种植，发展庭院经济，拓宽收入来源，增加经济收入（图3-43）③。

---

① 图片来源：作者自绘。
② 同上。
③ 同上。

图3-40　肌理图

图3-41　街巷结构

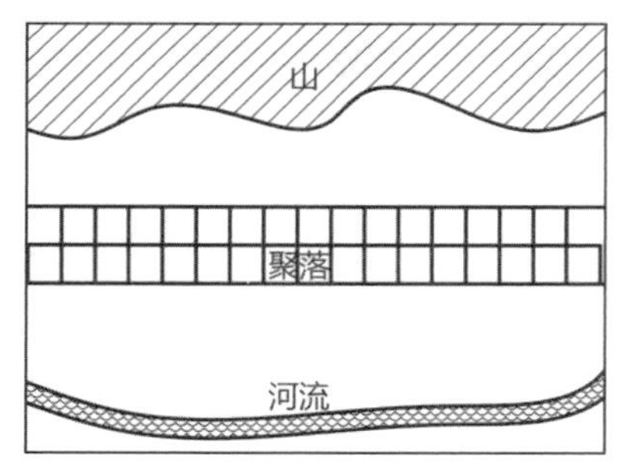

图3-42　村落环境关系图

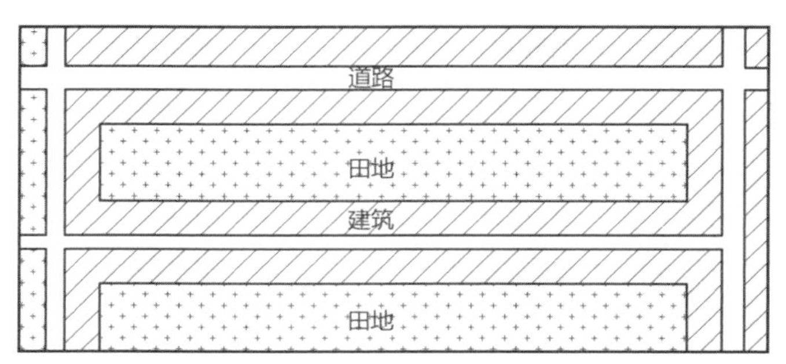

图3-43　村落疏密关系简图

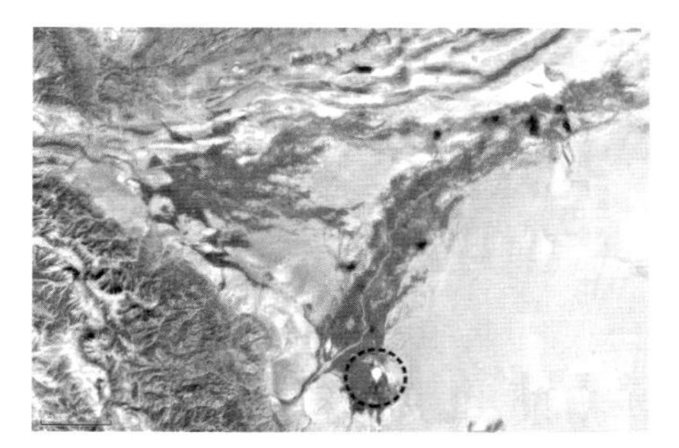

图3-44　加依提勒克村的绿洲区位

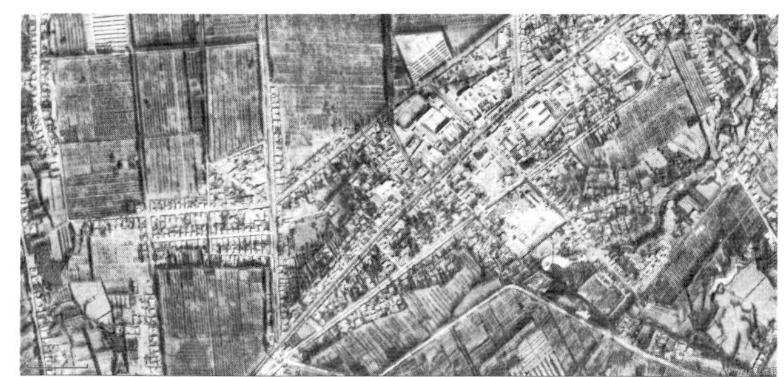

图3-45　加依提勒克村的乡镇区位

2）加依提勒克村

（1）村落概况

加依提勒克村位于喀什地区叶城县，位于叶尔羌河和提孜那甫河冲积扇形绿洲平原，地势平坦，总体地形自西南向东北倾斜；靠近沙漠边缘一带，地势起伏不平，荒地、沙丘交错；在灌区内地形地貌相差不大，地形坡降比较平缓（图3-44①、图3-45②）。

（2）村落空间特征

加依提勒克村空间整体呈沿路分布的带状布局，形成了路与渠相互平行、民居沿路且绕农田而建、沿方格网状布局延伸的格局与形态。这样的布局形式很好地适应了水源的自然条件，在满足农业生产的同

① 图片来源：根据 Google Earth 卫星影像图改绘。

② 图片来源：Google Earth 卫星影像图。

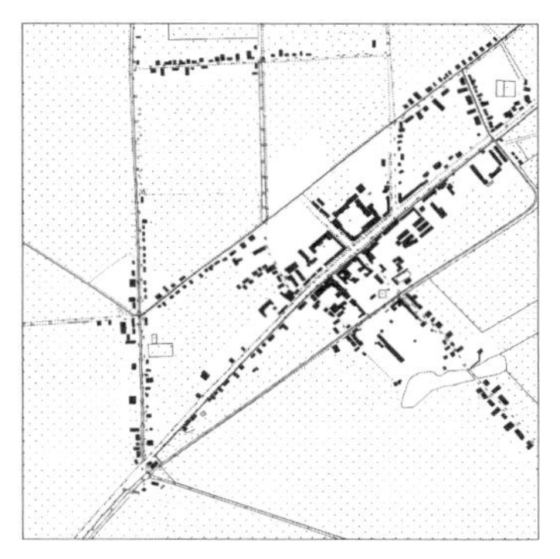
图3-46　聚落图

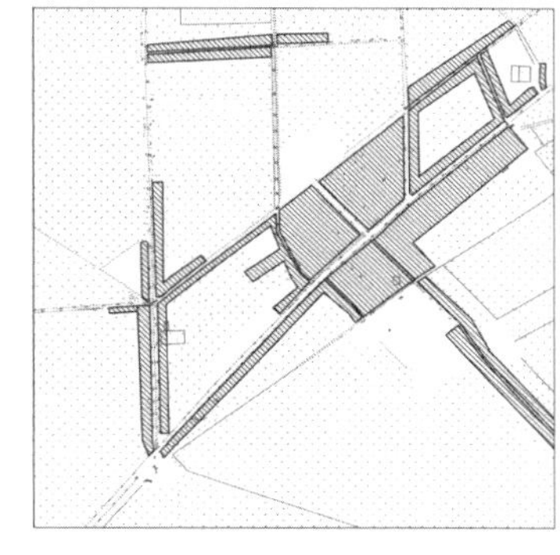
图3-47　聚落与道路的关系

图3-48　聚落肌理图

时，兼顾了生活的便利性。这种布局方式具有很好的适应性：随人口的增长，在一个方格网内，可以再沿分水渠兴建建筑，最终使整个方格网转变成为一个块状区域（图3-46）[①]。

除水渠外，喀什地区还盛行涝坝。涝坝是人工开挖的蓄水池塘，在南疆聚落中，为居民提供日常生活饮用水。涝坝是自来水使用普及（20世纪70年代）之前该地区村落中最重要的公共设施。涝坝与水渠相连，通过闸门调节水量，对村落形态产生了最基本的影响。

（3）村落景观特色

喀什地区传统村落的形态有着严密的生成逻辑，地理和气候的影响导致了当地水资源稀缺的现状，这便要求村庄农业生产和居民的日常生活用水应采用最为经济的方式。其中，方格网状的灌溉渠系成为成败的决定性因素，其与道路共同构成了村落的空间形态及整体布局的骨干。其中，涝坝作为渠系的重要节点，是村落公共活动的中心，涝坝的蓄水量及居民的可步行距离控制着村落的人口规模和服务半径（图3-47、图3-48）[②]。

3）塔木墩村

（1）村落概况

塔木墩村位于喀什地区麦盖提县，是典型的农业村，属典型的干旱大陆性气候，其气候特征极为明显，全年热量丰富，日照充足，气温年变幅和昼夜温差大，年平均气温11.8℃，无霜期达214天，十分适合棉花、粮食、瓜果蔬菜等农作物生长，农产品品优质好，素有“瀚海绿洲”的美称（图3-49[③]、图3-50[④]、图3-51[⑤]）。

（2）村落空间特征

村落整体呈现松散的自由布局形态，为散居型村落（图3-52）[⑥]。该村落傍水而居，符合新疆传统聚落选址的典型特征。古代人们在选择某地定居、建造村落时，首先考虑的因素便是附近是否有水源、能否支持日常生活用水，在此基础上才会考虑其他因素，可见，村落选址与水源的有无、多少有密切的联系。尤其是在沙漠绿洲地区，地表径流对于村落空间分布的影响无疑是至关重要的，是直接影响居民生产与生

① 图片来源：作者自绘。
② 同上。
③ 图片来源：根据 Google Earth 卫星影像图改绘。
④ 图片来源：Google Earth 卫星影像图。
⑤ 图片来源：作者自绘。
⑥ 同上。

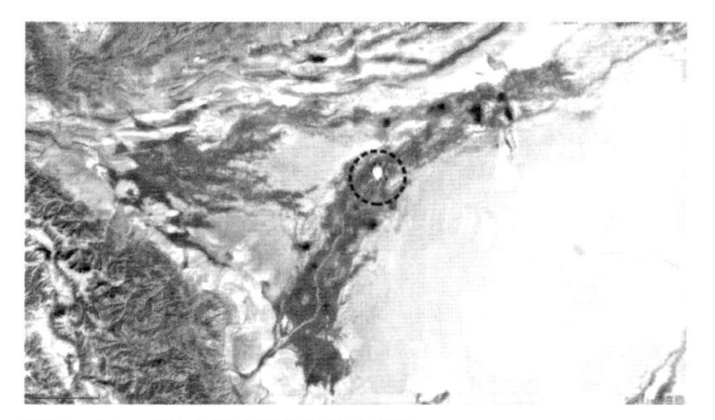

图3-49　塔木墩村的绿洲区位

图3-50　塔木墩村的卫星图

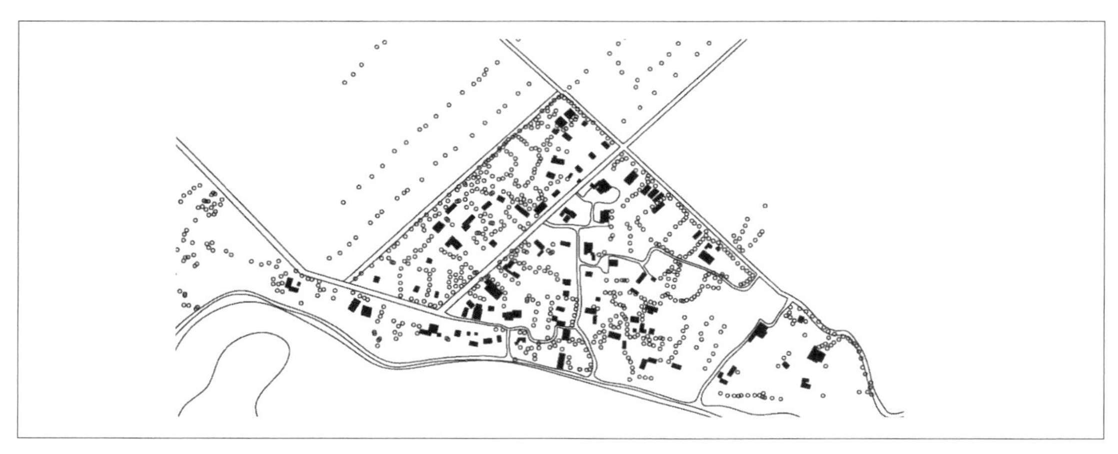

图3-51　塔木墩村聚落图

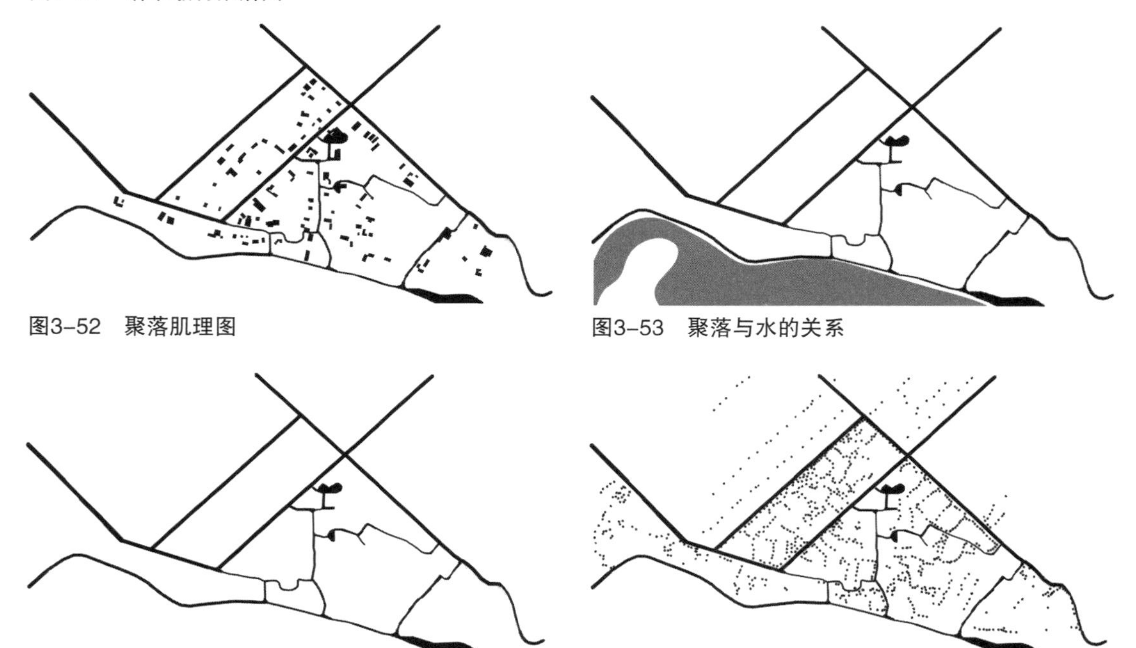

图3-52　聚落肌理图

图3-53　聚落与水的关系

图3-54　道路结构图

图3-55　聚落中的树木分布

活的关键；此外，在保证村落内有水可用的前提下，村落的布局还应考虑居民如何能方便地取水。

一般来说，村落位置选择靠近河流的区域，民居建筑的选址距离河流较近，可获得更高的取水效率（图3-53）①，原因在于：①民居与河流距离较短可以减少水在输送过程中的损耗，包括水量蒸发、渗漏等；②使用简易取水方式，可降低水利设施建造成本，提升用水经济性；③距离较近可节省取水体力和时间成本。由于喀什地区传统取水的方式为担水或用车拉水，取水的距离受人的体力限制，靠近河流分布民居可以保证居民在较短的时间内，较为轻松地取水。

（3）村落景观特色

村落布局疏朗，肌理呈自然形态。如图所示，整体的村落形态为三角形，建筑散落在其中，布局较稀疏。道路结构除较明显规划后的乡道外，其余均为村落自发形成的无规则蜿蜒状道路（图3-54）②。

村落中树木随处可见，道路两侧、住户宅基地周边等空间均种植有适宜本地生长的新疆杨树，除绿化的功能以外，更重要的是防风的作用；在季风季，可以有效地降低风速及沙尘的影响（图3-55）③。

3.3 阿克苏绿洲聚落形态特征

3.3.1 乌什老城区

1）老城区概况

乌什县位于新疆塔里木盆地西北边缘的天山南麓，北部有天山山脉，与吉尔吉斯斯坦接壤，南部隔卡拉铁克山与柯坪县相望，西部与阿合奇县毗邻，东邻阿克苏市和温宿县（图3-56、图3-57、图3-58）④。乌什县地处亚欧大陆腹地，平均海拔在1200～2000米，属典型的温带大陆性半干旱气候，主要气候特征是：干燥，光照充足，蒸发量大，降水稀少，晴天多，日照长，气候变化剧烈，冬寒夏热，昼热夜凉。

乌什古城保护范围包括县域、历史城区和历史街区三个层面。历史城区北至新城路，南至南山山脚，西至经一路，东至团结路，面积为261.08公顷；历史街区北至热斯太路，南至规划支路，西至规划十六路，东至规划十七路，面积为7.2公顷。

2）聚落空间特征

乌什老城区是基于原有老城旧址修建的，较好保留了原有老城的聚落形态与肌理（图3-59、图3-60）⑤。城区由东西两座城池组成，一个是居于乌赤山上的石城，另一个是位于乌赤山下的土城，两座城池相对独立。据文献记载看，行政公共建筑主要分布在镇城东门内、南门内以及镇城西北隅。乌什城向东通往阿克苏，西南方向可以到达喀什噶尔，一条大道经过乌什城东部和南部。因此乌什镇城东部、南部交通较为发达，公共建筑分布集中，公共建筑的位置与交通的吸引产生一定的联系；北门外约二里为大河和高山，水资源丰富，设置有水磨、水碾等农业配套设施，由于没有重要的交通道路分布，因此基本没有

① 图片来源：作者自绘。
② 同上。
③ 同上。
④ 图片来源：新疆维吾尔自治区自然资源厅乌什县人民政府、浙江省建筑设计研究院，乌什县城市总体规划修编（2012—2030）。
⑤ 同上。

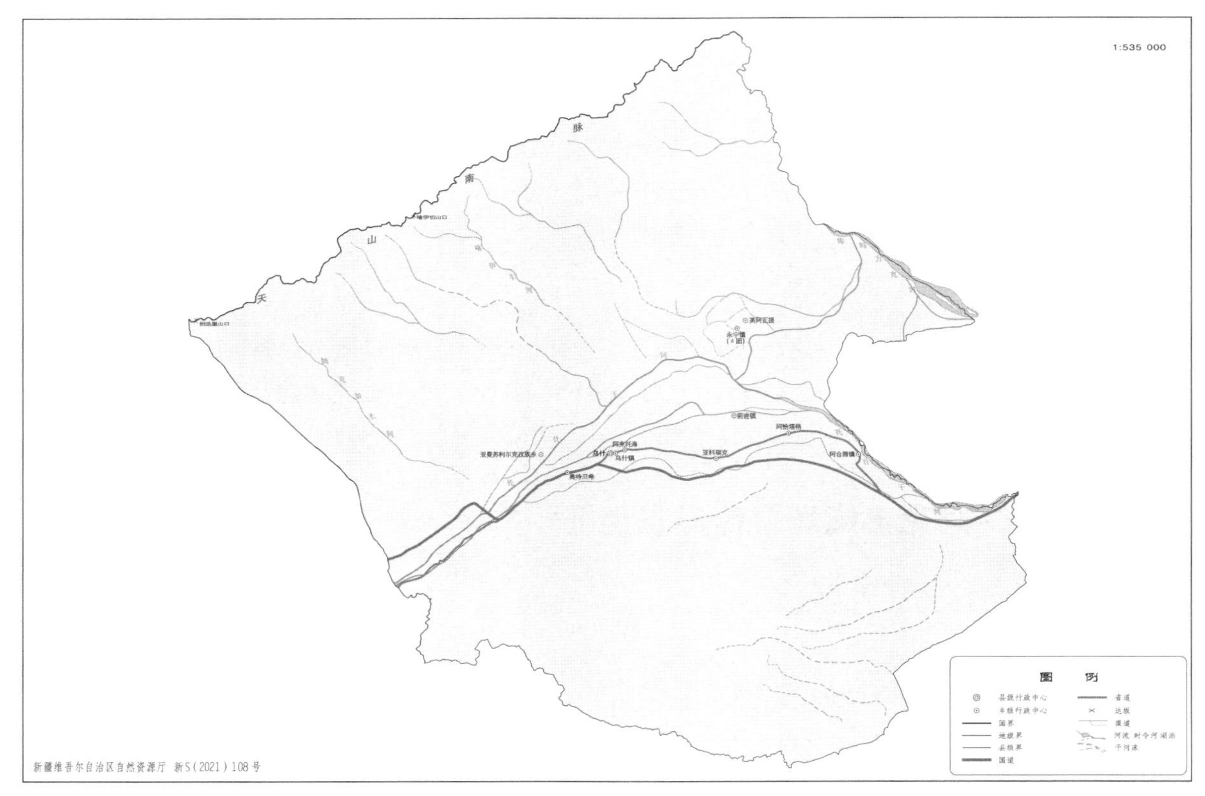

图3-56 阿克苏地区地图

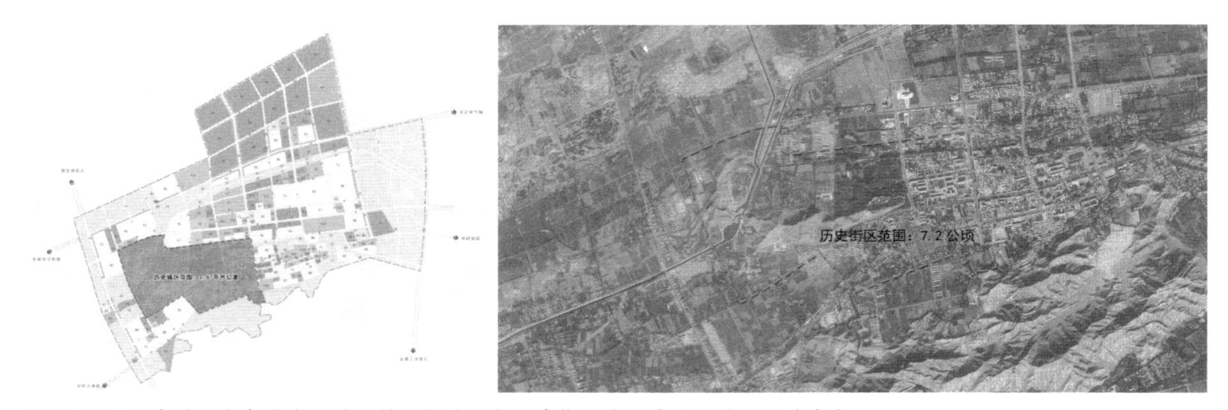

图3-57 历史城区在乌什中心城区的位置（左）历史街区在历史城区的位置（右）

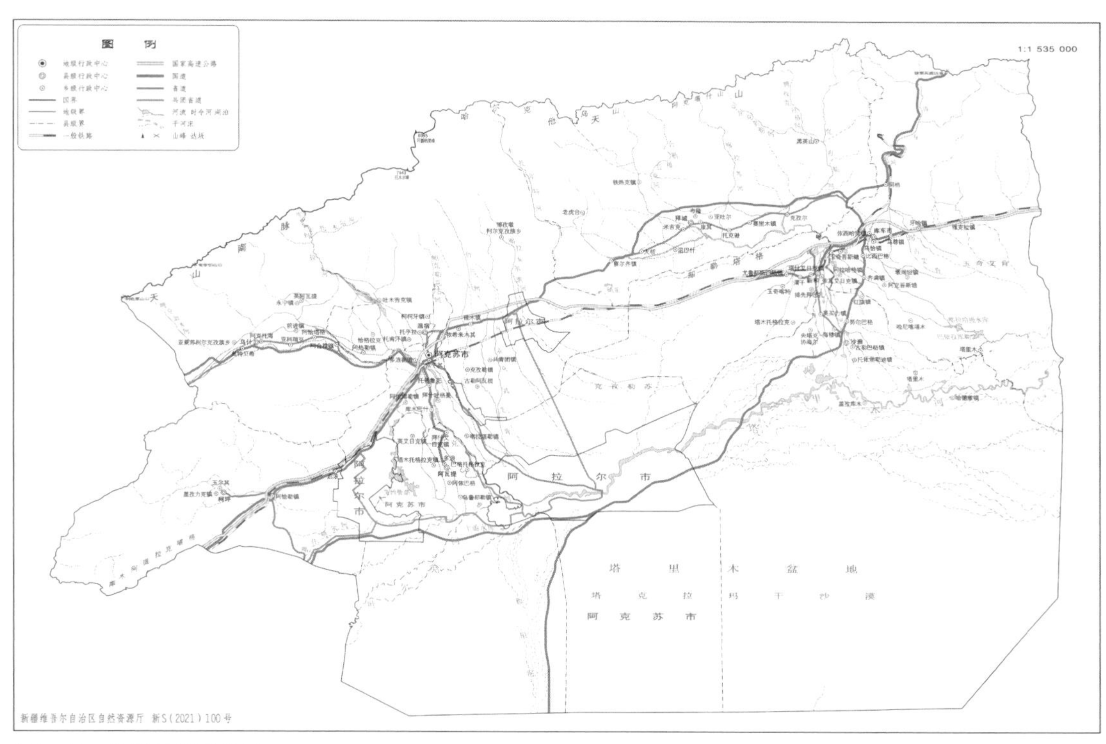

图3-58　乌什县标准地图

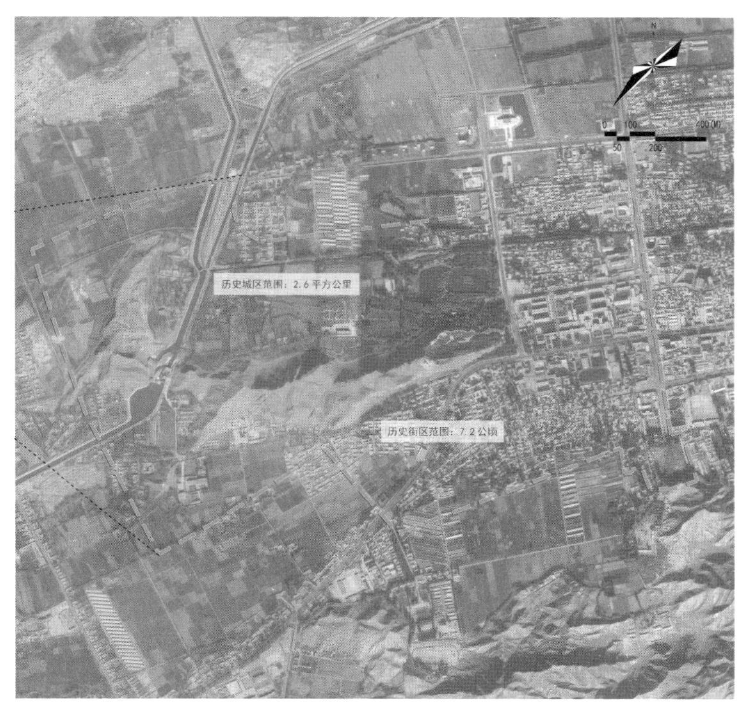

图3-59　乌什古城规划范围

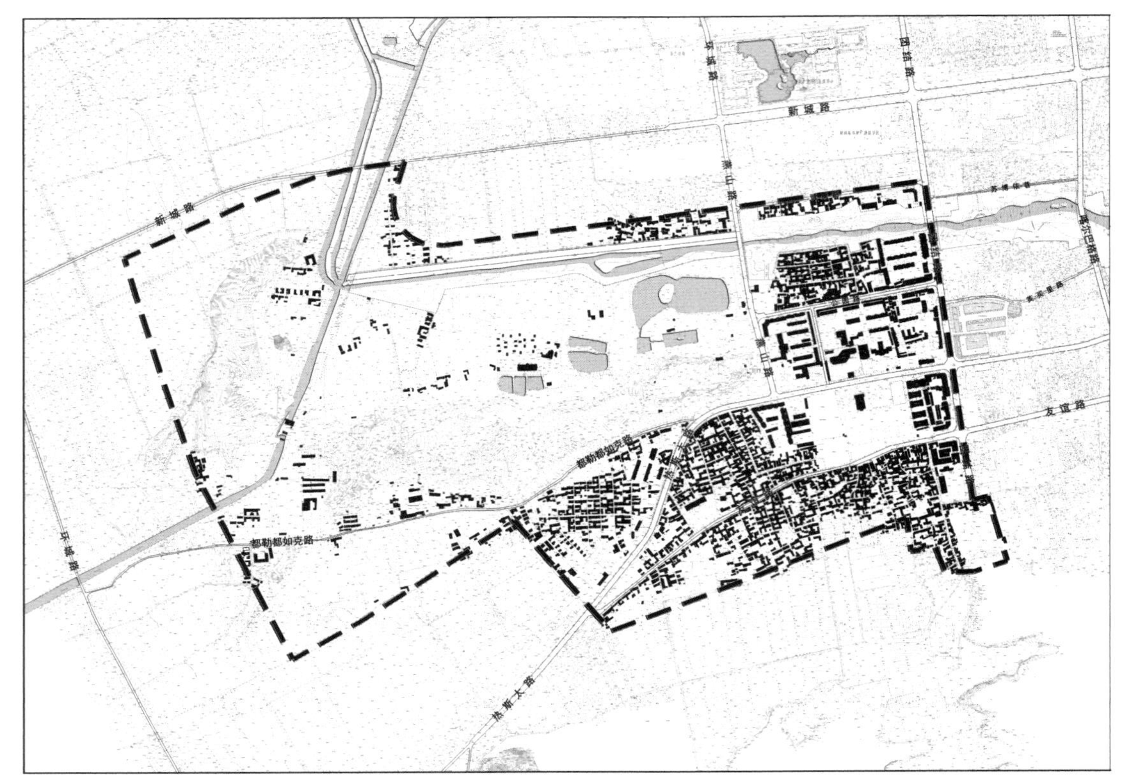

图3-60　乌什古城城市形态

建设重要的公共建筑（图3-61—图3-63①、图3-64②）。

3）聚落景观环境

乌什县东西长139.5千米，南北宽124.5千米。行政区域面积9082平方千米，耕地面积45万亩，其中山区占59.1%，戈壁沙漠占29.4%，平原占11.5%，地势西北高，东南低。全县可划分为三种地貌类型，北部为中—高山地貌区，中部为冲积平原地貌区，南部为中—低山地貌区。托什干河纵贯县境中部，形成峡谷地带，是主要的农业景观区。乌什县城南北西三面环山，西为风景旅游地燕子山，南有克合亚山及唐台塔格山，北为天山山脉，构成谷地平原的南北天然屏障。县城地势西南高，东北低，南北纵坡度0.9%，东西纵坡度0.5%，形成由西向东开阔的构造谷底，势如牛角，谷地由西向东倾斜，规划范围内相对高差为32米。

乌什县境内主要河流为托什干河、库马力克河。其中托什干河发源于天山山脉、吉尔吉斯斯坦境内的阔克沙勒山，年径流水量平均为260.07亿立方米；库马力克河又称库木艾日克河，发源于吉尔吉斯斯坦境内的阔克沙勒山，穿越阔克沙勒岭后，流入乌什与温宿交接处，至温宿县帕合抵村，国内段集水面积2306平方千米；地下水方面，乌什县内地下泉水出露较多，流量较大的有北山泉、柳树泉、苏盖特布拉克泉等（图3-58）。

① 图片来源：乌什县人民政府、浙江省建筑设计研究院，乌什县城市总体规划修编（2012-2030）。
② 图片来源：作者自摄。

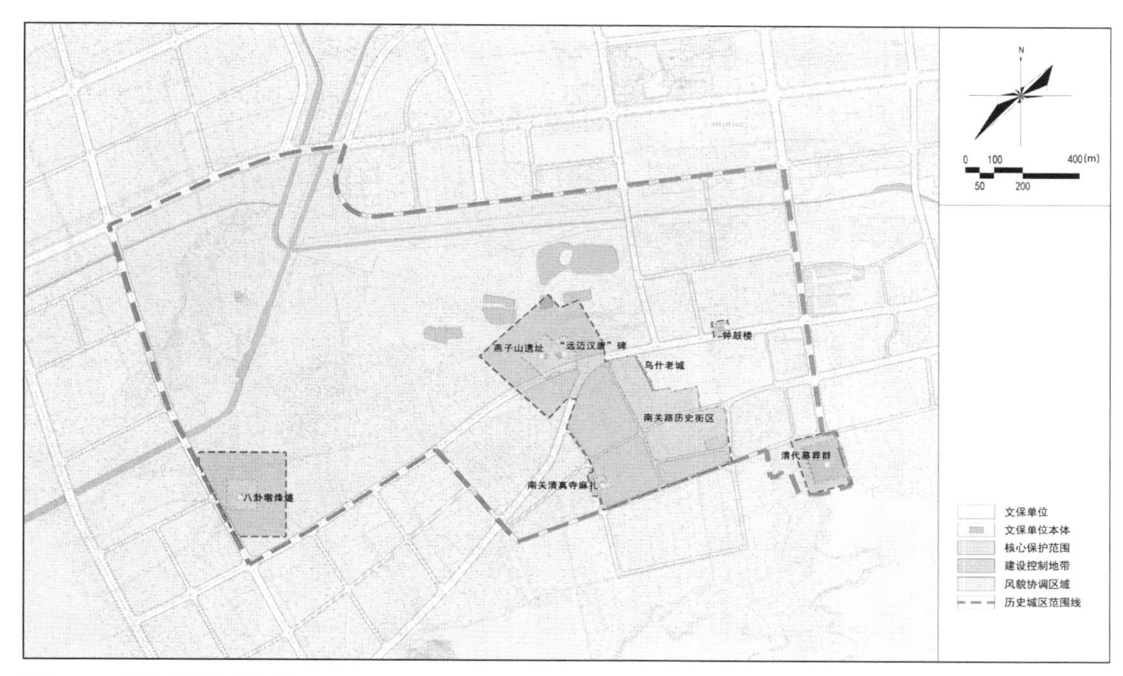

图3-61 乌什古城公共空间

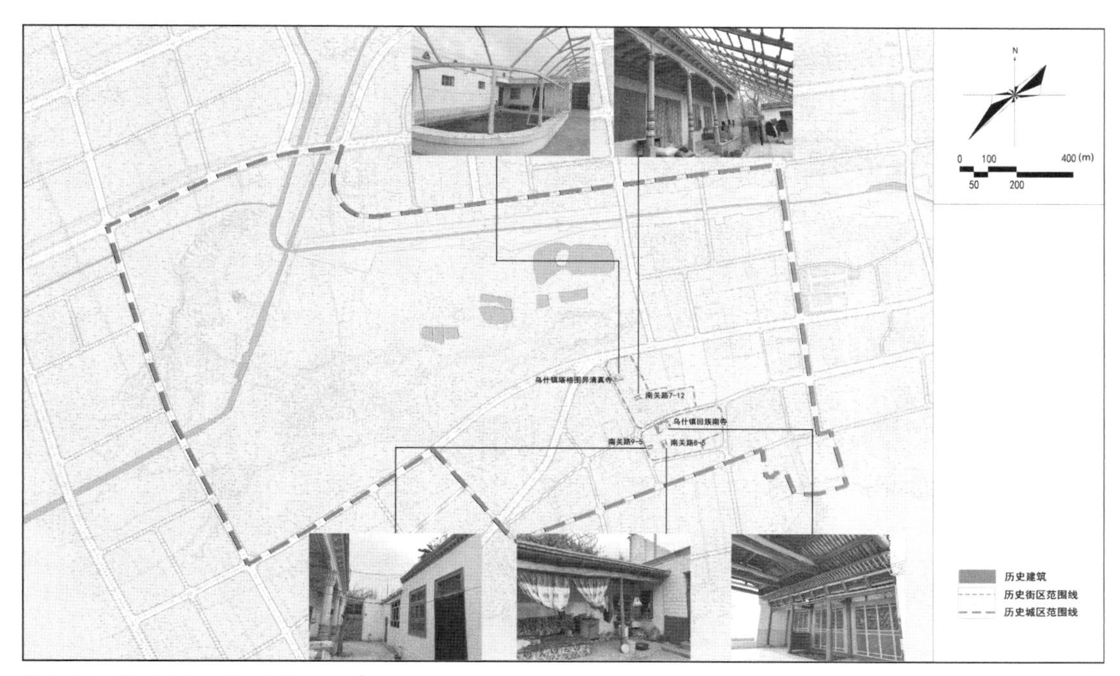

图3-62 乌什古城历史建筑

图3-63　乌什古城

图3-64　街巷格局

3.3.2　库车老城区

1）老城区概况

库车城区位于渭干河—库车河绿洲之内，现分为老城区、新城区、东城区三个区域。老城区位于县城的西段，是传统民族聚居区，其余两个城区是城市向东发展而逐步形成的。1958年洪水后新建的城区称新城，现为三个城区的政治、金融、文化、商业中心；70年代在新城东戈壁滩上扩建的部分称东城区，现为工业中心区。“库车老城区”是指以盐水沟为中心的清代库车城，包含子城和外郭城及其关厢地区，老城面积3.5万平方千米，现今有住户6600多户，总人数大概3万人（图3-65）①。

库车老城区历史悠久，已有2000多年，其聚落空间是数代原住民不断改造自然、适应自然的结果。在发展过程中，居民们的建造方法和技术不断提高，积累下本土化的营造经验及为适应自然产生的低技术的生态策略。在聚落选址方面，老城区与自然环境紧密结合，体现出朴素的人居环境思想和宝贵的营造经验。

① 图片来源：根据《新疆库车历史文化名城保护规划》（2010年1月版）改绘。

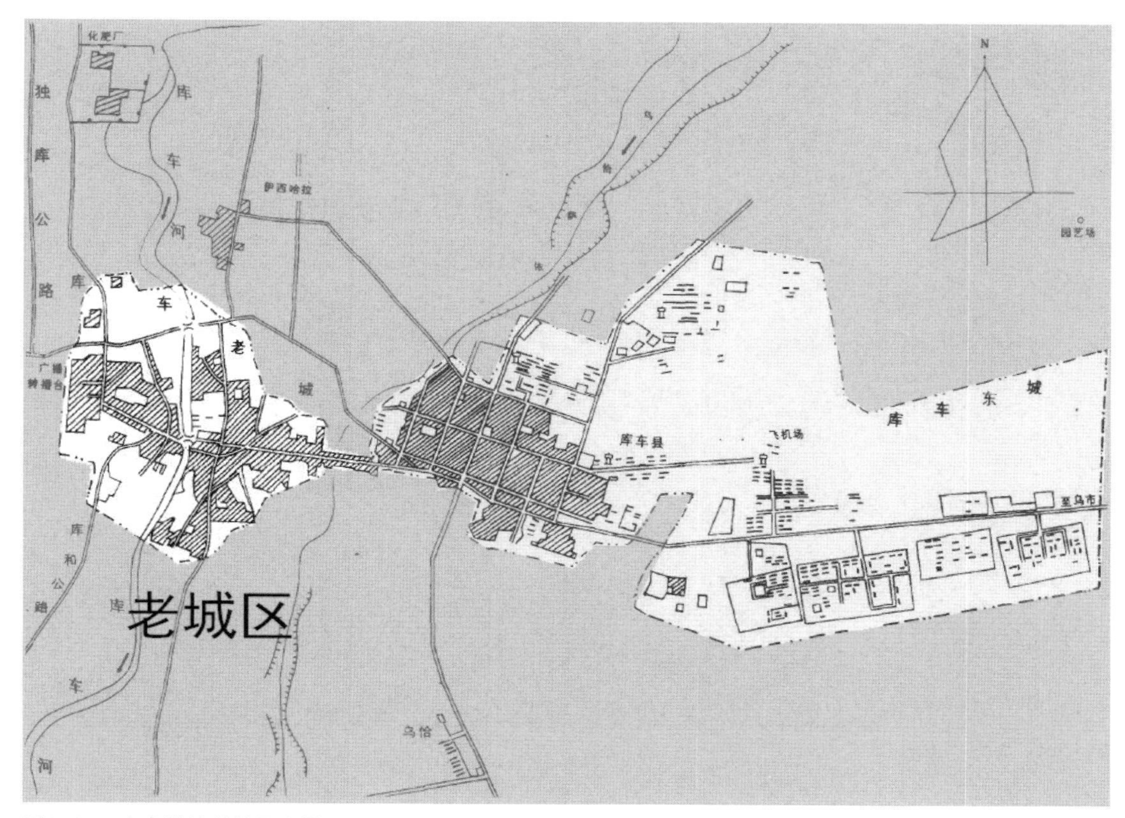

图3-65　库车城镇现状示意图

2）老城空间肌理

关于聚落选址，很早就有根据聚落规模大小选择自然环境的论述。就山水格局来看，有大中小三种“聚局”：“大聚为都会”，“中聚为大郡”，“小聚为乡村、阳宅及富贵阴地”。

在干旱区，对聚落产生限制的主要是水资源及土地资源的紧缺。聚落的选址受到地形地质、自然资源、生态环境等多方自然因素的影响，同时也受到经济、技术及交通等社会经济要素的影响。一个好的聚落选址可以有效推动城镇发展，促进城镇间经济、文化、交通、技术的相互交流和相互影响。

具体来看，库车位于天山南麓的库渭三角洲。渭干河亦称木扎尔特河，流经拜城盆地后，卸下了大量冰水沉积物，在穿过峡谷时，在山前形成了平坦而肥沃的沙雅、新和三角洲平原，整个三角洲推向塔里木河岸；库车河从山口放射出很多支流，带出很多圆砾，三角洲的规模较小（图3-66）[①]。

过去，由于经济及技术水平有限，城郭多分布在河流的下游。这里地势平坦，坡度平缓，河流汊流较多，水网发达，没有缺水的忧患，也无需修建大型的水利工程，人们只需对自然的河流水系加以引导，通过简易的引水设施就可取水利用。因此，原住民利用河流下游引水方便的优势，在距离河流较近位置建造聚落。

① 图片来源：根据 Google Earth 卫星影像图改绘。

图3-66　库渭三角洲

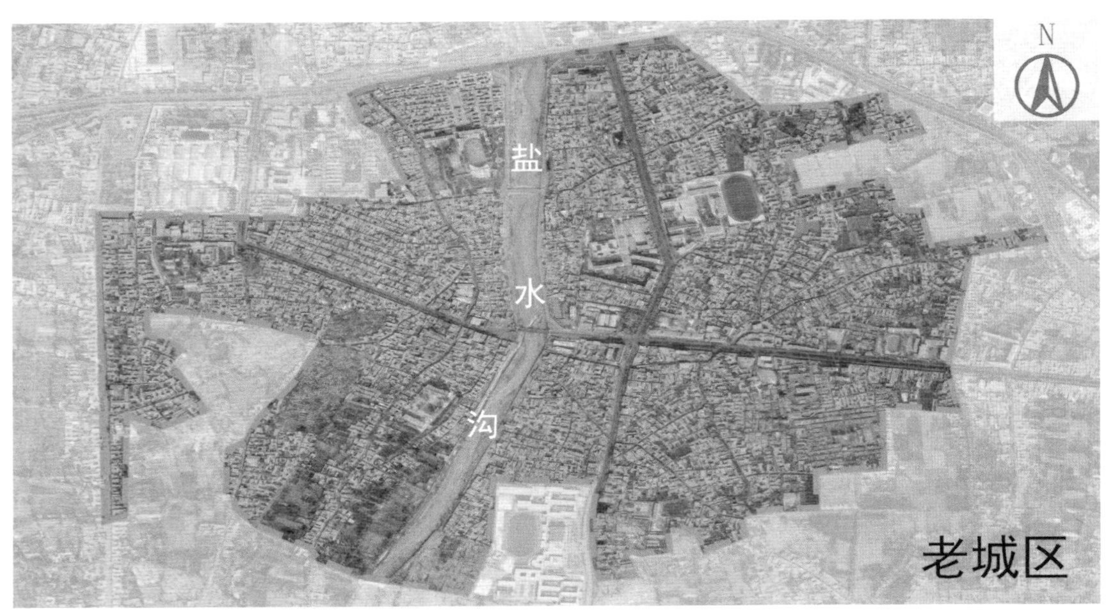

图3-67　库车老城区分布

从库车老城区的分布来看（图3-67）[①]，聚落选址符合传统的逐水而居布局模式，沿盐水沟布局拓展，便于引水；从整体形态来看，老城区以盐水沟为轴线拓展布局，聚落沿河道铺开，道路沿河道曲折多变且纵向较长，空间层次丰富。

3）老城区景观环境

聚落形态受自然环境和社会环境的制约。在水资源匮乏、可用土地面积稀少等多种因素的共同制约下，聚落多采用集中式布局，库车老城就是典型的集中式聚落。

老城区总面积3.5万平方千米，原住民6600余户，总人口约3万人，许多民居是19世纪建造的。现有保存完整的历史文化街区5处，建有大量保存着传统风貌的民居及传统手工业作坊等，总面积为108.8公顷，占老城区总面积的三分之一。这5处历史文化街区整体相似且各具特色，使老城区的多样性和延续性特色更加突出。街区内功能完善，拥有医院、学校、诊所、手工作坊等；目前仍有部分居民靠经营小型商业和传统手工业营生，如生产肥皂、打铁、木家具制作等。

4）老城区历史街区

库车历史文化名城中五个历史文化街区（图3-68）[②]，包括热斯坦历史文化街区、萨依博依历史文化街区、萨克萨克历史文化街区、试验城历史文化街区和欧尔达巴格—科克其买里历史文化街区，下文主要介绍其中三个的形态特征。

（1）热斯坦街区

① 街区概况

街区北至314国道，东至盐水沟西岸，南至热斯坦社区南边界，西北部自冶金705物探大队东围墙，经帕合塔巴扎十巷一线向南，西南部至热斯坦社区西边界。其包含的主要社区有：热斯坦、古力巴格、苏库吾克、帕哈塔巴扎。总面积42.6公顷。

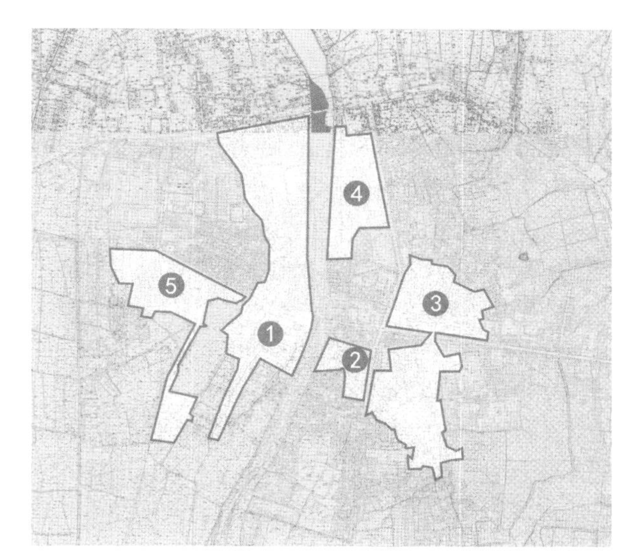

1 热斯坦历史文化街区
2 萨依博依历史文化街区
3 萨克萨克历史文化街区
4 试验城历史文化街区
5 欧尔达巴格—科克其买里历史文化街区

图3-68　库车老城区历史文化街区分布图

① 图片来源：根据 Google Earth 卫星影像图改绘。

② 图片来源：作者自绘。

划分依据：苏库吾克社区、帕哈塔巴扎社区和热斯坦社区位于库车外城与盐水沟之间的狭长地带，地势较低洼，历史上为盐水沟的河床。清代以后，随着盐水沟水量的减少和商业的兴起，这一地段逐步发展建设起来，形成城墙以外的“关厢”地区。

“热斯坦”在维吾尔语中是商业的意思，街区位于老城区盐水沟西岸，西临清代库车城，清代以来，这一带逐步兴起，现在仍然是库车老城的商业中心，见证着库车老城商业的兴衰与变迁。街区内除塔斯玛阔恰巷南段周边新建建筑比例较高，其他区域传统风貌建筑居多，街区风貌较好，故将三片社区中除塔斯玛阔恰巷南段周边区域外，划为热斯坦历史文化街区。

图3–69　热斯坦街区道路交通分析图

② 街区空间肌理

热斯坦历史文化街区内的主要街道格局为两横两纵：“两横”分别是热斯坦大街和帕哈塔巴扎街五巷，由于可以连通河岸东西两边，因此成为了东西方向的主要街道；“两纵”是指帕哈塔巴扎街六巷、十巷和帕哈塔巴扎大街—科克其买里路（旧称水巷子）。从地势高差来看，两条南北向的道路很可能是不同历史时期在盐水沟河岸形成的滨河路，后因水量减少和居民繁衍，逐步发展成为如今的商业组团（图3–69）[①]。

热斯坦大街是库车老城中最宽的道路，是主要的交通性道路，同时也是老城区内最主要的商业街；帕哈塔巴扎街五巷曾是盐水沟东岸居民进入库车城和库车大寺的必经之路，道路较宽；帕哈塔巴扎街六巷、帕哈塔巴扎街等历史街道宽度都在6～8米之间，远大于老城区内其他原有街巷。与其他封闭的巷道不同，这几条街巷的两侧，建筑大门向外开放成为做生意的商铺，与较宽的街道共同营造出浓厚的商业气氛。较大的街道尺度促进了库车老城区传统商业活动的兴盛发展，也是老城历史文化特色的反映；次级道路/巷道呈放射状分布，由几条主要街道向街区内部延伸，巷道间通过岔路联系。从主要街道及次级巷道的分布可以看出，道路是顺应河流、台地的走向、高差等分布的，充分体现了水资源对传统绿洲村落布局的约束性。

③ 街区景观风貌特色

热斯坦街区民居风貌保存良好，街区虽受到过盐水沟洪水的破坏，但仍比较完整地保留了历史格局。

热斯坦街区内以传统风貌建筑为主，高度基本在3～6米；保存有许多传统作坊，居民大都延续着传统的生产生活方式，可见对传统生活形态的较好保留。直至今日，热斯坦大街两旁的商业依旧兴盛，不仅是老城区的商业活动中心，还有附近县市中有名的巴扎（集市），每到周五都会吸引大量的人流前来。

---

① 图片来源：作者自绘。

图3–70　热斯坦历史文化街区

街区内支路和小巷两侧的民居，远离了商业的喧嚣。道路较窄，与两边的民居形成了尺度宜人、环境宜居的街巷空间。小巷曲折婉转，行走在其中，产生一种渴望不停探索的心情，随处可见的绿色，更是美不胜收（图3–70）①。

热斯坦历史文化街区内保留了大量传统作坊，如花帽作坊、毡帽作坊、木匠作坊等；还有许多传统食品铺子，如打馕铺、烤肉铺等。

（2）萨依博依街区

① 街区概况

街区北至河滨东路，东至萨依巴格路，南至英买里巷一线，西至盐水沟东岸，其包含的社区是萨依博依社区，总面积为4.7公顷。

划分依据：萨依博依社区和萨依巴格社区位于盐水沟以东，人民路以南，萨依巴格路以西的范围内。此区域中人民路与河滨东路之间多为近期改建、新建的房屋，传统风貌建筑极少。萨依博依南部以及萨依巴格社区内虽有部分保护建筑和历史建筑，但所占比例小。河滨东路以南的区域内传统风貌建筑较多，集中在英买里巷周边。英买里巷是从桥头到古老的库其艾日克巷之间形成的一条自西北向东南的斜巷，宽度次于河滨东路；其他街巷再从此条道路向外延伸出来。

建筑布局则以斜街的两端为中心，向外呈圈层状不断拓展，形成特殊的街区肌理，建筑密度较高，能够清晰地反映出街区发展的过程，故将萨依博依社区内英买里巷周边划为历史文化街区。

② 街区空间特征

历史上，由于盐水沟水量不断减少，人们从原龟兹城内到龟兹古渡口间踩出了一条斜向的道路，后来这条道路逐渐成为现在的“英买里巷”（新村）。同时，南面的河滩变成果园，至今仍被当地人称为萨依巴格，即“河滩上的果园”。

20世纪30年代，盐水沟水量不断减少，河床显露出来，民居和街巷也随之建设。当时的东大街（河滨东路）和英买里巷都是重要居民聚居区，同时也是手工业密集区。1985 年在龟兹古桥北面新建了现今的团结新桥后，新建了人民路，建造了新城区。自此，萨依博依街区的重要性下降，店铺和巴扎也从河滨路转移到了人民路附近，英买里巷的交通作用逐渐减弱，成为街区内部道路（图3–71）②。

---

① 图片来源：喀普兰巴依•艾来提江拍摄。

② 图片来源：作者自绘。

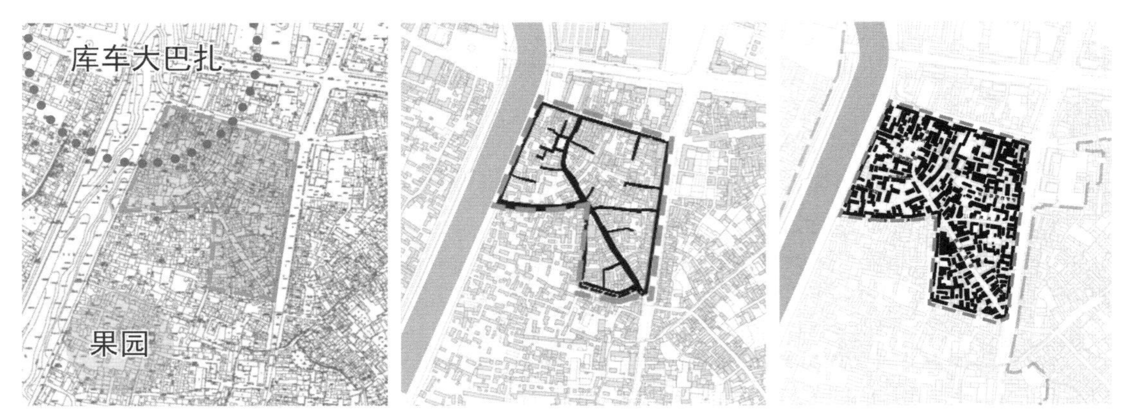

图3-71　萨依博依历史文化街区要素分析及道路交通分析

萨依博依街区因交通枢纽逐步发展起来，其中，英买里巷的两端都是十分重要的交通节点，一边是龟兹古渡口，一边是英买里巷和萨依巴格路的交叉口。为了便于生活，居民大多选择在交通便利的位置建房，久而久之，形成了民居以桥头和路口为中心，向外呈圈层式逐步扩展的格局。

③ 街区景观特色

萨依博依街区曾遭受过洪水的侵袭，在灾后重建时仍沿用了传统的布局形式和建构方法，因此，街区内院落围绕英买里巷层层布置的布局形态，至今仍然保留完整，是库车老城区发展演变过程中的历史见证。

街区内传统建筑比例高达79.2%，是五个历史文化街区中占比最高的，现以居住功能为主，仅在街区北侧有小部分商业。一般街巷的民居基本沿道路两边建造，街巷与民居形成了以两个交通纽带为中心的圈层式拓展布局。斜向的英买里巷过去一直承担着主要的交通功能，随着城市的发展，其主要功能也在弱化，以桥头和路口为中心，自发形成的民居间形成若干条略呈弧形的巷道，这些巷道被民居的阴影和树荫所覆盖，在天气温暖时，便成为居民们聊家长里短、孩子们嬉戏玩闹的惬意场所；有些宽度更小的巷子，即便没有树木的遮荫也可避开太阳的直射。此外，由于街区内部分道路历经了多次的修整和质量提升，路面被越垫越高，最终形成了路比院子高、站在街上就可看到院内的情景，非常奇妙（图3-72）①。

（3）萨克萨克历史文化街区

① 街区概况

街区北至联合巷一线，西界北部从试验路开始，至萨依巴格路，南至帕特喀克巷一线，东界北部从萨克萨克街道办事处西围墙开始，经过人民路，至开勒克艾日巷一线，主要包含的社区有萨克萨克、阿克店、库其艾日克和萨依巴格，总面积为30.4公顷（图3-73）②。

划分依据：萨克萨克和阿克店社区以水塘为中心，道路向四周呈放射状自然生长，街区肌理呈同心圆状分层向外拓展。库其艾日克社区街道与水渠蜿蜒并行，民居沿水渠呈带状展开，南北两个组团依托萨克萨克水渠而发展。保护范围以水渠、水塘以及周边主要相连街巷为骨架，依据街巷周边第一层院落边界而划定。

---

① 图片来源：喀普兰巴依•艾来提江拍摄。

② 图片来源：《新疆库车历史文化名城保护规划》，库车人民政府，北京清华城市规划设计研究院，2010年1月。

图3–72 萨依博依历史文化街区

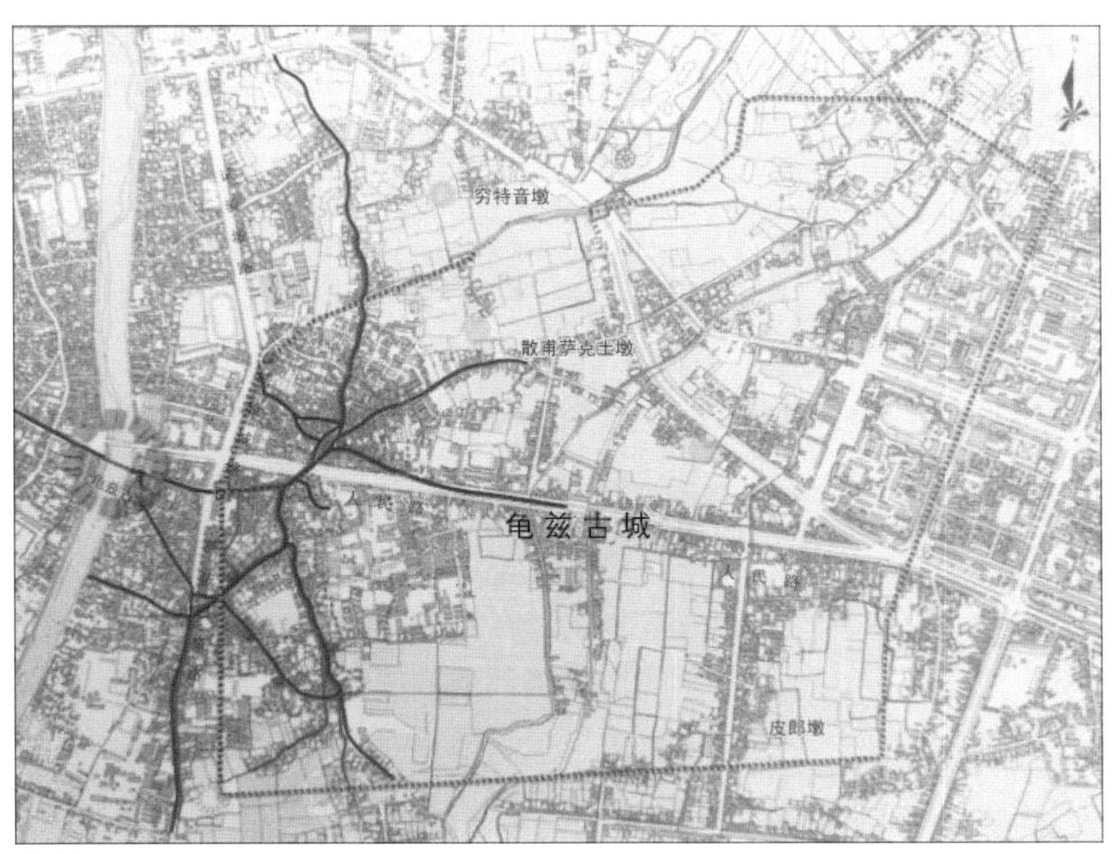

图3–73 萨克萨克街区与龟兹古城位置

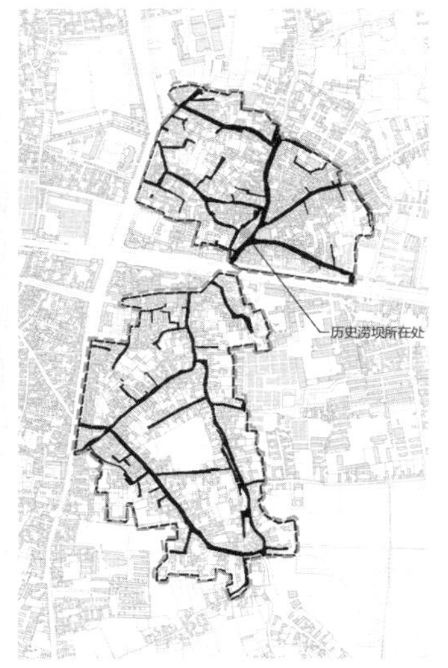

图3-74　萨克萨克街区交通分析

图3-75　萨克萨克历史文化街区

② 街区空间特征

北部以拜兰艾日克水渠上的月牙形水塘为中心，道路向四周延伸，民居沿道路纵向排布，呈圈层状向外拓展，沿着水塘拓展开来形成街区。南部街区沿两个水渠带状铺开，道路与水渠平行布置。由于水资源较丰富，街巷两旁的树木生长较为旺盛，绿树搭配潺潺流水，使南部街区显得十分安静优美（图3-74[1]、图3-75[2]）。

③ 街区景观风貌特色

萨克萨克历史文化街区完整地保留了历史上的空间形态，道路均是土路，与水渠及街边的行道树共同构成了优美的街区景观。街区内现保存下来的历史建筑种类繁多，虽质量较差，但数量和艺术性是五个街区中最高的，街区内的高台民居、大法官住宅也是当地有名的建筑。传统风貌建筑中，虽然部分建筑是新建的，但仍沿用了砖木结构或生土材料建造，体现出浓郁的地域特色；街区内至今仍保留着传统的生活模式，这里的居民大多已经居住了十几代，并且外来人员也很少。在街区内很容易看到门前几棵老树，枝叶繁茂，树影斑驳地洒在街道两边的土墙上，树下老人坐在门口或墙边的土台上聊天，静谧中富有生活气息，给人以归属感、亲切感。

④ 涝坝

涝坝，即水塘，是新疆、甘肃等西北干旱区内一个特有的名称，指人工修建或者自然而形成的蓄水池。

在新疆，很多地方都可以看到以涝坝为中心形成的聚居区，其形制大致分为两类：自然涝坝和人工涝坝（后者指在水系旁居住的人们，随着人口增多，为满足用水需求，在合适的地方挖出一个水坑，形成固定取水点）。涝坝的形成与村落的形成发展有着莫大的关联；涝坝是人们日常生活的取水点，随着人口的增加和城市的发展，逐步形成村落、街巷等。同时，随着社会的发展，人们的生活条件不断改善，需求不

① 图片来源：作者自绘。
② 图片来源：喀普兰巴依•艾来提江拍摄。

图3-76 涝坝实景图

1）人们沿着水渠居住

2）居住的人越来越多。
挖出涝坝，道路出现

3）人们开始围绕着涝坝定居

4）居民逐渐增多，街巷开始形成

5）街巷继续发展，逐渐形成街区

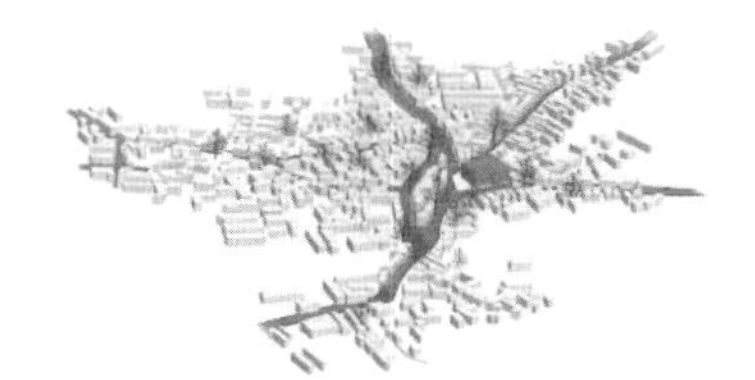

6）街区现状，涝坝被填埋建房

图3-77 涝坝与街区的兴起

断提高，生活用水的质量安全、取用要求也在日益增长。因此，涝坝已不再是饮用水的主要来源，尤其是在城市中，涝坝几乎不复存在，通常被填埋起来或用作其他用途。（图3-76[①]、图3-77[②]）。

3.3.3 温宿县老城区

1）老城区概况

温宿县境内大部分区域地势较为平坦，北面为天山，南面为平原。从温宿县城向北数里，地势逐渐抬升，直至天山南麓，地势略有起伏，道路笔直，视野宽阔。天山成为了良好的天然屏障，呈东、西向延绵，地形多变，地势险峻，设有众多关隘，守卫着居住在这片土地上的人民。南面则是辽阔的平原地带，温宿老城聚落依托于天山，与北部天山形成呼应；同时受气候环境的影响，温宿老城位于平原的坎坡之中，南面有阿克苏河环绕，东、西各有数条河流流淌而过，与阿克苏河之北有数里之遥。

---

① 图片来源：http：//www.baidu.com/。

② 图片来源：穆学理，《环境适应性背景下天山南坡绿洲村落形态研究——以库车老城区为例》，新疆大学硕士论文，2018，第7页。

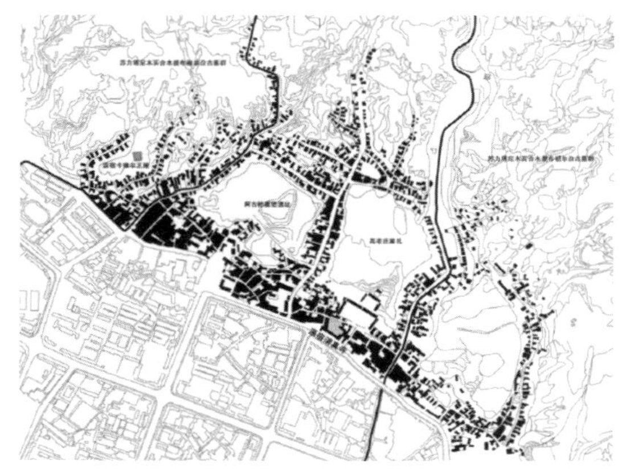

图3-78　温宿老城区传统聚落平面图

图3-79　温宿老城区传统聚落开放空间分布图

温宿老城的形成是历史发展过程中，民居自发建设的结果，聚落中所有居民对自然环境、社会环境、生活方式和文化观念等要素都有着共同的认识，由此形成的聚落格局表现出群体的塑造和整体关系的建构特征。温宿老城传统聚落的空间形态特征可以总结为四点：①随形就势，有机生长的聚落形态；②因势起落，伴水而行的街巷空间；③疏密有致的开放空间；④正中有变，生机勃发的民居风貌（图3-78）[①]。

2）老城区民居空间特征

温宿民居多以三合院为基本形式。根据不同家庭的需求，院落的围合方式有两种：一种由建筑围合，另一种则由围墙围合。聚落内所有民居的立面材料及色调都呈现出基本一致的特征，整体建筑风貌相近。受当地气候环境影响，民居屋顶均采用平屋顶，展现出民居统一的肌理特征。由于处于地形地貌较为复杂的沟壑之中，建筑高度差异不大，大部分民居紧靠台塬而建，整体格局分为两类：一类是民居建于平地，呈平面型格局；另一类是民居建于坡地之上，其呈阶梯状。若居高俯视城区，可以看到风格相同的屋面和整体统一的空间肌理；民居建筑层数基本为一层，偶尔会有二层出现；民居建造在富有层次变化的坡地上，由此可以看到前低后高的建筑立面，为整个聚落增添了丰富的视觉感受。这样的民居风貌，使聚落成为统一的整体，统一中也有适当的变化，两者的结合，使聚落的布局十分协调（图3-79）[②]。

3.3.4　阿克托海乡十三大队

1）村落概况

阿克托海十三大队位于阿克托海乡，与乌什镇紧邻，距离约15千米，四面环山，中间为谷地；水资源有托什干河和泉水；属暖温带大陆性干旱气候，气温日差较大，年均气温9.1℃，年均降水92毫米（图3-80[③]、图3-81[④]）。

村落逐水而居，水资源丰富，有河流从村落旁流过，基本解决了村落农田灌溉用水及居民日常生活用

① 图片来源：穆学理，《环境适应性背景下天山南坡绿洲村落形态研究——以库车老城区为例》，新疆大学硕士论文，2018，第7页。

② 图片来源：陈旭，《新疆温宿维吾尔族传统城市聚落营造研究》，西安建筑科技大学硕士论文，2013。

③ 图片来源：根据 Google Earth 卫星影像图改绘。

④ 图片来源：作者自绘。

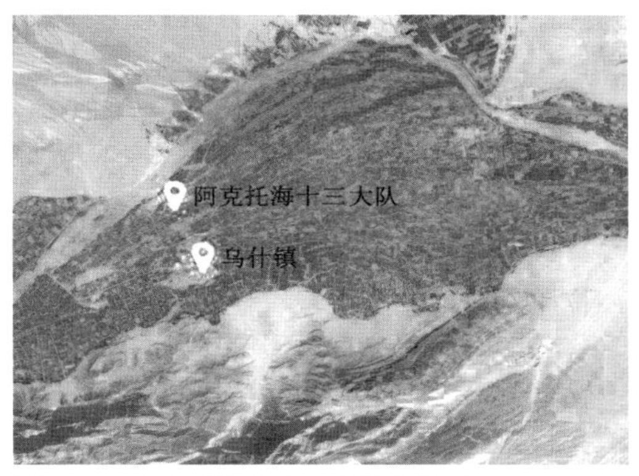

图3-80　阿克托海乡十三大队定位图

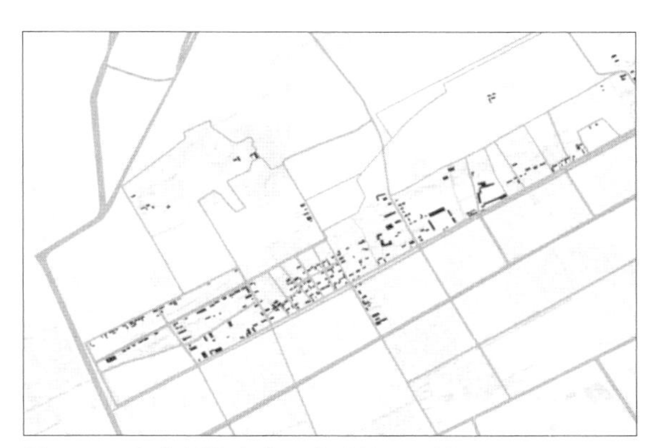

图3-81　阿克托海乡十三大队总平面图

图3-82　村落街巷格图

水。民居依水而建，也有大量的人工引水渠曲折萦回地绕宅院或穿宅而过，局部拓宽为水塘，组成老城区的供水系统，这样简单的水利设施充分体现出尊重自然和融入自然，巧妙地利用现状自然条件为村落内的每户居民提供用水，也调节了村落中的小气候（图3-82[①]）。

2）村落空间特征

村落内院落布置有序，院落空间较大，功能分区基于居民生活需求，非常适合居民使用。村落内有传统的“阿以旺—沙拉依（居室）式”及其变体，也有“内庭院—米玛哈那（客厅）式”，以及敞厅复合庭院式等不同类型的民居；面积较大的民居，则设置两个或多个户外活动中心，如前后庭院、果园等，在正房后设置宽大的敞厅面对果园。

传统民居普遍采用原生的乡土材料，就地取材，将树干当作梁；建筑群体以简单的几何形式高低错落，营建过程中自由搭建，不求轴线对称和朝向的要求，注重因地制宜，因地坐院；民居建筑边界明确，具有很强的整体性、体量感、封闭性，造型以直线为主，形体简洁硬朗，体块感强；结构多采用土坯垒砌或夯土。

民居建筑装饰丰富多彩；木雕、石膏、彩画成为主要的装饰手段；木雕多保留本色，让木料自然的特点完全表现出来，偶尔也用素净的蓝、绿、红色绘在雕刻的花纹上；石膏花纹有的采用本色，风格素雅，有的饰彩色，强化装饰效果；木雕主要体现在庭院大门、窗棂格、梁、檩、椽、柱等建筑元素中，传统大

① 图片来源：作者自摄。

图3-83　阿克托海十三大队建筑特点

门都是木制的，通常在门框及门板等位置上采用简单的纹样，由几种不同的简单几何纹或植物纹装饰门框，也有采用彩绘与雕刻结合的方式进行装饰（图3-83）[①]。

3.4　库尔勒绿洲聚落形态特征

3.4.1　库尔勒老城区

1）老城区概况

库尔勒市是新疆维吾尔自治区巴音郭楞蒙古自治州的首府，同时也是新疆的第二大城市。坐落于新疆的腹心地带，塔里木盆地东北边缘，是塔里木河流域典型的绿洲城市。受干旱区特定环境的影响，城区主要依托天然河流、湖泊等水系为城市提供“生命线”，早期库尔勒的城市便是依托孔雀河三角洲的绿洲平原以及北部的霍拉山和库鲁克山建立而成。

2）老城区空间布局特征

新疆南部区域大部分城市都是绿洲城市，城市在初期形成时会受到干旱区特定环境的制约，必须依托自然河流水系进行发展，因此水系便成为了城市发展和延续的生命线。同时绿洲的特殊地理条件，使城市

① 图片来源：作者自绘。

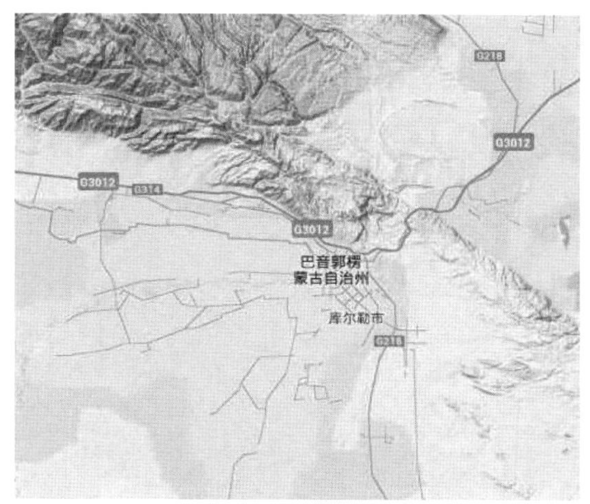

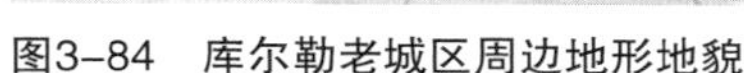
图3-84 库尔勒老城区周边地形地貌

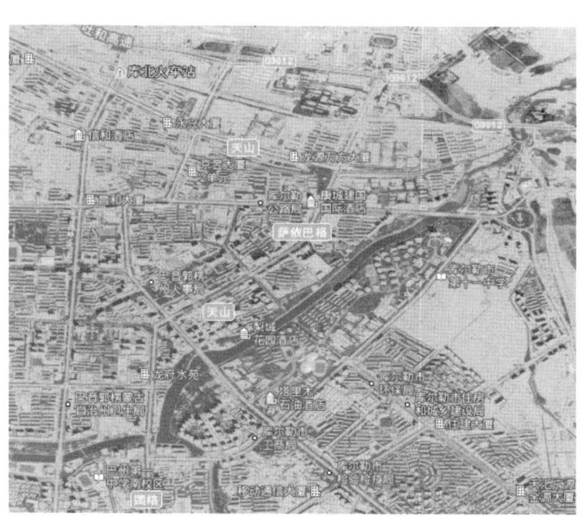

图3-85 库尔勒老城区卫星图

建于洪积扇平原（图3-84）[①]。库尔勒老城区的空间发展主要经历了三个阶段：点状积聚、扩散发展和填充扩展。

第一阶段是库尔勒老城区的初城，其特点与其他绿洲城市形态初城的特点一致，初期老城区围绕孔雀河三角洲的平原和北部的库鲁克山和霍拉山建立，由此形成最早的居民聚集点（图3-85）[②]。发展前期主要处于农业经济时期，城市之间联系较少且相互独立、自成整体，城市呈现出点状积聚的形态分布。

第二阶段，随着库尔勒由县级向市级的转化，城市面积不断扩张，逐步形成与之对应的组团式发展。从发展实际情况来看，城市依然依托着河流水系发展，形成了较为鲜明的发展模式。在这一阶段，形成的组团功能较为完善，各组团之间相对独立，与城市中心区联系较少（如图3-86[③]、图3-88[④]）。

第三阶段的发展主要是因为工业的发展，使城市的建设发展更加迅速，但也同时导致了环境污染问题的发生，环境污染与城市发展间的矛盾日益加剧。城市中组团格局日益稳定，整体呈现出内向居住功能对城市空间进行填充的布局特点。此外，在这一阶段，城市空间的填充扩展式发展，城市不断扩张，经济结构不断完善，城市发展也开始关注生态问题，加强城市生态化发展。老城区的填充式发展和生态环境改善，使城市功能明确，形态演变趋于稳定（图3-87）[⑤]。

在城市形态的不断演变中，老城区及后期开发区的道路系统已趋于成熟，整体呈网络状。城区间的路网衔接性较差，能完全贯通的道路目前仅有石化大道。

3）老城区景观风貌特色

库尔勒城区的水系格局为“一河三渠”，即孔雀河与十八团渠、喀拉苏渠、库塔干渠。孔雀河是库

---

① 图片来源：Google Earth 卫星影像图。

② 同上。

③ 图片来源：常仲嵛，《库尔勒·西北干旱区绿洲型城市空间形态演变研究（1949～2010年）》，西安建筑科技大学硕士论文，2012，第31页。

④ 同上。

⑤ 图片来源：常仲嵛，《库尔勒·西北干旱区绿洲型城市空间形态演变研究（1949～2010年）》，西安建筑科技大学硕士论文，2012，第34页。

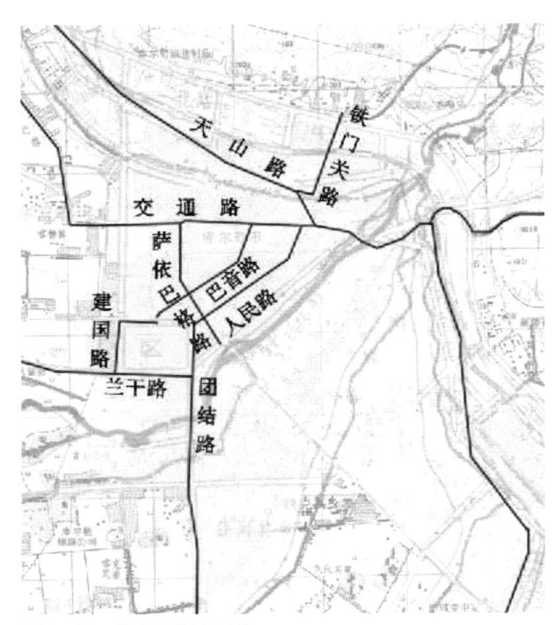

图3-86 道路图1986年

图3-87 库尔勒城市现状图

尔勒的母亲河，从城市功能结构组织上看，随着新城区的建设，孔雀河成为新旧城区的交界面，其沿岸区域将成为城市的核心。目前，孔雀河两岸形成了商贸旅游区、商务公寓区、滨水绿化核心区（沿岸布置有香梨园、孔雀公园、西公园等大型公共绿地）等多重功能的空间格局。库尔勒城区通过孔雀河景观带的建设，使孔雀河片区成为城市的主要生活带、生态廊道以及旅游景观通道，是城市景观系统的主要组成部分。

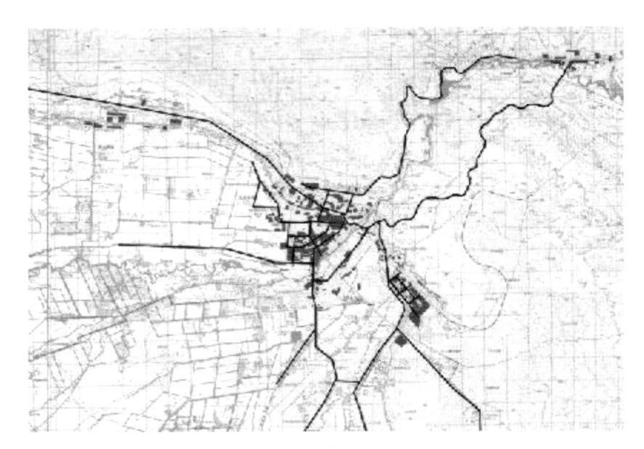

图3-88 城市形态图1986年

3.4.2 库尔勒乡村聚落形态特征

库尔勒绿洲内乡村聚落在空间分布上呈现出较大的差异，主要表现为北部聚落数量多于南部。库尔勒是新疆绿洲型城市中的典型代表，其独特的绿洲自然环境、相对充足的水资源、丰富的矿产资源是城市建设发展的基础条件。水资源是城市建设的基础，库尔勒地区现可利用的水资源有"母亲河"——孔雀河、库尔楚河、其他三条地表小河及潜水含量较为丰富的地下水，这些丰富的水源是支撑城市发展的基础条件。

库尔勒绿洲北部地区——和静县、博湖县、焉耆县境内均出现了高密度的乡村聚落分布区，促成该区域乡村聚落分布密度高的原因是生产力水平较为落后的时代，人们对于水的依赖程度较高，此处丰富的水资源条件促进了大量人口的聚集，由此形成高密度的乡村聚落；而中部地区出现较分布高密度区的原因则

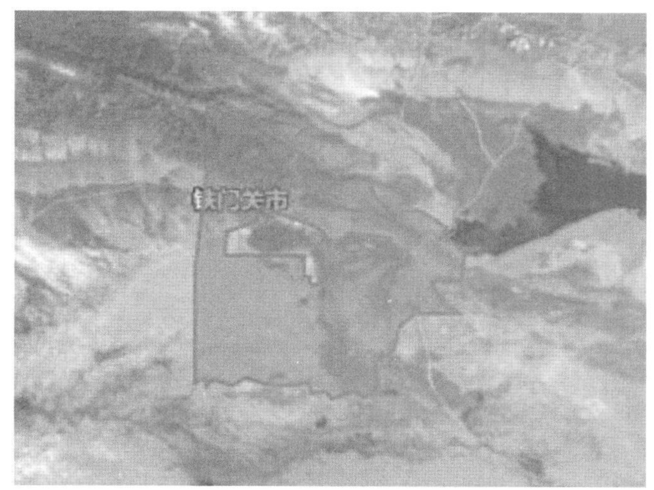

图3-89　库尔勒区位图

图3-90　普惠乡普惠村村落卫星图

不同，如尉犁县是当地的产棉大县，交通便利，劳动力需求大，因此聚落分布较多。

1）普惠乡普惠村

（1）村落概况

普惠乡位于新疆维吾尔自治区巴音郭楞蒙古自治州库尔勒市（图3-89、图3-90）①，是远郊乡之一，位于库尔勒西南侧56千米处，北侧与哈拉玉宫乡毗邻，东南侧同尉犁县相接，西侧同轮台县相接，普惠乡政府驻地普惠村。

（2）村落空间布局特征

普惠村内民居沿道路两侧布置，纵深不超过2千米，道路平整，四通八达，交通十分便利（图3-91、图3-92）②，东侧的普米干渠交错纵横。民居以聚落中间的公共建筑为核心，分布于十字状道路周边；院落主要沿道路两侧排布，布局较为紧凑，井然有序，布置形式以合院式的内向型布置为主；民居建筑多采用土和木作为建筑材料，部分民居建造年代久远，抗震性、安全性现已无法保证。近年来，在乡村振兴、美丽乡村、安居富民等相关战略的相继实施下，当地民居被翻新或新建，大大提升了居民的生活品质；新建民居住宅以砖混、砖木结构为主。

（3）村落景观风貌特色

在普惠村的发展过程中，逐步形成了极具地域性特色的景观风貌，田野相拥的村落、古朴粗犷的土块房、笔直的乡间小路等乡土风貌共同营造出如诗如画的意境、浓郁的乡土生活气息及无限的生机。

2）喀尔曲尕乡阿克牙斯克村

（1）村落概况

喀尔曲尕乡于1987年成立，位于尉犁县城西南部，东与墩阔坦乡交界，西与库车县、轮台县相邻，南与和田地区毗邻，北与库尔勒市普惠乡接壤（图3-93）③。东西跨度150千米，南北跨度100千米，总面积

① 图片来源：Google Earth 卫星影像图。

② 图片来源：作者自绘。

③ 图片来源：Google Earth 卫星影像图。

图3-91　普惠乡普惠村聚落营造平面图

图3-92　普惠乡普惠村肌理图

15 000平方千米，是距县城最远的一个乡（约110千米）。乡域内地势平缓，自然条件干燥，属干旱气候地区，四季分明，光照充足，日、年温差较大，降水稀少，蒸发强烈，属干旱荒漠环境。土壤属轻质砂壤土，比较肥沃，地表水主要来自塔河，以蓄水渠系输送为主，河床提水为辅，自成体系；由于塔河上游开荒较重，排碱量大，该乡所辖区周围用水盐碱重，矿化度高。

图3-93　阿克牙斯克村聚落卫星图

受生产方式影响，村落主要围绕农田布置民居，由此形成散乱、不规则的空间布局，最北侧靠近乡镇所在地为该村的主要核心区域（图3-9 4 、图3-95）①。

（2）村落空间布局特征

特殊的地理环境及气候特征导致了当地水资源稀缺，同时较为落后的生产力及生产方式使得村落中用水设施均采用了最经济及便捷的方式。塔里木河支流、自然环境、道路及民居共同构成了村落的空间形态和村落布局的骨干。

（3）村落景观风貌特色

近年来，在南疆旅游热潮的推动下，该村利用地处胡杨林国家森林保护区沿线的地理区位优势，结合

① 图片来源：作者自绘。

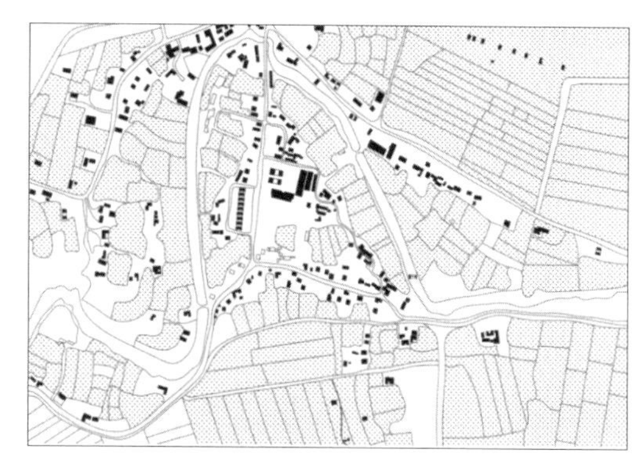

图3-94 阿克牙斯克村聚落分布图

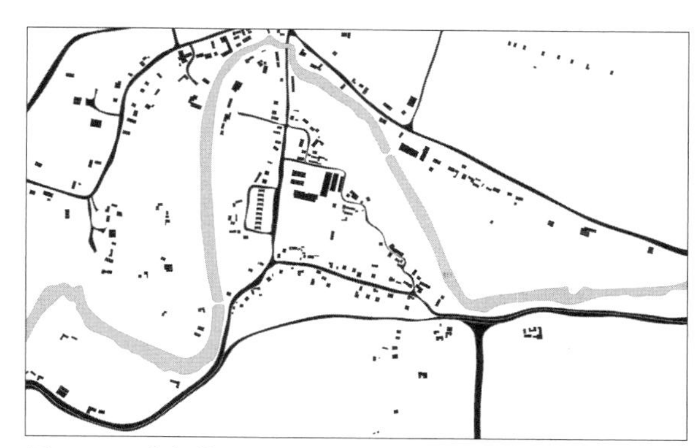

图3-95 喀尔曲尕乡阿克牙斯克村聚落肌理图

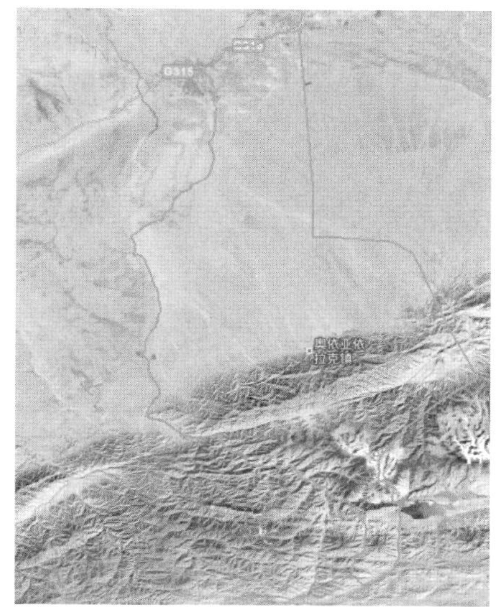

图3-96 且末县奥依亚依拉克乡区位图

图3-97 且末县奥依亚依拉克乡卫星图

相关人居环境整治项目，对村落风貌进行了保护性的提升改造，成为当地旅游的主要节点。

村落中传统建筑以砖木结构为主，在相关政策、战略的落地实施下，新建民居多以砖混、砖木结构为主。同时建筑周边均有大树，院落中栽种梨树、枣树等适宜生长乔木；绝大多数院落内均设有木制棚架。

3）且末县奥依拉克乡村落

（1）村落概况

奥依牙依拉克是维吾尔语，意为深远的宽草场，拥有较为悠久的发展史，于1958年被命名为红旗合作社，1962年为大队，1981年改为奥依牙依公社，1984年又重新命名为奥依牙依拉克乡。

奥依牙依拉克乡地势为西北低东南高，拥有187万亩的天然草场，属荒漠型草场（图3-96、图3-97）①，主要树木的类型为沙枣树和山柳树。平均海拔为2843米，气候类型为高山气候，平均年气温在8℃，平均年降水量为157毫米，一月份平均气温为-30℃，七月份平均气温38℃，全年无霜期一般为

① 图片来源：Google Earth 卫星影像图。

图3-98　且末县奥依亚依拉克乡聚落分布图

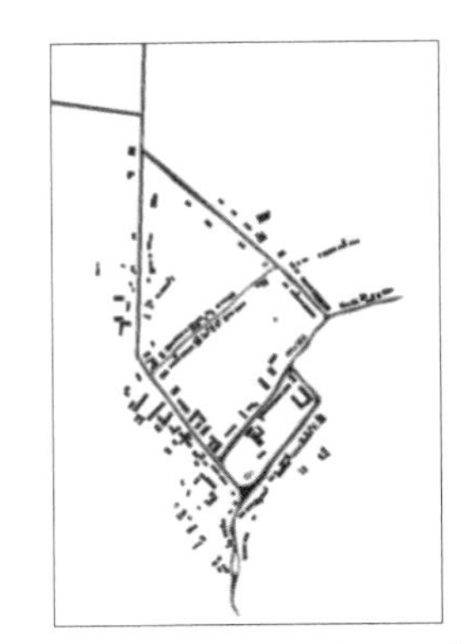

图3-99　且末县奥依亚依拉克乡肌理图

107天，主导风向为西北风，一般风力为4～5级，风力最大为9～10级。

受当地地形地势及生产生活方式的影响，当地民居沿主要道路分布，整体呈现出北稀南密的空间布局形态。

（2）村落空间布局特征

奥依牙依拉克村位于阿尔金山与塔克拉玛干沙漠的交界处，民居基本上是依路而建，与道路呈垂直或平行的关系，整体上呈现出较为集中的形态（图3-98、图3-99）①。

（3）村落景观风貌特色

近年来，该村已经完成了村路人居环境整治、以工代赈等扶贫项目，对村落风貌进行了根本性的提升改造。建筑主要以砖木结构、砖混结构为主；周边种植有乔木，夏季可以乘凉，以减少太阳直接辐射。庭院及街巷内种植有无花果树、葡萄树等，营造出和谐、美丽、宜居的村落风貌的同时有效地调节了区域微环境。

3.5　吐鲁番绿洲聚落形态特征

3.5.1　吐鲁番老城区

1）老城区概况

吐鲁番从交河、高昌、无半、安乐等古城发展到今吐鲁番市区，已有两千多年历史，其中，回城历史文化街区、苏公塔历史文化街区和葡萄沟历史文化街区被较好地保留下来。街区内乡俗民情，绚丽多彩，真实地反映了不同时期吐鲁番的历史文化特点，表现出城市发展中重要历史时期的特征和演变的过程及内容，体现出吐鲁番城市发展的连续性（图3-100②、图3-101③）。

老城区内以传统的居住功能为主，在炎热干旱气候条件下，吐鲁番绿洲居民为应对特殊气候条件展示出诸多生态智慧，同时在地域文化内涵影响下，吐鲁番地区民居也凸显出了浓郁民俗文化，主要体现在鱼

① 图片来源：作者自绘。
② 图片来源：《吐鲁番市城市总体规划（2013-2030）》，吐鲁番市人民政府、湖南省城市规划研究设计院，2014.4。
③ 同上。

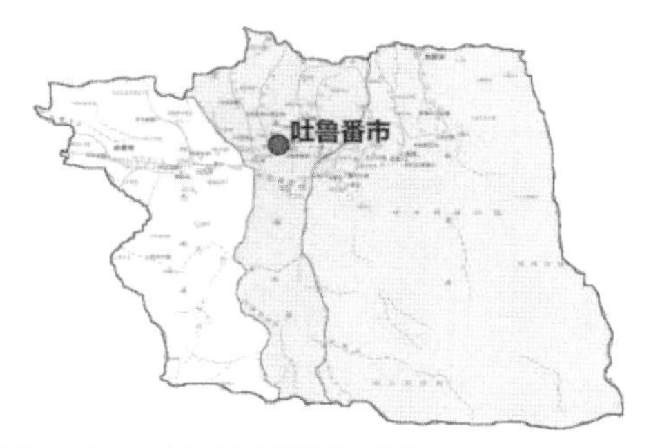

图3-100　吐鲁番老城区区位图

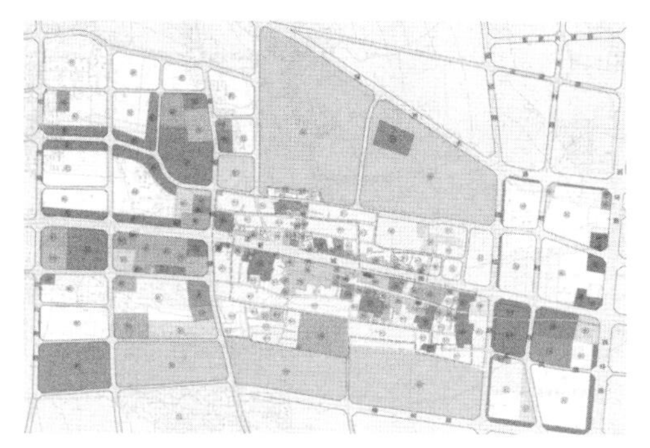

图3-101　吐鲁番老城区周边功能规划

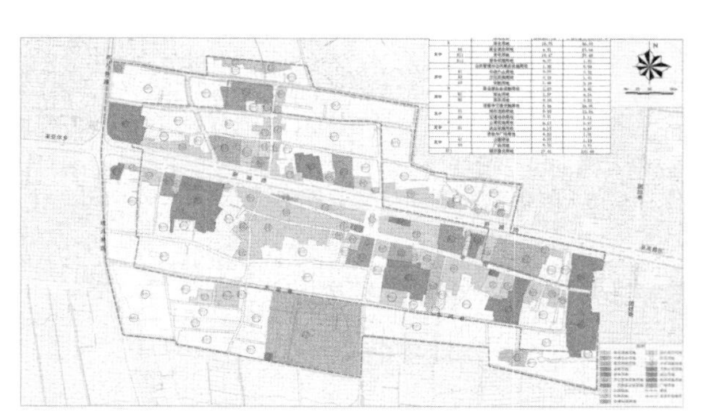

图3-102　吐鲁番规划功能用地

骨状道路网络、古城墙遗址等。

2）老城区空间特征

老城区内院落多是长方形，院落大门朝向所临街巷。大道东区南部为大型民居区，建筑面积约为78 000平方米，北部为小型居民区，中部为官署区；大道西区除大部分为民居外，还分布有许多手工作坊。城中大道两旁皆是高厚的街墙，临街不设门窗。大体上南北及东西向道路垂直交叉、街巷纵横相连把36万平方米的建筑群分为若干个小的区域，颇似中国古代城市中的坊、曲。吐鲁番老城区民居多为半地穴券顶式建筑物，在炎热的夏天起到防暑降温的作用。同时由于当地气候干旱少雨，因此房顶多用泥土覆盖，民居多采用生土材料建造，当地的生土建筑遗迹世界闻名。建筑材料的选择、城区的布局特征等方面都反映出了当地居民为应对气候特征展现出的生态智慧（图3-102）①。

3）老城区景观风貌特色

吐鲁番老城区见证着吐鲁番城市建设发展145年来的风雨变迁，是吐鲁番传统风貌的集中体现，也是吐鲁番地域文化、建筑文化、民俗文化的集合体，承载着吐鲁番原住民百年以来几代人的记忆。城区以其厚重的历史文化底蕴、大漠绿洲的独特地域环境及多民族交汇的璀璨文化为亮点，演绎出吐鲁番老城独特和传统的街区形态。可以说，吐鲁番老城区是全疆范围内保存下来的一处具有典型古西域特色且风貌保存完整的传统历史街区，对于研究古代西域文化发展史，研究古代西域城市变迁史和新疆发展史具有无与伦比的价值（图3-103）②。

① 图片来源：《吐鲁番市城市总体规划（2013-2030）》，吐鲁番市人民政府、湖南省城市规划研究设计院，2014.4。

② 同上。

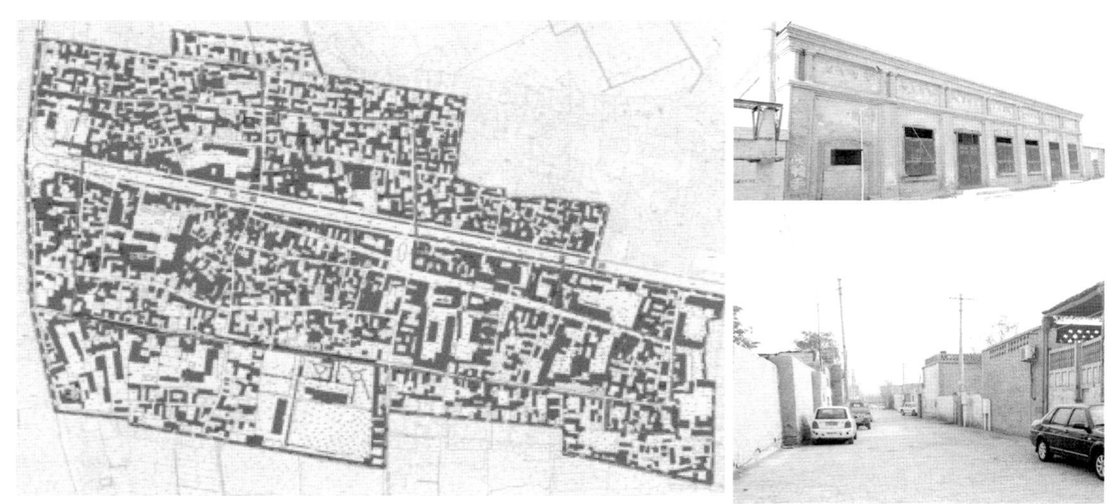

图3-103　老城区肌理图与实景图

3.5.2　吐鲁番乡村聚落形态特征

1）鲁克沁镇英夏村

（1）村落概况

鲁克沁镇英夏村（图3-104）[①]位于火焰山以南气候区，该区（简称山南）由于三面环山（图3-105）[②]，仅西部区域与吐鲁番市相接，海拔100～500米，地势低下闭塞，从而形成了增温迅速、散热不易的特点；该区热量极为丰富，日照充足，降水极少，气候异常燥热，是当地典型的火洲气候，具体表现为：春季升温快，春来早，但有回寒；夏季高温炎热，时间长达60天；秋季短，降温迅速；冬季寒冷期短，风小雪稀。正如唐代诗人岑参所说的"赤焰烧虏云，炎氛蒸塞空"，清人萧雄说每年"自四底始，日光如火，风吹如炮烙""火风一过，毛发欲焦"描写的正是鲁克沁镇炎热的气候特点。

（2）村落空间特征

该村的整体布局主要是耕地用地环绕居住生活空间布置，村内建筑排布密集，无固定朝向（图3-106、图3-107）[③]，整体布局较为复杂。村落内通过深巷道、过街楼等营造街巷空间，增强各家各户与主要道路的联系的同时增加街巷内竖向空间的丰富性，使街巷空间变化丰富，具有趣味。

生土建筑是以地壳表层的天然物质如岩土作为建筑材料，经过采掘成型、砌筑建造而成的建筑物、构筑物（图3-108）[④]，吐鲁番地区干旱少雨的气候特征也为其采用生土材料建造民居提供了可能。当地居民充分利用了本地既有的少量木材和大量黄土来营建自己的居所，同时依据建材的特性，探索出了不同的建构手法，有掏、挖、垒、砌、拱、拌、穹等各种方式，将本土材料的特性发挥得淋漓尽致。村落内用于生

① 图片来源：孙应魁、塞尔江•哈力克、王烨，《新村建设背景下地域性乡土村落民居的更新对比分析——以吐鲁番吐峪沟洋海夏村为例》，《西部人居环境学刊》，2018年第33卷第3期。

② 图片来源：同上。

③ 图片来源：作者自绘。

④ 图片来源：喀普兰巴依•艾来提江拍摄。

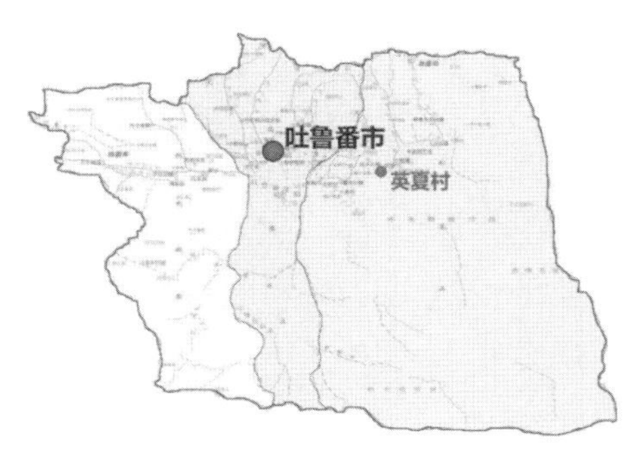

图3-104　村庄定位

图3-105　村庄地形地貌

图3-106　村庄功能分布

图3-107　村庄肌理图

图3-108　建筑现状

产及生活的建筑物、构筑物、道路、围墙等多采用生土建造。目前涉及生土的建造方法十分齐全，大致有夯筑法、压地起凸法、垛泥法、土坯砌筑及凿窑洞法。

村内民居除门窗外，建筑材料均采用生土；每家按庭院式布局自家院落，再依地形建造民居，屋顶以泥土覆盖；因当地降雨量较少，墙体一般无须作防水、防潮处理。生土建造的房屋通过颜色、质感等方面与地面浑然一体，材质以黄黏土为主，再通过多样化的建筑立面处理，村落内民居形式各异，造型不一，呈现出统一与变化的结合，彰显出生土材料民居的独特魅力，同时充分体现出建筑与自然环境的和谐共融。

（3）村落景观风貌特色

历经千百年来的发展演变，传统村落格局和民居建筑群布局呈现出自然有机生长、自由多变的特征。村落内空间功能布局明确，所塑造出的空间界面、空间尺度及多样灵活的交叉口模式等均凸显出了独特的

图3-109　村落现状

地域文化特色，使人产生不同的感官体验，也充分展现出了当地民居的文化特色。

村落内部道路大体上呈不规则网格状的布局，支路成为各家各户间相互通达的生活性巷道，也有部分支路形成了民居之间的夹巷（图3-109）①。

2）洋海夏村

（1）村落概况

图3-110　村庄定位图

洋海夏村处于火焰山吐峪沟大峡谷南口（图3-110）②，属鄯善县吐峪沟乡所辖。村落位于吐峪沟绿洲的北端上水源头，再往南便是接近海拔零点上下的鲁克沁大绿洲。吐峪沟大峡谷位于火焰山中部地段，东距鄯善县城约47千米，西边距吐鲁番市约50千米，峡谷地势险峻，流水切割深度高至几十米。自天山而下的融雪水系苏贝希河在山体北部附近形成穿越峡谷，滋养吐峪沟绿洲的泉流，四季不竭，年径流量约800万～900万立方米（图3-111③、图3-112④）。大峡谷北起苏贝希买里村，向南即是洋海夏村，长近11千米，中间有简易的盘山公路相连通，村落依山谷坡地而建，吐峪沟峡谷敞开的南口恰好将整个村子环抱。

（2）村落空间特征

洋海夏村建筑密度较大，村庄整体的建设情况较显凌乱，村内仅有的小商店等公共建筑，也年久失修，质量较差。村落内集体经济较为薄弱，居民生活质量水平较低，公共服务和基础设施供给严重不足。村内道路以土路为主，路宽约为2米，民居室内外环境缺乏治理，卫生状况较差，同时部分住宅建筑建造年代久远，存在安全隐患，亟待提升翻新（图3-113、图3-114）⑤。

洋海夏村民居是吐鲁番地区具有典型性特征的“土拱”模式生土建筑，中间会加有少量木构件，通过木构件和生土材料共同建造起民居建筑，使其满足人们的生活需求。吐鲁番地区民居中“土拱”民居主要可分为毗连式、穿堂式和套间式三种类型：毗连式是指家居生活之中承担主要功能的房屋，大多是由三间

---

① 图片来源：喀普兰巴依•艾来提江拍摄。
② 图片来源：作者自绘。
③ 图片来源：根据 Google Earth 卫星影像图改绘。
④ 图片来源：作者自绘。
⑤ 同上。

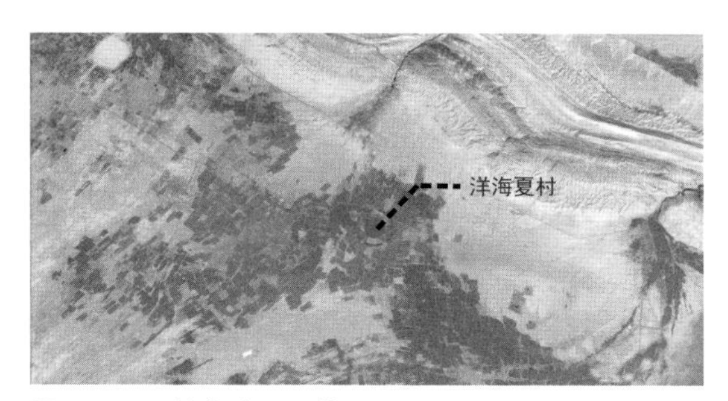

图3-111　村庄地理环境

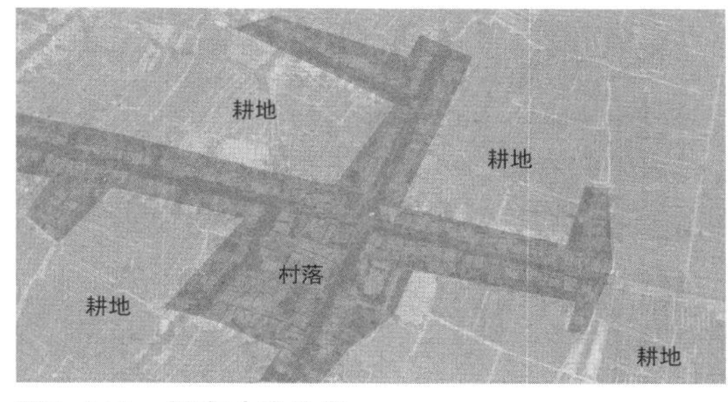

图3-112　村庄功能分布

图3-113　洋海夏村

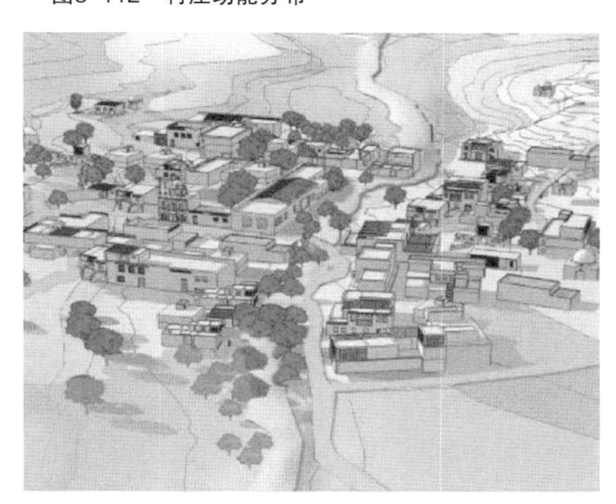

图3-114　洋海夏村效果图

或三间以上生土拱房相拼接联成一排或呈一种曲尺型的形态；穿堂式是生土民居居中布置，两侧再按照垂直轴线相接的方式布置房间；套间式则是由一大间长而宽且面积相对宽阔的房间为主要房屋，中间套有两间或三间（也可能更多）的其他房间，由此构成了居民起居生活的主要用房。

村落之中民居多采用生土材料；生土土质黏性较好，其热惰性能等特征使洋海夏村的土拱式民居可以始终保持恒温的状态；此外，具有的高度蓄热性能和有效隔热的性能使得当地生土民居室内冬暖夏凉。厚重的土坯墙、拱顶以及地下室或半地下室等建造特征也在抵御夏季过多的热空气温度传递中起到明显的作用，使得冬季室内空间的热量的散失速度大大减缓，村内民居体现出的生态适应性的特征，均可以说是民居生态营建的低技术策略及传统生态智慧（图3-115）①。

（3）村落街巷风貌特色

街巷系统是人类聚居系统中用于交通的重要公共空间，居民对于其形态特征的感知主要来源于对所出行的街巷空间各界面特征的直观感受。吐鲁番地区传统村落空间形态灵活多变，村落内街巷系统的空间元素也体现出明显的地域特色。

村落的公共空间是传统聚居村落的公共区域，一般布置在村落的出入口处，或是各道路的交叉点或转角处。以古树为中心形成村落的公共交往空间，在我国多地的传统村落中普遍存在，且最初产生的原因也

① 图片来源：中国科学院自然科学史研究所，《中国古代建筑技术史》第十一章“少数民族建筑”第三节“新疆少数民族建筑技术”，科学出版社，1985。

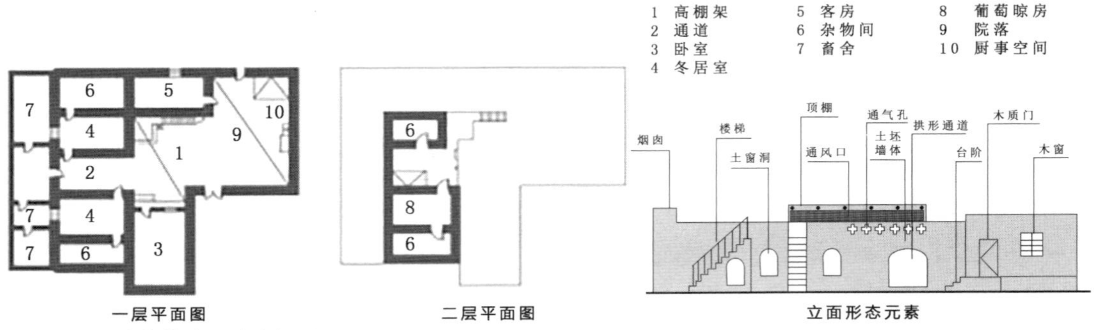

一层平面图　二层平面图　立面形态元素

图3-115　建筑营造形式分析图

图3-116　村庄定位图

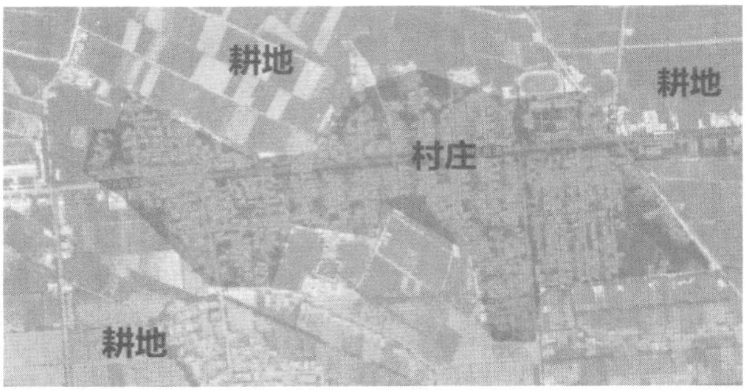

图3-117　村庄周边功能分布

都大致相同，吐鲁番地区的传统古村落即是如此，村落中的百年左右的老树成为村落中的公共交往空间，具有很强的标识性，其承载了当地村民几代人的生活情景及美好记忆，是无数村民们成长历程的见证者。

3）伯日布拉克村

（1）村落概况

伯日布拉克村位于吐鲁番地区托克逊县博斯坦乡政府东部，东与硝尔坎儿孜村接壤，北临博孜尤勒贡村，东南部为戈壁，属半温带大陆性半荒漠气候，夏季炎热、冬季寒冷，日照充足。该村自然条件较好，海拔高度为150米，境内地势平坦，土地肥沃，具有戈壁井灌区水资源条件，村内有一干涸的水道，开春时雪水融化汇入这条河道，用于滋养周围农田（图3-116、图3-117）[①]。

（2）村落空间布局特征

千百年来，为抵御吐鲁番地区干旱少雨、大风不断、极热、多沙土的地域性气候影响，村落传统民居逐渐形成了独特的民居营造方式，其主要体现在村落的选址、空间营造、建筑及院落等方方面面。

村落内建筑稠密复杂，居室内部布局自由灵活，无固定模式，一般除主室会争取好的朝向外，其他房间均未刻意追求朝向，随主室布置；院落空间略显局促，占地面积不大，仅十几平方米，通常由民居建筑围合而成。这样密集的院落布局可以减少太阳辐射的面积，降低室内温度受外部气温的影响。建筑外立面无窗，仅在朝向院落的立面单向开窗，使交流交往空间处于阴影之中，同时减少了外界风沙的侵袭，由此

① 图片来源：作者自绘。

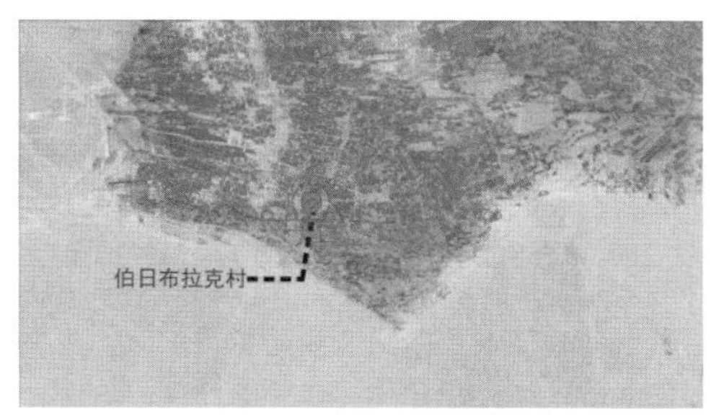

图3-118　村庄地形地貌

图3-119　村庄肌理图

图3-120　村庄道路现状

图3-121　村落现状建筑风貌

产生了房屋连片、光影丰富的村落特色（图3-118[①]、图3-119[②]）。

村内一条东西向主干道穿越，多条南北向的次要道路与主干道相连，呈现出鱼骨状的道路网格局。由于年久失修，现状道路质量较差，雨雪季节多泥泞，其他季节尘土飞扬。公共空间是居民日常活动与景观结合的公共共享空间，承担着居民茶余饭后的日常交流活动等功能（图3-120）[③]。

（3）村落景观风貌特色

村中的建筑风格较为统一，均采用院落式格局模式，通过朝向街道设置实木大门及土色的院墙围合；民居建筑墙面喷土色仿生漆，大部分为砖混结构，村落内几乎不存在老建筑，整体风貌统一。同时。居民习惯开设一片园地，搭设葡萄架，与屋前廊下区相连，提供了家庭活动的荫凉空间。此外，院落一般在隐秘处（院角、房后）设置私密区，一般指厕所或杂物区，通过树木或屋架遮挡，有些居民还会利用其饲养牲畜及家禽（图3-121）[④]。

① 图片来源：根据 Google Earth 卫星影像图改绘。
② 图片来源：作者自绘。
③ 图片来源：作者自摄。
④ 同上。

3.6 哈密绿洲聚落形态特征

3.6.1 哈密老城区

1）哈密老城区概况

阿勒屯历史文化名村（以下简称“阿勒屯村”）位于哈密市南郊回城乡，回城乡是哈密东部的少数民族聚居区，属哈密市老城区。阿勒屯村北接回城乡政府驻地及市区环城路，邻近哈密市博物馆、木卡姆传承中心及哈密市一中，东临穿越市区的西河坝，西接通往火箭农场的乡道，南邻花园乡水库，南湖公路（通往南湖乡的乡道）从村落中部南北穿越。村落距哈密市中心仅3千米，距哈密火车站6千米，是距离哈密市区最近的古村落之一（图3-122）①。

2）村落空间特征

（1）村落格局

传统村落的空间格局是历史文化名村经千百年发展演变，最终保留下来的历史记忆，体现着传统村落选址布局的基本思想，记录和反映着一个古村落格局历史变迁的印记，是当地民居与周围自然环境多年来协调融合的结果。此处所指的传统格局一般包括村落的布局形式、轮廓、街巷、水系等要素和肌理。阿勒屯村于2008年被确立为第四批“中国历史文化名村”，是新疆现存最古老的村落之一，已有1400多年历史，至今还完整保留着新疆最古老的民俗风情和东疆地区最浓厚的地域文化。

区域山水格局：哈密地区大的地形关系为三山两盆地。东天山以南，从北到南依次为：东天山山脉、绿洲盆地、戈壁及昆仑山余脉。其中，哈密市伊州区距东天山约30千米，村落就位于哈密市伊州区边缘地带的绿洲当中（图3-123）②。

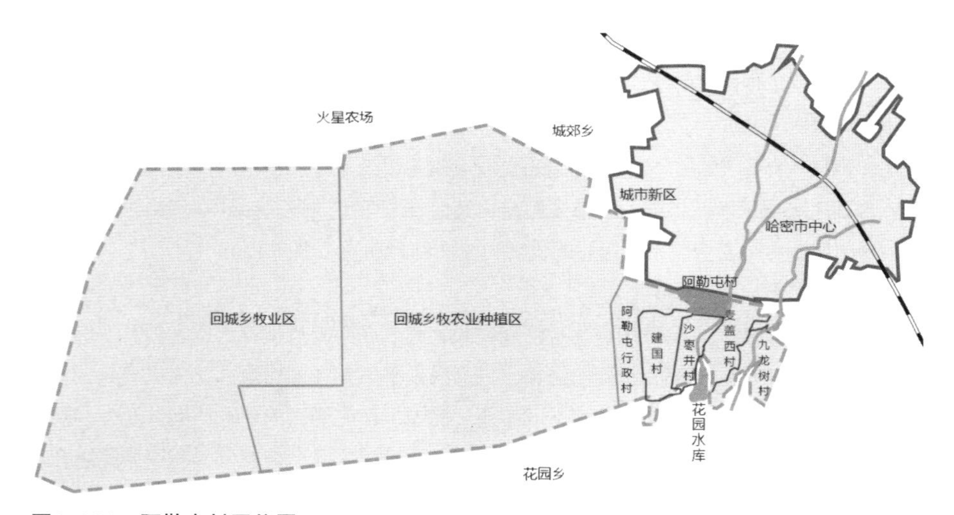

图3-122 阿勒屯村区位图

① 图片来源：作者自绘。

② 图片来源：http://www.baidu.com/。

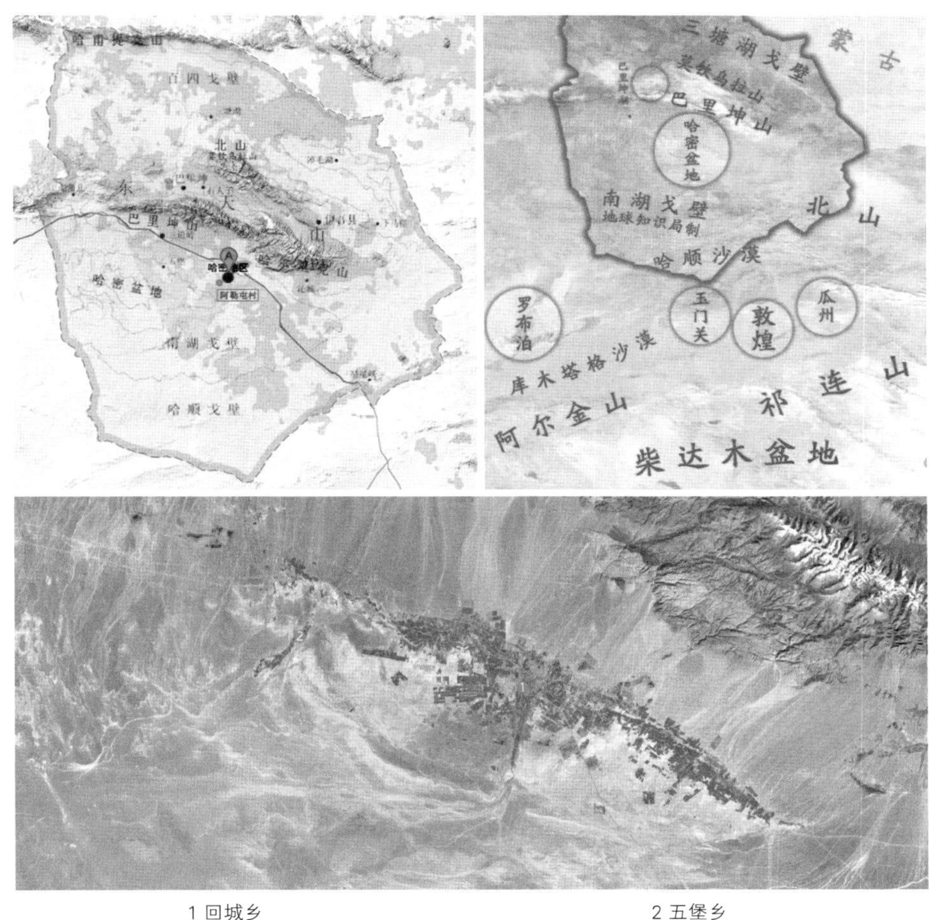

1 回城乡　　　　　　　　　　　　　　2 五堡乡

图3-123　哈密绿洲地形图及特色聚落定位图

村落山水格局：村落及周边地势较为平坦，从西北至东南整体呈缓慢下降的趋势，西北高东南低，高差约为10米。村落北部为哈密市伊州区，南部为周边村落。村落北边界为哈密市伊州区环城路，东边界为南北向穿越市区的西河坝（宽约10米），常年有水，向南1千米为花园子水库。

（2）土地利用格局

土地利用格局：阿勒屯村核心保护区内总面积为55.4公顷，以居民住宅用地为主（39.60公顷），约占保护区总面积的69%；保护区内居民委员会等公共建筑，用地约4.17公顷，约占7.1%；商业用地为1.23公顷，约占保护区总面积的2.1%；道路、广场、街巷用地13.77公顷，约占23.4%（图3-124）①。

（3）道路交通格局

阿勒屯村由东西向环城路、回城路、规划二路、规划三路、规划四路与南北向规划一路、南湖路、滨河路形成“四横三纵”的路网格局，街巷均以主路为基础，呈南北或东西分布（图3-125）②。阿勒屯村道

① 图片来源：蒲茂林，《阿勒屯历史文化名村保护与发展规划研究》，西安建筑科技大学硕士论文，2012，第30页。

② 图片来源：作者自绘。

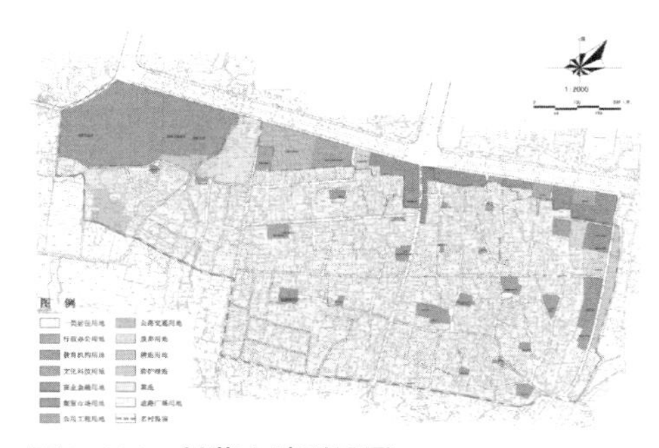

图3-124　村落土地利用图

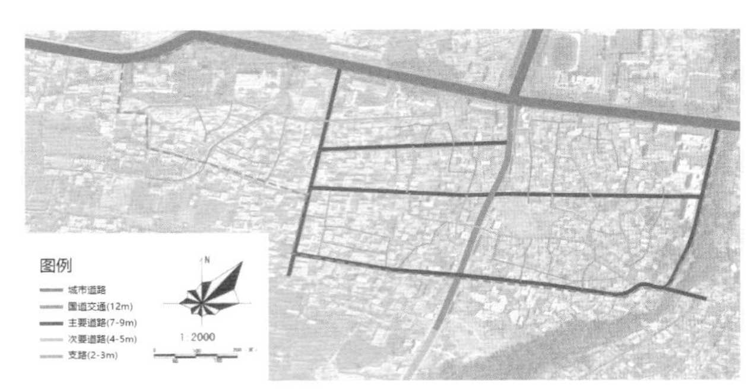

图3-125　村落道路交通现状

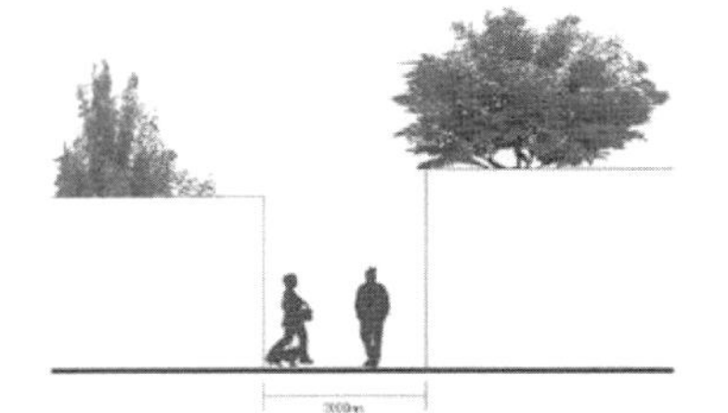

图3-126　村落道路空间尺度示意图

路总长度13.1千米，“四横三纵”主路网长4.96千米，为沥青路面，其余均为土路。村落中部分保留了马车的传统交通方式，来满足生产生活需要。街巷原有的宽度也根据马车尺寸确定，宽处有4～5米，窄处也在2米以上，可基本满足交通需求（图3-126）[①]。

3）村落景观风貌特色

阿勒屯村是在当地居民在自然环境和文化习俗的约束之下发展形成的。村落现状形态呈不规则形，以东侧纵向贯穿整个村落的西河坝为水源地聚居，水源地两侧形成的绿色廊道空间成为村落重要的纵向景观轴线。

阿勒屯村整体空间格局和形态保存完好，现存保留较为完整的历史建筑及拥有百年历史的古老院落，

① 图片来源：张婷玉，《哈密地区传统村落空间形态的特色及更新设计——以阿勒屯村为例》，吉林建筑大学硕士论文，2018，第46页。

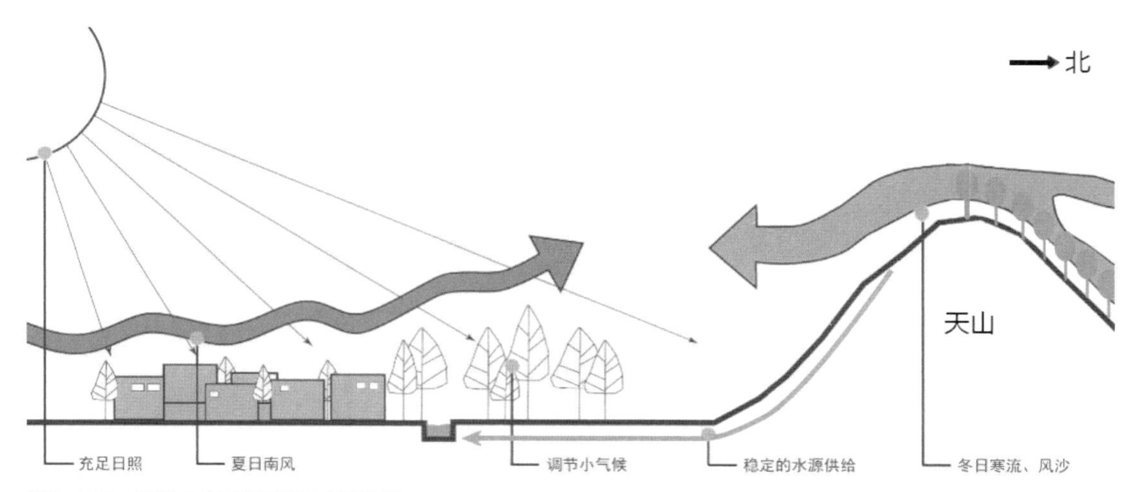

图3–127 阿勒屯外部环境影响示意图

都充分彰显着村落浓郁的地域特色和文化内涵（图3–128）①。在道路景观方面，村内沿主要街道南湖路、滨河路两侧有行道树，回城路、规划一、二、三、四路一侧有行道树，树种以杨树、榆树为主。

相比于哈密市其他区域的传统村落，阿勒屯村地处绿洲平原腹地，拥有肥沃的农耕土地资源、稳定的天山融水水源等利于村落发展的自然环境要素，所以它自古以来便是哈密地区城镇、村落建设的核心区域。当地气候干旱，这在一定程度上导致了当地多大风和沙尘天气。自阿勒屯村建村之初便形成了密集内聚且与当地主导风向呈一定角度的布局形式，这样的措施是为了避免风环境的影响。

村落整体坐北朝南、略向东倾斜，与风向形成45° 左右夹角，内部道路格局也与风向保持一定的偏斜角度，有效降低了内部交通空间的风速。北侧民居的墙体作为整个村落的迎风面，各居住单元的墙体连接形成一个整体的面，从而增强了迎风面承受风荷载的能力，并利用建筑表面粗糙的质感增加气流运动的摩擦阻力，从而化解部分风力对界面产生的风压，起到抵挡风沙侵袭等恶劣天气带来的不利影响。村落日照时间长、辐射较大的气候条件亦使村落整体呈现低层、高密度、紧凑式的布局方式，使得建筑暴露在阳光下的表面积相对较少，所有房屋均环绕内部庭院进行布置，采用厚重的建筑外墙，用于调节室内外温度。

密集的建筑群产生的狭窄的街道和高深的内院可使交通或公共活动空间经常处于阴影之中，同时避免或减轻风沙的侵害。因此，村落通过高墙窄院的布局形式在村落中形成了天然的遮阴空间，扩大阴影区域的面积，减少街巷暴露在阳光中的面积，减弱阳光辐射带来的升温。

此外，村落布局与传统聚落选址特征一致，逐水而居的村落选址，一方面解决了村落中居民的生活用水问题，另一方面是位于东侧的西河坝中古树木郁郁葱葱，为村落形成了南北向的绿色屏障，在风沙袭来时可在一定程度上减弱风力并改善村落区域范围的风场及风环境，降低升温速度，适当加湿空气，降低风沙、炎热气候对村落的影响（图3–127②、图3–128、图3–129）。

① 图片来源：作者自绘。

② 同上。

图3–128　阿勒屯周围环境构成要素

图3–129　阿勒屯村实景图

3.6.2 哈密乡村聚落形态特征

1）五堡乡博斯坦村

（1）村落概况

五堡乡位于哈密西南75千米处，东临南湖乡，西接七角井镇，南连巴音郭楞蒙古自治州，北靠二堡镇、柳树泉农场、三道岭。行政区划面积为17 159平方千米，面积仅次于沁城乡，居全市第二位，占全市总面积的20.2%，有草场4.4万公顷（1公顷＝10 000平方米）（图3－130、图3－133[①]、图3－134[②]）。五堡乡历史从青铜时代一早期铁器时代开始，这里发现的最早古代遗存是青铜时代的五堡古墓地、艾斯克霞尔墓地及其小城堡，然后是早期铁器时代遗存是焉不拉克古墓地（图3－132）[③]。

五堡乡博斯坦村地势低凹，海拔450米，是哈密地区地势最低的村落，以气候干热著称。村落中开展农业生产和人畜饮水主要来自天山白杨沟融雪、少量泉水以及坎儿井。

（2）村落空间特征

① 自然格局

“博斯坦”在维吾尔语中意为“绿洲”，因地处荒漠但树木成林，是戈壁滩中的一块绿洲而得名。村东、西两侧均为大片的荒漠戈壁，地势平缓，地面覆盖大片砾石，仅生长红柳、骆驼刺等耐旱植物，常年

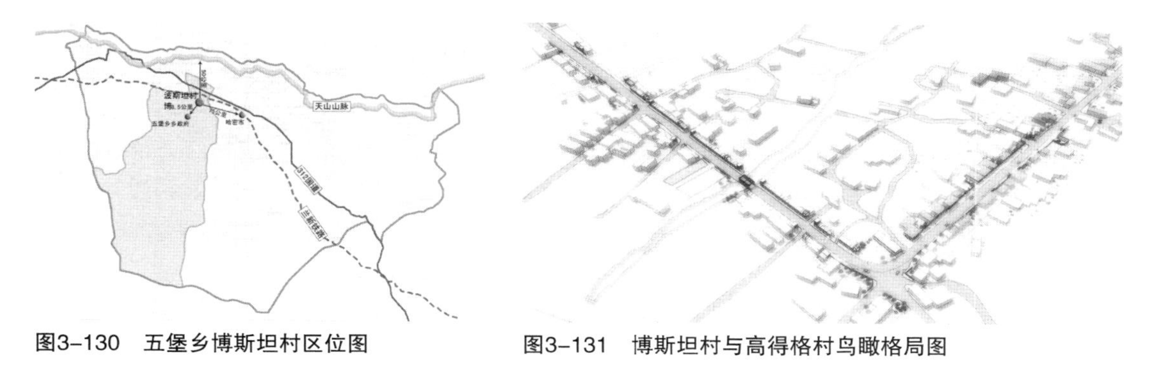

图3－130 五堡乡博斯坦村区位图

图3－131 博斯坦村与高得格村鸟瞰格局图

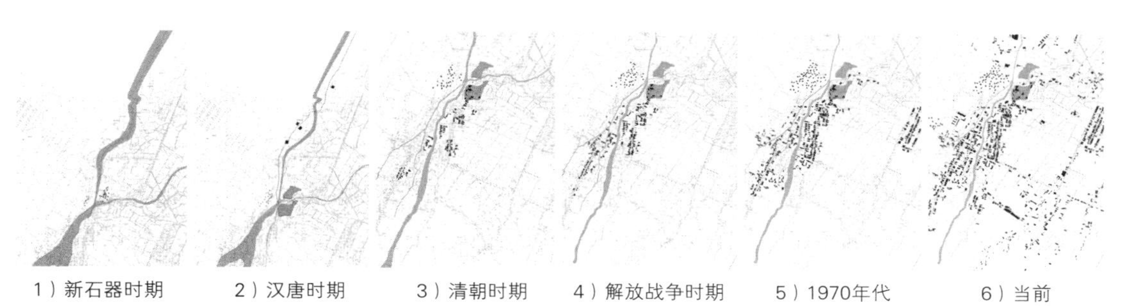

1）新石器时期　2）汉唐时期　3）清朝时期　4）解放战争时期　5）1970年代　6）当前

图3－132 博斯坦村演变图

① 图片来源：根据 Google Earth 卫星影像图改绘。

② 图片来源：Google Earth 卫星影像图。

③ 图片来源：《新疆维吾尔自治区哈密市五堡乡博斯坦历史文化名村保护规划说明书》，2009年8月，第5页。

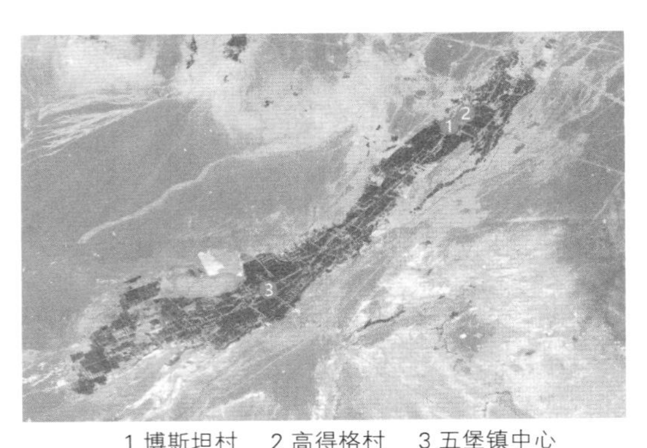

1 博斯坦村　2 高得格村　3 五堡镇中心

图3-133　五堡乡特色村落定位图

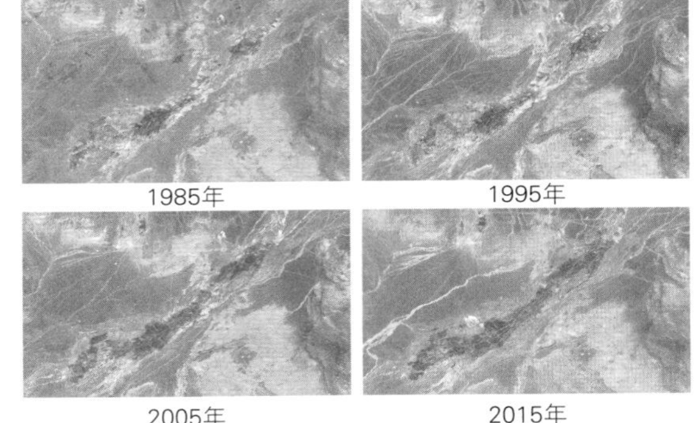

图3-134　1985—2015年五堡乡卫星图演变

刮风，地域广袤，气势宏伟。置身其中，可切身领会到“穷荒绝漠鸟不飞，万碛千山梦犹懒”的意境。

河流水系：白杨沟是博斯坦村内唯一的河流。源起三堡乡九眼泉流，经四堡、五堡最终汇入五堡水库，流经博斯坦村西侧，属季节性河流，对极度缺水的哈密地区具有重要价值，村庄北部白杨沟河岸两侧绿化较好，树木生长旺盛，具有一定的景观价值。

园艺作物地：博斯坦村是哈密市重要的园艺作物区，园艺作物是全村最为重要的经济来源，且具有一定的生态价值。村落得益于干旱炎热的气候条件，村落内以枣林、葡萄园种植地为主，葡萄连片，大枣成林，因其瓜果品质较好，名扬四方，被称作“瓜果之乡”，远销国内外。

② 山水格局

对古城周边环境的整体认知：村落北部的拉甫却克古城在规划布局时充分考虑了与周边环境的空间关系，古城选址位于区域内地势较高的位置，其可将周边景色，尤其是天山山脉一览无余。白杨沟主流绕城而过，支流将古城分为南、北两部分，这样的布局在古时是出于军事防御的考虑，当下在保留历史记忆的同时也在村落中形成了良好的生态景观格局（图3-131）。

（3）村落景观风貌特色

村落整体形态与河流紧密依存：如今的博斯坦村是由拉甫却克古城沿白杨沟由北向南发展而成的，道路随地形起伏蜿蜒，建筑随地势高差略有错落，村落整体形态较为自然且与白杨沟紧密依存。

独特的树状组织：博斯坦村村庄主要是南北狭长的带状分布，结合地形地势逐步形成了独特的树状街巷结构，同时再在街巷的格局中注重道路的对景。在道路组织方面，分为“主街—支巷—宅前巷道”三级体系的街巷格局，组织层次分明，交通较为便捷（图3-135）①。

自然灵活的走向：村庄北部街巷与地形密切结合，受地形、河道、城墙等自然条件限制蜿蜒起伏，院落及建筑选址同时注重因地制宜布局，随高差高低错落。

尺度：博斯坦村内街巷格局没有受到村庄建设活动的破坏，其街巷的走向和肌理格局均完整保留原有的尺度，街巷整体走向清晰，尺度宜人。

2）五堡乡高得格村

（1）村庄概况

高得格，蒙语意为“丘陵之地”，因村庄内地形多丘陵而得名，位于乡政府东北5千米，地处河

① 图片来源：作者自绘。

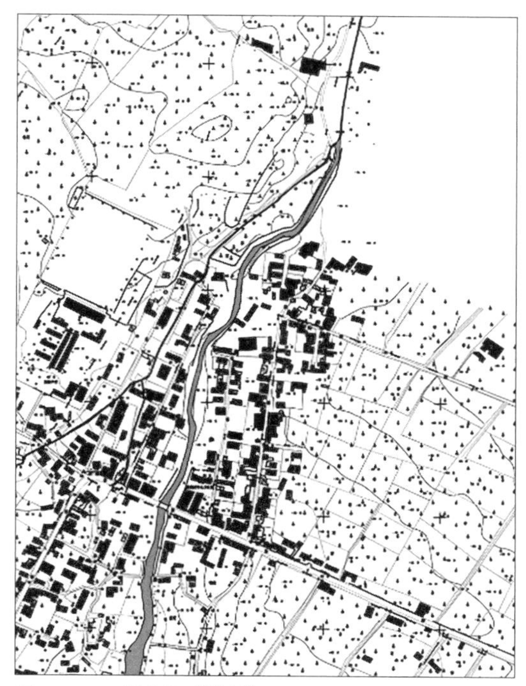

图3-135　博斯坦村村落肌理图

图3-136　高得格村村落肌理图

阶地。

村落周边多为耕地及荒漠，村落沿道路呈带状分布。村落被周边荒漠环绕，可居住利用的面积较少；村落为适应高温、沙尘等气候因素，呈内向型分布，民居主要沿道路分布（图3-136）①。

（2）村落空间特征

村落东侧白杨沟河绕村流过，营造了一片绿色生态的自然环境，也养育了当地的居民。居民们利用河流满足生产及日常生活的需求，同时，通过河流感受和亲近自然，为居民们创造了舒适宜居、生态自然的宜居环境。

（3）村落景观风貌特色

高得格村的自然、气候、地理环境等特点充分反映出绿洲人居聚落面临的共性问题，因此需要通过人工干预来减轻自然环境对居住环境的影响。村落周边荒漠环绕，道路两侧布置道路绿化。通过充满地域特色的传统民居与行道树结合的方式，构成了生态自然、舒适宜居的村庄景观环境。

3）五堡镇中心

（1）村落概况

五堡镇中心位于哈密市西南78千米处，是哈密市唯一的纯园艺乡，辖区总面积17 159平方千米，西接七角井镇，南连巴音郭楞蒙古自治州，北靠二堡镇、柳树泉农场、三道岭矿，面积仅次于沁城乡，居全市第二位。

全境热量丰富，气温高，气候干燥，昼夜温差大，年平均气温11.4℃，年极端高温42.6℃，年极端低

① 图片来源：作者自绘。

图3-137　五堡乡中心区肌理图

温零下27.7℃，平均日照时间35 000小时，降水量37.7毫米，无霜期191天左右。

周边多为耕地及荒漠，道路格局呈带状分布，西北侧有一水库，位于耕地与沙漠的中间位置，给全乡提供水源。由于干旱少雨、周边荒漠环绕等气候及自然条件因素的限制，村落内可居住面积较少；为减轻极端自然环境等影响，民居建筑沿村落内主要道路呈内向型分布（图3-137①、图3-138②）。

（2）村落空间特色

村落的选址及空间布局与自然地理条件及地形地貌紧密依存，村落沿主要道路呈网格型带状分布，整体村落格局与周边荒漠、耕地等自然环境构成相互依存、自然和谐的村落环境。村落的民居建筑沿网格型的道路网展开且与地形地势联系紧密，院落内布局因地制宜，集中布置于道路两侧，庭院式的布局模式，充分彰显地域文化内涵。村落内的建筑、道路、院落空间及环境景观共同构成了特色鲜明、有机整体的村落空间特色。

（3）村落景观风貌特色

为提升村落的景观环境品质，村落内道路两侧均种植行道树等简单的街道绿化。自然景观与人工种植的树木的融合，构成了村落自然纯真的景观特色。

---

① 图片来源：作者自绘。

② 图片来源：喀普兰巴依•艾来提江拍摄。

图3-138　五堡乡实景图

第4章

绿洲民居的生态空间分析

传统民居的生态性，蕴含在大量的传统民居实例当中。因此，想要探寻出绿洲传统民居的生态特征，就要从大量的实例当中，提炼出它们的生态空间进行分析。从尺度由大到小可以将绿洲民居生态空间分为三个层面：聚落层面、院落层面和单体建筑层面。聚落作为建筑的人造环境载体，在选址、街巷组织、布局方式等方面为建筑提供生态保障；院落是生产与生活空间的结合，在严峻的自然环境中营造出适宜各类活动的室外与半室外空间，也为室内空间提供环境过渡，起到缓冲作用；单体建筑则通过合理的材料选取、功能组合与构造方式等手段塑造舒适的室内生活空间。三个层面的民居空间有机结合，共同为绿洲地区居民提供生产、生活、生态保障。以下将基于此三个层面，从总平面、平面与剖面的角度入手，分析南疆各绿洲民居的生态空间。

4.1 和田绿洲民居的生态空间

4.1.1 总平面分析

千百年来在与恶劣自然环境斗争与共生中，和田地区发展出了与自然环境相适应的传统聚落及村落（图4-1）[①]，其生态适应性主要体现在以下方面：

聚落的分布离不开水，因此和田绿洲的聚落大多逐水而居，又由于和田地区属于内陆干旱地区，流经的河流均为发源于昆仑山脉的内流河，水的来源多为高山融雪，在夏季易出现洪峰，多有洪涝灾害，因而民居多建在距河流有一段距离的高地上。河流的支渠从村庄中穿过，为聚落提供生活、灌溉用的水资源。

和田地区绿洲聚落民居较为密集，大量采用过街楼、半空楼和高墙窄巷这三种形式来遮阳隔热。过街楼和半空楼有效地在街巷中形成阴影区域，互相遮挡减少了建筑的辐射得热。建筑排列比较紧密，因而建筑间形成的街巷比较狭窄，其高宽比通常在（3：1）～（2：1）之间，这样狭窄的尺度形成了“高墙窄巷”的街道形式，建筑之间的相互遮挡在街巷中投下阴影，形成了天然的“冷巷空间”（图4-2）[②]。

和田绿洲聚落布局考虑建筑通风及街巷的合理组合，建筑单体的朝向、开窗等因素均使建筑在夏季可以有凉风的吹入，冬季可以隔绝冷风（图4-3）[③]。

4.1.2 平面分析

和田地区传统民居的生态适应性也反映在其单体建筑的平面与院落布局上。

就民居而论，传统的阿以旺式民居，很早就是楼兰、于阗、龟兹、疏勒等古国的传统民居形式。阿以旺是维吾尔族传统民居中极具特色的一个构成部分，至今已有2000多年的历史，和田地区阿以旺式民居是典型代表。标准的阿以旺住宅，是一栋完全封闭的复合建筑，中央布置凸起于屋顶表面的阿以旺厅，建筑的外墙几乎没有窗户，门窗都向内开。有时一侧无房屋，但也用墙体进行封围，对外只有一个出入口。形式上看，“阿以旺”是在“阿克赛乃”（无盖的内部空间）开敞空间的基础上，加设一个屋顶，屋顶四侧有天窗，照顾通风、日照和冬季保温的特殊设计，兼具适应性和创造性。大厅内部还有一圈木柱、梁檩、

---

① 图片来源：作者自绘。

② 同上。

③ 同上。

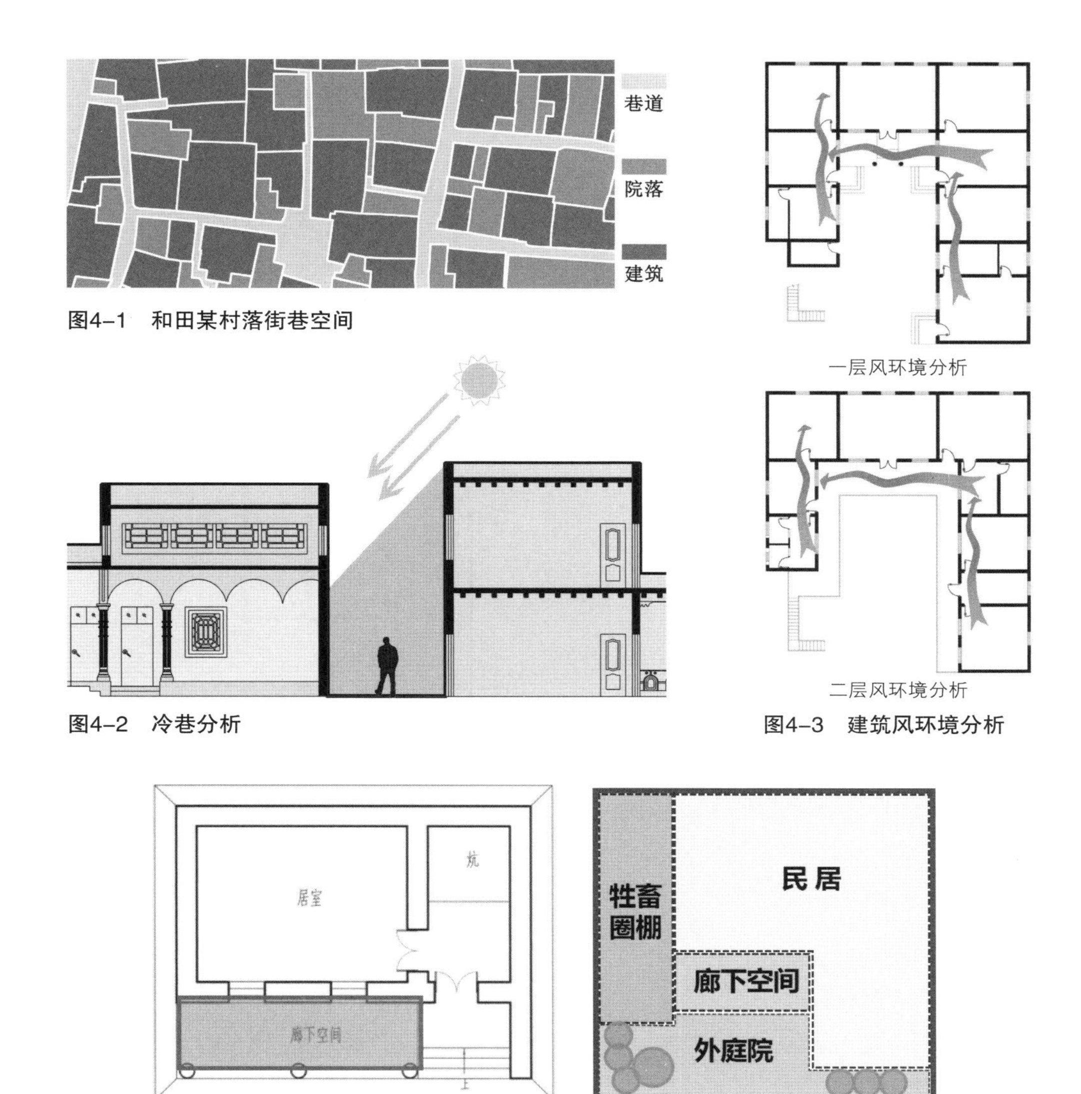

图4-1　和田某村落街巷空间

图4-2　冷巷分析

图4-3　建筑风环境分析

图4-4　和田某民居院落平面及示意

顶棚等。从“阿以旺”式民居形制的空间布局特点来看，其是将一个突出的核心空间布置在中心位置，当作内庭或大房使用，此外的其他房间，如居室、客房、厨房、库房和杂物房等，围绕其分布在四周。

院落布局：和田民居大多以庭院空间为中心，庭院区上空通常覆盖以高架棚或葡萄架，与檐廊相连接，起到遮阳作用。有时高架棚会高出檐廊几十厘米，用于通风，可以带走位于上层的庭院内的热空气。庭院中多种有葡萄或落叶乔木，葡萄架大多覆盖整个院落。夏季葡萄或乔木的叶子覆盖在院落上空，遮挡住阳光，为庭院提供舒适的纳荫空间，叶子的蒸腾作用也可以带走下方的热量，降低庭院温度。冬季葡萄或乔木的叶子凋落，阳光可以照射进来，为庭院提供温暖的休闲活动空间。在围绕着庭院展开的同时，和田传统民居的各房间以院落周边的廊下空间连接（图4-4）[①]。

① 图片来源：作者自绘。

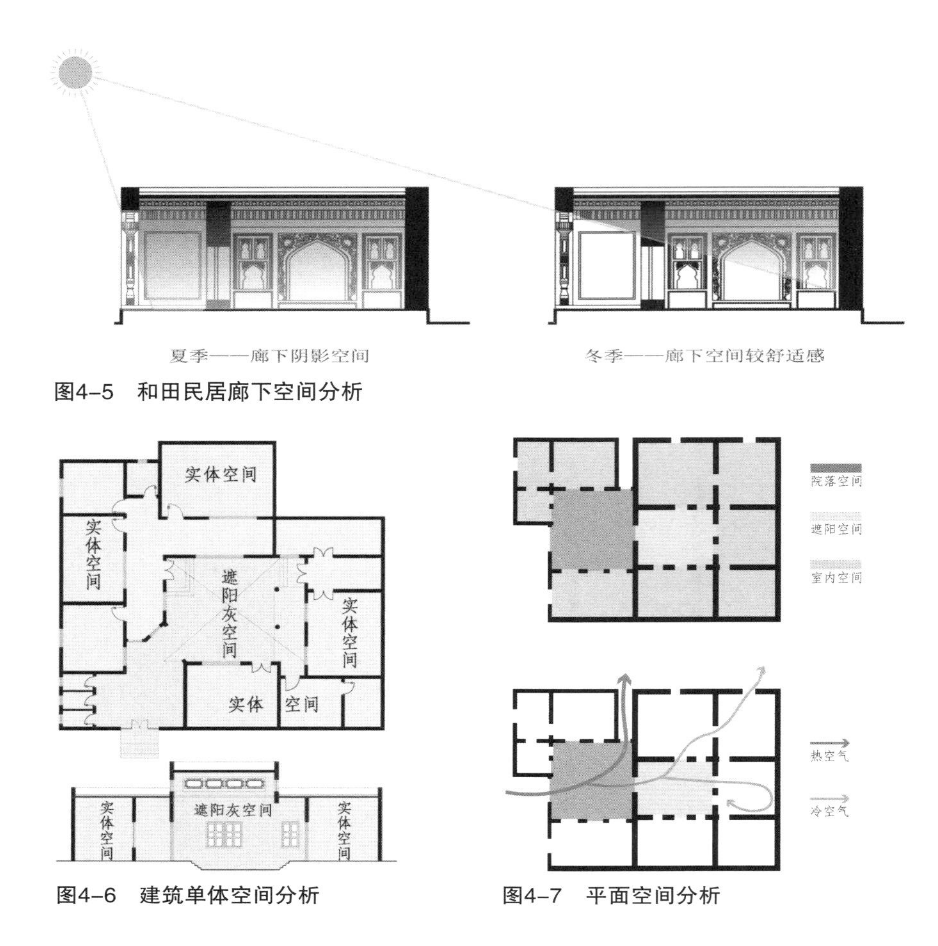

图4-5　和田民居廊下空间分析

图4-6　建筑单体空间分析

图4-7　平面空间分析

廊下空间作为室内与室外的连接与缓冲区，夏季太阳高度角较高时可以遮蔽阳光，冬季太阳高度角较低时可以提供日照（图4-5）①。

建筑单体：在建筑单体的空间形态方面，当地传统民居的气候适应性技术（图4-6）②主要表现在以下几点：

和田地区的传统民居大多采用合院形式，院内空间以廊道相连，形成整体较为封闭的空间。即使一侧没有房间，也以围墙围住，只留一个大门作为出入口，以此防止风沙对建筑内部空间的侵扰（图4-7）③。建筑的封闭性体现在阿以旺空间里，这也是和田民居的特色。阿以旺创造的封闭空间既能防风沙，又能起到通风和采光的作用（图4-8）④。

由于受风沙影响，加之气候特点为夏季炎热、冬季寒冷，和田地区传统民居在开窗上十分谨慎，大多只开小窗和高窗，有的几乎不开窗。大面积的门窗全部开向内部的庭院，既能防风沙，又能兼顾夏季的防晒和冬季的保温（图4-9）⑤。

① 图片来源：作者自绘。
② 同上。
③ 同上。
④ 同上。
⑤ 同上。

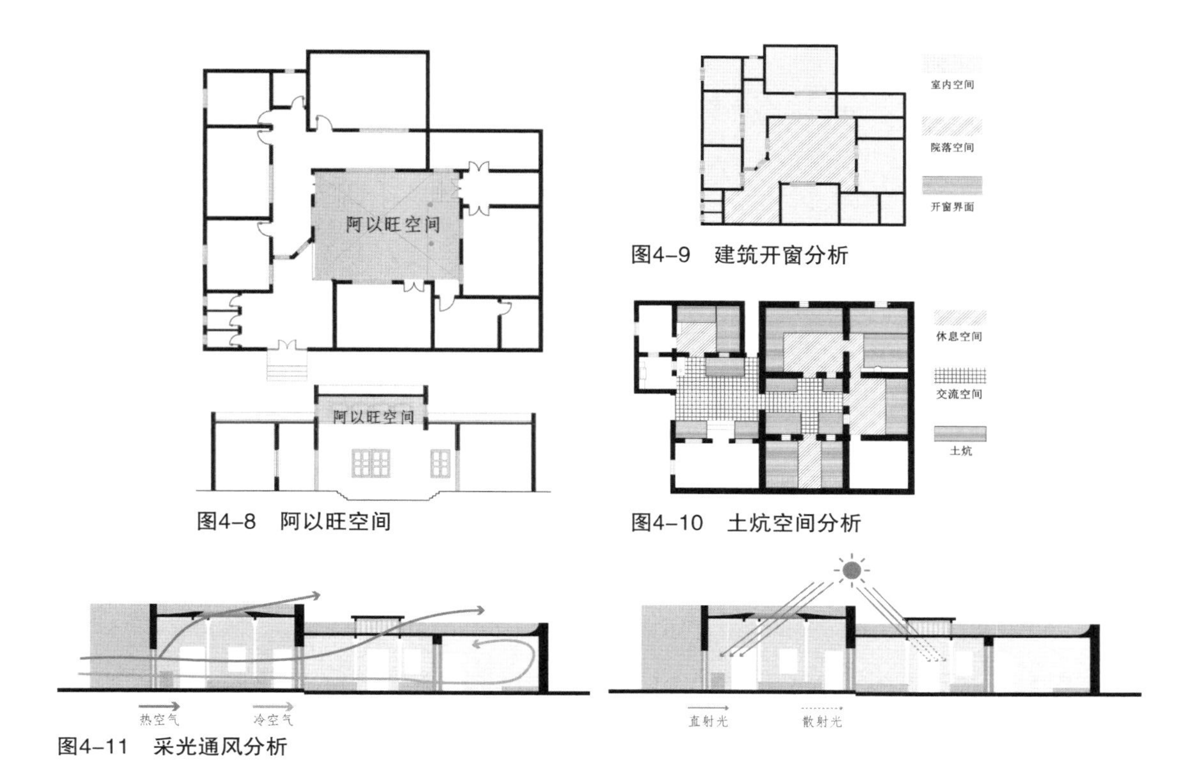

图4-8　阿以旺空间

图4-9　建筑开窗分析

图4-10　土炕空间分析

图4-11　采光通风分析

土炕是和田传统民居中的重要生活与休息的场所。北方的土炕是空心可加热的，仅供冬季采暖使用。和田民居中的土炕与之不同，是实心的。其建造方法是先用木材搭好框架，内部再填土，上部用水泥抹平，最后盖上苇席和毛毡。泥土的热惰性使得土炕冬暖夏凉，使其成为室内活动的主要场所。和田地区的传统民居采用了木地梁和大型的鹅卵石作为墙基，避免了墙体受潮。许多民居还设有梁垫、柱础等细部构件，既起到美化作用，又保护了建筑的结构，增加稳定性（图4-10）①。

4.1.3　剖面分析

建筑多采用平屋顶。和田地区降水稀少，风沙较大。由于极少有排水需求，且与坡屋顶相比，平屋顶可以防止民居受到风沙的破坏，因此和田地区的传统民居大多采用平屋顶的形式。和田地区传统民居在建筑材料的选择上因地制宜，选用本土的石料、木材与生土，筑成了夯土墙、土坯墙、密径笆子墙等墙体。建筑的墙体大多厚重，且夯土的热稳定性较高，传热性能弱，可以抵抗冬夏的巨大温差变化，利于建筑保温隔热，因此本地取材的建造方式对民居的生态适应性意义重大，同时窗户和阿以旺空间有效地组织了室内的采光及通风（图4-11）②。和田林木资源缺乏，建筑周围多种植树木，调节室内温度主要树种为杨树（图4-12）③。

① 图片来源：作者自绘。
② 同上。
③ 同上。

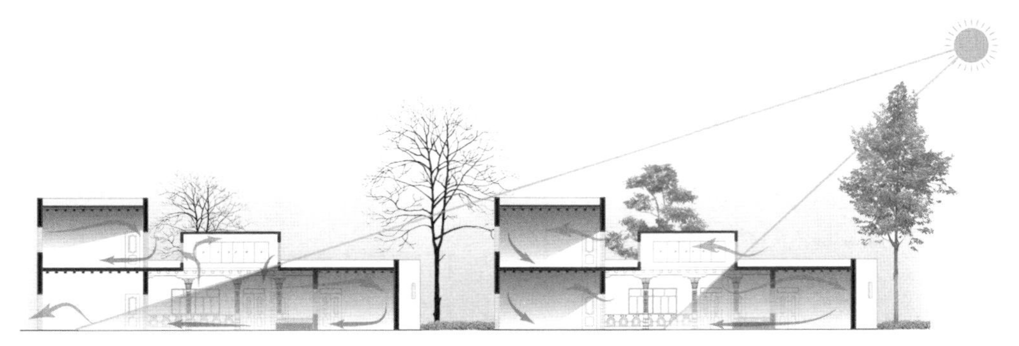

落叶乔木的“自调节”控制阳光（冬季）　　落叶乔木的“自调节”控制阳光（夏季）

图4-12　周边植物的调节作用

4.2　喀什绿洲民居的生态空间

4.2.1　总平面分析

受喀什地区风沙大、夏季炎热的气候影响，传统民居的街区巷道细长狭窄，曲曲折折却相互连通，周围的建筑高高低低，错落有致，相互遮挡成荫；迂回型巷道有效地减弱了风沙对环境的负面影响，提高了室内舒适度，民居则结合冬夏不同的主导风向布置（图4-13）①。

喀什民居多采用聚合的布局形式，建筑物之间间距较小，有效地减少了建筑外围护结构受热面积，从而降低了室外空气通过墙体发生的热传导，实现节能环保。喀什民居平面为方正的封闭内向型空间，居民根据使用情况对建筑进行改建、加建，不断扩大建筑使用面积，居民借用街巷上部空间加建建筑，产生了“过街楼”——借用建筑侧面街巷的空间，将过街楼建于街巷两侧墙体之上，多用于卧室或储存间，过街楼下部空间仍用于居民通行。过街楼的设计，在不影响街巷通风的前提下，减少了阳光直射的面积，在街巷中形成灰空间，提供用于遮蔽阳光的较大阴影区域（图4-15）②，使街巷空间景观更为丰富且富有变化。

4.2.2　平面分析

喀什民居中一个重要的组成单元便是庭院，每户都有一个单独的院落空间，从人的行为活动和心理需求角度考虑，可以成为休憩、交流的过渡空间，各房间围绕庭院布置，减少太阳光直射建筑的范围，有效地阻挡强烈阳光的直射，最大限度地减少热辐射和热传递，降低室内温度（图4-14、图4-16、图4-17）③。

庭院没有规定的统一形式，随不同使用个体的需求而变，这也体现了当地民居的建筑特色。在建筑布局方面，高低错落，随意组织，注重可到达性，各建筑围绕庭院布置，最大限度地减少热的辐射和传递。

内庭的设置使院内出现多变的阴影区域，庭院内温度较室外低，形成的气流有助于建筑内外的自然

---

① 图片来源：作者自绘。
② 同上。
③ 同上。

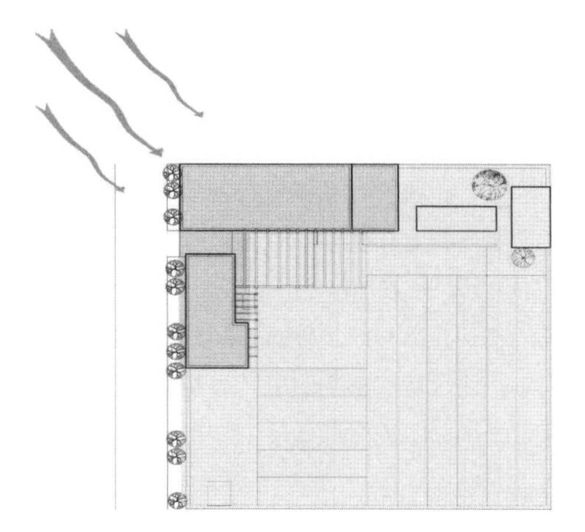

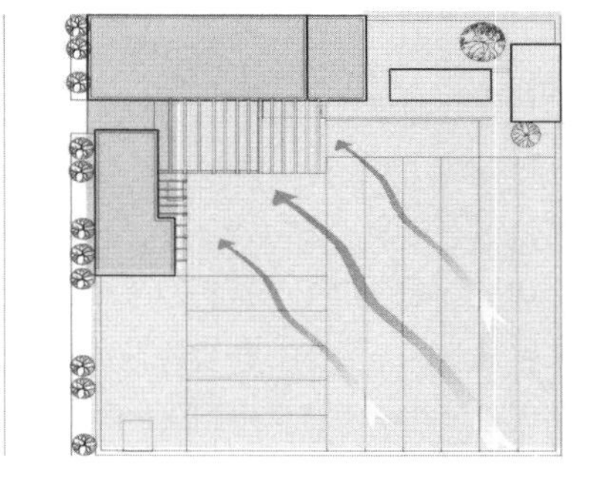

图4-13　院落布局与冬夏主导风向

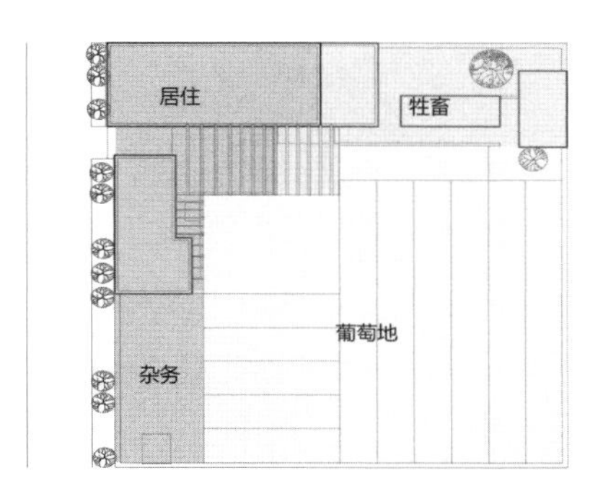

图4-14　院落的分区设置

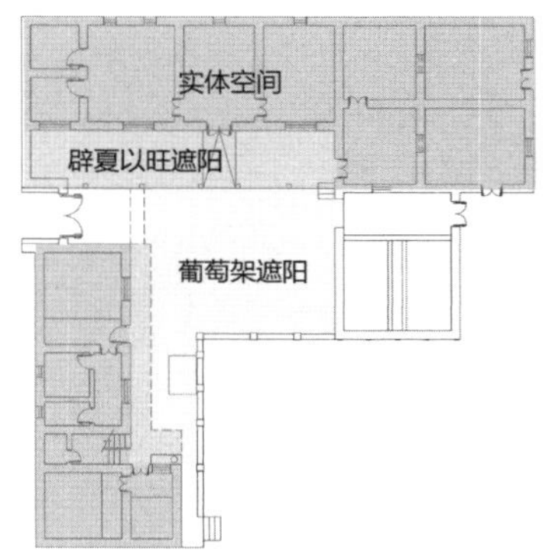

图4-15　实体空间与遮阳灰空间

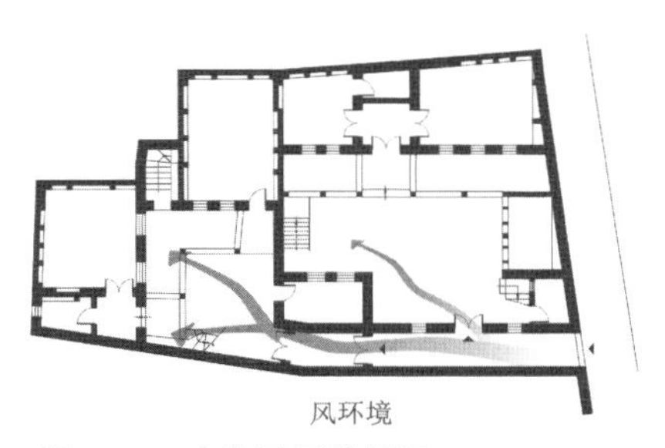

图4-16　密集民居的导风

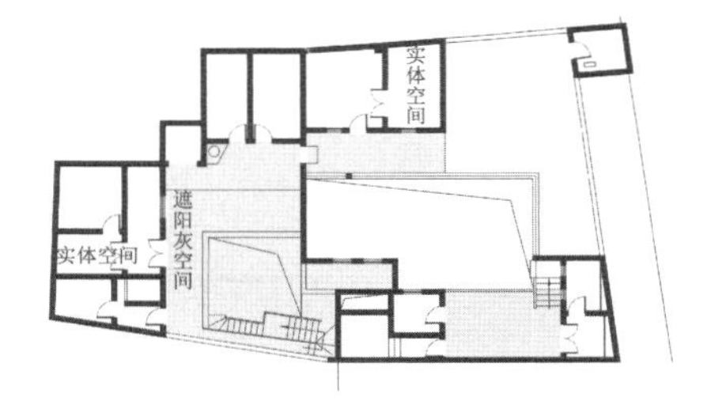

图4-17　密集民居的院落部分

通风，内部庭院起着“自调节”的作用，有效调节庭院内的空气流动和太阳辐射，也有效调节院落内舒适度；单体建筑相连布置，墙体可两户共用，这样集中布置的方式减少了墙体与室外环境的直接接触，使建筑群成为一个整体。共用部分的墙体不直接与室外空气进行热交换，失热和得热较小，有利于资源节约。

喀什民居平面形式一般不规则，属于方形平面，以一种相对集中的形式出现。从单体上看，趋近于长方形，平面形状不规则，通过有效的平面布局，组织通风，改善室内采光、日照等，同时利用室内灰空间，营造凉爽舒适的室内居住环境。

4.2.3 剖面分析

较为狭窄的巷道更有利于通风，具有利于形成自然成风的“冷巷”特性，成为调节巷道空间的热缓冲层，用于调节微气候，对进入主要功能区域的空气进行“降温”；狭窄的通道更有利于自然通风，且风速较大。建筑屋顶在白天受太阳辐射升温较快，而墙体及地面温度相对较低，冷巷内空气被冷却了，密度差导致空气从冷侧向热侧流动，由此产生通风换气的效果（图4–19、图4–20）①。

大多数的喀什民居在庭院内立柱，用木板搭建起高高的棚架，木板的顶棚可以阻挡直接射入庭院内的紫外线，形成的空间也可用于栽种耐干旱的瓜果和花草树木，通过这些植物的蒸腾、蒸发以及与空气间的对流，调节民居内的小气候，起到降低热辐射，减弱光线，增加庭院内气候湿度的作用，可以在小区域内缓解干燥给人带来的不适感，提高人体的舒适度（图4–18、图4–21）②。

此外，为起到隔热作用，建筑外墙上很少设置窗户，若设置，窗户面积也较小，以防止热量的传递，阻挡太阳辐射。为了采光的需求，需要在外立面上开窗时，多采用高侧窗的形式，使阳光进入室内的面积最小。对于面对庭院的立面，可开大面积的窗户，以保障室内的通风采光，并更加有效地控制空气的流动以及热量的传递（图4–22）③。

喀什民居中通过屋面的外挑，创造前廊的遮阳空间，同时形成室内外空间的过渡，减少直接朝向室外的外墙面积，对建筑起到遮阳的作用，形成“灰空间”。在喀什民居的房屋和庭院之间常见较大的挑檐，形成1.5～2.5m的廊道，称之为“辟夏以旺”④或“阿克塞乃”⑤。

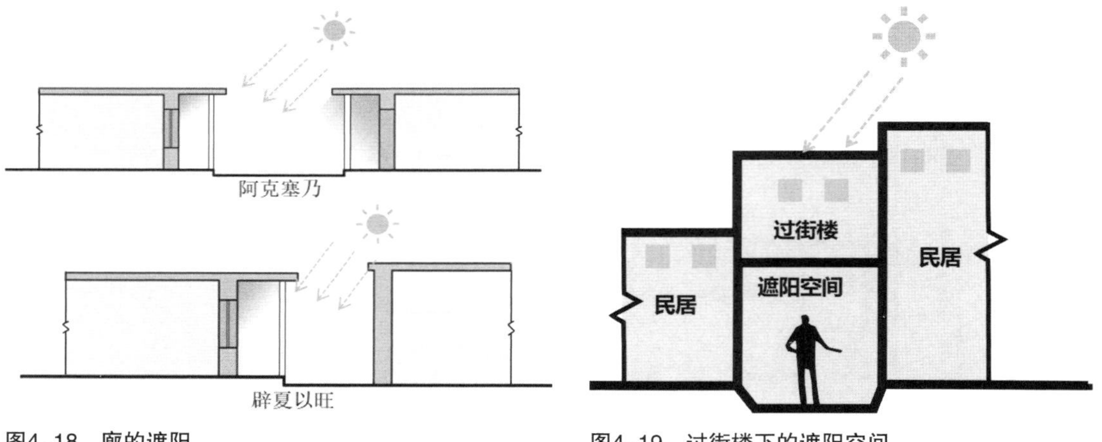

图4–18 廊的遮阳

图4–19 过街楼下的遮阳空间

① 图片来源：作者自绘。

② 同上。

③ 同上。

④ “辟夏以旺”是位于屋前、上檐下台、一面开敞向庭院的半开放空间，其出檐深度一般2～3米，用于室外起居，是居住空间的活动中心。炎炎夏日，在辟夏以旺的阴影下可享受微风，实为消暑的好去处；即使在寒冷的冬季，只要天气晴朗，居住者也可在辟夏以旺的束盖炕（即实心的不能加热的炕）上晒太阳。

⑤ 阿克塞乃是和田地区的一种建筑形式，是屋顶中央开敞的露天厅室，用于采光通风，也是居民日常起居的地方，其在形式上与阿以旺十分相似。“阿克”的意思是白色，“塞乃”的意思是地方。因此其字面意思是白色的地方。但这里的“白色”并不仅仅指的是墙面粉刷的白色，而是指当阳光直射入庭院时，该空间便充满光照，形成“白色的空间”。

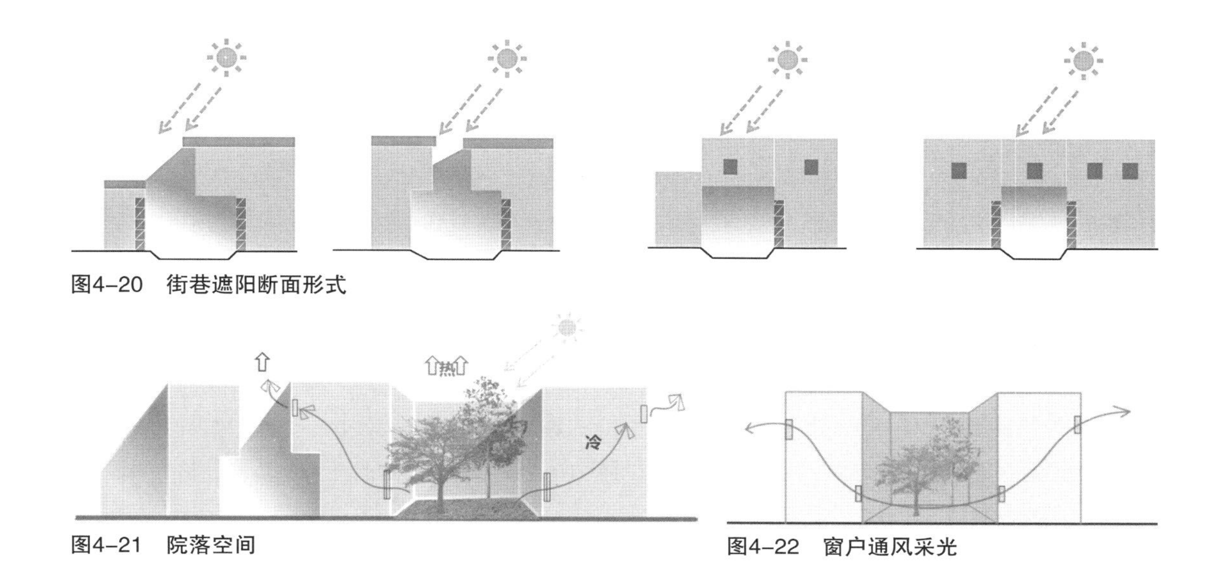

图4-20 街巷遮阳断面形式

图4-21 院落空间

图4-22 窗户通风采光

4.3 阿克苏绿洲民居的生态空间

4.3.1 总平面分析

气候对绿洲聚落的影响主要体现在聚落的空间形态和内部民居形态，一般两者都必须适应当地特殊的气候环境。阿克苏库车老城区的气候适应性问题关注的重点主要是在干热、阳光辐射强烈、风沙大的气候环境下，为老城区的居民创造出既能防风沙、解决用水，又能遮蔽阳光的舒适的建筑环境。

由第1章阿克苏绿洲土地资源分析可知，平原绿洲十分集中，面积较大，阿克苏绿洲土地资源比较丰富，土地利用率较高，用地相对比较宽松，因而建筑密度较低，不像喀什地区用地那么紧张。据统计，老城民居97%以上为一层平屋顶，高度4～5米，屋顶可上人，部分民居局部有二层。维吾尔族人比较喜欢高大明亮的一层房屋和宽广的庭院，因此只有用地紧张的区域才会建造第二层，二层一般不高，墙体通常较薄，以节约成本。

阿克苏绿洲总体环境较好，土壤肥沃，风沙较小，风沙次数也比塔里木盆地其他边缘地区少很多，村落沿河布置，又接通水渠，便于灌溉，公共空间一般置于村落中部，民居建筑沿街道与河流分布（图4-23）①。阿克苏地区的院落功能分区明确，前院为生活空间，后院为种植、储藏、羊圈等，规模不一，多为长方形。农村院落规模较大，有些院落有多个出入口使得人流与其他流线分开，老城区院落规模较小但自成空间，封闭内向的庭院是一个小的独立世界，总是被勤劳的居民打扮得“花枝招展”。

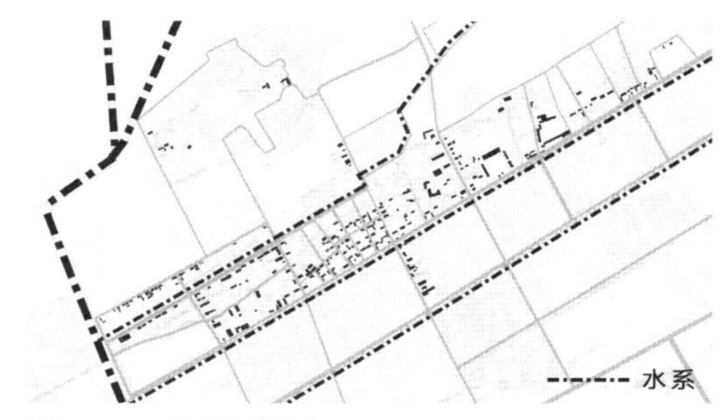

图4-23 总平面分析

① 图片来源：作者自绘。

4.3.2 平面分析

阿克苏绿洲气候较之喀什、和田地区显得较为温和，风沙较小，风沙次数较少，因而在库车老城区民居中，顶部严密封盖的阿以旺式民居就较为少见了，然而为了阻挡风沙，阿克苏地区的院落亦多由厚实的外墙和组合式建筑围合而成，外形简朴，较喀什、和田地区的院落则显得不那么严密围合，院落布局亦更为灵活，以合院式布局为多，一侧敞开的“阿克塞乃”式中庭较为多见。道路大多沿着河道、渠道发展，且用地比较宽松，民居沿着街巷两侧布置，民居用地没有统一规划，大的院落前部设置居住用房和内部庭院，后部为果园。民居根据用地情况自由布置，没有明确的轴线。

虽然阿克苏绿洲较喀什、和田地区风沙较小，风沙次数较少，但沙尘天气对库车老城的影响还是很大，尤其是在4—8月大风天气集中出现，沙尘暴也随之而来，往往给当地农牧业、交通运输、通信带来危害。在这种恶劣的环境中，老城区内的民居院落布局相对集中，居民区内巷道狭窄曲折，这种布局可以降低居民区的受风面积，减弱沙尘天气给人们生活、生产带来的侵害。

房屋前一般都设有廊。房屋本身又分为：

1）一字形，房屋一般设有内廊，即廊道是在室内的。

2）凹字形，或者是半个凹字形，房屋廊道设在室外。主屋一端的室作为主要活动的空间。因为凹字形的端头房间比较大，到了冬季，一家人可以都聚集在这个屋子里，方便采暖，不需要使用更多燃料来加热每个房间。

房屋布局特点：

1）冬厨、夏厨的分离：室内的一般作为冬厨，夏厨一般在室外。

2）冬房、夏房的分离：夏冬温差很大。为了节能，一般只在个别房屋加火墙和炉子，而这种房屋一般会在冬季使用。冬房一般向阳，也会保持相连，方便冬季采暖，有时会与厨房相连。不向南的房间会在夏季使用。夏房也比较开放（图4-24）①。

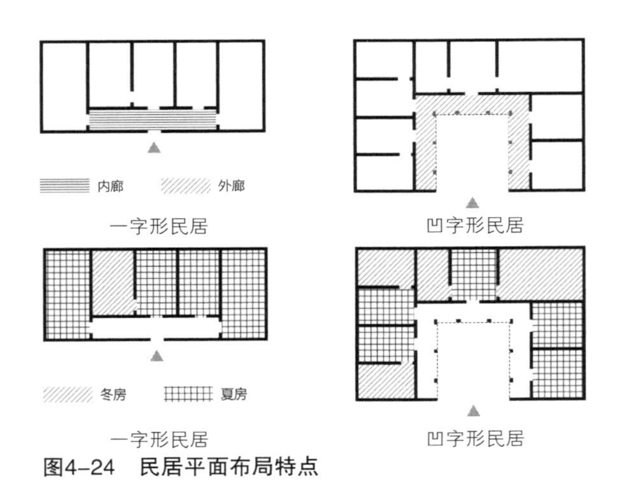

图4-24 民居平面布局特点

① 图片来源：作者自绘。

4.3.3 剖面分析

民居为了防风避沙，表现出很强的封闭性、内向性和半封闭性，外墙一般不开窗或只开一些小高窗，尤其是在西向和北向。小高窗的尺寸较小，位置很高。有的民居也会在屋顶开比较小的天窗来满足通风和采光。窗洞口采用外小内大的喇叭口形式（图4-25）①，这样既能扩大室内在冬季接受日照的范围，又尽可能地减少屋内热量的损失。

库车传统民居有古老的“阿以旺—沙拉依式（居室）”也有后来兴起的“辟夏以旺—米玛哈那式（内庭院-客厅）”（图4-27、图4-28）②。

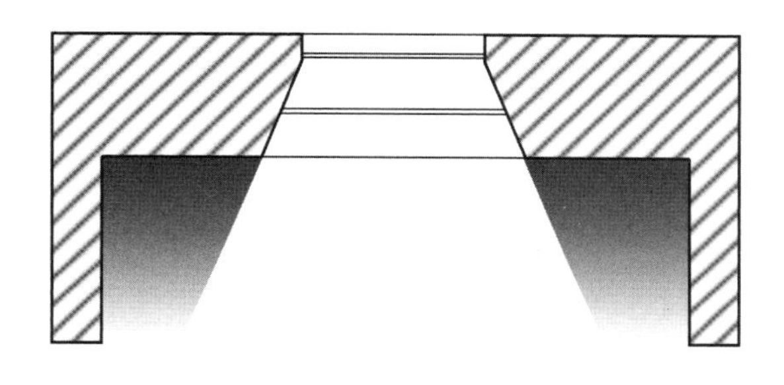

图4-25 喇叭窗光线分析图

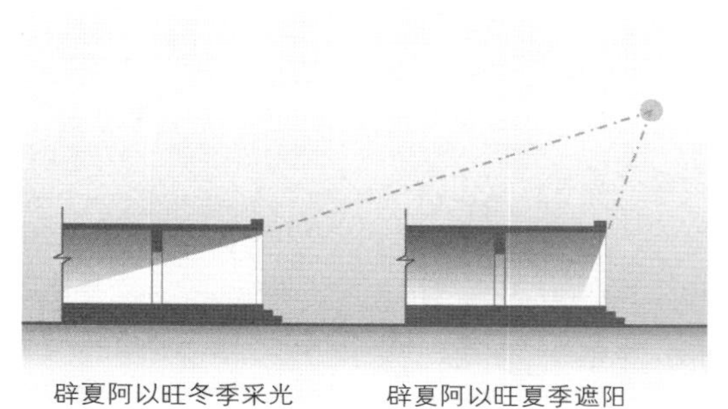

图4-26 辟夏阿以旺遮阳分析图

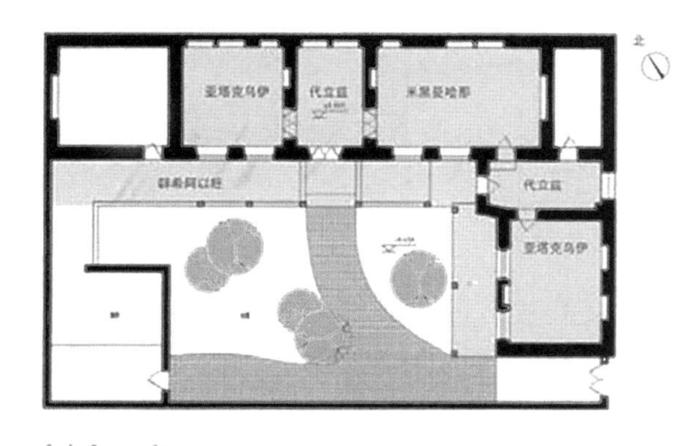

图4-27 辟夏以旺—米玛哈那式

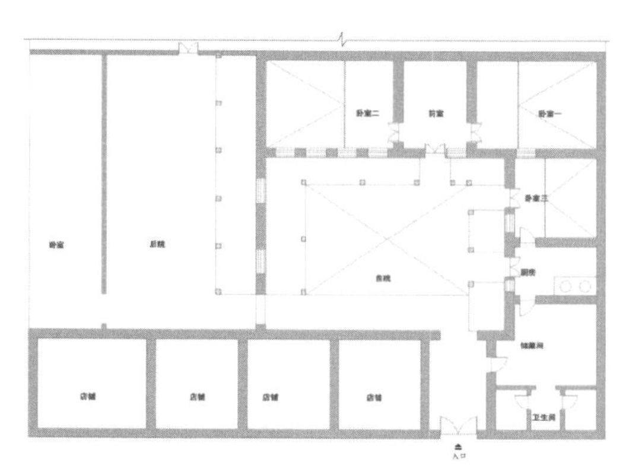

图4-28 阿以旺—沙拉依式

① 图片来源：作者自绘。

② 同上。

传统的阿以旺式民居的主要居室“沙拉依”，一般布置在民居的主方位上，是民居的正室，“沙拉依”（基本生活单元，围绕阿以旺厅布局，是民居主人的活动区域）是由一明两暗组成的基本单元，中间为主人夏季居住的主卧室，卧室前部为通往两侧房间的过道；夏室两边的房室是冬天主人居住的卧室及其储藏室。

南疆于明末清初兴起的米玛哈那（民居中的客室，是民居中的另一独立、重要的生活单元）式民居，在库车也被普遍使用。阿以旺式住宅的全封闭空间能遮蔽风沙，抗寒避暑。但闭塞的室内空间影响了采光、通风，因而发展成了将阿以旺厅屋顶去掉的半封闭天井，天井再扩大为庭院。由于阿以旺厅扩大为庭院，正房没有室内过渡空间，与外部空间直接相连，因此，主要居室变成过厅，两侧分别承担起客厅、卧室兼储藏室的作用，形成米玛哈那式。米玛哈那也是由一明两暗3间房组成，与沙拉依不同的是，由于正房没有了阿以旺厅过渡，所以中间明间的功能也有所变化，明间的作用变为防寒、防风沙，相当于门斗，是进入客室和居室的缓冲地带，中间的明间称为“代立兹”（前室），明间两边的房屋一般为一间大一间小，大的为客室，称为“米玛哈那”，是当地人尤为重视的房间，家中的好物件也要放在这一间。小间是日常使用的起居室和主卧室，称为“亚塔克乌伊”。其他用房围绕庭院布置，采用连续的外廊和正房连接。

米玛哈那民居，由封闭的阿以旺厅变为开敞的庭院，使得院落内部空间布局更加自由灵活，房间向庭院内部开窗户以采光，庭院内设有外廊，这种外廊在维语中称为“辟夏阿以旺”。

辟夏阿以旺是一种以檐廊或外廊作为民居重要装饰和生态空间的组合单元，形式多样、造型美观，是特色鲜明的空间形式。从功能上看，其不仅仅具有通达功能，还被用作接待客人、休息（夜宿）、娱乐、家务等活动的场所，辟夏阿以旺檐廊的深度一般为2米以上，宽度与住宅设计的整体宽度有关。主要设置实心的土炕，上铺地毯，从适应性的角度分析，这种建筑元素可以起到遮阳的作用，与维吾尔族外向型的生活习俗相适应，且在院落内形成了宜人的空间，在干旱炎热的气候下满足人们的日常生活和生产需要。居民在此盘腿而坐，观赏院中的果树和花草，呼吸新鲜空气。夏天可乘凉，冬天可晒太阳（图4-26）[①]。檐廊一侧端头常设有壁炉（炉灶），可在此做饭、用餐。这种设计使得建筑内外交融，内部空间和外部空间得到完美的过渡，整体呈现出一种丰富的层次感，且不失完整性。

由于米玛哈那式住宅使得建筑内外交融，内部空间和外部空间浑然一体，并且采光和通风条件也比传统阿以旺形式住宅优良，使得在库车一带米玛哈那式住宅成为民居的主要建筑模式。

库车老城区历史悠久，气候相对和田、喀什地区较为温和，民居受气候因素限制较小，民居布置相对更加灵活，因而民居在“阿以旺”和“米玛哈那”基础上出现了许多变化，如阿以旺厅作为室内一个小厅独成一间，侧窗和屋顶平天窗并用，亦如阿以旺厅和米玛哈那式住宅单元组成住宅庭院等（图4-29、图4-30）[②]。

---

① 图片来源：作者自绘。

② 同上。

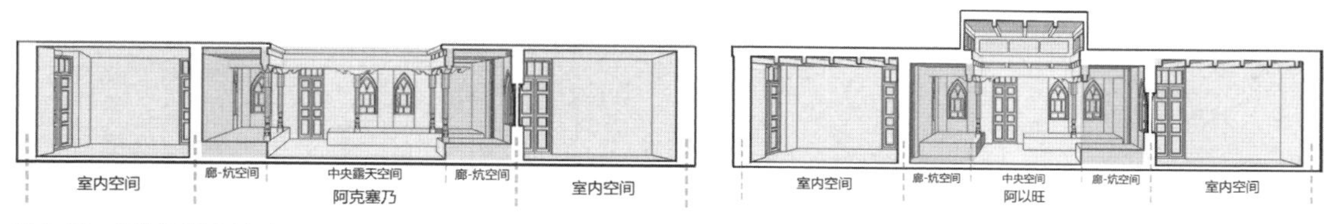

图4-29 阿以旺和阿克塞乃

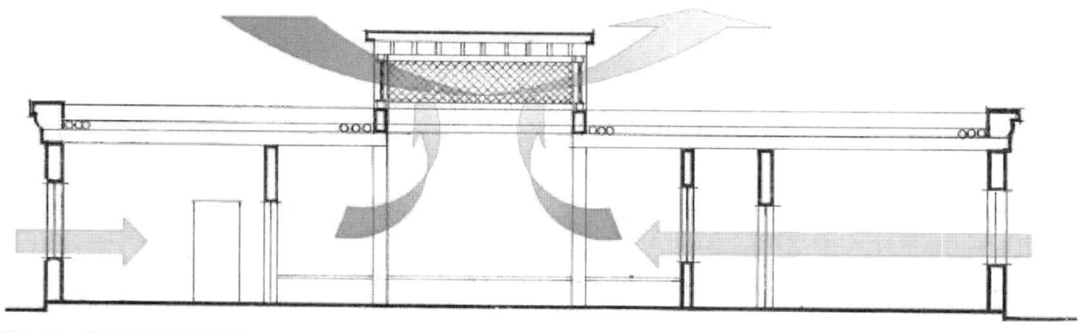

图4-30 阿以旺通风示意图

4.4 库尔勒绿洲民居的生态空间

库尔勒绿洲位于塔克拉玛干沙漠边缘，气候环境较为严峻。在千百年来与自然的斗争与共存中，库尔勒地区发展出了适应当地气候特征的传统民居。以下将从几个方面分析库尔勒地区传统民居的生态适应性。

4.4.1 总平面分析

作为古丝绸之路的咽喉之地和西域文化的发源地之一，库尔勒地区的农业较为发达。在古代自给自足的小农经济影响下，库尔勒地区的传统民居大多不是独立的，而是依农田、果园而生（图4-31）[①]。这种平面格局一直延续至今。建筑旁的农田和果园不仅有生产作用，而且可以改善建筑环境，调节微气候。例如成排的树木或者大面积的农作物组成的绿色空间可以有效地阻止风沙或浮尘的侵袭（图4-32）[②]；夏季建筑旁的果树可以遮挡阳光，带来荫蔽空间，冬季叶落后不遮挡阳光，为建筑带来日照（图4-33）[③]。

4.4.2 平面分析

库尔勒传统民居大多平面简单，体形规则，通过数间房屋组成一栋单体。以此减少了建筑的体形系数，不仅减少了能耗，也使冬季建筑的采暖效率大大提升。

① 图片来源：作者自绘。
② 同上。
③ 同上。

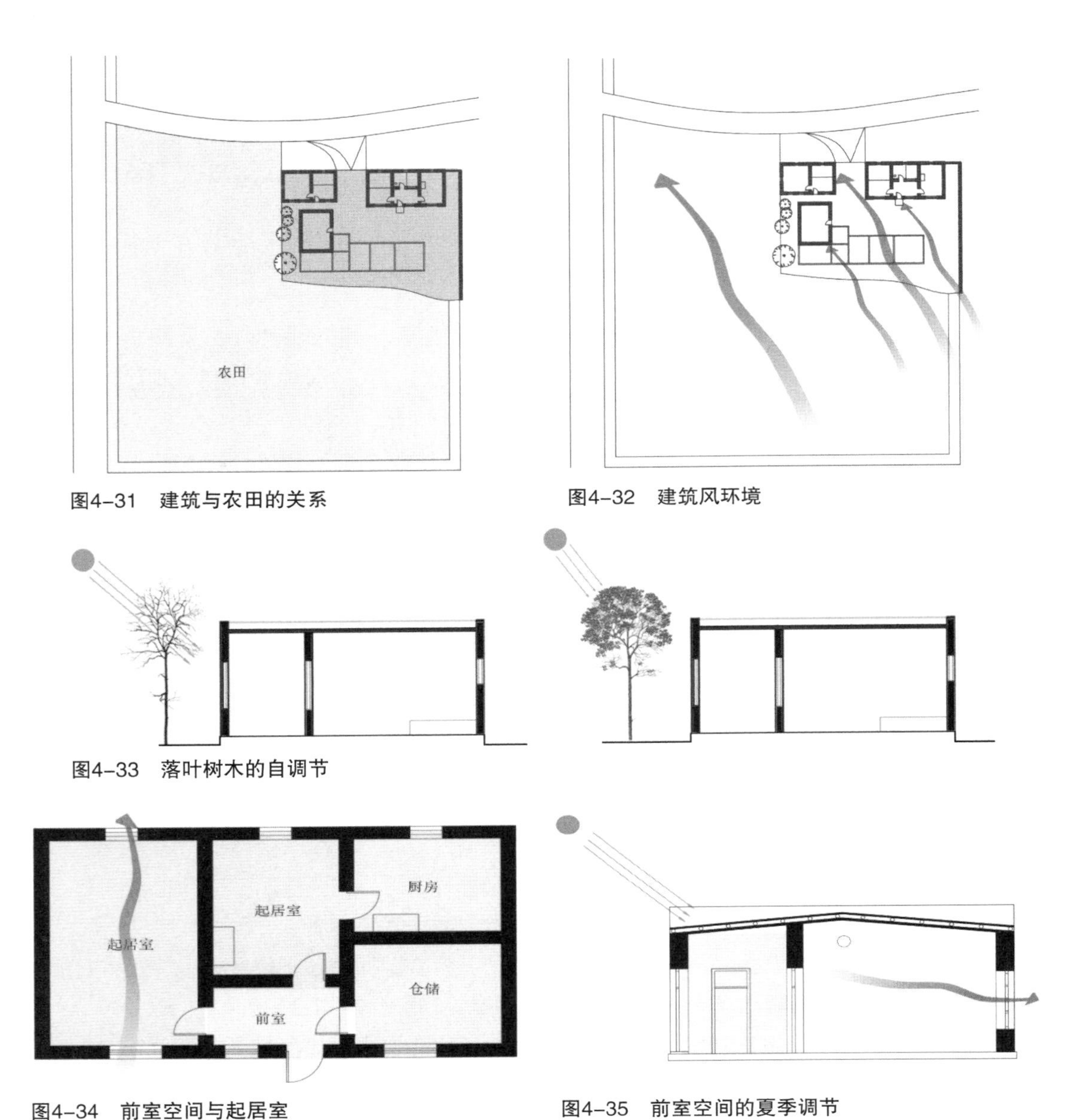

图4-31　建筑与农田的关系

图4-32　建筑风环境

图4-33　落叶树木的自调节

图4-34　前室空间与起居室

图4-35　前室空间的夏季调节

建筑的西侧起居室较大，用于接待、部落聚会等，采光通风较好。建筑中部设有前室，作为热缓冲空间，起到了现代建筑中类似于门斗的作用。夏季通过前室的热缓冲空间，可以带走热量，减少北部及两侧起居室的受热，起到民居室内降温的效果；冬季的前室则和现代建筑的门斗作用相同，可以减少冷风渗透，火墙的设置也可以进一步降低采暖能耗（图4-34、图4-35）[①]。

---

① 图片来源：作者自绘。

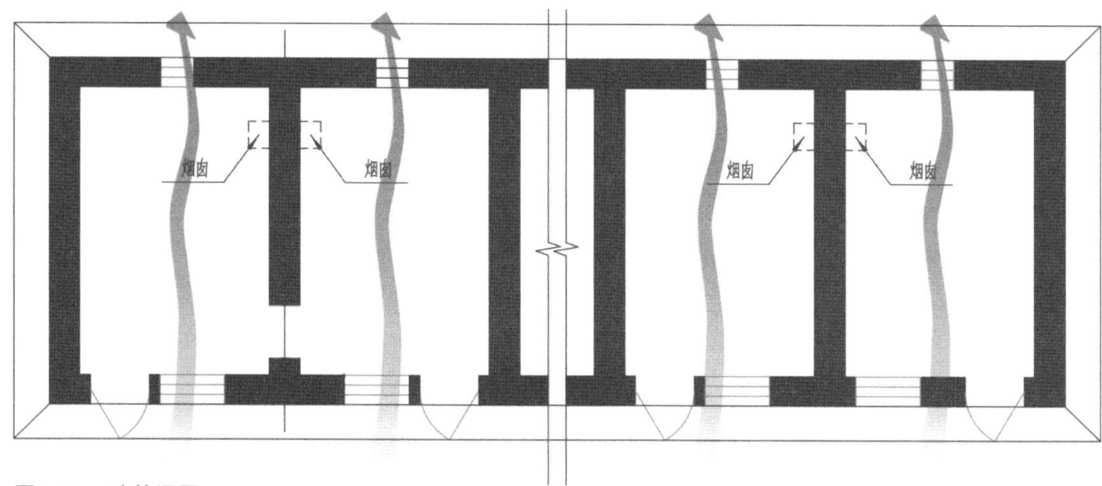

图4-36　建筑通风

4.4.3　剖面分析

库尔勒地区位于中国最大的沙漠边缘，降水稀少，风沙较大，没有排水需求，因此传统民居大多为平屋顶，也有部分民居采用单向坡屋顶的形式，防止风沙聚集。民居的南侧开窗较大，可以有更好的采光。门上的亮子可开启，既能保证夏季通风，又能保证室内的安全。北侧开窗较小，与南侧形成对比，夏季北侧的阴影和南侧的日照形成了温差，可以促进空气流动，带走室内热量（图4-36）[①]。

4.5　吐鲁番绿洲民居的生态空间

4.5.1　总平面分析

受复杂的地理环境的影响，吐鲁番地区传统民居聚落大多很难形成规划整齐、朝向统一的平面布局形态，看上去是处于割裂、混乱的状态。但仔细研究后会发现，看似无序的空间布局下隐含着自然环境的影响。聚落布局是按照自然环境而生成、调整的。由于吐鲁番的干旱少雨，合理的水系统和植物种植就成为了聚落的重要组成部分。绿色植物形成了阴影空间，不仅能够使人身心舒适，也为村民提供了可开展活动的室外空间。

村落的道路看似杂乱，但其特有的路口交通系统在提供了人车交通空间的同时也成为村民交流的场所。聚落中的建筑既是人们的生活空间，也是其室外活动空间的背景。植物、路口、建筑等各元素组成了吐鲁番地区传统聚落的重要节点，这些节点都是在数百年的村落形成过程中自发完善的，其空间和环境符合人的需求，也体现了建筑与自然环境的结合（图4-37）[②]。

吐鲁番地区传统聚落的布局受地形的影响，民居的平面布局比较复杂。为兼顾生态环境适应和交通

① 图片来源：作者自绘。
② 同上。

图4-37　村庄肌理总平面分析

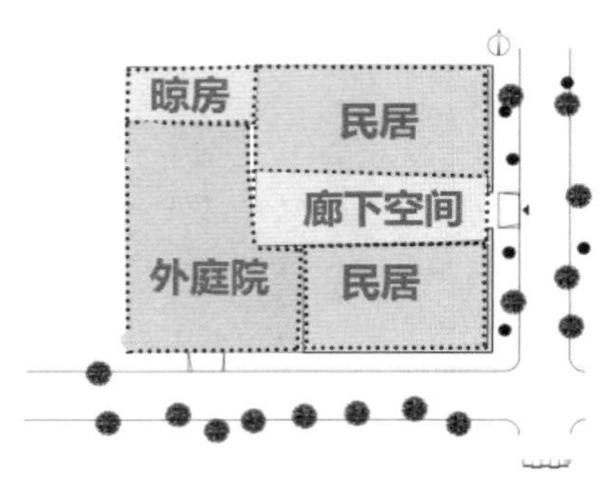

图4-38　建筑总平面功能分析

顺畅的保障，当地居民因地制宜，创造了极具特色的建筑形态，其具体表现为过街楼、高墙窄巷、土拱结构、半地下室等。当地土地资源稀缺，因此建筑的排列比较紧密，这样也有利于抵御严酷的自然环境。由于建筑排列密集，造成了聚落中的街巷也较窄，巷道的高宽比较大。同时还有很多建筑采用过街楼的样式，搭建在高墙窄巷之中，不仅减少了建筑占地面积，增加了建筑使用空间，也丰富了建筑的立面，显现了高低错落的效果，形成了当地独特的聚落风貌。此外，高墙窄巷与过街楼结合可以有很显著的遮阳效果，能在炎热的夏天形成阴影区域，创造出舒适的室外交通、活动空间。狭窄的街巷也起到了很好的导风效果，结合建筑相互遮挡形成的阴影、穿巷的凉风降低了街巷空间及建筑周边的温度，在夏日中为民居带来一丝凉爽（图4-38）[①]。

4.5.2　平面分析

吐鲁番地区传统民居的平面布局形式多样，具体可分为穿堂式、套间式、毗连式、组合式等。穿堂式是指以土拱长廊组织空间，土拱长廊贯穿整个建筑，两侧以垂直方向布置起居室、卧室、储藏室等功能用房。套间式是指前室或大起居室布置成套间的形式，前室可以穿套卧室，大起居室也可以穿套其他功能的房间；毗连式是指多间土拱平房并列布置，形成一排或曲尺形的生活用房。组合式则是以上两种或多种布局方式结合，依功能而设形成灵活多样的民居空间，吐鲁番地区多数民居即采用此形式。

吐鲁番地区的传统民居大多采用生土材料，数千年来的实践证明，生土材料可以很好地适应当地特殊的生态环境，并抵御环境造成的负面影响。生土材料热惰性大，蓄热性好，可以有效调节当地昼夜与冬夏的巨大温差。除了生土材料外，建筑的垫层部分还采用了麦秸秆和木材，可起到保温隔热、透气干燥的作用，以增加室内舒适度。

在当地严酷自然条件的限制下，吐鲁番民居的开窗也极具特色。吐鲁番地区太阳辐射强，风沙大，因此当地民居会在窗外加一层木格栅，可以遮阳、防风沙。也有些民居会在屋顶开天窗，以此引入自然采光。

① 图片来源：作者自绘。

4.5.3　剖面分析

吐鲁番地区的自然气候情况较为严酷，具体表现为日照时间长、昼夜温差大，冬夏温差大，降雨少，风沙强劲。因此吐鲁番地区的传统民居多采用高架棚、土拱屋顶、半地下室等几种建筑空间形态，以此来抵抗与适应当地的气候（图4–39）①。

吐鲁番传统民居的一大特色是多采用高架棚结构。当地民居在前院搭建高架，用以种植葡萄。夏天，葡萄的叶子可以遮挡阳光，创造出阴影下的活动空间；叶片的蒸腾作用可以调节气温，引导通风，使吹入院落的热空气降温，为室内带来凉风。冬季，葡萄叶凋落，可以使太阳照进院落。高架棚空间提供了生态自调节功能。

在夏季炎热的气候条件下，吐鲁番当地形成了拱形屋顶的民居。白天，拱形屋顶可以反射太阳辐射；夜间，曲面的屋顶接触室外空气的面积更大，散热更快。同时室内的热空气上升聚集到拱形屋顶的顶部，风从屋顶吹过时，由于负压作用，热空气更容易从通风口流出，降低室内温度。除了结构特征外，拱形屋顶使用的生土材料也是因地制宜，其热惰性可以很好地适应外部巨大的温差。

半地下室空间也是吐鲁番地区传统民居的特色。在严酷的自然条件下，建筑的地面部分难以满足保温、隔热、防风沙等要求，而地下空间则可以弥补这些不足。地下室的四壁相当于无限厚的墙体，可以起到很好的保温隔热作用，因此吐鲁番地区的半地下室冬暖夏凉，是极具特色的宜居空间（图4–40、图4–41）②。

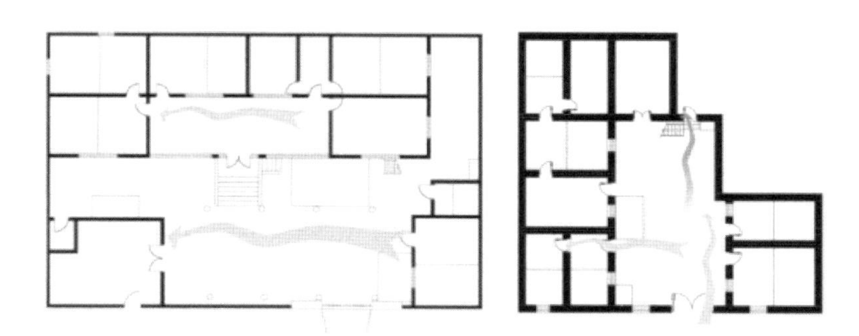

图4–39　建筑平面空间功能分析

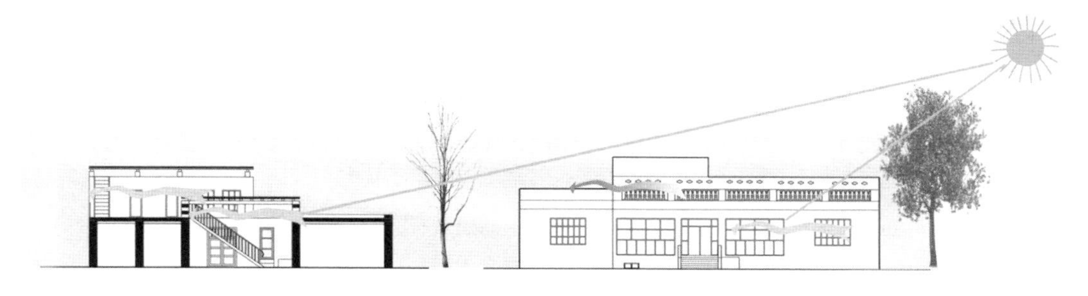

图4–40　建筑立面空间分析

① 图片来源：作者自绘。

② 同上。

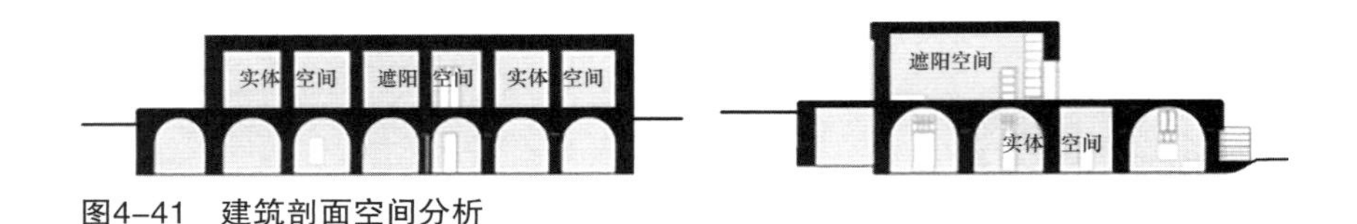

图4-41　建筑剖面空间分析

4.6　哈密绿洲民居的生态空间

4.6.1　总平面分析

基本建筑单元：在维吾尔族民居中有一种非常典型的住宅平面布局单元称为“沙拉依”。

辅助空间：馕坑，以炊事空间为主要功能的辅助空间是在满足居民遮风避雨需求基础上，为追求更好生活条件而开辟形成的新生活空间。

室外廊架：檐廊是在居住建筑前设置的外廊，是室内和室外的过渡空间，维吾尔族称之为“辟夏以旺”（图4-42、图4-43）①。

院落绿化：民居庭院内的树木绿植既是用于遮挡视线的屏障，又是室外街巷空间立面形态的组成，院落布局顺从居民生活习惯，内外分明（图4-44）②。

4.6.2　平面分析

村落布局呈“外紧内松”状态，致使外部可供人交流的空间变得十分稀缺，从而使院落的重要性更加凸显。因此，在哈密阿勒屯村民居的营建中，院落占了大部分面积，建筑物与院落的围合方式通常有“一”字形、“L”形、“U”字形和“口”字形四种类型（图4-45）③。“一”字形和“L”形是院落围合形式中最为常见的类型，因院落大小适中，用地的经济性、适应性较强，院落直接位于居住用房之前，起到交通组织的作用。“U”字形和“口”字形院落形式是依据家族大小由“一”形、“L”形合院组合形成，一般面宽较大，院落内部景观性较强，可容纳成员较多。

“一”字形民居是维吾尔族聚落的基本单元，加上院落和廊架空间形成的民居院落的空间形态，是院落的基本单元，仅适合家庭成员较少的家庭居住，虽然空间较小，但基本功能齐全。“L”形民居是在院落基本单元左侧或者右侧的一端加入厨房，形成 L 形的空间形态，同时屋前连廊也将厨房联系在一起，在夏季时将室内的餐饮起居转移至室外。“U”形民居院落形态主要适合家庭成员较多的家庭，也是将基本的建筑单元进行拼接组合，将两个基本单元连接成L形，再加入厨房餐饮空间形成的U形院落空间；或仅凭借一个卧室或杂物间形成U形院落。“口”字形民居院落形态则适合于更大的家族聚居，是将基本居住空间进行连接，形成大的四面院落围合的空间形态，但不同于中原地区汉族的四合院建筑，维吾尔族院落四面围合并不遵守轴线对称原则，是随机拼接形成的形态模式；同时，“口”字形院落空间并没有形成完

① 图片来源：张婷玉，《哈密地区传统村落空间形态的特色及更新设计——以阿勒屯村为例》，吉林建筑大学硕士论文，2018，第55-56页。

② 图片来源：同上论文，第57页。

③ 图片来源：作者自绘。

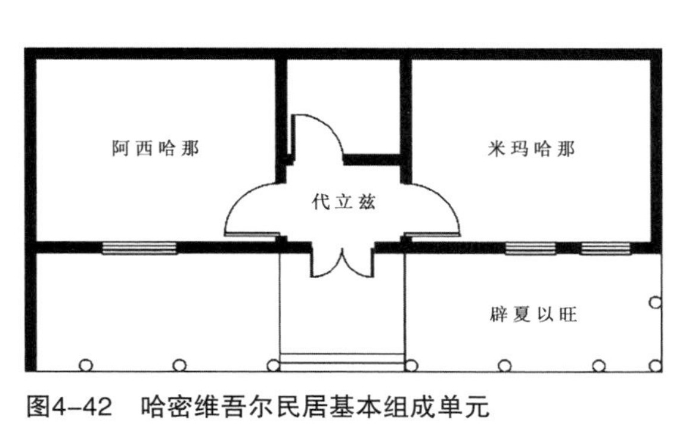

图4-42　哈密维吾尔民居基本组成单元

图4-43　维吾尔族民居室外廊架

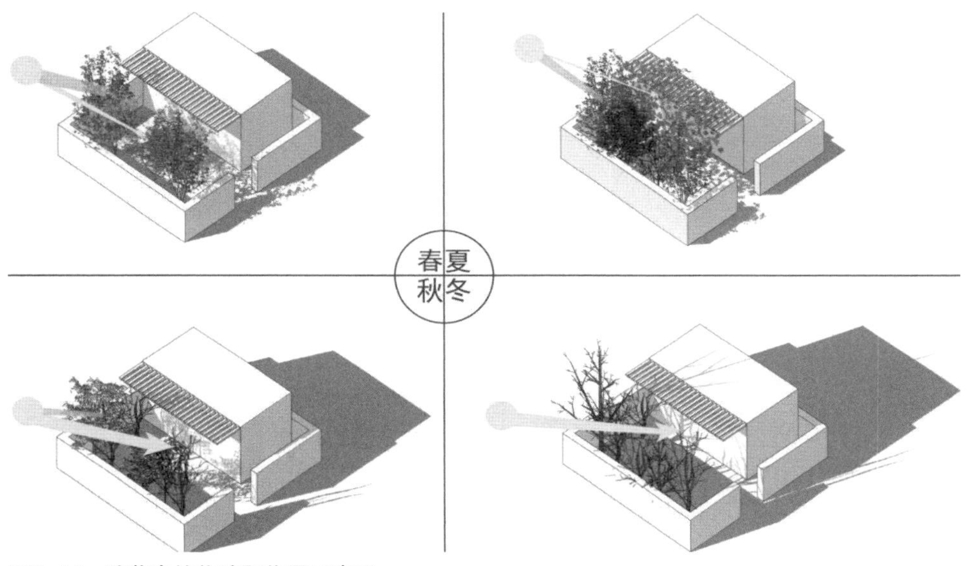

图4-44　院落内植物遮阳作用示意图

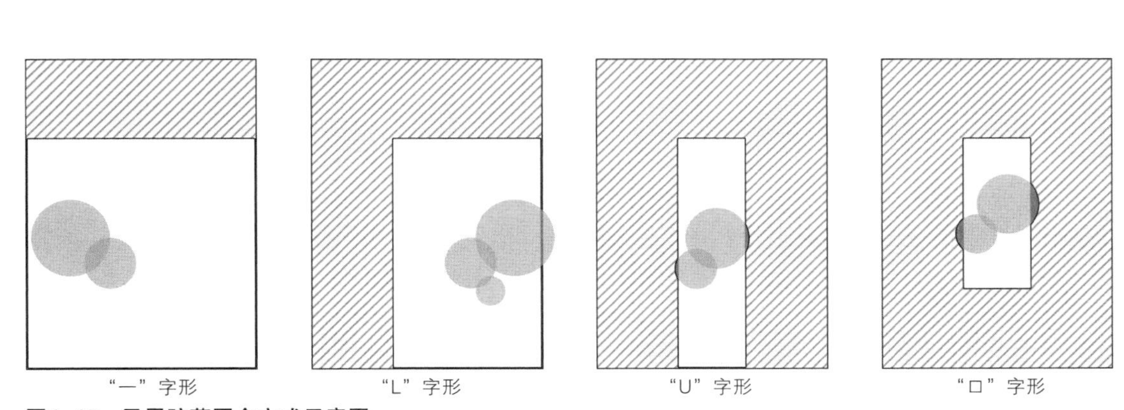

图4-45　民居院落围合方式示意图

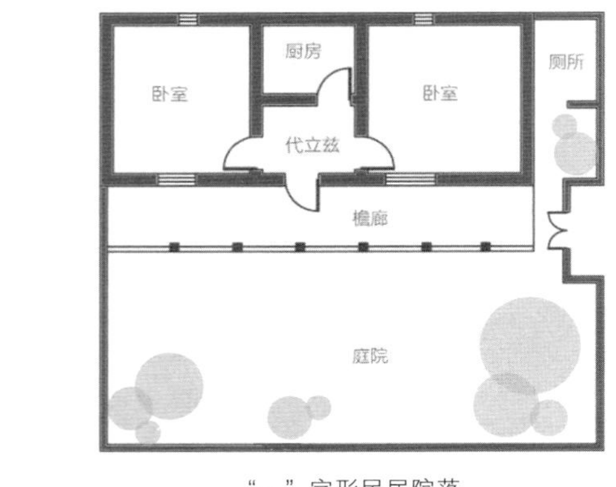

"一"字形民居院落

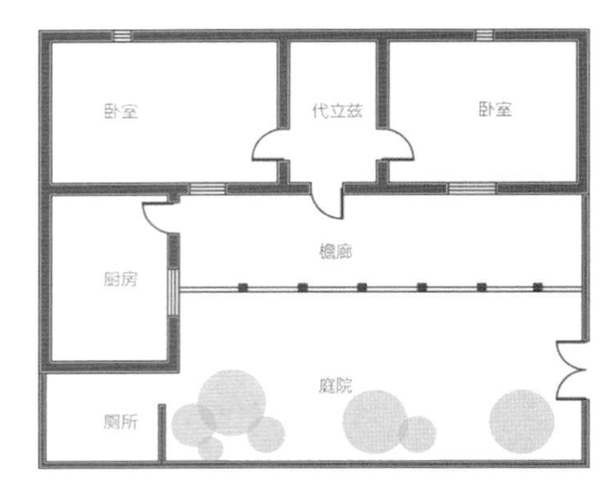

"L"形民居院落

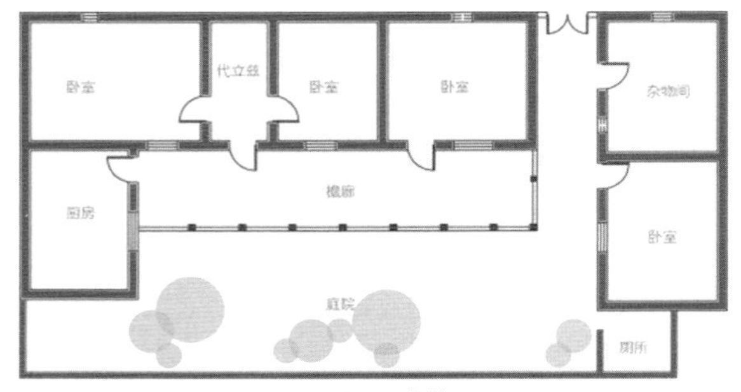

"U"形民居院落

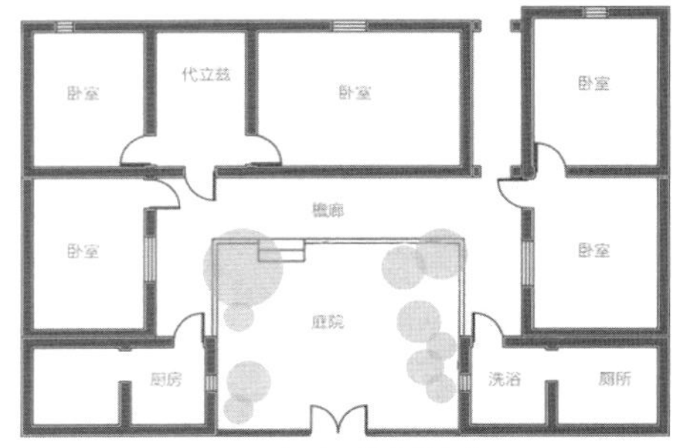

"口"字形民居院落

图4-46 不同的院落组合方式

全由建筑空间围合的闭合空间，而是选择用围墙将入口两侧房间连接过渡，使院落不至于产生过强的封闭感，两侧建筑也多用于储存杂物或者圈养牲畜，并不用于居住（图4-46）[1]。

4.6.3 剖面分析

村落内部街巷的连续性，"包括作为垂直界面的建筑立面的连续、作为地界面的街道铺地的连续，以及作为顶界面的街巷天际线的连续。要保证街巷的连续性，要求街巷的组合具有一定的规律"。在院墙顶部用土坯砖竖摆出连续变化的人字形或十字形的图案，既装饰了墙体又使街巷空间富有变化。门窗装饰也是最能体现出维吾尔族民族特色的立面装饰，民居在窗户造型上较常选用"开扇窗"和"漏窗"，从组合方式上可分为单层窗和双层窗。木窗棂格是传统维吾尔族民居门窗艺术的重要组成，大多为横竖棂格窗，但也有双交四碗菱花、斜棂花格等较为复杂的花纹样式，极具维吾尔族审美情趣和民族特色；制作精巧嵌套在粗犷的生土民居之中，使民居带有朴实无华却不失精妙的美感。民居大门多为两扇宽，高大的木桩镶板枢轴式门，门扇以木板为材料，上面都有各色各样的木制雕花或彩绘装饰，绘以民族图案和色彩。门窗装饰点缀了村落中建筑的立面，将民族特色完全融入于村落，直到今天还在将这些特色保留延续（图4-47）[2]。

---

① 图片来源：作者自绘。

② 图片来源：张婷玉，《哈密地区传统村落空间形态的特色及更新设计——以阿勒屯村为例》，吉林建筑大学硕士论文，2018，第64页。

图4-47　民居院落立面形态

4.7　“候空间”居住模式与“生态空间”的总结

4.7.1　“候空间”居住模式

通过对南疆地区有典型性的传统民居类型在生态空间组成上的对比分析，着眼于南疆传统民居在脆弱的生态环境、特殊的气候条件、资源匮乏、环境严峻的情况下应对气候的空间使用特征，提出南疆传统民居是由实体空间和虚体空间共同组成的有机整体，并指出生土结构（实体空间）自身在功能上的缺陷与气候间的矛盾是虚体空间必然存在的深层原因，也是候空间提出的现实基础。

“候”字有“时节”之意，比如候鸟（随季节不同作定时迁徙而变更栖居地区的鸟类）；也有“随时变化的情状”之意①。候空间中的“候”字兼具这两者：既表现应时节变换居住者主要使用场所迁徙的特征，又体现候空间中的实体、虚体空间二者一直处于动态交互更替的状态。居住者在住屋与半室外空间中因应冬夏季节的周期性转移，与候鸟南北迁徙栖息地具有相似之处：皆是为了追逐适宜自己生存的温度而转移的现象。

从我国西北地区乡村传统居住生活习俗来看，一般按照季节变化转换居住空间比比皆是。作为新疆南部民居的有机组成的“夏居”——半室外空间或灰空间，其存在范围之广、类型之多，以及在传统民居中的重要地位。该半室外空间虽然冬季使用率较低。但夏季有居住、待客、休息、饮食、生产、遮阳等诸多的使用功能和生态空间功能，这种特别依赖半室外空间的现象在我国民居中并不多见，是为新疆南部民居的重要地域特征。半室外空间作为夏半年主要起居的重要一极，与承载冬半年起居的室内空间一同构成了民居整体，根据新疆南部干旱地区传统民居的这一普遍特征，用所谓的“候空间”这一概念来概括支撑冬夏移室居俗的新疆南部民居的空间特征。

候空间不同的组成部分因其差异性具有不同的功能，分别可以在不同的环境条件下发挥主要作用，这就是组成部分空间的互补性。在室外寒冷时，“恒温式”的土房发挥保温作用②。季节适宜的时候，具有阴凉、风凉的虚体空间则成为主要活动场所。

① 张婷玉，《哈密地区传统村落空间形态的特色及更新设计——以阿勒屯村为例》，吉林建筑大学硕士论文，2018，第64页。
② 严大椿，《新疆民居》，中国建筑工业出版社，2017，第17页。

由新疆南部地区传统民居因应习俗而产生的独特的空间模式来归纳，“候空间”主要有以下几种特征。

1）空间组成上的差异性与互补性。“候空间”需要有两种以上的不同性质的空间组分。这里所谓的性质上的不同，并非仅指营造方式的差别，更重要的是包括热环境、光环境、风环境等物理环境以及空间氛围等心理感受层面的差别。

两种空间组分的性质的差异性仅是必要条件，关键的是基于两类空间性质差异性之上的功能互补性。也就是说在不同的时节，具有差异性的组成空间轮换起主要作用。

2）因应季节的周期转移性。在工业化时代以前，沙漠绿洲型的自然基底使得生土与小型木材成为当地最为便利的建材资源，建材的限制使得建成住屋的功能需求与季节天气变化呈周期性的矛盾：厚墙小窗的室内空间在冬季可以抵御严寒，但却难以满足适宜时节居民亲近大自然的居住需求，在太阳辐射强烈的夏季，只能求诸半室外空间。

3）室内空间与半室外空间的有机整体性。不同的季节，室内空间与半室外空间分别充当着居民主要生活空间的角色，但从一年的循环周期来看，二者是为共同构成新疆南部地区传统民居的有机整体。

4）空间使用上的四维性。建筑空间本身就是三维的存在，但当因应季节周期性转移打破了空间本身的静态，室内空间与半室外空间之间出现动态交互，使作为有机整体的空间具有了时间性的特征。①

4.7.2 “生态空间”总结

在新疆南部干旱区生态脆弱、环境严峻、气候恶劣、资源紧缺、技术较低的条件下，传统民居的基本命题即是营造舒适的物理空间环境，以应对残酷的地理环境。于此，南疆传统民居是“形式追随气候”②的典型实例。

1）生态空间的形成因素

（1）气候环境的决定因素

新疆干旱地区传统民居中的生态空间归根结底是气候环境决定的。气候的特殊性、冬寒夏热、冬夏两季长致使当地居民需要特别能防寒隔热的遮蔽体，地方资源在建筑材料上的匮乏、干燥的气候使得当地居民不得不使用丰富的土资源及有限的木资源来进行营建。

（2）实体空间的形成

通过挖、掏、和、拌、垒、砌、拱、穹等各种方式营造的生土民居，由于生土自身性能限制及应对严酷环境的需求，因而都具有厚墙小窗平屋顶这样的厚重围护体③。这样的民居虽然应对了冬夏严酷气候的挑战，但其围合的空间封闭、可调节度低，无法满足居住者在天气适宜时节下亲近自然的基本属性需求。因此，在适宜时节，营造舒适的室外活动空间变得格外重要。

（3）虚体空间的形成

南疆阳光辐射极强，气候干燥，阴影处的温度与阳光直射下的温度相差较大，除冬季外，在一年的大

① 范俊伟，塞尔江·哈力克，逐舒适空间而居——新疆南部绿洲民居的周期性转移居住模式研究[J]，南方建筑，2020.5:57-63

② 吴良镛，《查尔斯·柯里亚的道路》，建筑学报，2003(11)，第44页。

③ 陈震东，《新疆民居》，中国建筑工业出版社，2009，第34页。

多时候都需要遮蔽高强度的太阳辐射以获得舒适的室外与半室外空间。与此同时，虚体空间应运而生，从南到北有用阿以旺、辟夏以旺、阿尔勒克①、坎麦尔②、屯鲁克③、卡普等各种空间形成，并根据上述手法来限定。

2）结论

干旱地区居住建筑的生态空间是人类利用自然条件和人工手段来创造一个舒适、健康、提升生活生产环境品质的设计手法。通过对塔里木盆地有典型性的传统民居类型在生态空间组成上的对比分析，并解析传统人居环境营造中的生态智慧，并以之为基础，对当前当地人居环境的优化提出具体路径，着眼于该区域传统民居在环境脆弱、资源紧缺、气候严峻的情况下应对气候的空间使用特征，实现作为生态空间主要载体的虚体空间和实体空间共同组成的有机整体，并指出实体空间自身在功能上的缺陷与气候间的矛盾是虚体空间必然存在的深层原因，也是人类延续与传承候空间居住模式的现实基础。且通过介入季节周期性变化这一时间维度，阐述在生态脆弱环境下的民居中气候、空间、起居生活与生产之间的互动关系，从而阐述干旱地区的生态空间类型与分类，并指出候空间与生态空间的关联度：组成的差异性与互补性，因应气候的周期迁徙性，有机整体性，四维性。

---

① 阿尔勒克是院子中用木立柱或镂空花墙架起的高大凉棚，是哈密等地区民居御热、遮荫、纳凉的绝好空间。在其与墙体的连接处，设有通风口/洞，起到高敞空间的通风组织作用。在炎热的夏天，阿尔勒克不仅可以抵挡太阳直射院子，还能减少太阳对居室的直射，而通风口/洞则能进一步保持空气流动，使得任何时间屋前都能留有一片阴凉的空间。

② 吐鲁番的建筑常常会设置半地下室，半地下室房屋的墙由生土而制，上半部墙用土块砌筑成上半层的地坪，墙和楼盖拱顶全部为土坯砌筑，地下室是将原生土挖造成室，再用土坯砌拱，做成楼盖。这种空间冬暖夏凉，适宜人居，尤其是在炎炎夏日，半地下室既能起到降温的效果，又不至于像全地下室那样过于阴冷、缺少通风。

③ 哈密“屯鲁克”是以采光通风为主的空间建构形式，以当地老百姓习惯叫法，一般分两种形式，一种是“屯鲁克”高侧窗形式，一种是“屯鲁克”天窗形式。

第 5 章

绿洲民居空间营造特征

干旱区绿洲聚落地理位置与自然资源独特、人文气息浓厚、地域风貌明显，这些外在条件共同造就了当地特有的民居空间，这些民居是来源于这样特殊土壤的自发设计，具有地域性、民族性和时代性。

本章节选取和田、喀什、阿克苏、库尔勒、吐鲁番和哈密等绿洲典型传统民居聚落，在实地走访调研与民居测绘的基础上，以图文并茂的方式对其基础概况进行分项罗列，并从其总体特征、建构特点、风貌特色等方面展开研究，旨在分析其内在的建造逻辑，挖掘其营建规律，对地区特有风貌的形成要素进行拆解，也对新乡土建筑提供本土的设计来源与发展思路。

5.1 和田绿洲民居的空间特征

5.1.1 和田传统民居基本概况

表5-1 和田绿洲典型民居基本情况表

民居编号	民居定位		建筑面积（m^2）	建造时间	布局特点
1号民居	新疆维吾尔自治区和田地区团城历史文化街区	加买路萨尔其巷24号	89.12	1918年	由一层居住空间和半地下室组成，建筑与开敞前廊相结合，布局紧凑
2号民居		加买路卡瓦巷12号	229.42	1918年	由一层生活居室和开敞前廊共同构成
3号民居		台北东路哈热提巷12号	232.24	1978年	建筑为一层，局部两层，围绕阿以旺空间布局，设有较大的廊空间
4号民居		加买路久吾其巷7号	297.18	不详	建筑为一层，整体平面呈矩形，功能布局围绕阿以旺空间展开，布局紧凑
5号民居		加买路萨尔其巷24号	278.47	1918年	建筑为一层，平面呈L形布局，与前廊空间相结合
6号民居		古江北路卡让古巷9号	378.94	1985年	建筑为一层，规模较大，呈L形布局，与前廊空间相结合
7号民居		夏力克买里173号	140	1981年	建筑为一层，以阿以旺厅为中心，周围布置其他功能空间，布局内聚而紧凑
8号民居		古江北路夏力克一巷59号	731	1990年	建筑为两层，房间围绕外廊展开，建筑布局呈现“口”字形，具有半开敞性

5.1.2 和田传统民居特征概述

在建筑功能上，和田传统民居大多设有宽敞的前廊，廊下空间是室内外空间的联系枢纽，是一个集待客、纳凉休息、进餐、工作、夜宿等于一身的多功能空间。部分民居建筑设有半地下室，在炎热的夏日可用于乘凉，在冬季则可以作为储物空间来使用。

* 本章图表来源：作者自绘。

在建筑形式上，主要有三种布局形式：一字形、L形和矩形。一字形和L形建筑的功能沿前廊空间展开布置，具有半开敞性质。矩形布局大多以阿以旺空间作为中心，四周布置各功能空间，具有紧凑性和内聚性。

在院落布局上，一般将种植空间与建筑空间有机结合。院落内种有本地的树种，树的枝叶延伸至建筑墙体，既相互掩映，又相互协调，而人的活动也在建筑、外廊、院落树下等区域展开。人的活动、植物的生长变化与静态的建筑相互映衬，叙述着当地别样的风土人情。

5.1.3 和田传统民居建构特征归纳

由于和田地区降水稀少，民居不受雨水影响，屋顶一般采用平屋顶，屋顶与周围邻里之间屋顶相互连通，使得屋顶成为邻里沟通交往的一大场所。

空间与布局上，当地民居一般设有前廊或内回廊等多功能灰空间、半地下室，既是对居民生活空间的拓展，也是对当地气候特征的回应。

结构上，当地传统民居大多采用土木结构或木框架结构，以篱笆墙为主，具有构造简单，施工方便、易于拆改的特点。

建筑细节上，当地民居建筑大多设置庭院阿以旺及辟夏以旺，庭院上部、柱础部分装饰华丽繁复，色彩艳丽。如屋顶木雕、柱头的形式十分大气、精致。室内墙面、屋顶大多采用暖白色为主色调，木色搭配，空间的视觉效果十足。

5.1.4 和田传统民居风貌特征归纳

当地传统民居建筑在立面上充分反映了当地的地域特色，大多设置连续不断的圆券廊、极富雕琢的柱子、耸立的洋葱尖券给人以奢华的感觉。整个立面仿佛是木头雕琢出来的繁杂精致的工艺品，给人一种浑然天成之感。在立面细节上，该建筑的立面线条干练、轮廓简洁，具有整齐的地面线、勒脚线、窗台线、檐口线，给人以亲切、素雅之感。

建筑色彩主要为白色、蓝色和赭石色。室外色调平和，与室内精致的摆设形成了鲜明的对比关系。室内摆设华美精致，与简洁的外立面形成了鲜明的对比。在装饰上，当地民居多具有鲜明的地域特色，将彩画、木雕、拼砖等手法用于建筑装饰。彩画色调柔和，在顶棚边缘和密梁等处稍加点缀，效果突出。木雕花纹多取材于桃、杏、葡萄、石榴、荷花等植物花卉，主要用于柱子、梁、枋和门窗装饰。木雕花饰多用原色材料或施工彩绘，在雕法上有线雕、浅浮雕及透雕等。拼砖拼砌出的花纹为各种几何纹，主要用于装饰砖砌的墙面、台基、柱墩和楼梯等处，既体现了民居建筑与空间的独特美感，又蕴含了热情潇洒的人文魅力。

5.1.5 和田传统民居测绘图

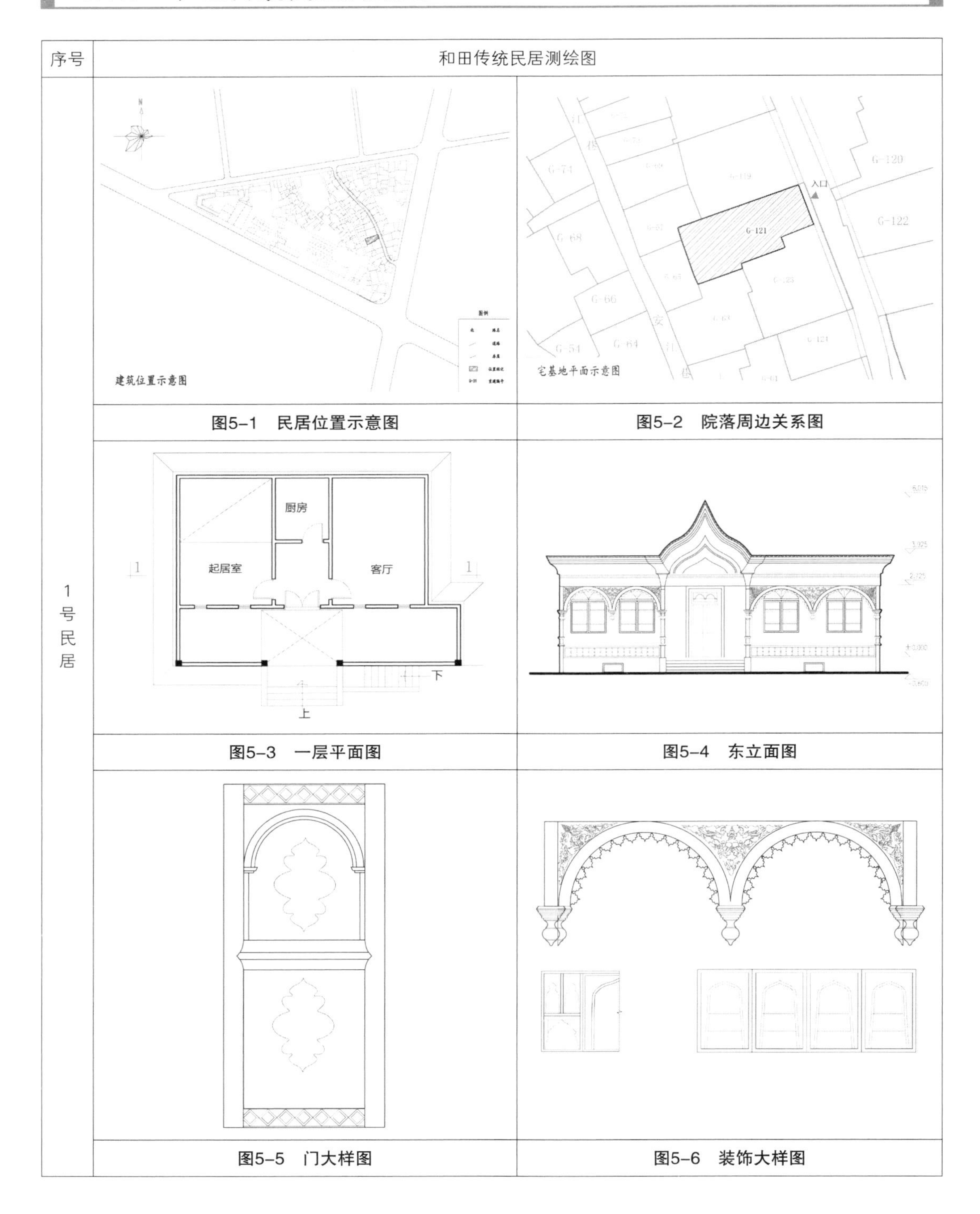

图5-1 民居位置示意图

图5-2 院落周边关系图

图5-3 一层平面图

图5-4 东立面图

图5-5 门大样图

图5-6 装饰大样图

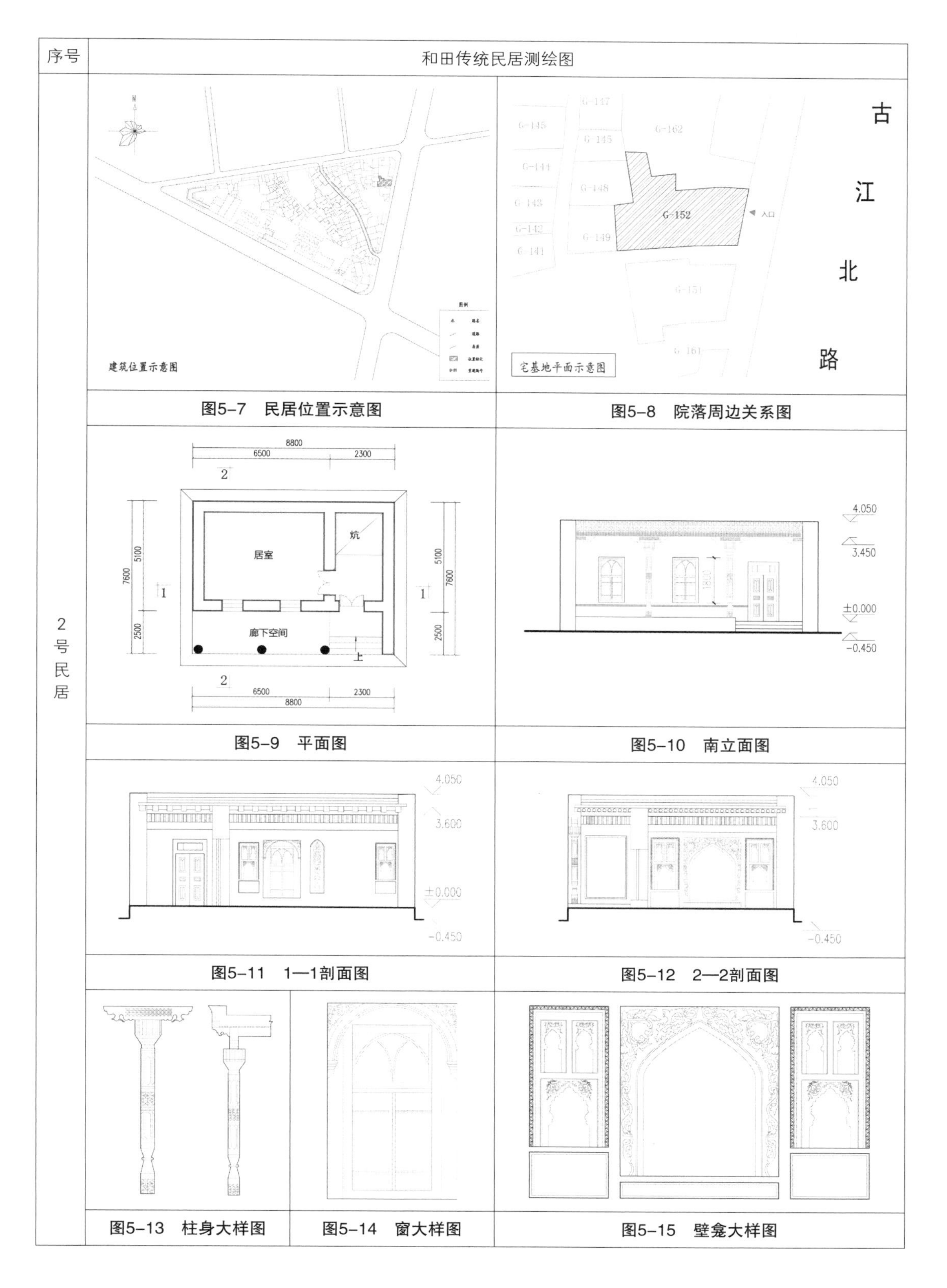

图5-7 民居位置示意图

图5-8 院落周边关系图

图5-9 平面图

图5-10 南立面图

图5-11 1—1剖面图

图5-12 2—2剖面图

图5-13 柱身大样图

图5-14 窗大样图

图5-15 壁龛大样图

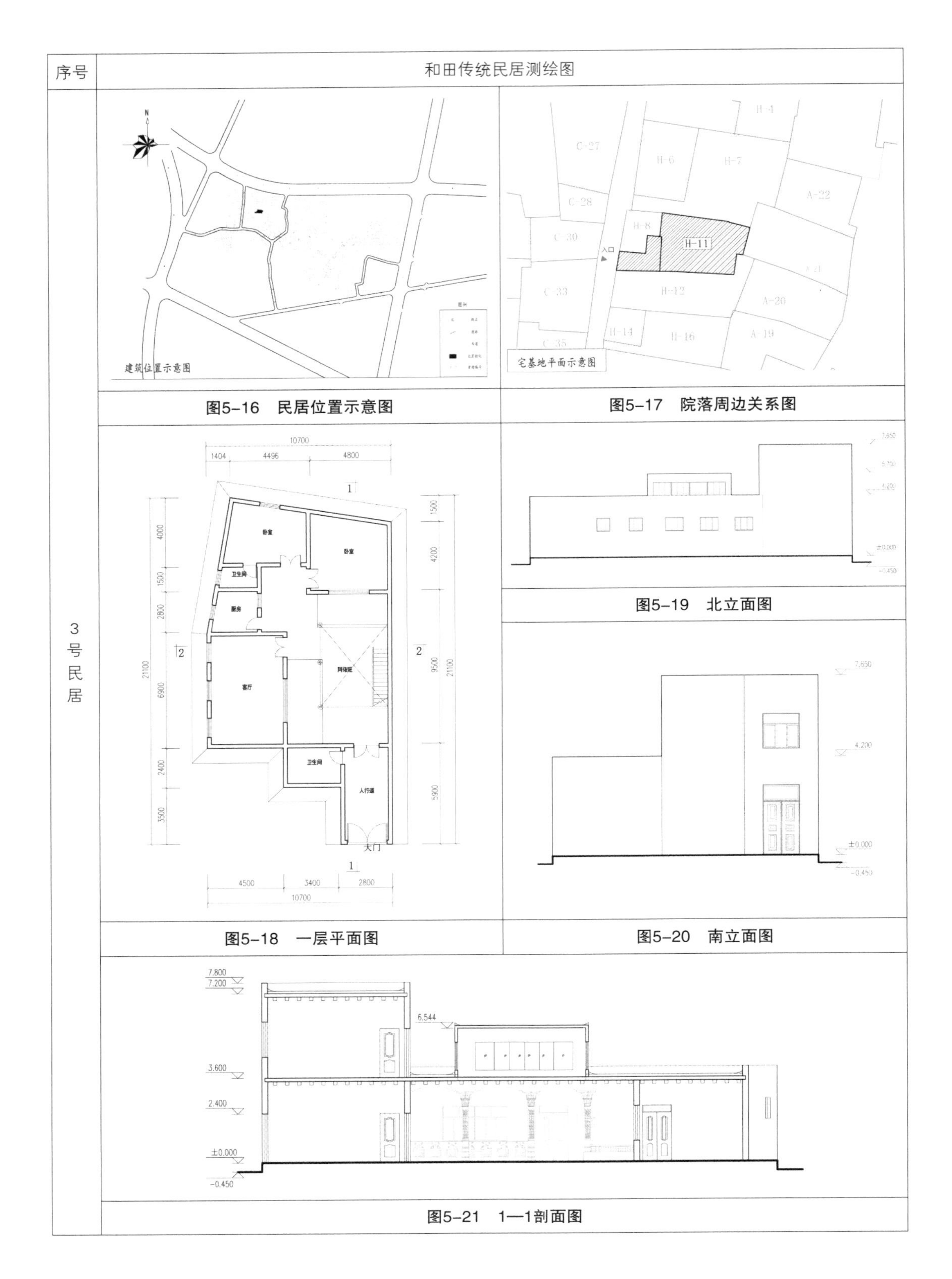

图5-16 民居位置示意图

图5-17 院落周边关系图

图5-18 一层平面图

图5-19 北立面图

图5-20 南立面图

图5-21 1—1剖面图

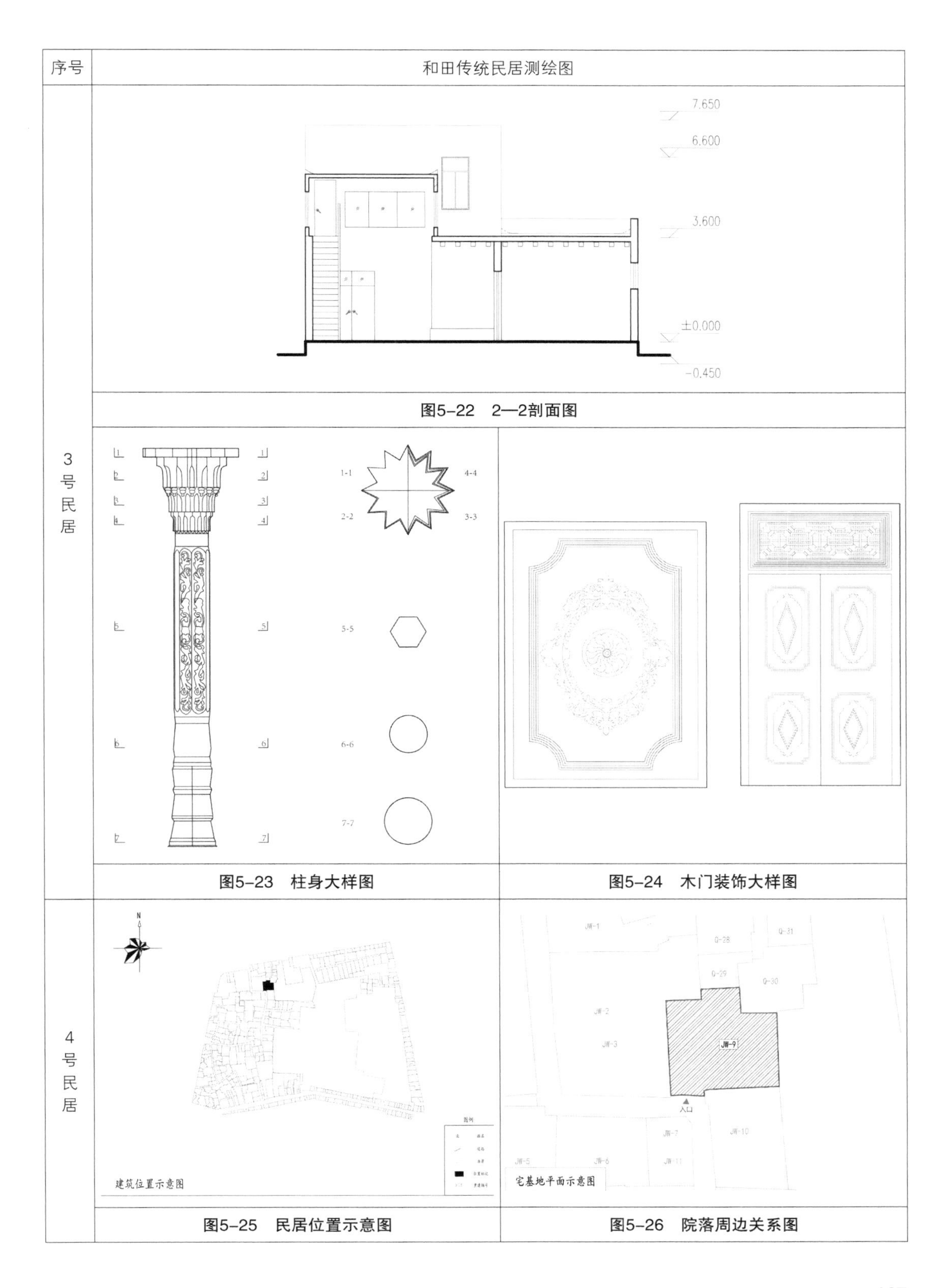

图5-22 2—2剖面图

图5-23 柱身大样图

图5-24 木门装饰大样图

图5-25 民居位置示意图

图5-26 院落周边关系图

序号	和田传统民居测绘图

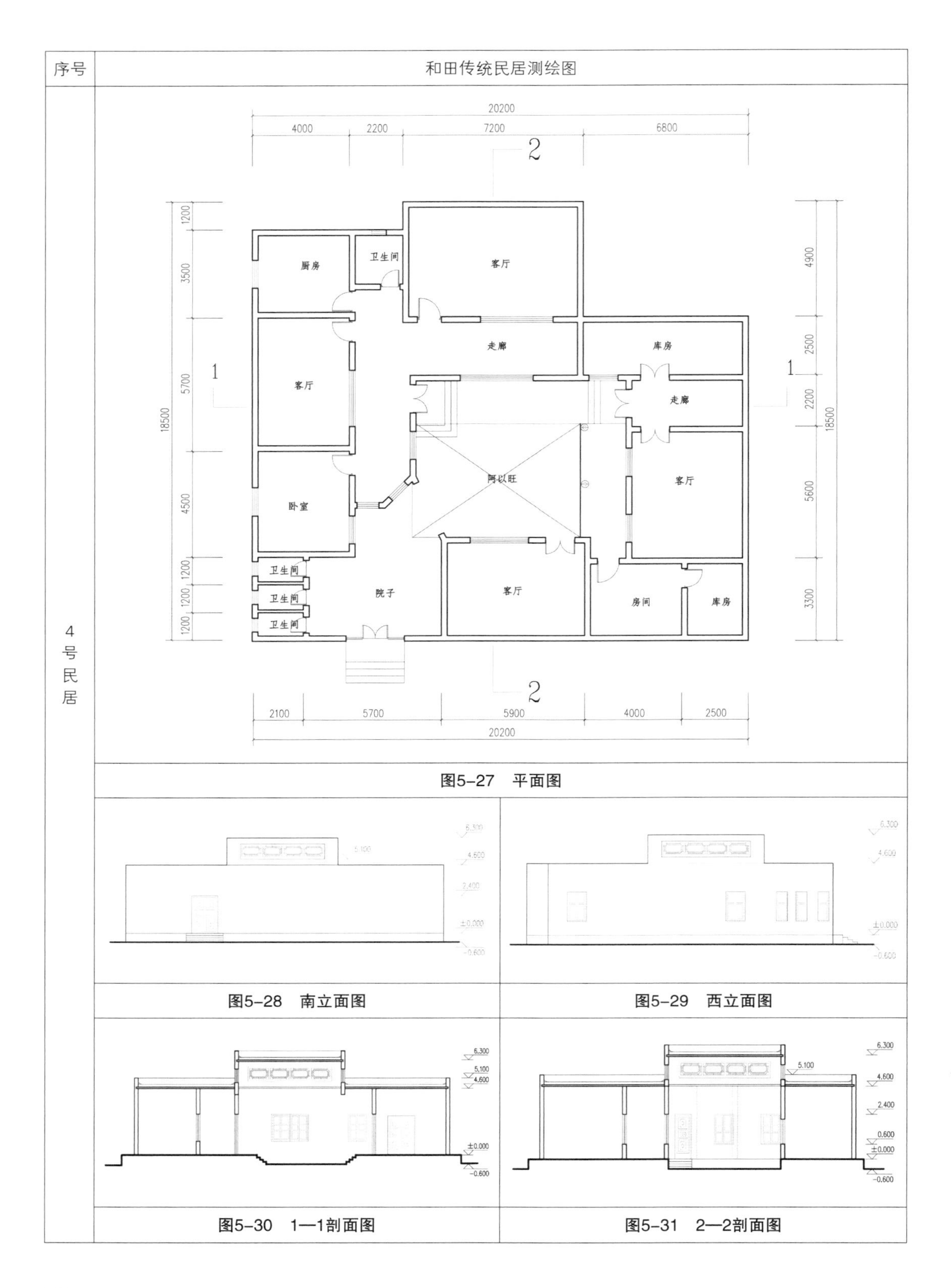

图5-27 平面图

图5-28 南立面图

图5-29 西立面图

图5-30 1—1剖面图

图5-31 2—2剖面图

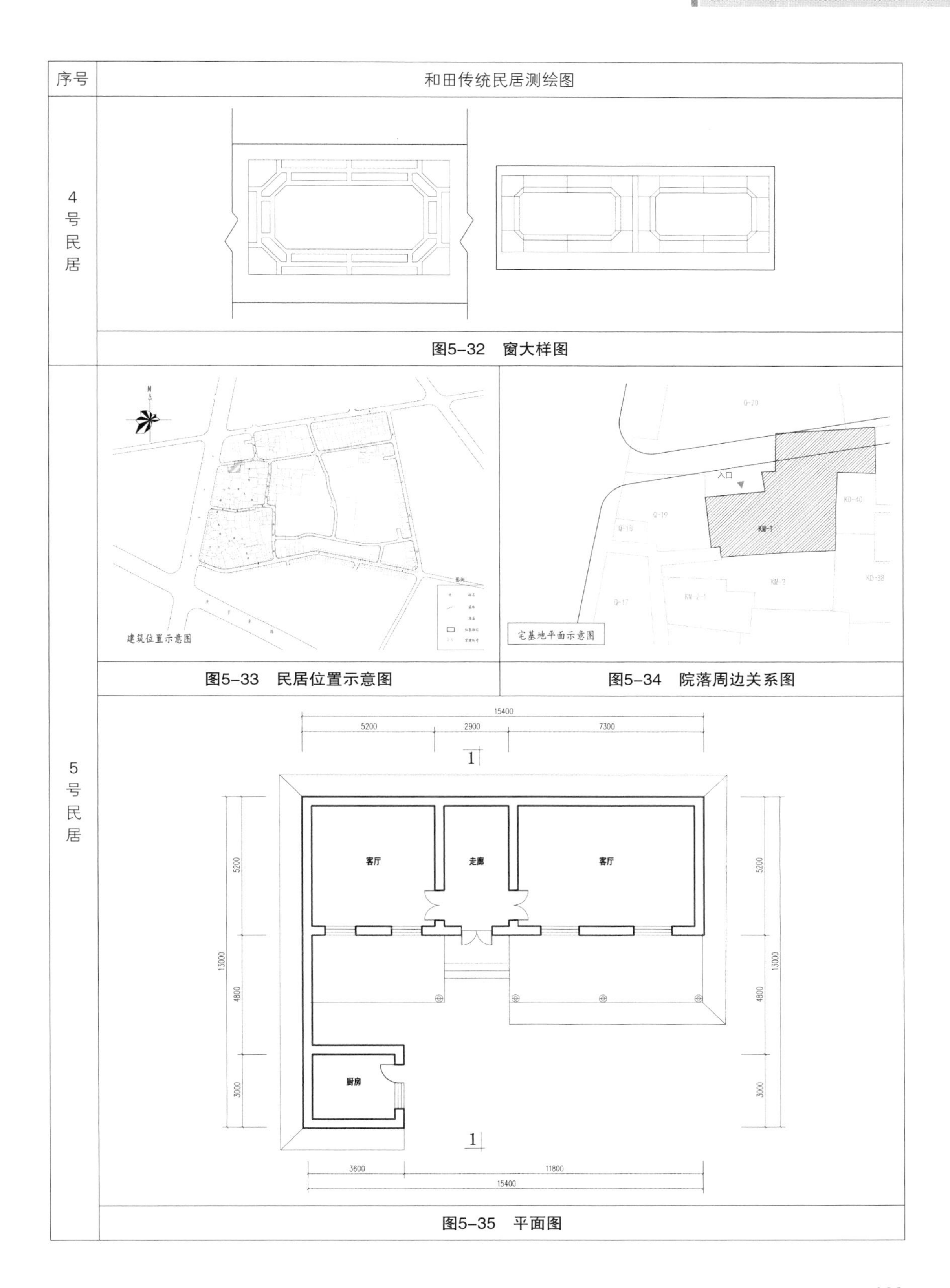

图5-32　窗大样图

图5-33　民居位置示意图

图5-34　院落周边关系图

图5-35　平面图

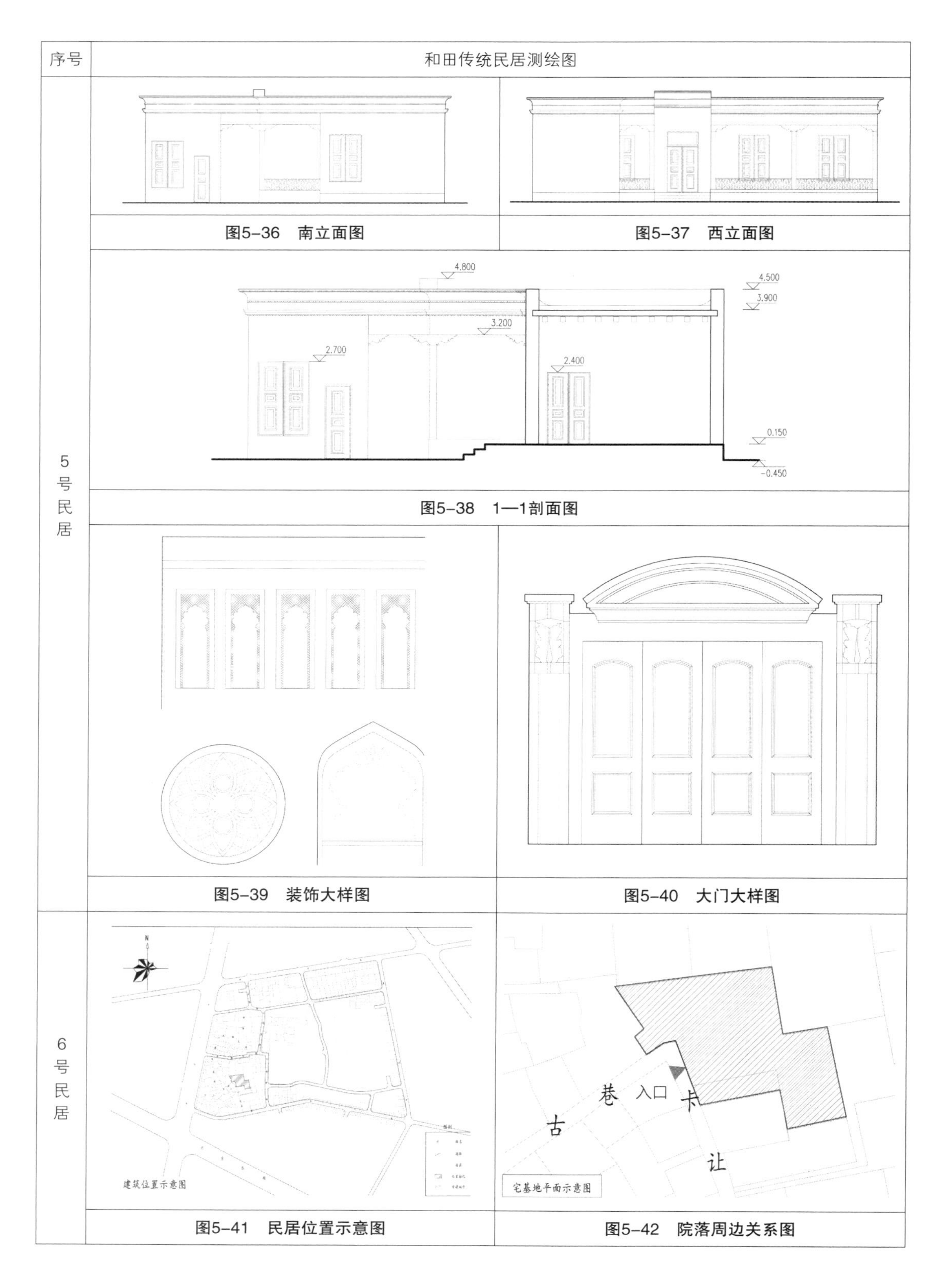

图5-36 南立面图

图5-37 西立面图

图5-38 1—1剖面图

图5-39 装饰大样图

图5-40 大门大样图

图5-41 民居位置示意图

图5-42 院落周边关系图

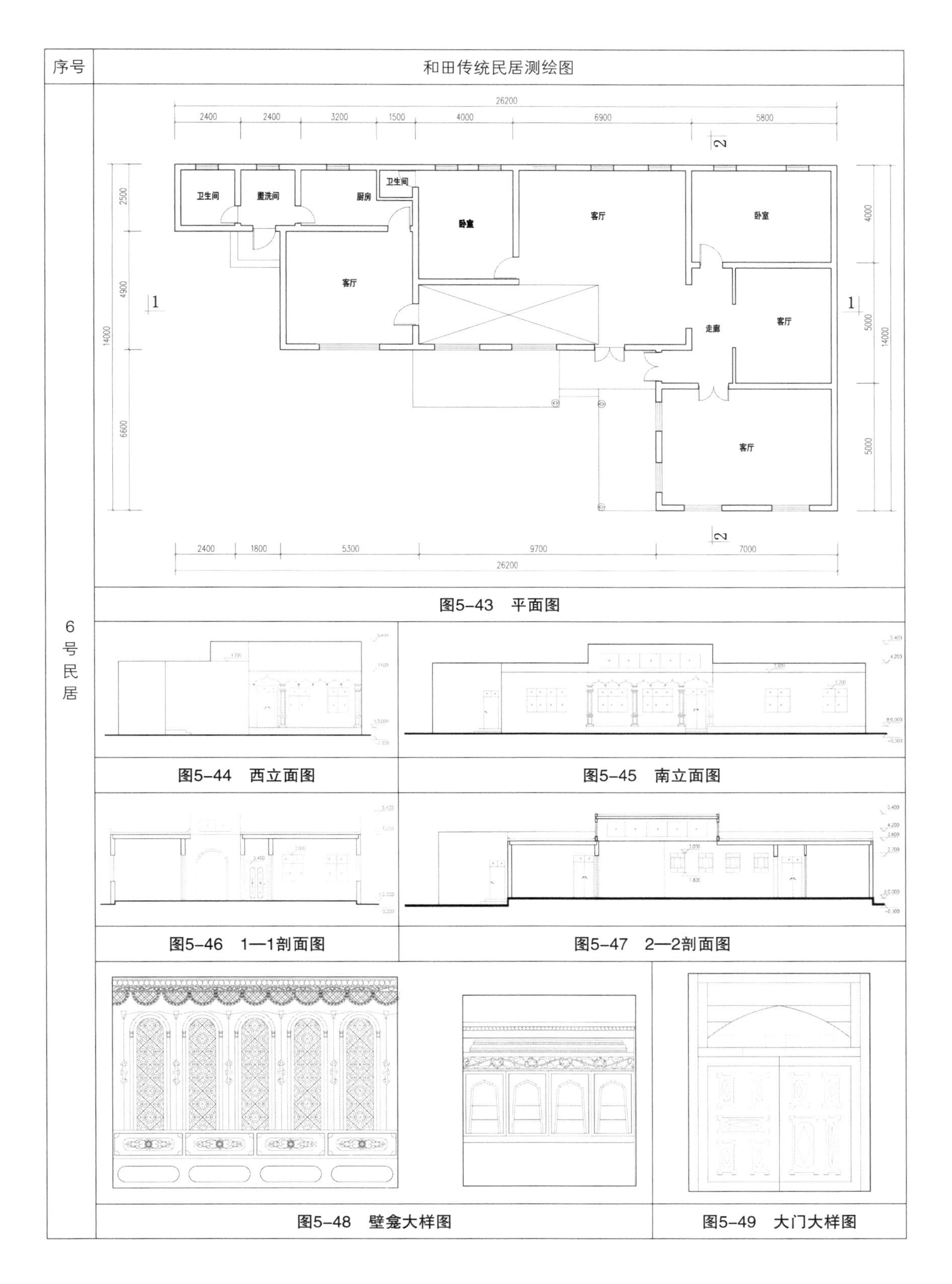

图5-43 平面图

图5-44 西立面图

图5-45 南立面图

图5-46 1—1剖面图

图5-47 2—2剖面图

图5-48 壁龛大样图

图5-49 大门大样图

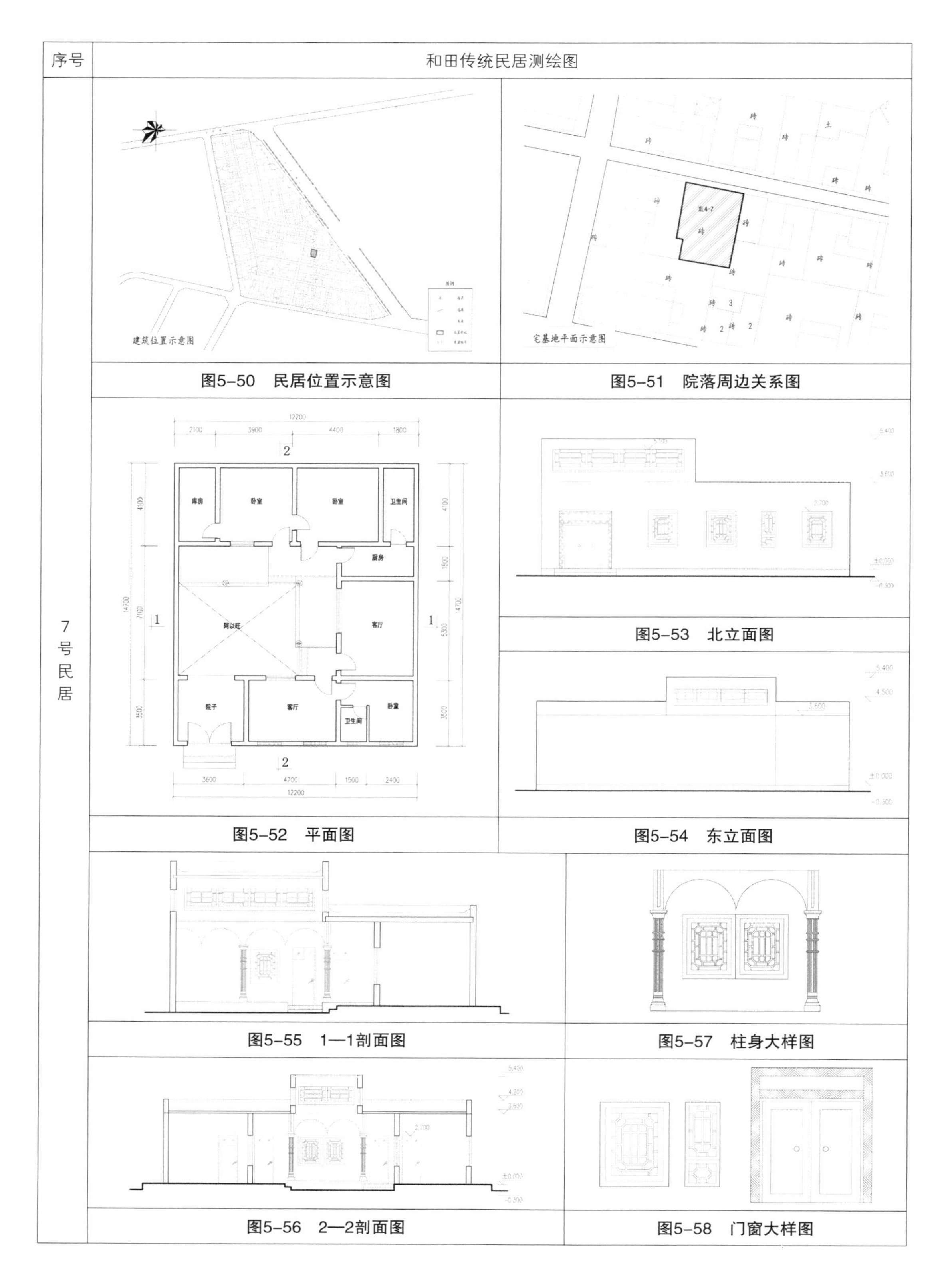

图5-50 民居位置示意图

图5-51 院落周边关系图

图5-52 平面图

图5-53 北立面图

图5-54 东立面图

图5-55 1—1剖面图

图5-57 柱身大样图

图5-56 2—2剖面图

图5-58 门窗大样图

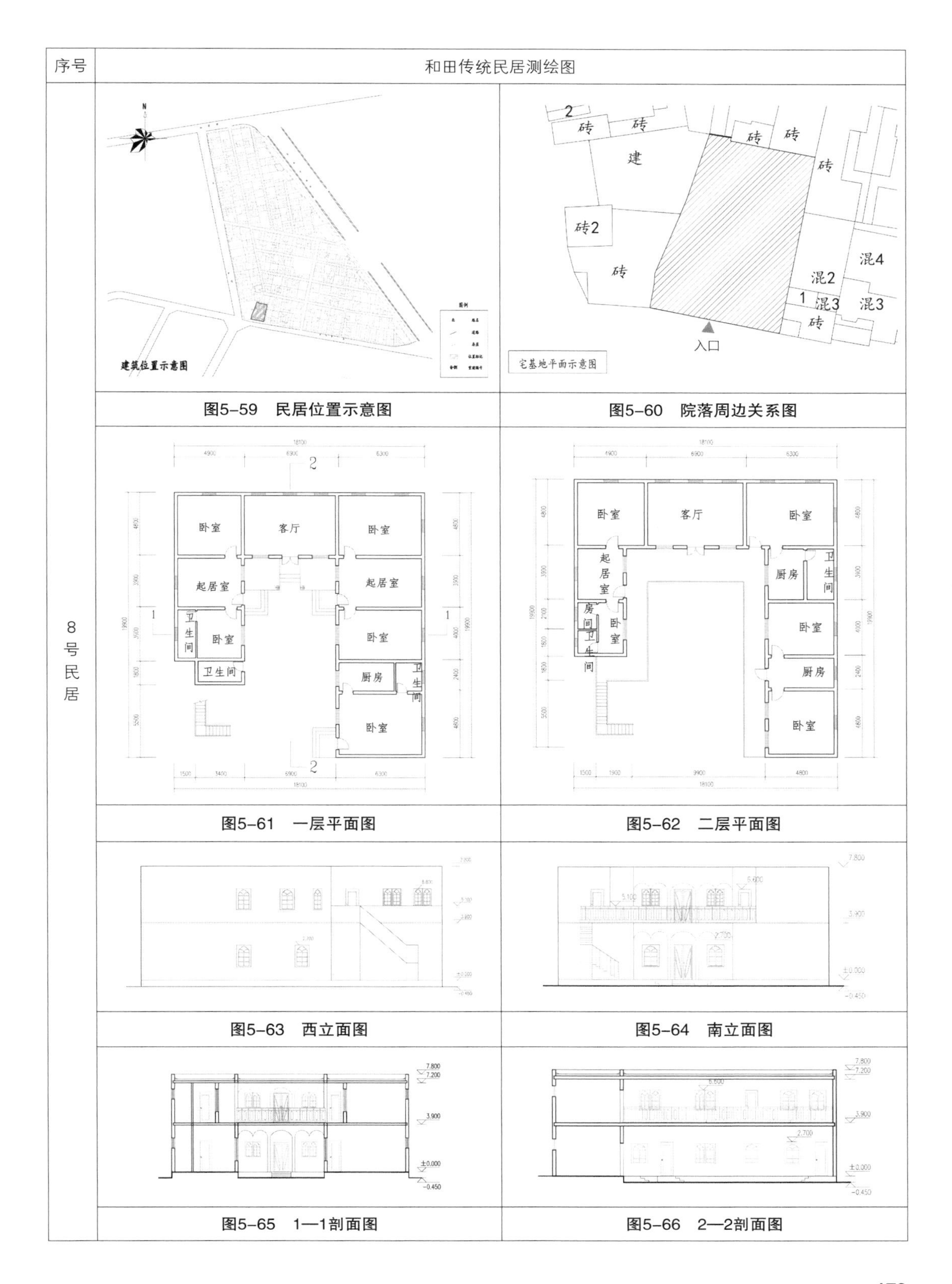

图5-59　民居位置示意图

图5-60　院落周边关系图

图5-61　一层平面图

图5-62　二层平面图

图5-63　西立面图

图5-64　南立面图

图5-65　1—1剖面图

图5-66　2—2剖面图

5.2 喀什绿洲民居的空间特征

5.2.1 喀什传统民居概况

表5-2 喀什绿洲典型民居基本情况表

民居编号	民居位置	建筑面积（m^2）	建造时间	布局特点
1号民居	新疆维吾尔自治区喀什老城区	141.3	2004年	建筑为一层，平面呈L形布局，即坐东朝西，正面有辟夏以旺开放向庭院
2号民居		272	2005年	新旧建筑皆为一层，相互组合呈现L形布局，新建筑前有辟夏以旺，中间是一明两暗的布局。旧建筑为二层，有外廊，二层外廊的。旧建筑的楼梯的休息平台处有储藏空间
3号民居		145.5	2005年	建筑为一层，形式上呈分散的一字形布局。建筑前有辟夏以旺，后面设有廊，为廊前廊的布局模式
4号民居		186.6	2009年	建筑为二层，总体布局呈U形，两侧的房屋夹着一个承载着全家起居功能的天井
5号民居		159.8	1978年	建筑主体为一层，局部二层。一层主房布局为南疆地区传统民居中典型的一明两暗式的布局，过厅小，卧室大
6号民居		89.6	1973年	建筑主体为一层，局部二层。建筑用地极为狭窄，通过过街楼进入院内，一楼梯直通二层，局部为过街楼
7号民居		320.6	1988年	建筑呈U形，在布局上，建筑朝向内部庭院开廊道，极具向心性。内庭院极为方正，露台、苏帕各居其处
8号民居		268	1986年	建筑坐北朝南，规模较大，与辟夏以旺相互结合呈现出L形

5.2.2 喀什传统民居特征概述

在建筑功能上，喀什传统民居大多设置辟夏以旺，作为串联各个功能房间的廊，一方面起到生活起居的作用，另一方面与庭院相呼应，起到景观渗透的作用。多数设置天井，上有部分露台，以供纳凉休息。多数民居房前有伸出的过街楼，是为获得更多居住面积的举措，同时也有在夏季为街道遮阴的功能，骑在街道上的过街楼的功能多为卧室。

在建筑形制方面，主要有三种形制，包括一字形、L形和U形。一字形建筑与L形建筑大多由辟夏以旺串联各个空间，向庭院敞开。U形建筑向内庭院开廊道，功能布局极具向心性。

在立体空间上，单层建筑、局部二层建筑、二层建筑不规则搭配排列，加上骑在窄巷间的过街楼，整个空间丰富且具有层次感。

在院落布局上，庭院布局大多紧凑，在视觉效果上放大了构建物的特色，展现出强烈的地域风格，院内的植物点缀着富有层次感的建/构筑物，给院落增添了生活和自然的气息。

5.2.3　喀什传统民居建构特征归纳

喀什传统民居建筑为砖木结构，墙体为砖或土坯垒砌，有构造柱加固，屋顶部分则为当地传统的木构平顶，室内、廊下的密梁装饰颇为繁复，将结构暴露出来，用以彩饰，这种彻上露明的做法反映出了喀什民居的建构美学特征。

在功能上，多数建筑设有“苏帕”（或称“辟夏以旺”），是一种存在于南疆传统民居中的一种建筑形式，一般位于屋前，是上檐下台、一面开敞向庭院的半开放空间，其出檐深度一般2~3米，用于室外起居，是居住的活动中心，亦是半露天的客厅，有些还可通过低窗直接进入室内。

5.2.4　喀什传统民居风貌特征归纳

从整体风貌来看，喀什传统民居独有的特征，既有过街楼，又有辟夏以旺，还有不规则的外部形态，高低错落的两层空间。

传统民居的柱廊独具特色，大多数建筑外廊或一层的柱廊较为简洁，仅有梁托，色彩为朴素的木色。二层的拱廊一般较为奢华，两个拱充满一个柱子的开间。拱廊的夹缝中满是花纹，花纹图案为自然的花草形状。建筑檐口也是多条线脚，极具地域特色。

门窗多以蓝色木质为主，较为简洁，仅有若干线脚。栏杆的竖向木条做成宝瓶形状，为当地特色装饰。

5.2.5　喀什传统民居测绘图

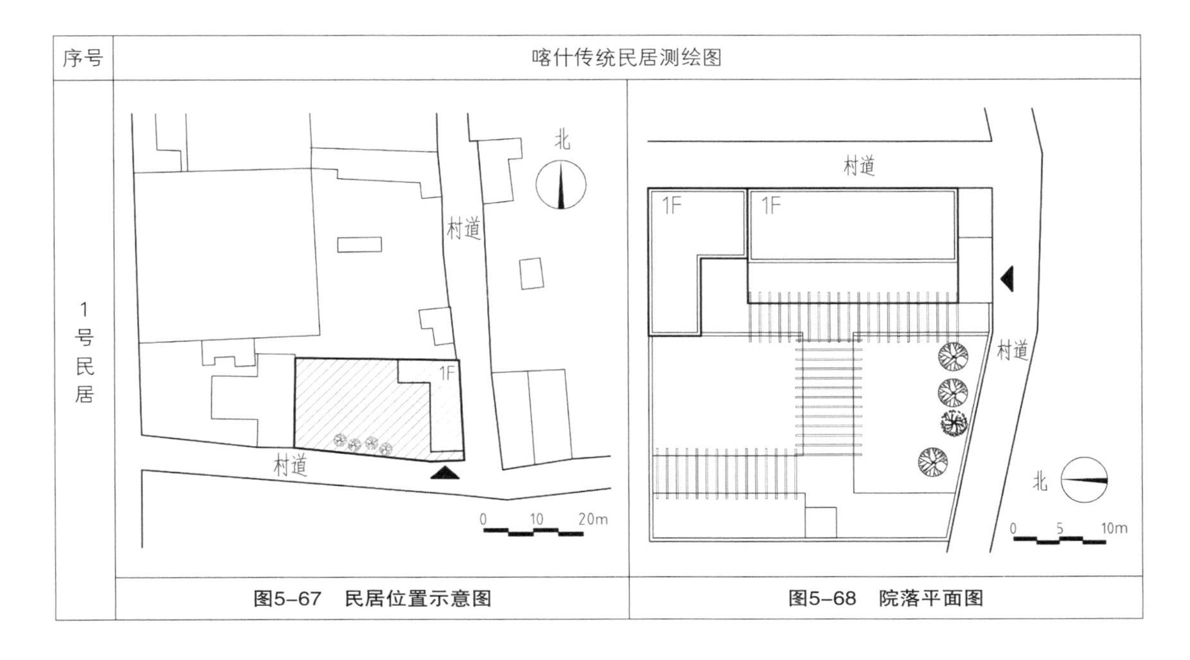

图5-67　民居位置示意图

图5-68　院落平面图

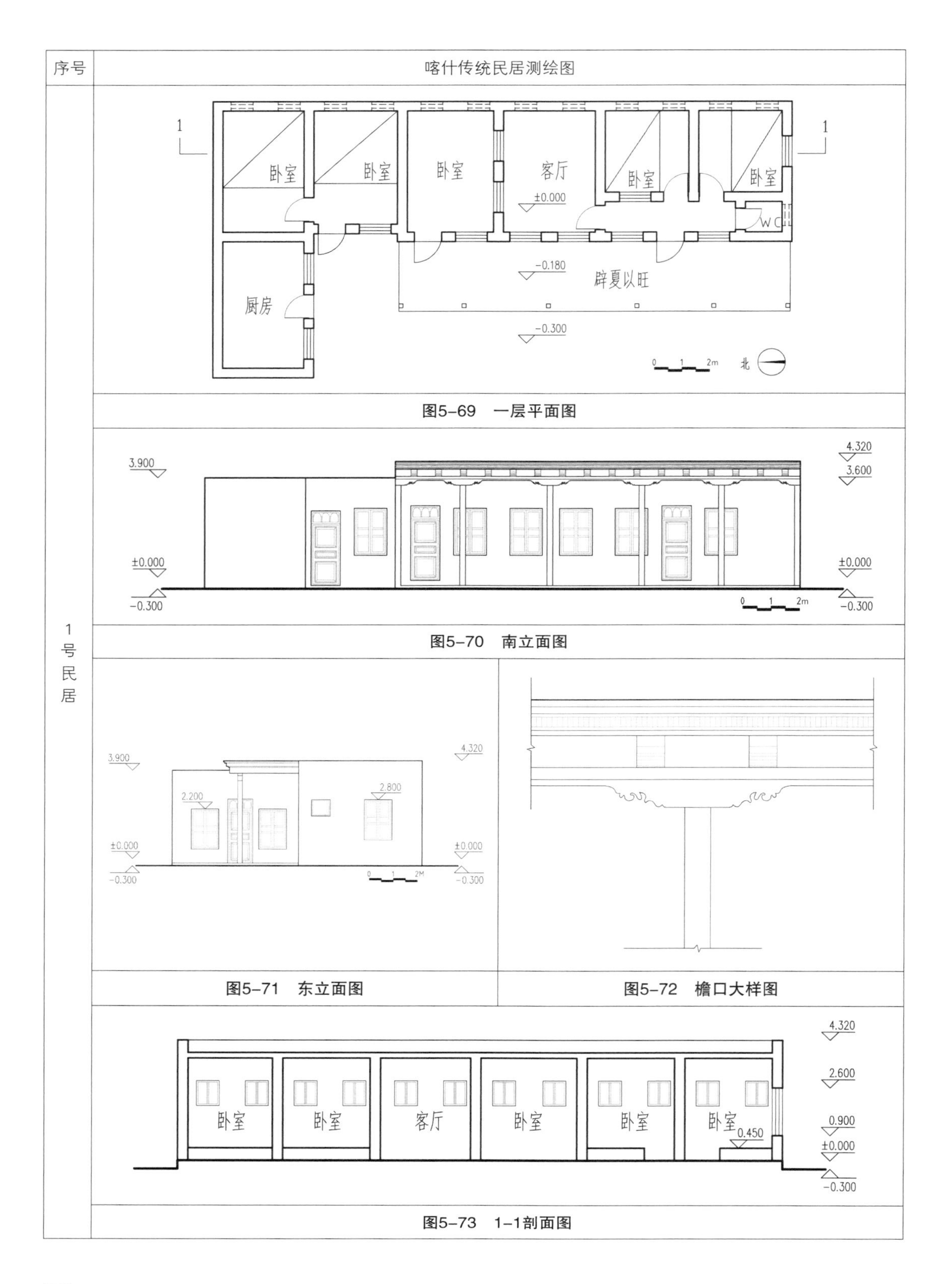

图5-69　一层平面图

图5-70　南立面图

图5-71　东立面图

图5-72　檐口大样图

图5-73　1-1剖面图

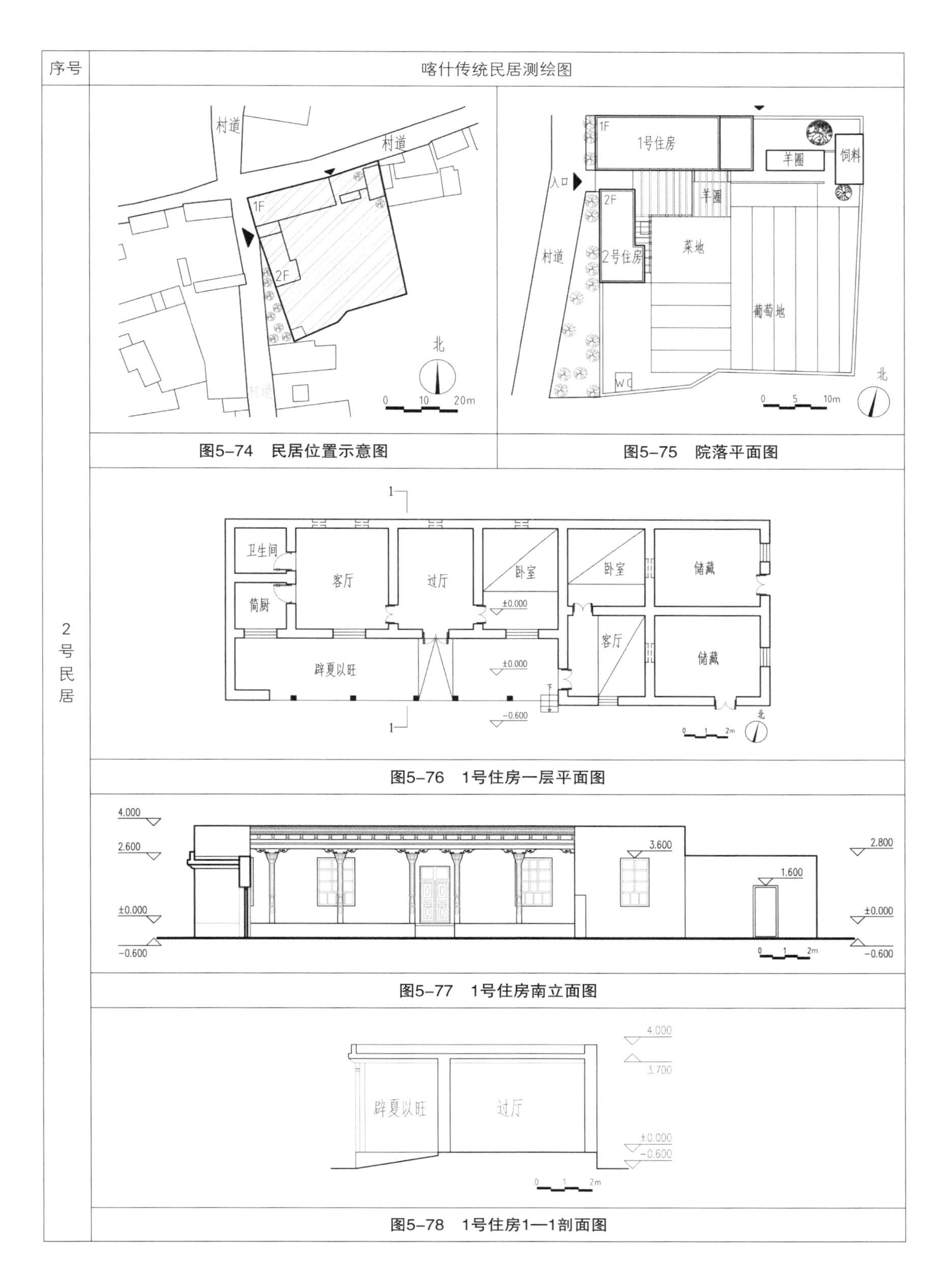

图5-74 民居位置示意图

图5-75 院落平面图

图5-76 1号住房一层平面图

图5-77 1号住房南立面图

图5-78 1号住房1—1剖面图

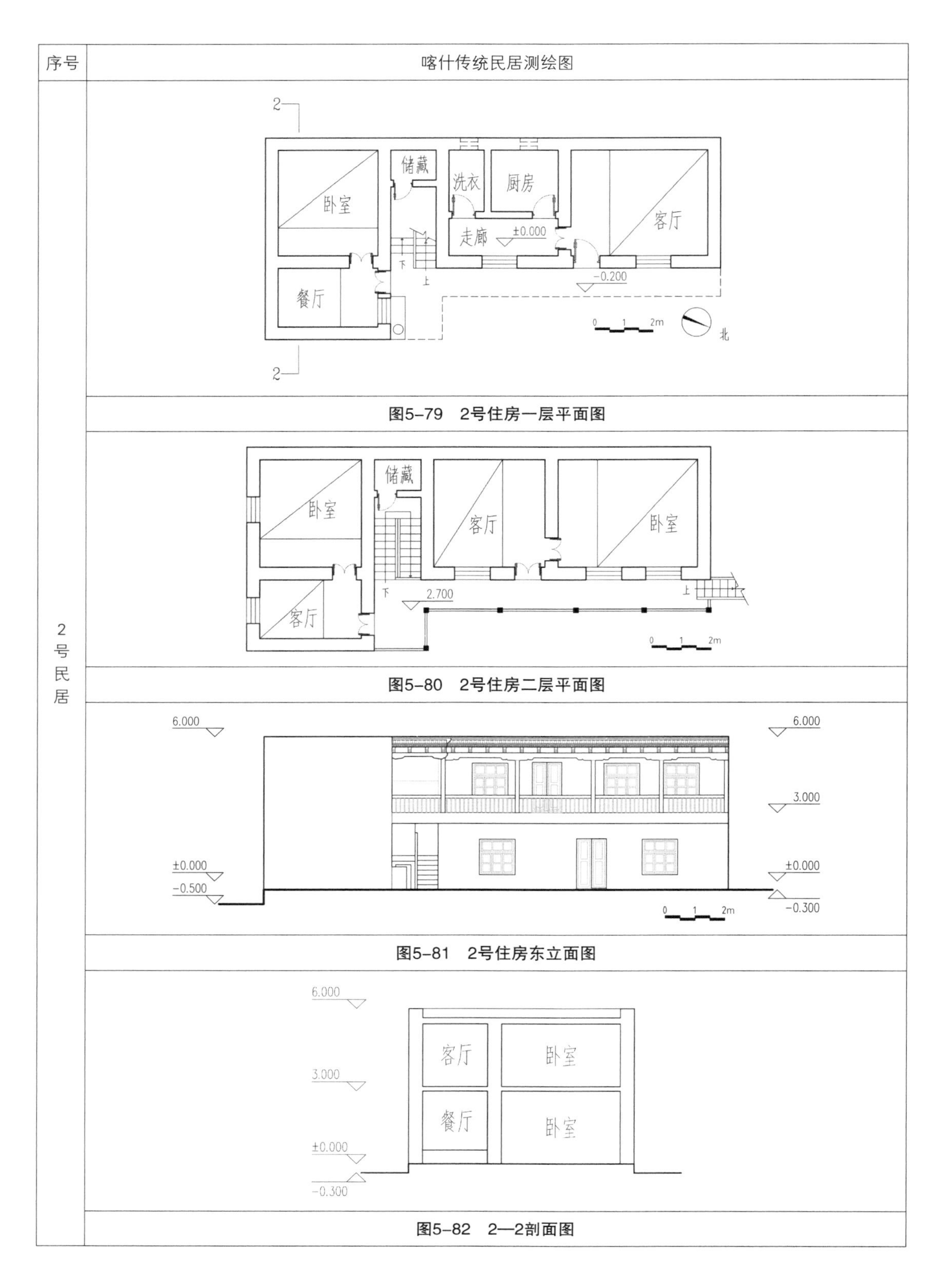

图5-79 2号住房一层平面图

图5-80 2号住房二层平面图

图5-81 2号住房东立面图

图5-82 2—2剖面图

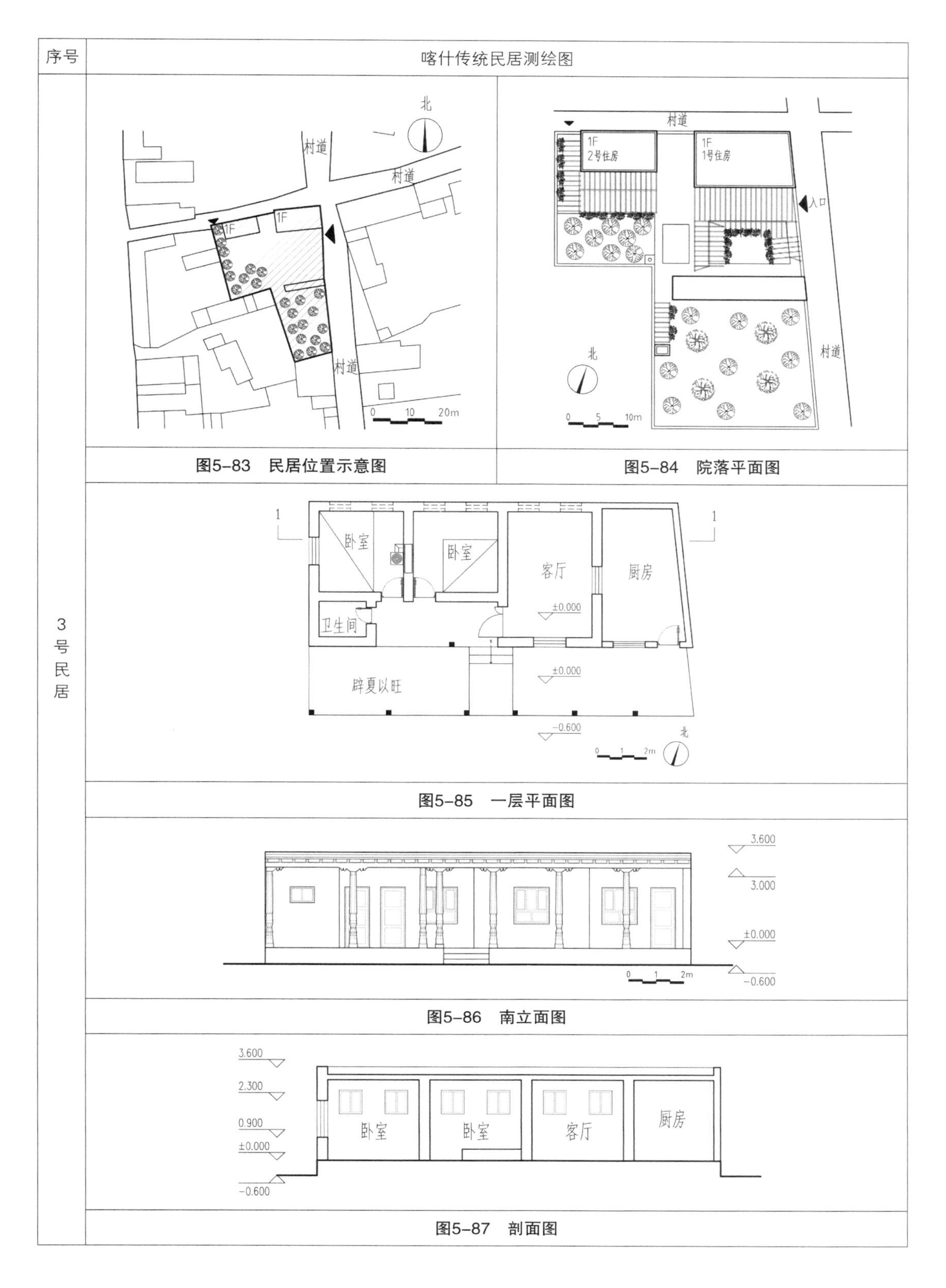

图5-83　民居位置示意图

图5-84　院落平面图

图5-85　一层平面图

图5-86　南立面图

图5-87　剖面图

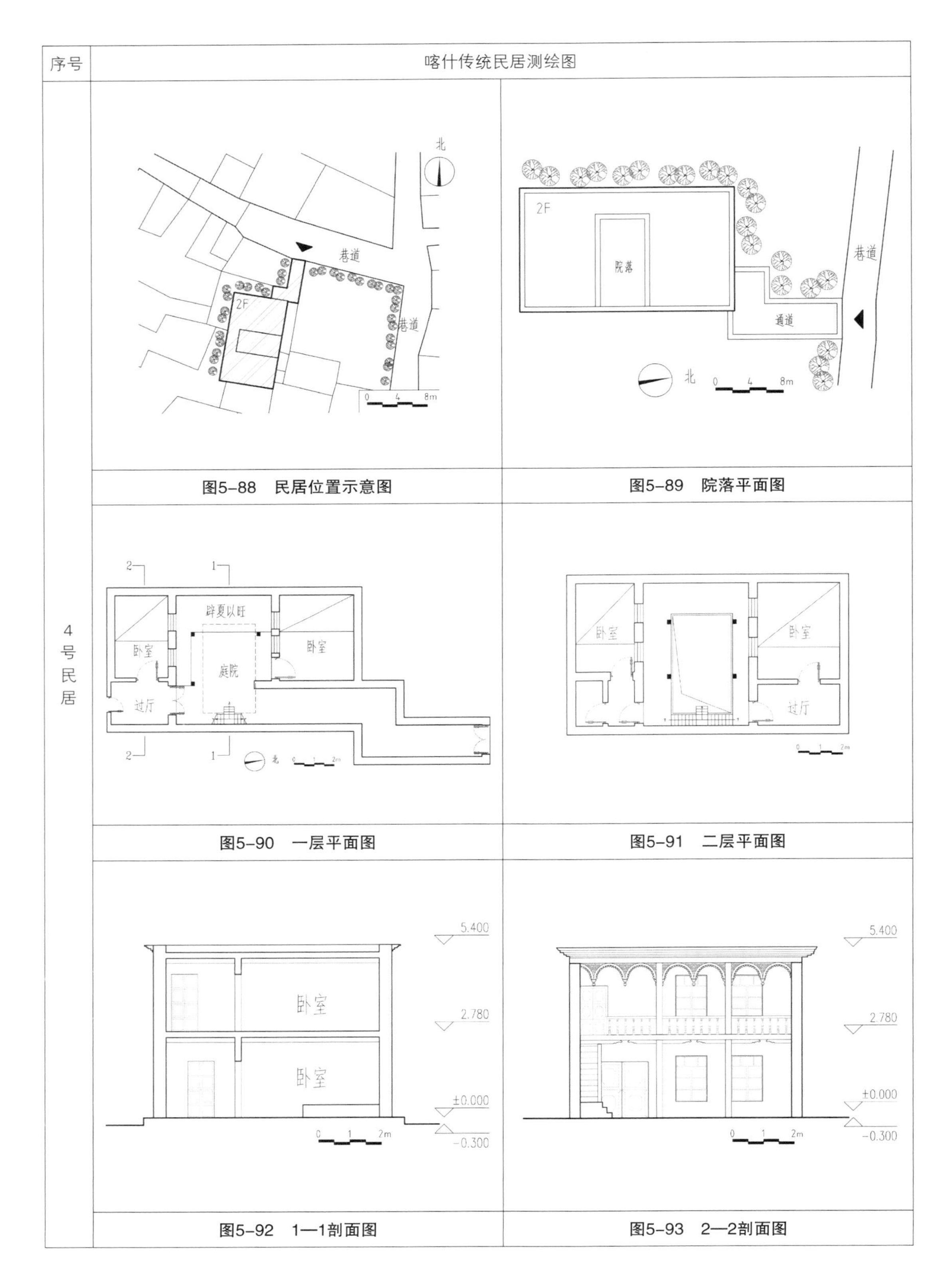

图5-88 民居位置示意图

图5-89 院落平面图

图5-90 一层平面图

图5-91 二层平面图

图5-92 1—1剖面图

图5-93 2—2剖面图

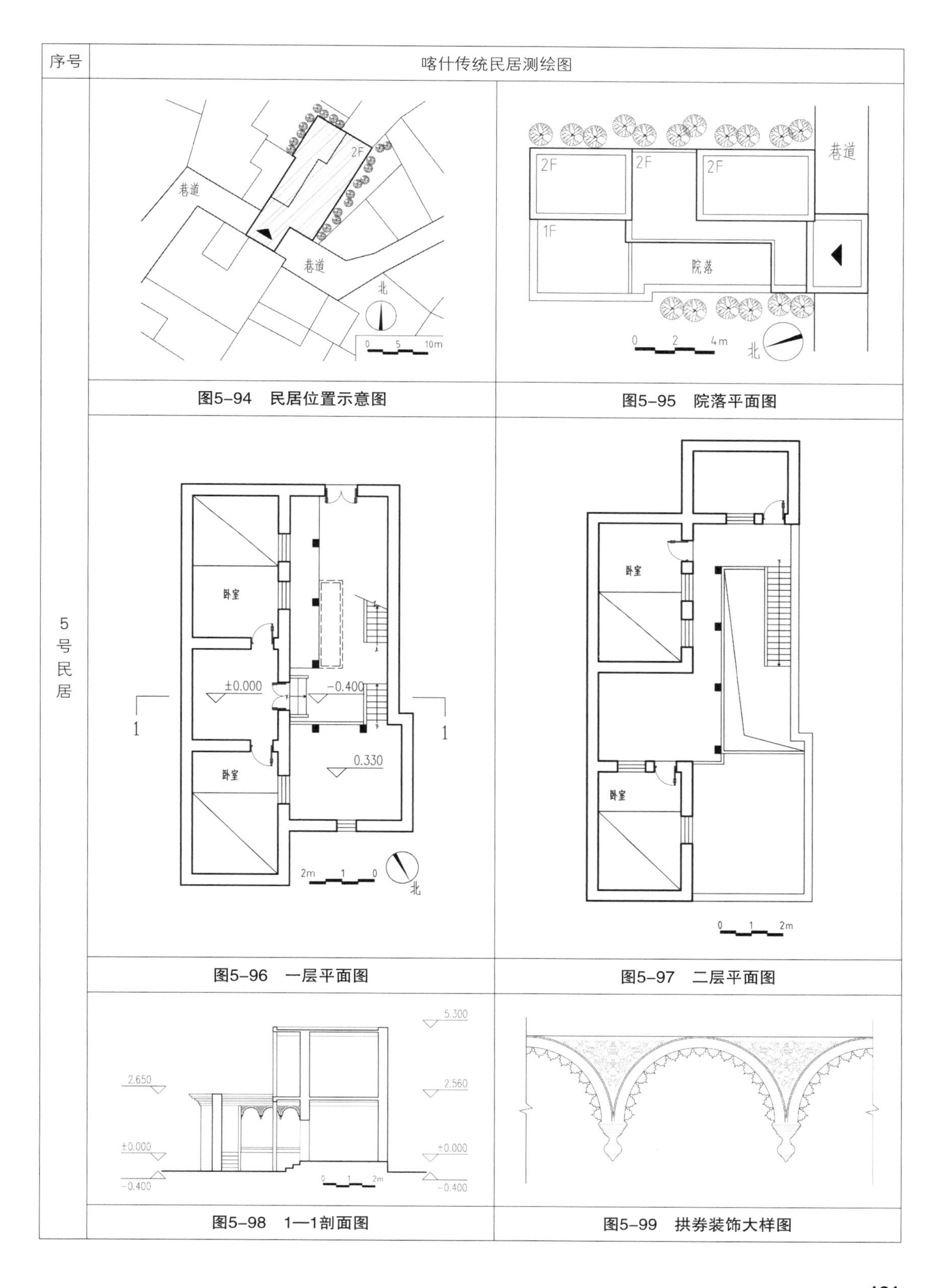

图5-94　民居位置示意图

图5-95　院落平面图

图5-96　一层平面图

图5-97　二层平面图

图5-98　1—1剖面图

图5-99　拱券装饰大样图

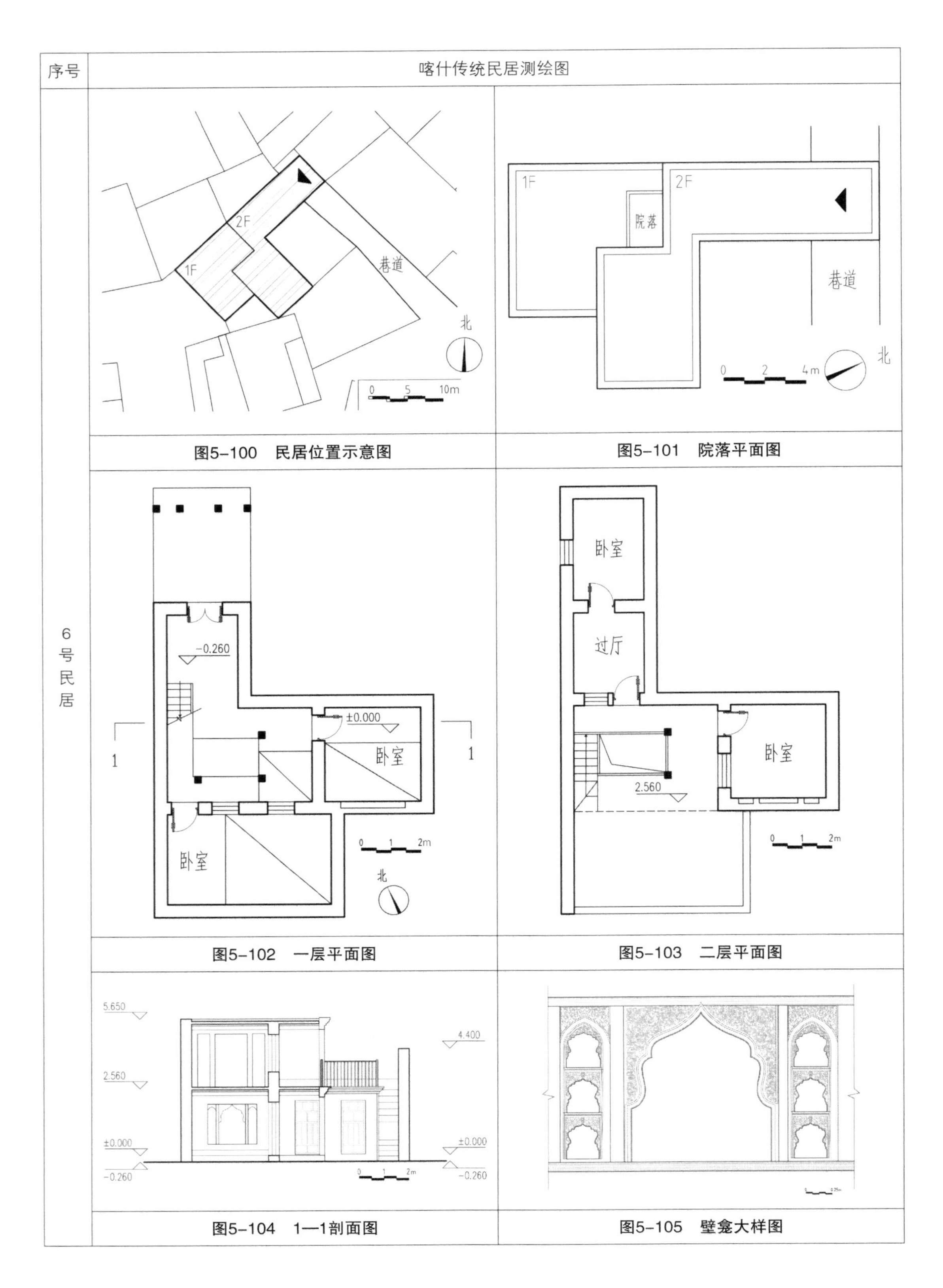

图5-100 民居位置示意图

图5-101 院落平面图

图5-102 一层平面图

图5-103 二层平面图

图5-104 1—1剖面图

图5-105 壁龛大样图

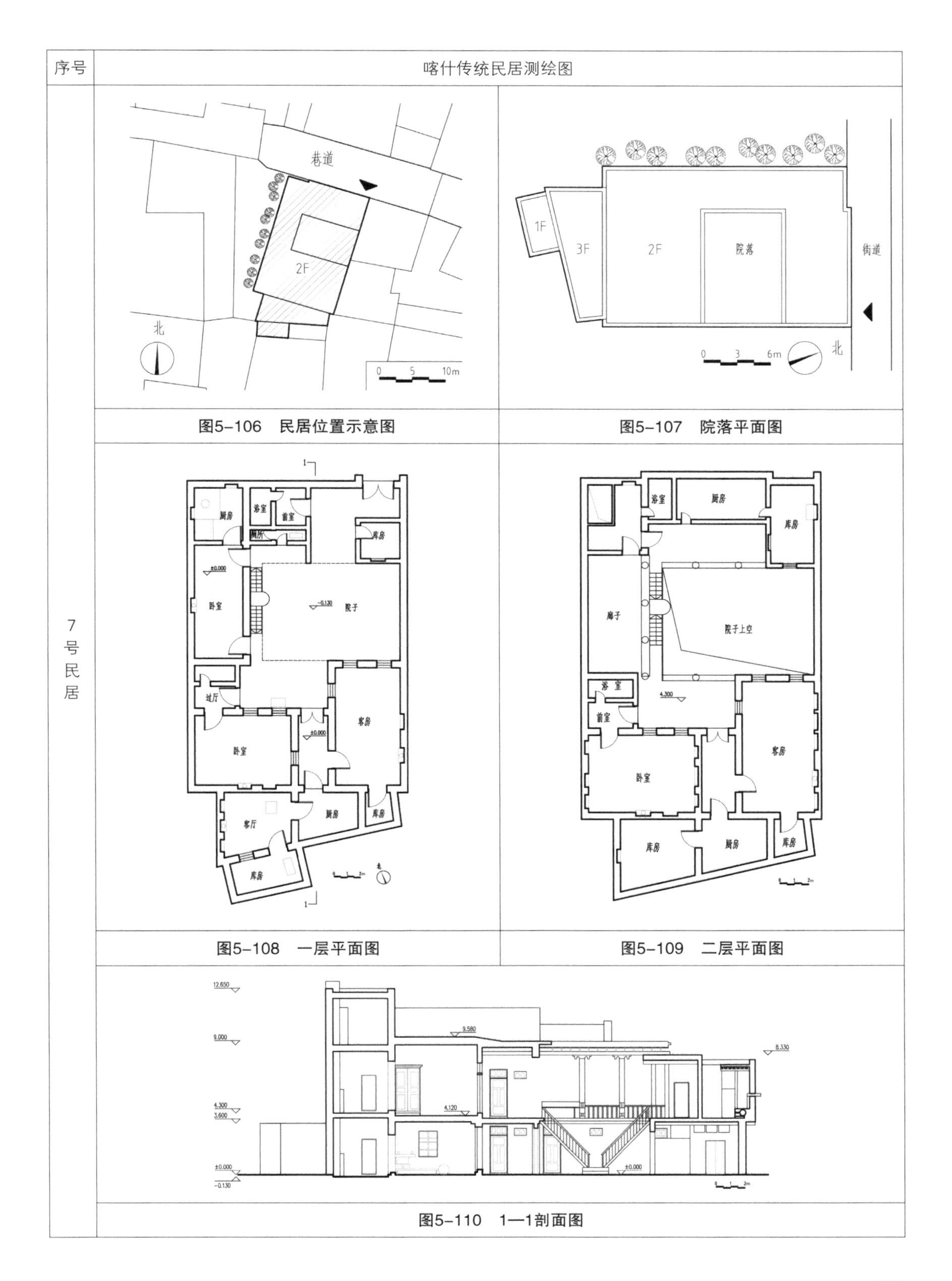

图5-106　民居位置示意图

图5-107　院落平面图

图5-108　一层平面图

图5-109　二层平面图

图5-110　1—1剖面图

图5-111 民居位置示意图

图5-112 院落平面图

图5-113 一层平面图

图5-114 二层平面图

图5-115 1—1剖面图

5.3 阿克苏绿洲民居的空间特征

5.3.1 阿克苏传统民居概况

表5–3 阿克苏绿洲典型民居基本情况表

民居编号	民居定位		建筑面积（m^2）	布局特点
1号民居	新疆维吾尔自治区阿克苏地区乌什县	南关街七巷12号	172	院落由新老建筑组合而成，皆为L形建筑。老建筑为由廊空间串联卧室和客厅，新建筑为厨房和饭厅，配置厕所和浴室，廊道与室外葡萄架相连
2号民居		南关街九巷5号	277	院落规模较大，由新旧两栋建筑围合而成，主建筑为新建筑，呈长方形，次建筑为老建筑，呈L形布局，院落中各建筑由中庭连接
3号民居		南关街四巷二弄4号	146	院落为合院式布局，规模较大，新老建筑并存围合成的院落自成天地。新建筑为局部二层，呈L形布局。老建筑为一层，呈一字形布置
4号民居	新疆维吾尔自治区阿克苏地区库车市	热斯坦街区科克其买里巷101号	380	院落由新老建筑共同组成，皆为一层建筑。老建筑为“凹”字形布局，卧室由廊下进入，中间过厅通往厨房区域，新建筑一层，呈“一”字形布局，由廊架串联各个房间
5号民居		热斯坦街区科克其买里巷61号	460	院落规模较大，院落建筑为“凹”字形布局，由连续拱门形成的长廊串联各个功能空间，围合成内庭院
6号民居		热斯坦街区科克其买里巷66	130	院落布局方正，功能清晰合理。建筑为L形布局，建筑由廊下进入，各房间之间相互连通
7号民居		萨克萨克街区人民路9号	200	建筑为“回”字形布局，建筑物内侧均有辟夏以旺组成的灰空间，连接各个房间

5.3.2 阿克苏传统民居特征概述

在建筑功能组织上，当地大多传统民居围绕“阿克塞乃”空间（类似于中原民居中的庭院，中央或部分屋顶开敞）而建，作为日常起居空间。部分民居建筑中设有阿以旺厅，作为重要的起居空间。

在布局形式上，有内向性围合形式和半开敞性前后院形式。内向性围合建筑在形式上表现为“凹字形”，半开敞的前后院中以“L形建筑”“一字形建筑”居多，大多与廊结合。

从院落布局来看，院落的空间层次丰富，具有独特的风貌特点。从空间上来看，室内外空间的衔接与相融拓展了人的活动空间，增加了生活实用性；建筑的色彩与植物色彩相互呼应，体现了热情而传统的风格特点。

5.3.3 阿克苏传统民居建构特征归纳

阿克苏传统民居建筑多为砖木或土木结构结构，墙体为砖或土坯砌筑，屋顶为木构平顶。屋顶部分则为当地传统的木构平顶，室内、廊下的密梁装饰颇为繁复，将结构暴露出来，用以彩饰。

在建筑装饰上，无论是柱饰装修、石膏花饰，还是木雕木刻都着重位于主要建筑及重要构建部位，主体突出，效果显著。其装饰的精雕极具地域特征，长廊和厨房的天窗开启方式，充分体现了当地劳动人民的生态智慧。

5.3.4 阿克苏传统民居风貌特征归纳

当地建筑具有新疆传统民居中小型居住建筑的典型特征：在造价有限的条件下尽可能追求精美的做工和彩绘，室内装修精美、细腻。建筑一般具有浓郁的民族风格，有朝向庭院的精美柱式，柱头、柱身一般绘有蓝青黄彩画，色泽鲜艳。

门窗构件一般与建筑装饰相同，因此风貌一致和谐，建筑外墙色彩大多以白与蓝色调为主，大门多为蓝色的木门。

5.3.5 阿克苏传统民居测绘图

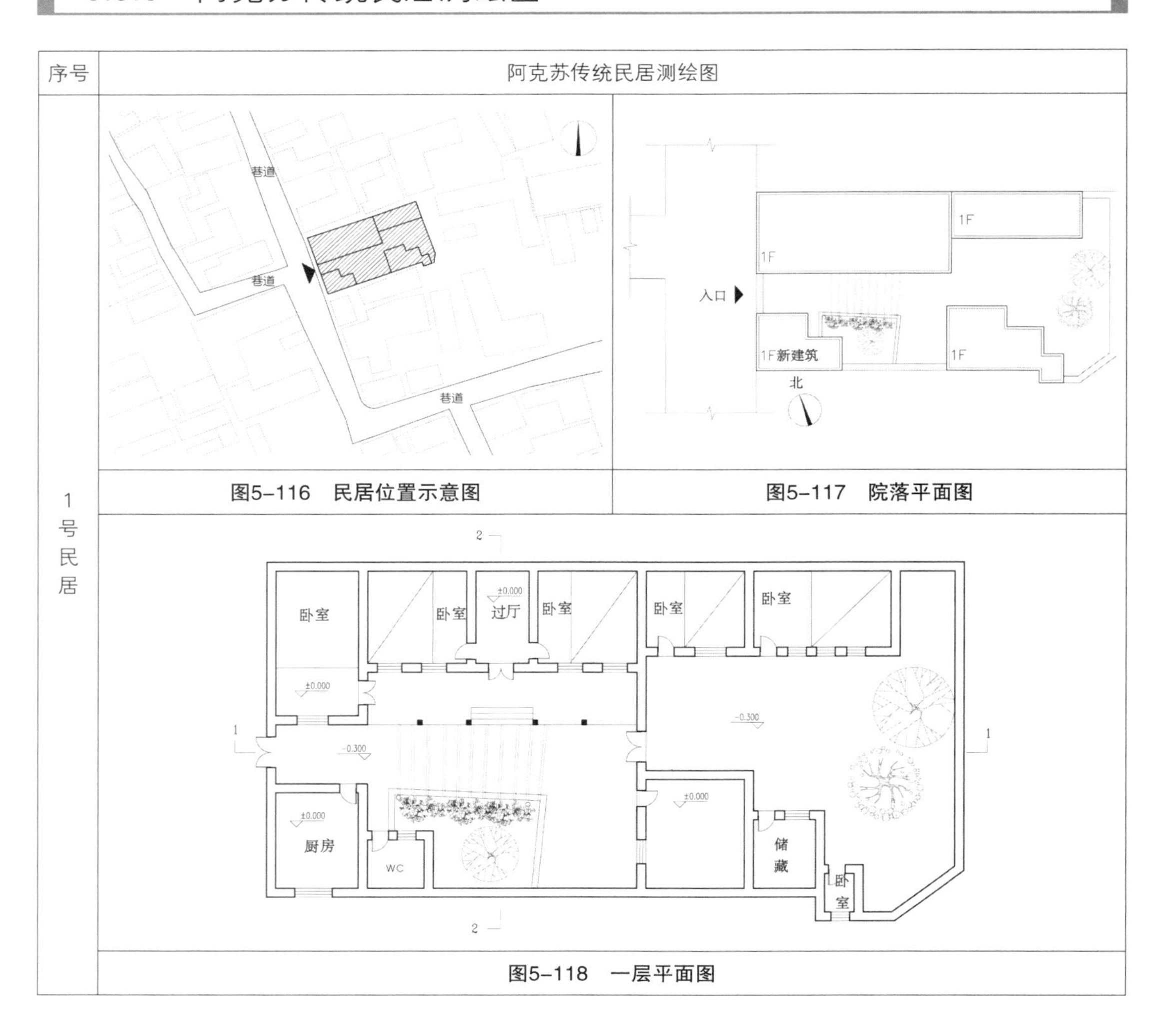

图5-116　民居位置示意图

图5-117　院落平面图

图5-118　一层平面图

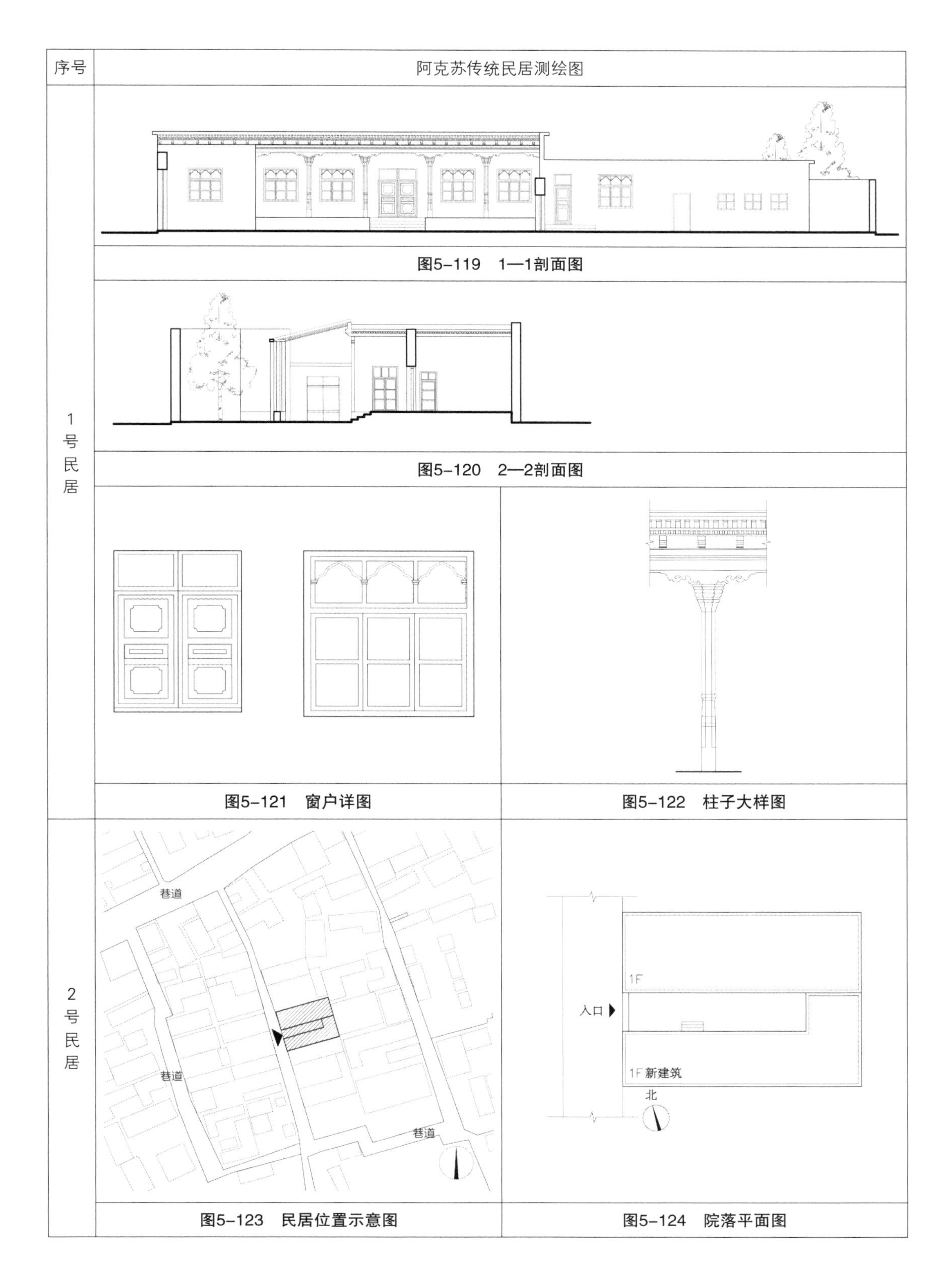

图5-119　1—1剖面图

图5-120　2—2剖面图

图5-121　窗户详图

图5-122　柱子大样图

图5-123　民居位置示意图

图5-124　院落平面图

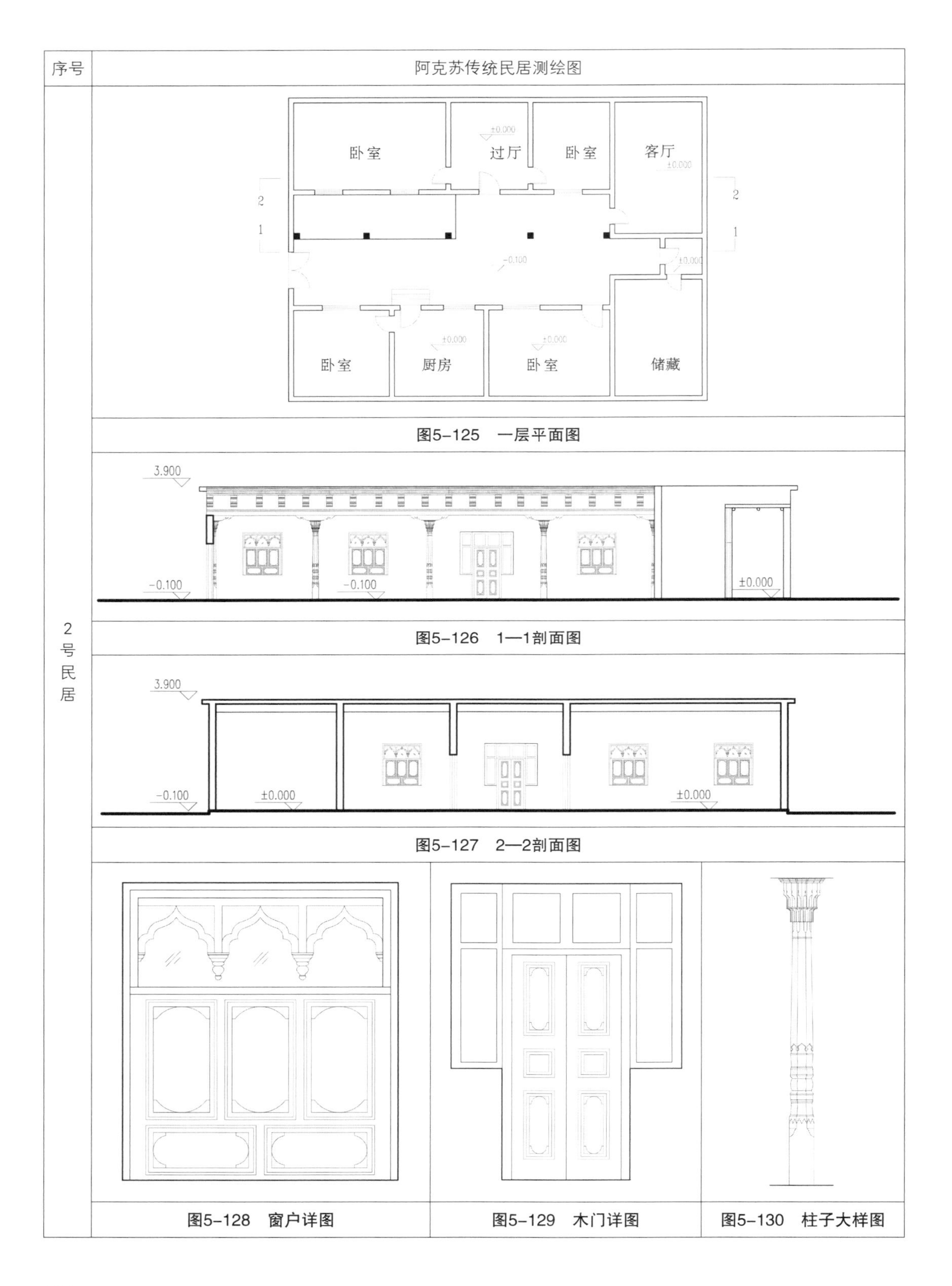

图5-125　一层平面图

图5-126　1—1剖面图

图5-127　2—2剖面图

图5-128　窗户详图

图5-129　木门详图

图5-130　柱子大样图

图5-131 民居位置示意图

图5-132 院落平面图

图5-133 一层平面图

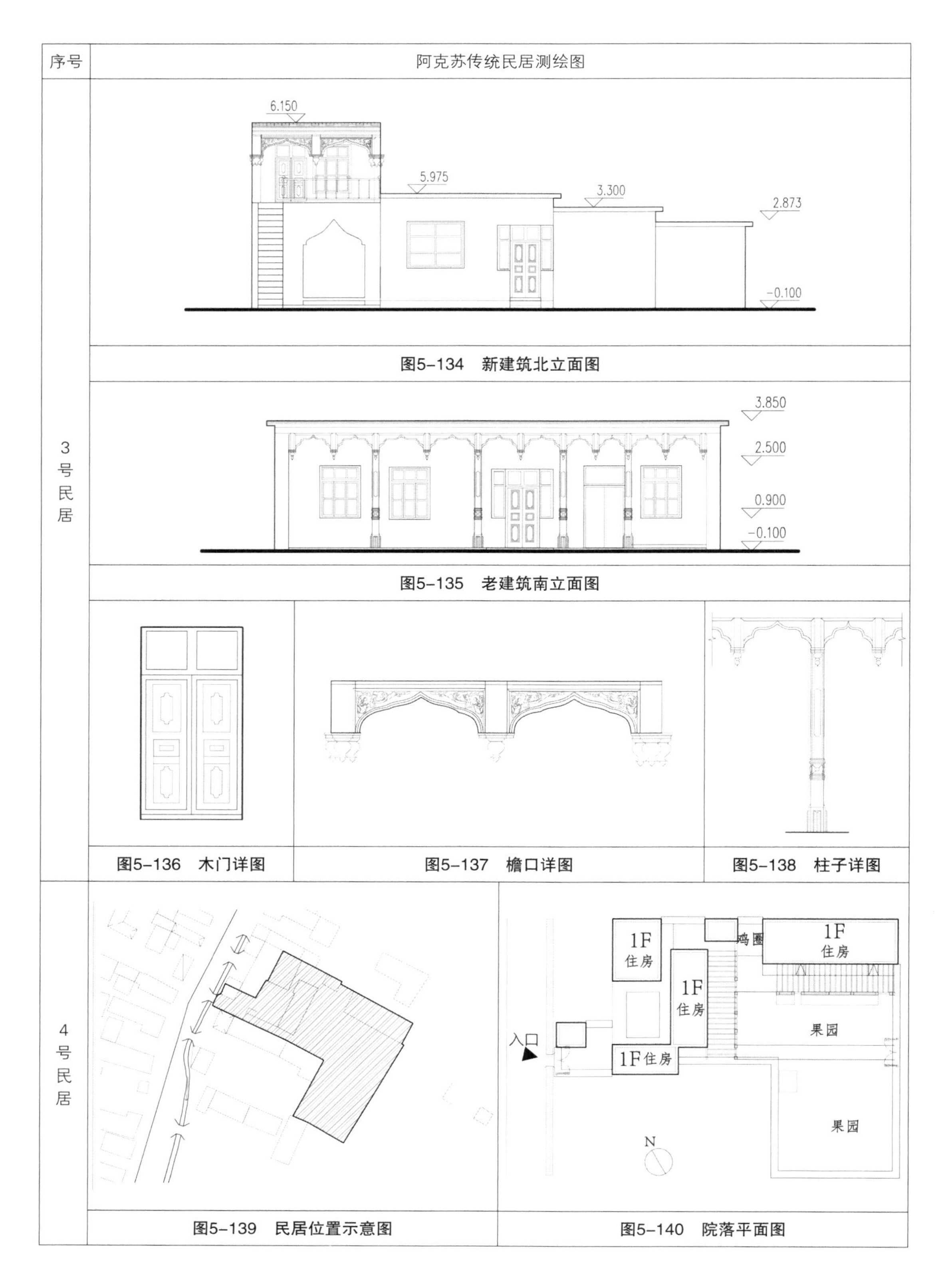

图5-134 新建筑北立面图

图5-135 老建筑南立面图

图5-136 木门详图

图5-137 檐口详图

图5-138 柱子详图

图5-139 民居位置示意图

图5-140 院落平面图

序号	阿克苏传统民居测绘图
4号民居	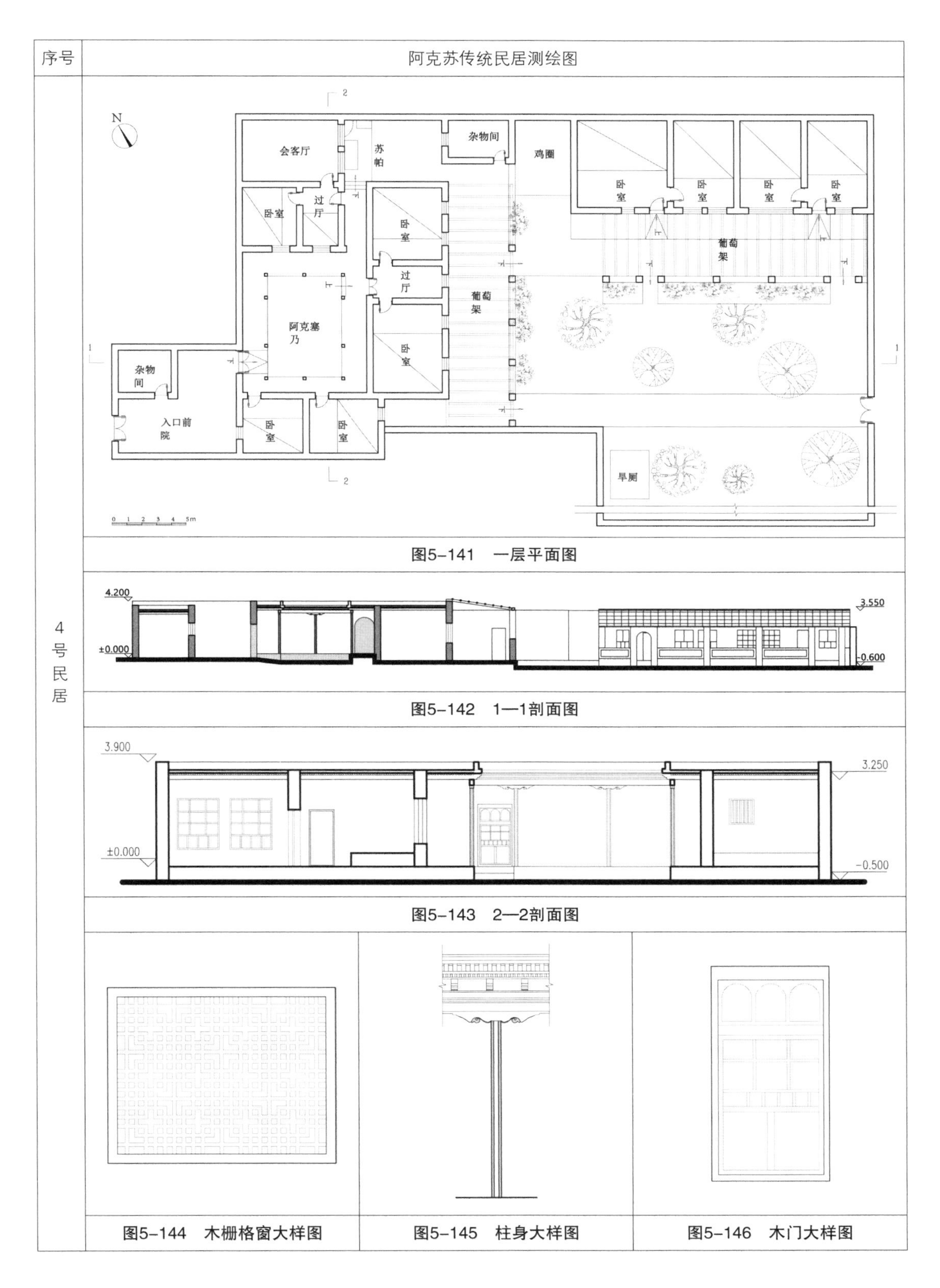 图5-141　一层平面图 图5-142　1—1剖面图 图5-143　2—2剖面图 图5-144　木栅格窗大样图 图5-145　柱身大样图 图5-146　木门大样图

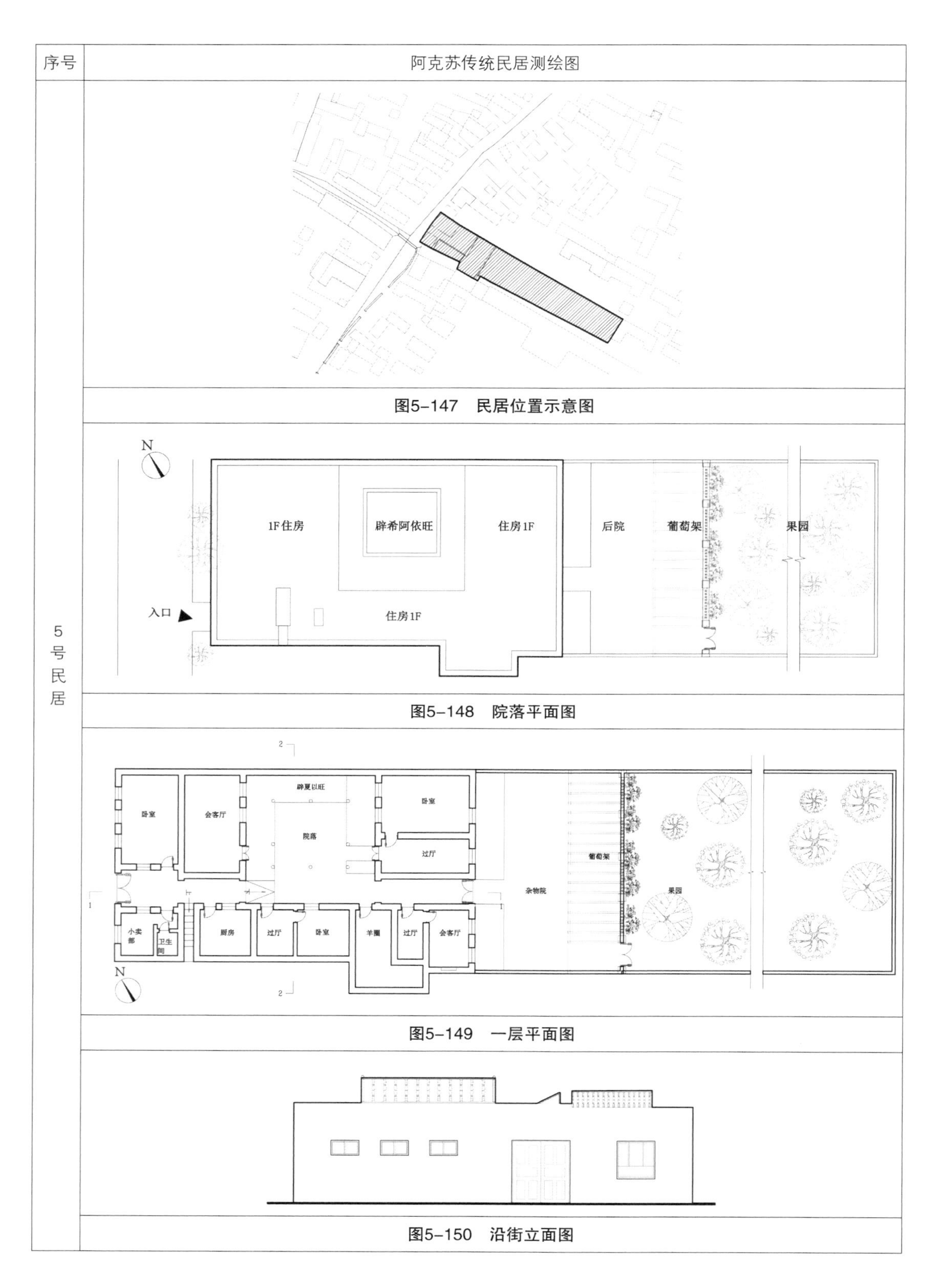

图5-147　民居位置示意图

图5-148　院落平面图

图5-149　一层平面图

图5-150　沿街立面图

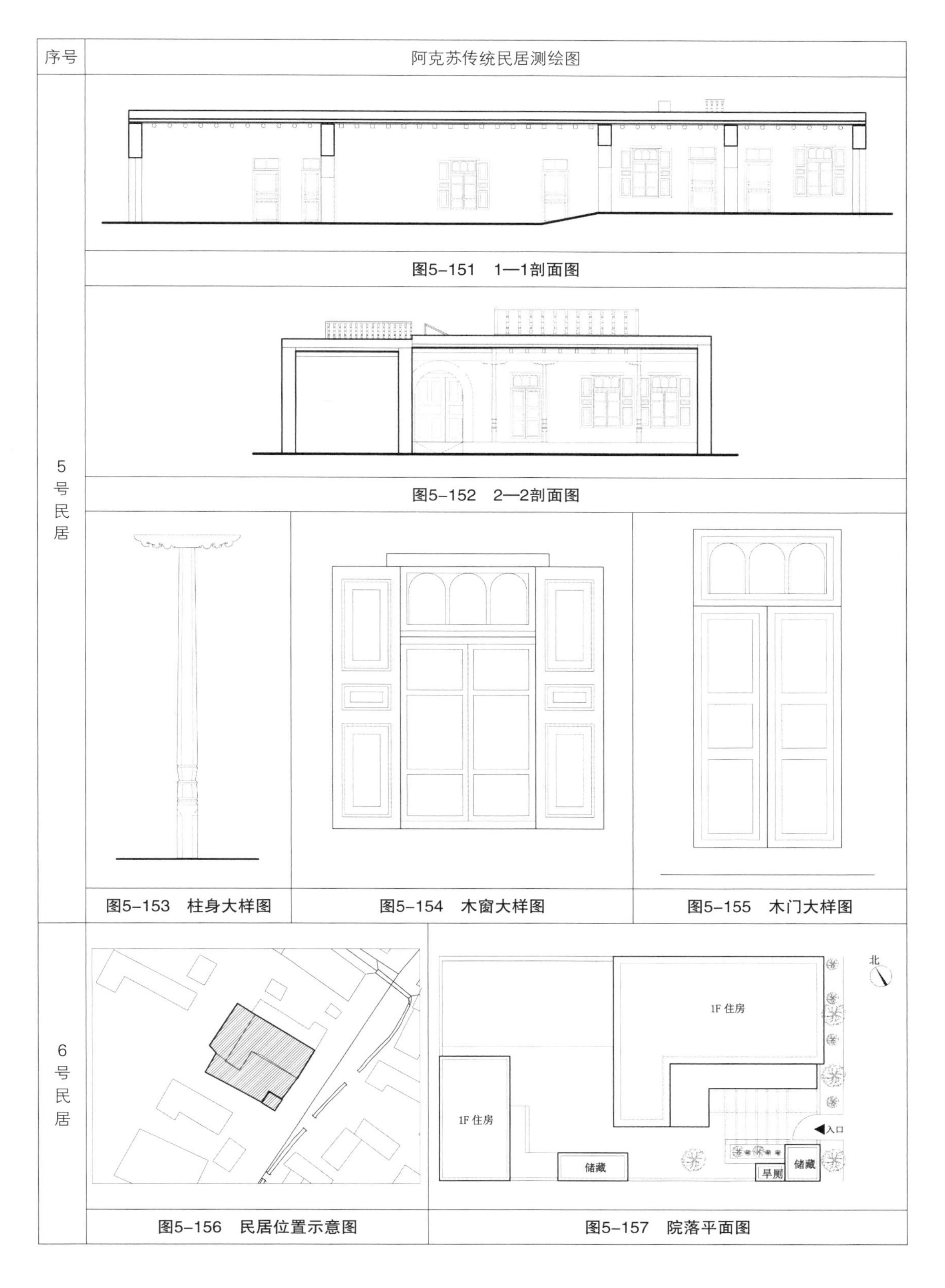

图5-151 1—1剖面图

图5-152 2—2剖面图

图5-153 柱身大样图

图5-154 木窗大样图

图5-155 木门大样图

图5-156 民居位置示意图

图5-157 院落平面图

序号	阿克苏传统民居测绘图
6号民居	

图5-158 一层平面图

图5-159 东立面图

图5-160 南立面图

图5-161 2—2剖面图

图5-162 1—1剖面图

图5-163 木窗大样图

图5-164 木门大样图

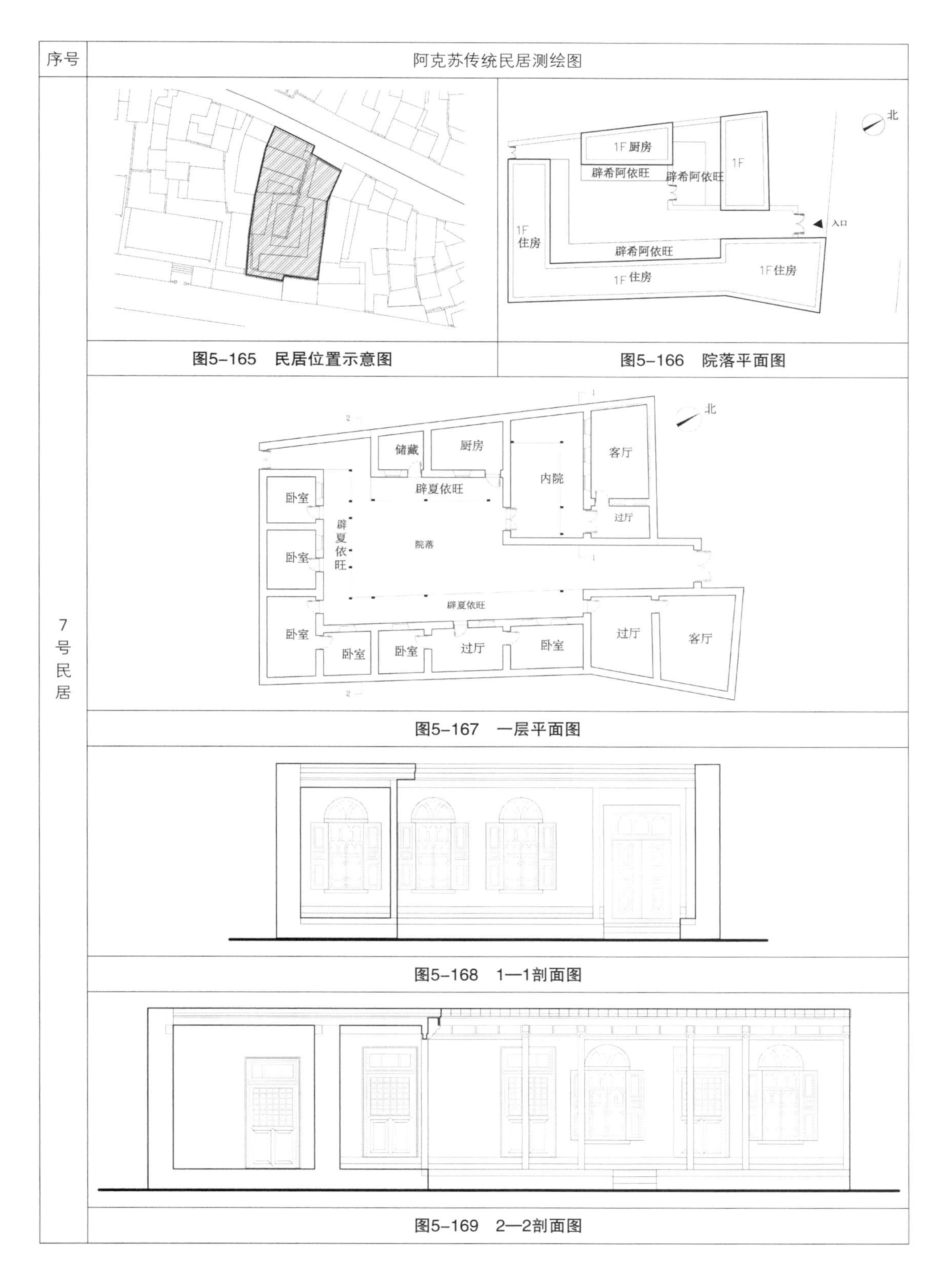

图5-165 民居位置示意图

图5-166 院落平面图

图5-167 一层平面图

图5-168 1—1剖面图

图5-169 2—2剖面图

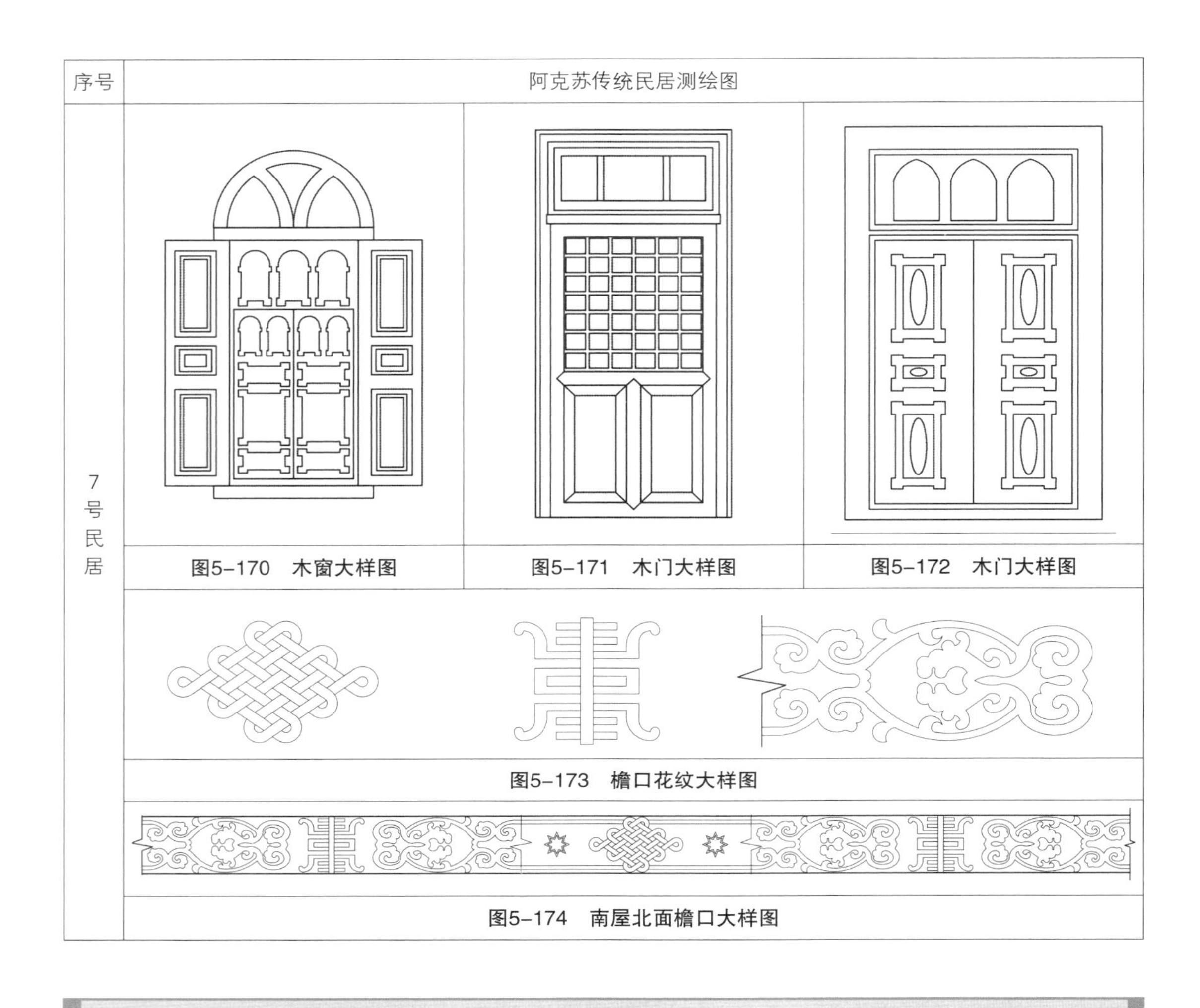

图5-170 木窗大样图

图5-171 木门大样图

图5-172 木门大样图

图5-173 檐口花纹大样图

图5-174 南屋北面檐口大样图

5.4 库尔勒绿洲民居的空间特征

5.4.1 库尔勒传统民居概况

表5-4 库尔勒绿洲典型民居基本情况表

民居编号	民居定位		建筑面积（m^2）	建造时间	布局特点
1号民居	巴音郭楞蒙古自治州库尔勒市	博湖县大河口景区村落的丁字路口处	87.7	1968	建筑层数为一层，各个功能空间布局紧凑，无外廊。前室作为枢纽将各个空间组织起来。在功能上分区明确，西侧为客厅，东侧为卧室
2号民居		普惠乡	155.7	1960	建筑层数为一层，平面布局为对称式分布。建筑设有前室，将各个空间组织起来，同时起到起居室的作用
3号民居		尉犁县喀尔曲尕乡喀尔曲尕村	254.1	1950	院落规模较大，由三间民居组成，皆为一层建筑。各建筑平面布局紧凑，为内向型。各个功能空间围绕门厅布置

5.4.2 库尔勒传统民居特征概述

在建筑功能组织上，当地民居大多设置前室来连接、组织各个功能空间。前室具有两个主要的作用：一是作为简单的起居空间和枢纽空间组织、分隔各功能空间；二是作为缓冲空间，可以起到现代门斗的作用。

库尔勒传统民居在院落布局上具有相对自由、灵活的特点，各建（构）筑物的位置分布并未体现明显的主从关系。院落的布局与其地理位置和生产方式亦有较大的关系，例如，在博湖周边的民居院落中，居住空间一般位于场地的最高处，以防博湖汛期对房屋造成损坏。部分住户根据生产方式需要，将牲畜饲养空间放在水渠附近，便于取水喂养牲畜。

院落中大多搭有葡萄架或种有本土果树，植物与建筑相映成趣。

5.4.3 库尔勒传统民居建构特征归纳

当地传统民居建筑多为砖木结构，平屋顶或缓坡屋顶，墙体属于土坯墙，墙体勒脚部分为石头砌筑的土墙，厚度在40厘米以上，具有良好的保温隔热效果，还可以起到防火的效果。土墙以黏土为主，掺入适量的干草以增加牢固性和稳定性，这些材料取自自然又融于自然。

5.4.4 库尔勒传统民居测绘图

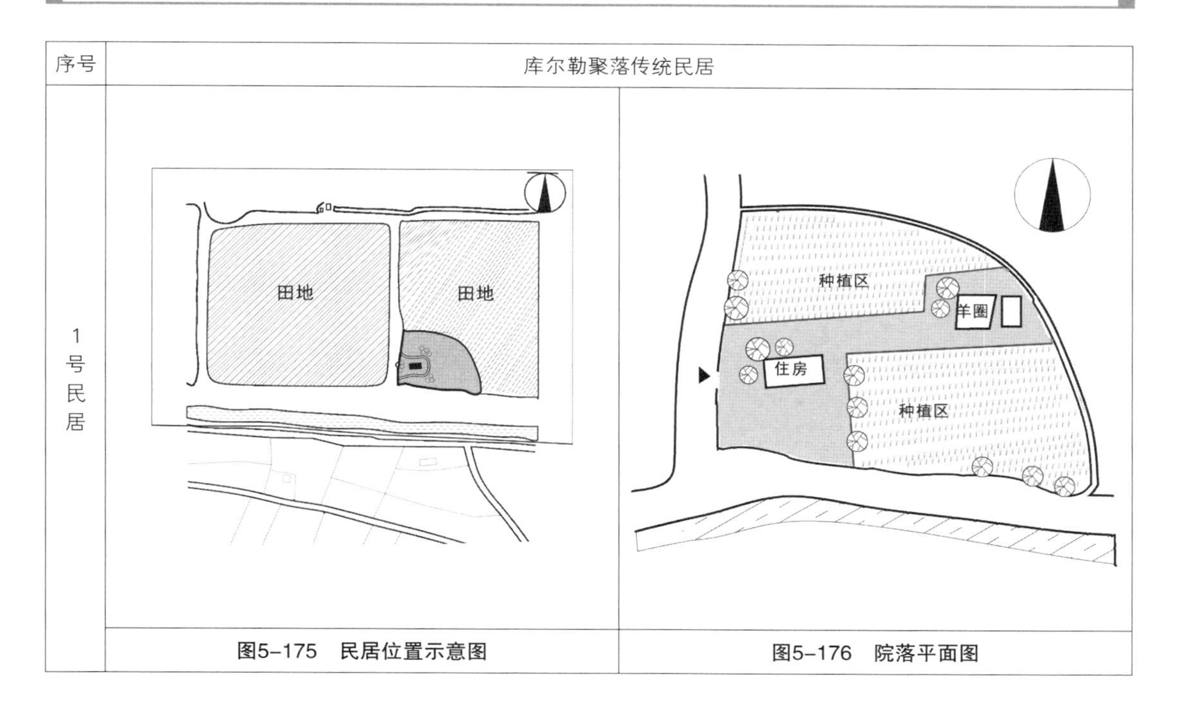

图5–175 民居位置示意图

图5–176 院落平面图

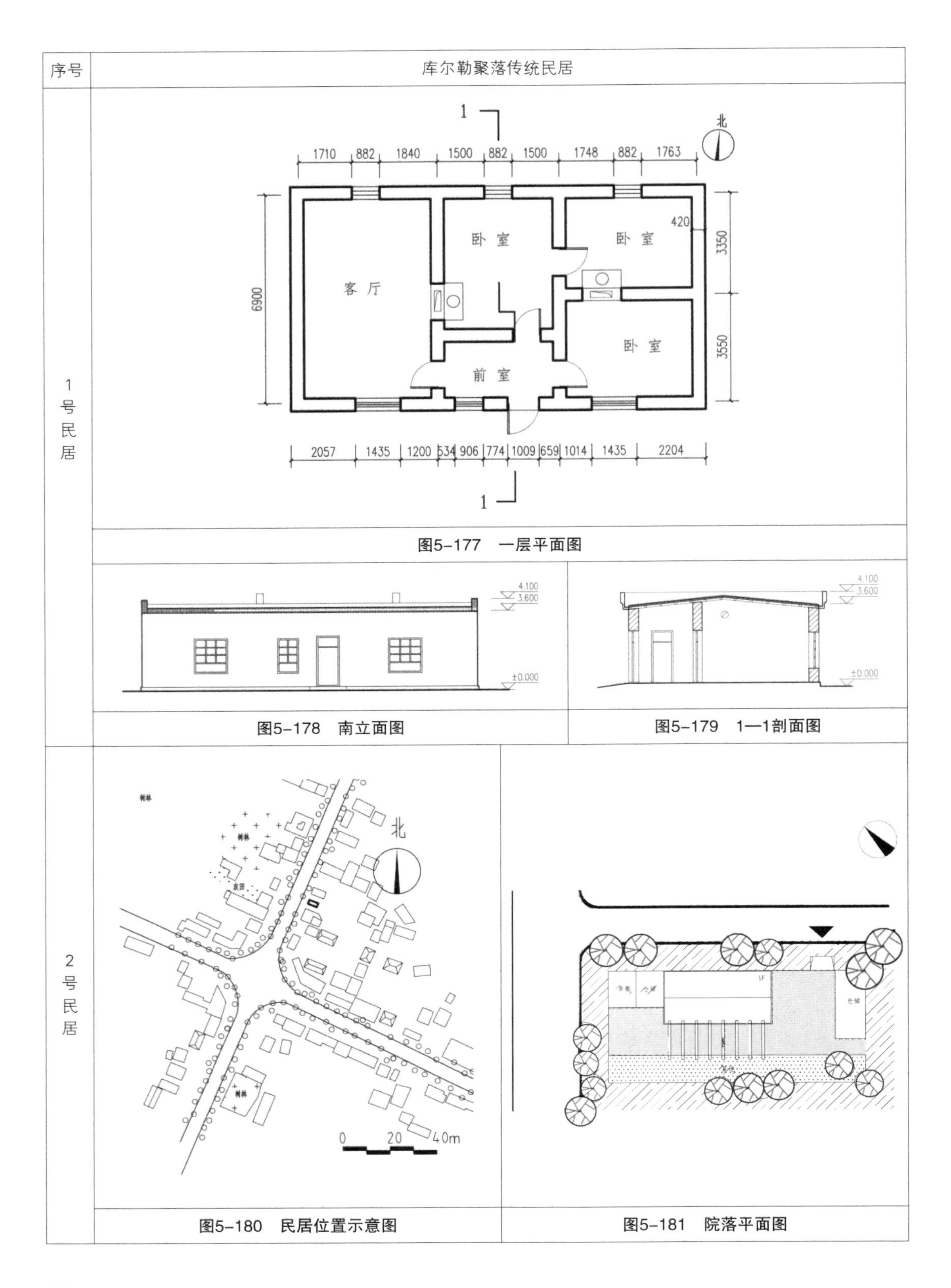

图5-177　一层平面图

图5-178　南立面图

图5-179　1—1剖面图

图5-180　民居位置示意图

图5-181　院落平面图

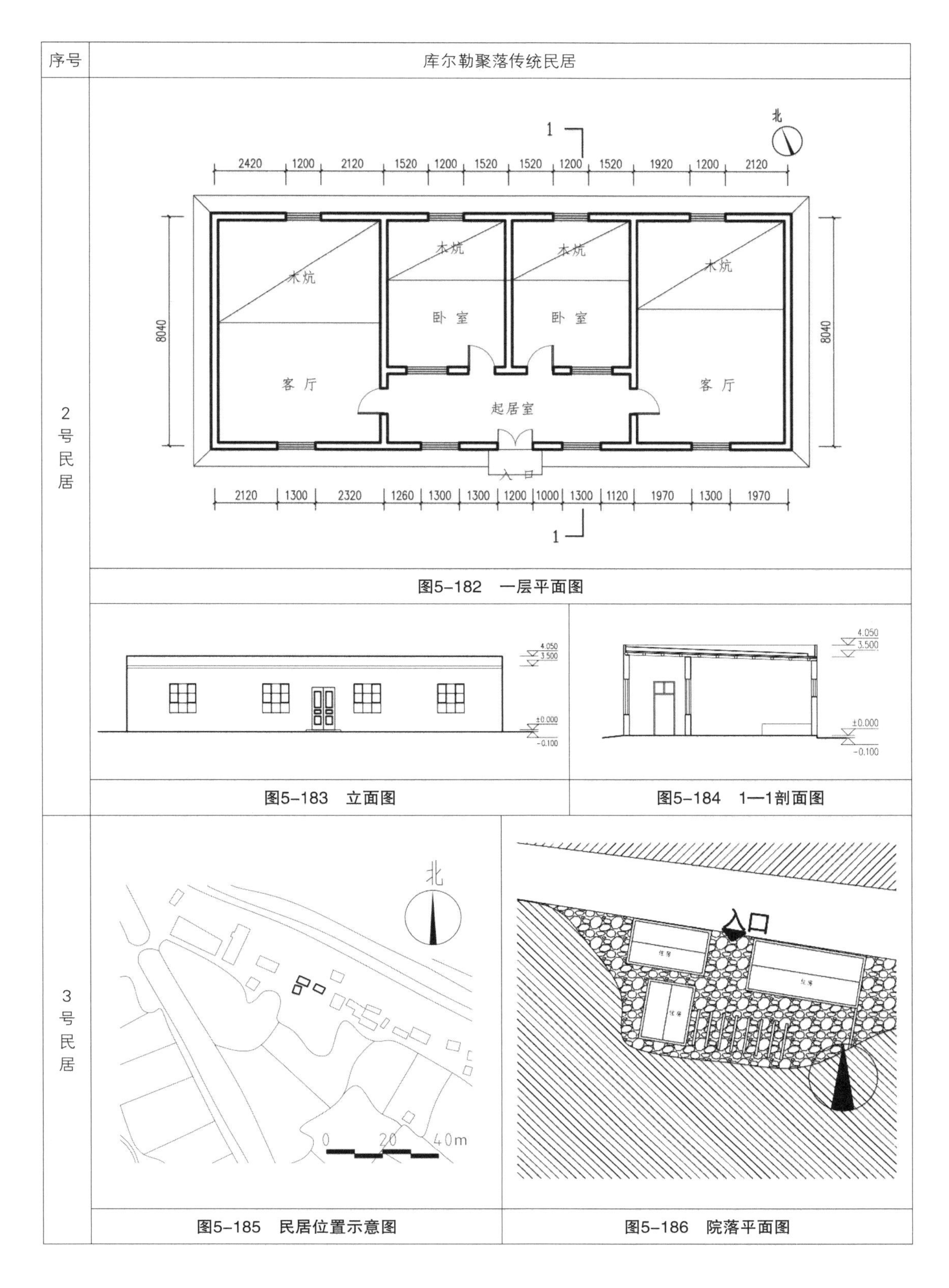

图5-182　一层平面图

图5-183　立面图

图5-184　1—1剖面图

图5-185　民居位置示意图

图5-186　院落平面图

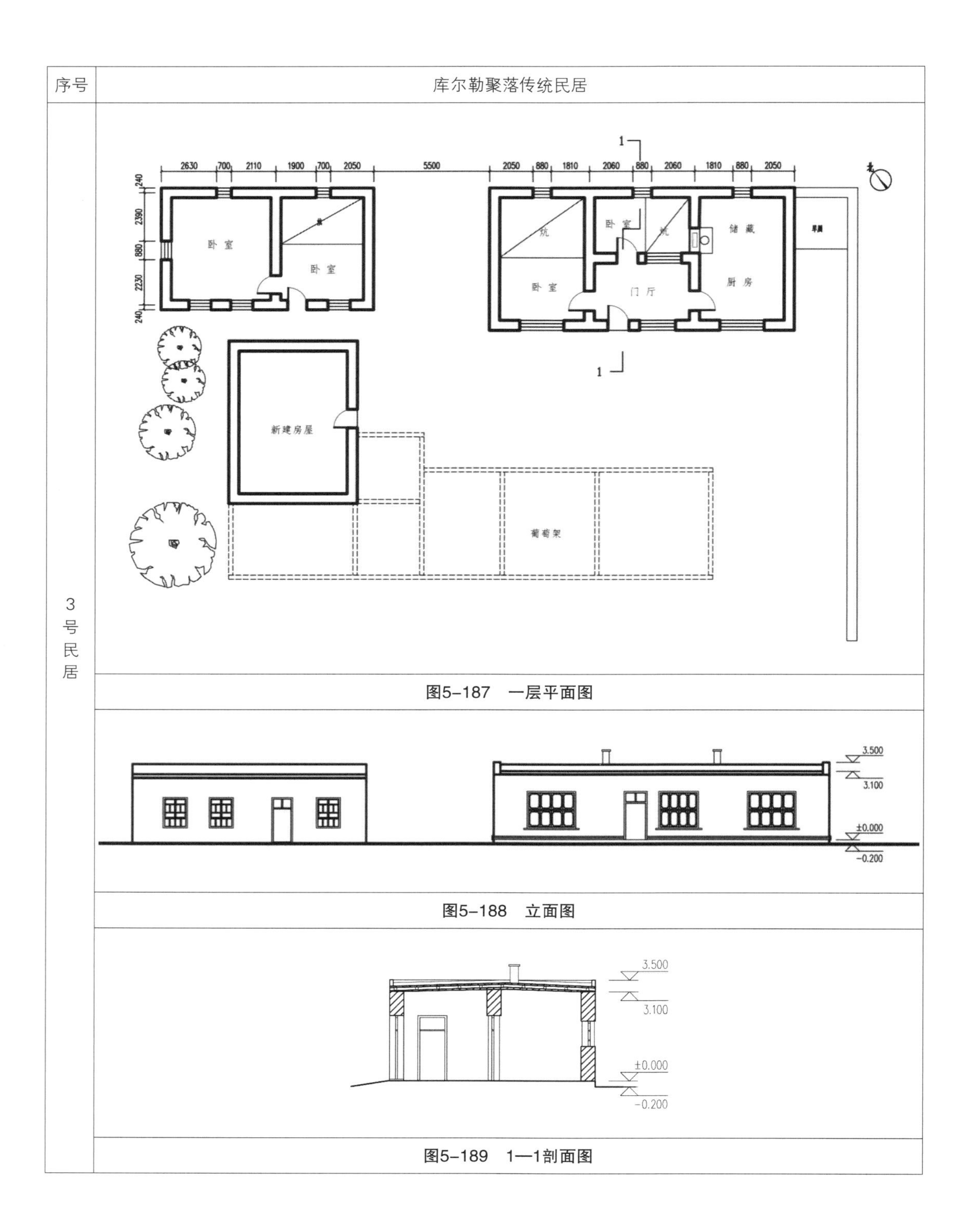

图5-187　一层平面图

图5-188　立面图

图5-189　1—1剖面图

5.5 吐鲁番绿洲民居的空间特征

5.5.1 吐鲁番传统民居概况

表5-5 吐鲁番绿洲典型民居基本情况表

民居编号	民居定位		建筑面积（m^2）	布局特点
1号民居	吐鲁番市鄯善县	英夏村	308.9	民居由两栋一层建筑围合而成，新旧建筑都呈长方形布局。新建筑正对大门及院墙，旧建筑位于新建筑左侧，平时作为储物空间。在新建筑右侧及院墙中间有一小块可堆放杂物的空间，还有一个小灶台，春夏可以在此做饭。新建筑一进户门便是客厅，平时用来会客，客厅两侧均有卧室和四个小房间，下设地下室，用于储藏、纳凉
2号民居		英夏村	249.9	院落为田园式院落，由两栋一层矩形建筑围合而成，主次建筑都呈长方形布局。该户建筑的典型性在于其建筑背靠道路的组织方式，充分利用了地形优势，获得了良好的庭院景观和采光通风效果，创造了舒适的小环境
3号民居		英夏村	453.5	院落为合院式院落，院落规模较小，由新旧两个建筑组成，两座建筑的布局形式皆为长方形布局。新建筑为局部二层建筑，旧建筑为一层建筑。新建筑中间走廊为封闭式高棚架走廊，两侧设有卧室和其他房间。中间走廊在夏季可用来会客及安排生活娱乐活动
4号民居		英夏村	452.5	民居由新旧建筑围合而成，新建筑二层设有晾房（吐鲁番特有家庭生产空间，通风良好，可用于晾晒葡萄），新建筑中间走廊为封闭式走廊，遮阳措施十分到位。走廊两侧为卧室及其他小房间，可用于生活起居。新旧建筑存在高差，给院落带来了层次感
5号民居		迪坎儿村	371.8	院落为田园式院落，规模较大，建筑呈二合院式布局。新建筑正对大门及院墙，呈长方形，旧建筑位于新建筑左侧，平时放置杂物使用。该民居为了在夏季散热，在外墙跟土炕同高的地方开了几个小洞，设计巧妙
6号民居		吐峪沟村	338	院落为田园式院落，规模较小，建筑呈合院式布局。民居由一栋建筑围合而成，建筑呈L形。该建筑局部两层，一层基本以生活起居为主，二层局部设有晾房该户除了设有外院以外，建筑内部有一条宽敞的走廊，除了用作交通空间，平时还可在此处安排生活起居活动

5.5.2 吐鲁番传统民居特征概述

当地民居的庭院布局一般呈现内向性封闭或半封闭形式。民居的功能布局可以根据建筑特点分为两大类，一类是土拱平房，另一类是土木楼房，其空间布局也各有差异。土拱平房的平面形式主要有毗连式、套间式、穿堂式。毗连式一般由多间土拱平房并联成行或曲尺形；套间式是指以一间较大的房间为主，穿套三间以上的房间；穿堂式是指一间通长的土拱房屋居中，两侧垂直布置土拱房。土木式楼房一般为单面或双面设廊，廊与高棚架融为一体，组成家庭的起居空间。

在院落布局上，分为围合式庭院和前后院式庭院。围合式庭院的特点是主体建筑位于庭院的一侧或后部，与墙体共同营造一个完整的院落；前后庭院则指建筑位于庭院中部，将整个庭院空间分为前后院，前院一般为生活区，后院一般为生产区。

5.5.3 吐鲁番传统民居建构特征归纳

生土墙土坯拱顶体系、土木（砖木）结构体系、木构架密梁平屋顶体系是吐鲁番传统民居空间结构的主要三种体系。建筑多为生土结构体系，采用土坯砖作为基础，墙体为土坯墙，屋顶为土坯拱屋顶，土拱房主要采用顶部采光，采光区小，但采光效果较好。这种结构的房屋，空间舒适，冬暖夏凉，就地取材，施工方便，维修简单，在吐鲁番特殊的干热条件之下，充分显示出了经久耐用的特点。民居的主建筑中间走廊大多会设置多功能灰空间，可供居民会客及生活娱乐。

5.5.4 吐鲁番传统民居风貌特征归纳

常见的是由棚盖院子组织的平房民居。建筑立面有格栅式孔洞立面，与大体块围合建筑的墙面实体均衡分布。当地民居的拱形门洞、厚实土墙、空透的晾房等建筑形式构成了其独特的风貌，非常有地方特色。

从建筑空间上来看，其空间灵活，施工简便，且满足了防晒通风的基本要求，当地大量民居也大都采用了这种形式。不同建筑之间存在一定高差，具有层次性，在整体风貌上体现出高低错落又紧凑的特点。

5.5.5 吐鲁番传统民居测绘图

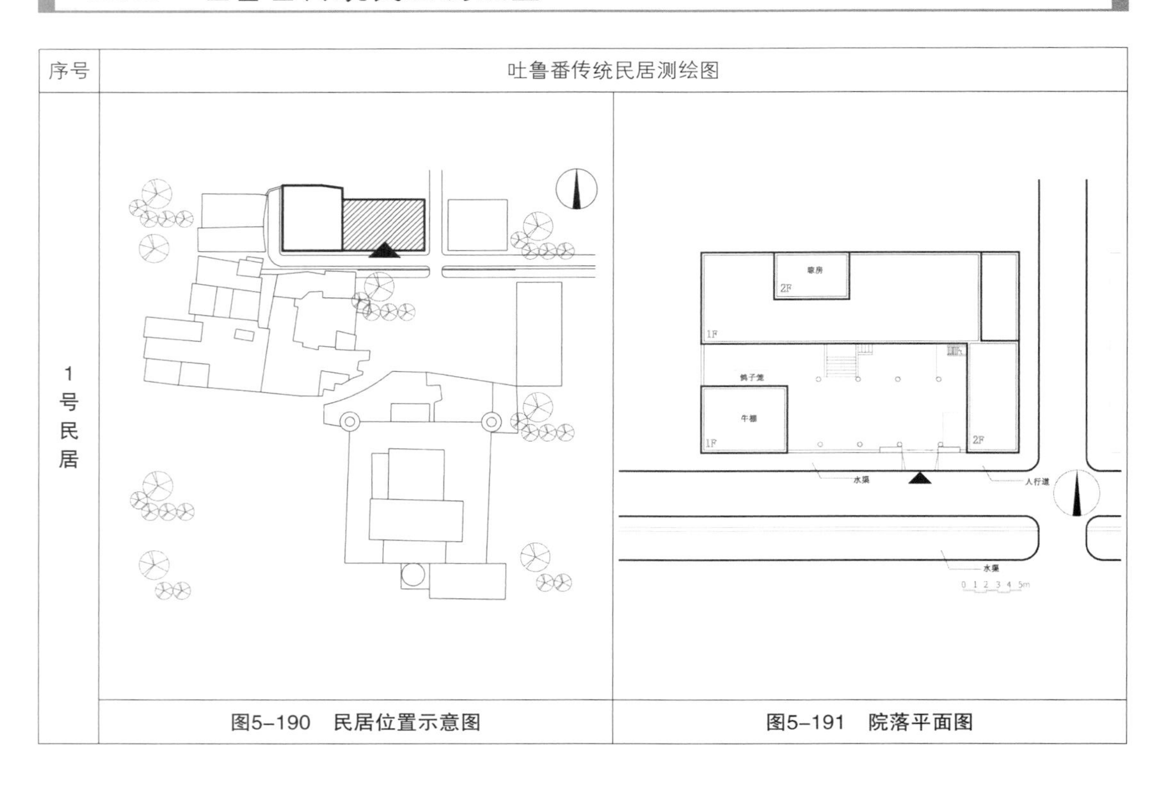

序号	吐鲁番传统民居测绘图	
1号民居	图5-190　民居位置示意图	图5-191　院落平面图

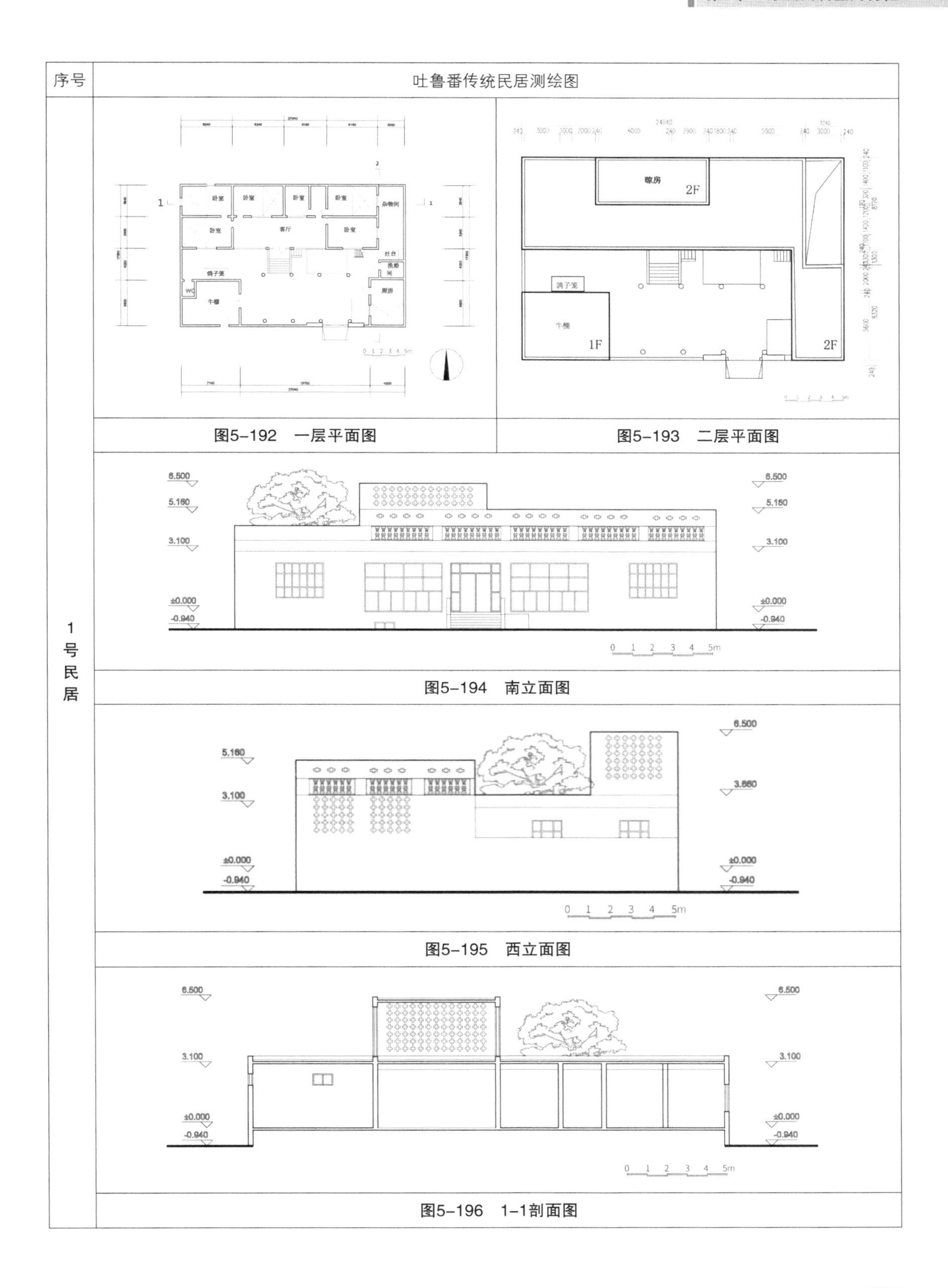

图5-192　一层平面图

图5-193　二层平面图

图5-194　南立面图

图5-195　西立面图

图5-196　1-1剖面图

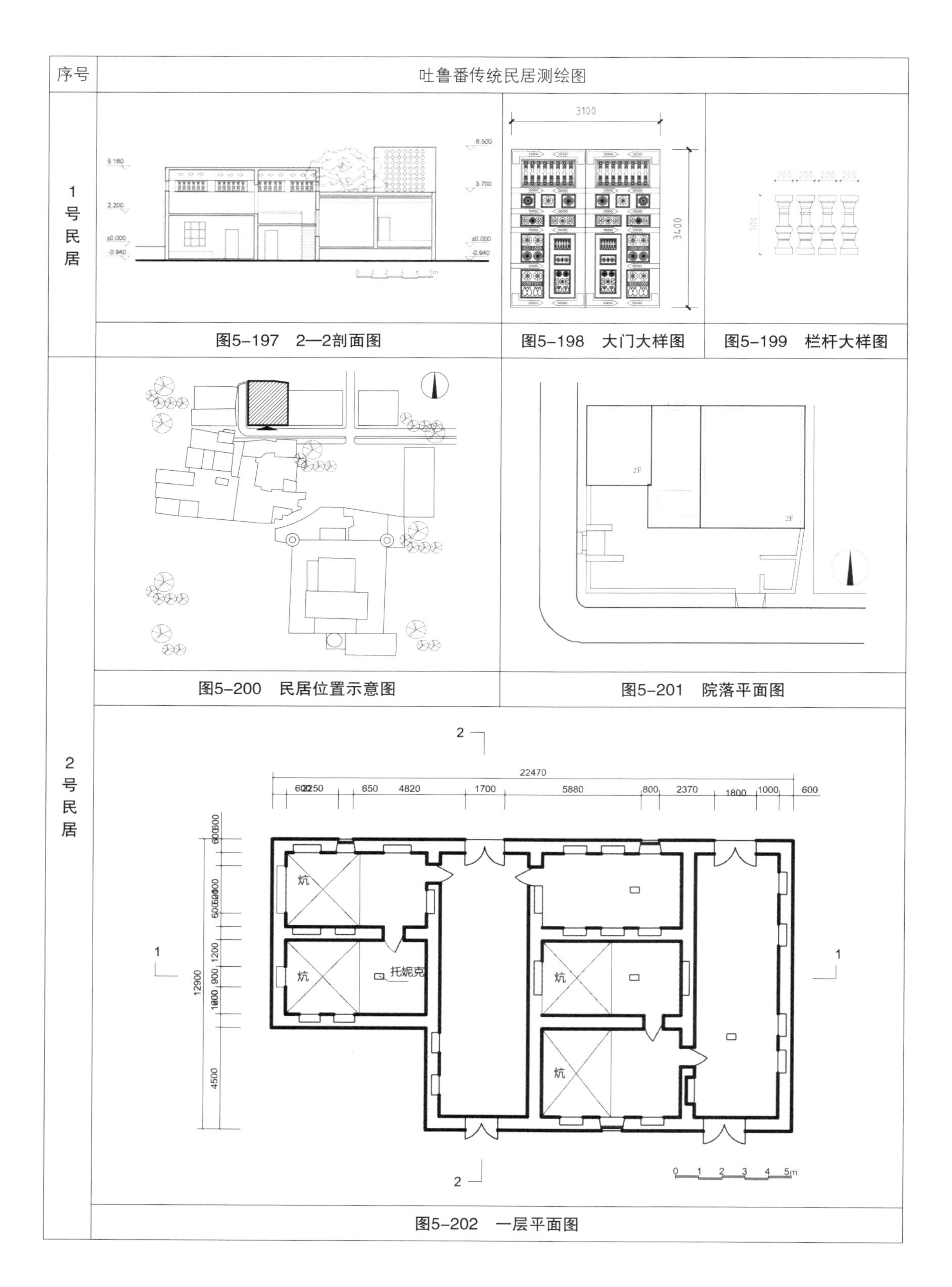

图5-197 2—2剖面图

图5-198 大门大样图

图5-199 栏杆大样图

图5-200 民居位置示意图

图5-201 院落平面图

图5-202 一层平面图

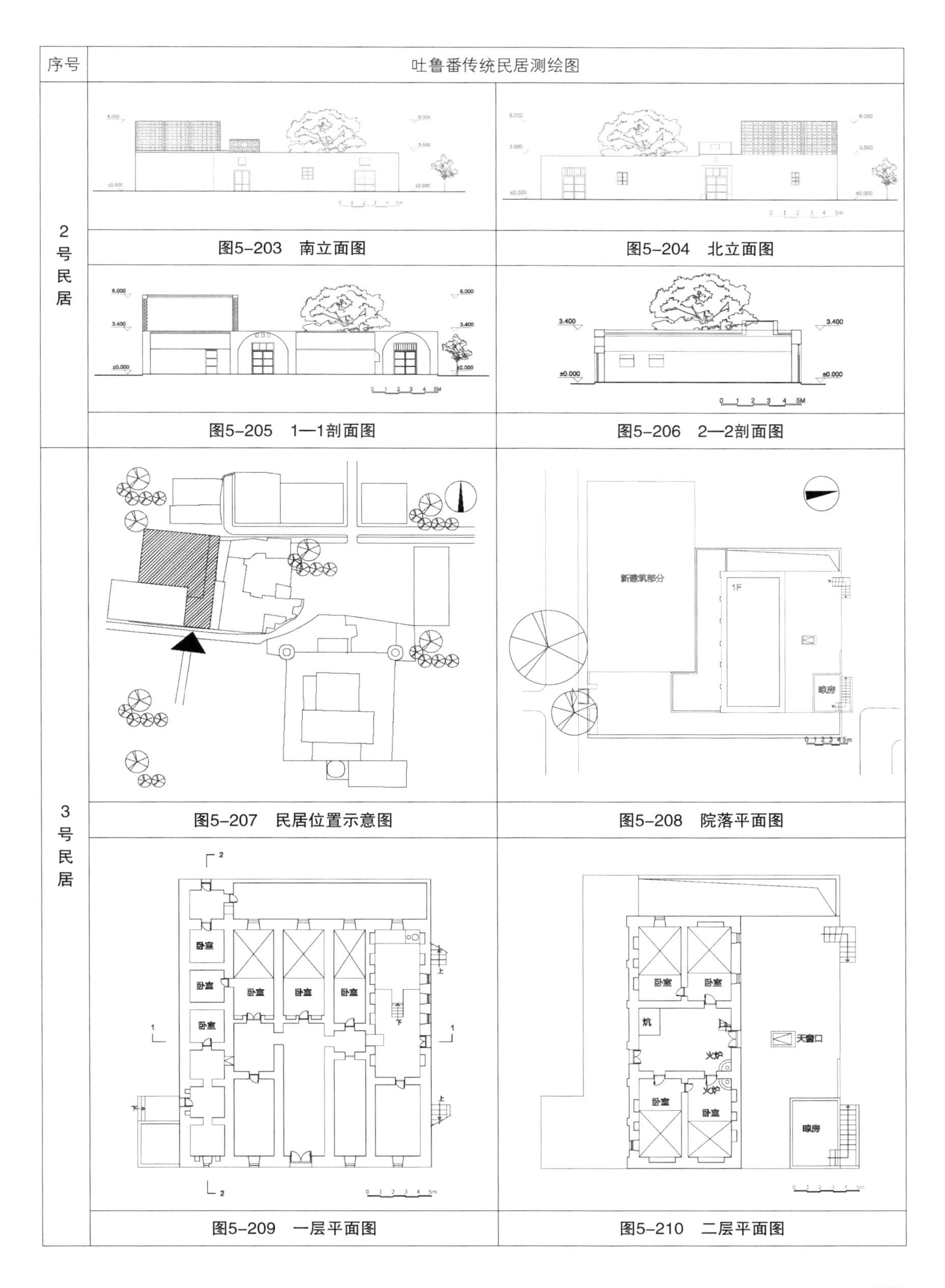

图5-203　南立面图

图5-204　北立面图

图5-205　1—1剖面图

图5-206　2—2剖面图

图5-207　民居位置示意图

图5-208　院落平面图

图5-209　一层平面图

图5-210　二层平面图

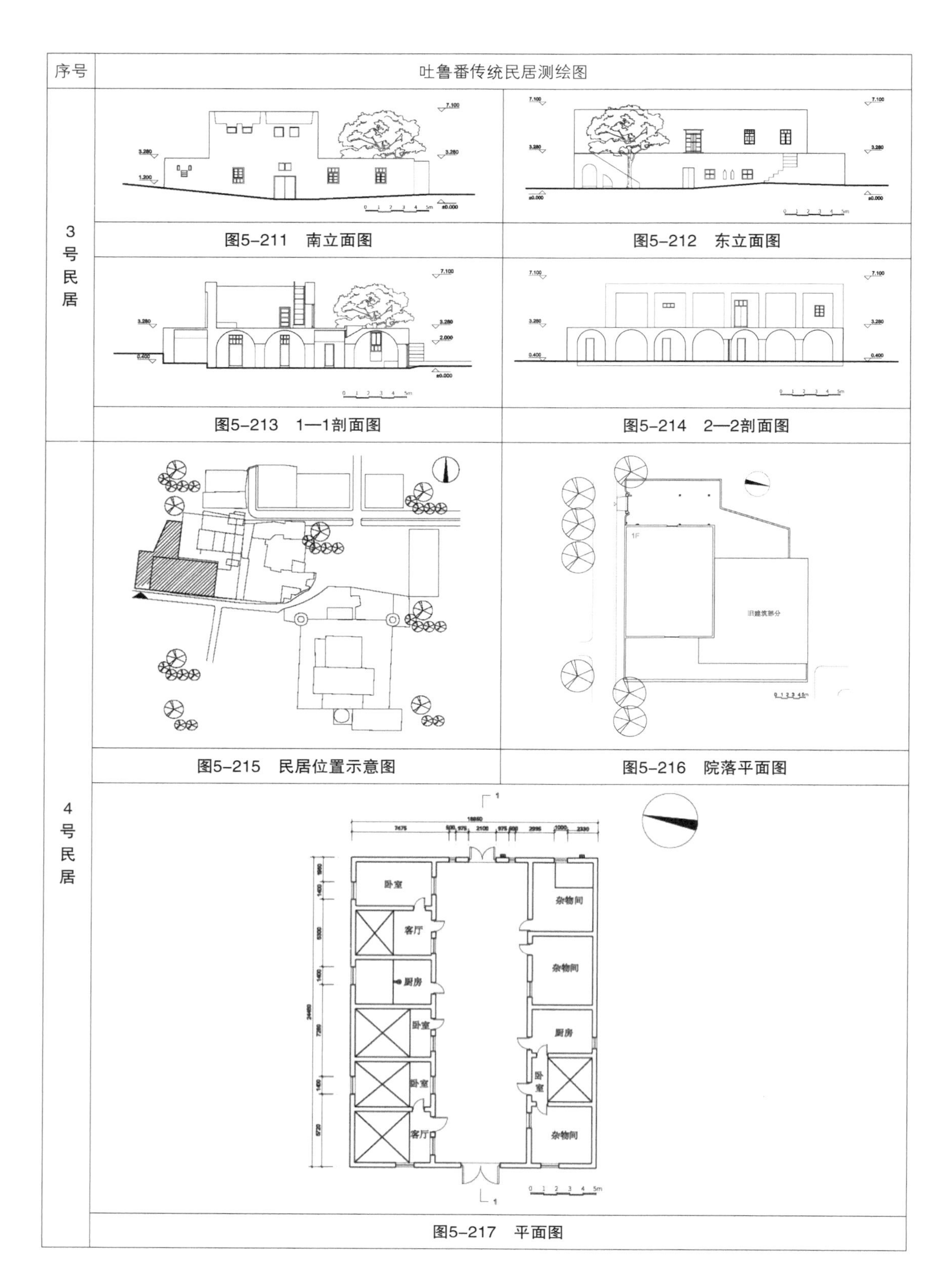

图5-211　南立面图

图5-212　东立面图

图5-213　1—1剖面图

图5-214　2—2剖面图

图5-215　民居位置示意图

图5-216　院落平面图

图5-217　平面图

序号　吐鲁番传统民居测绘图

4号民居

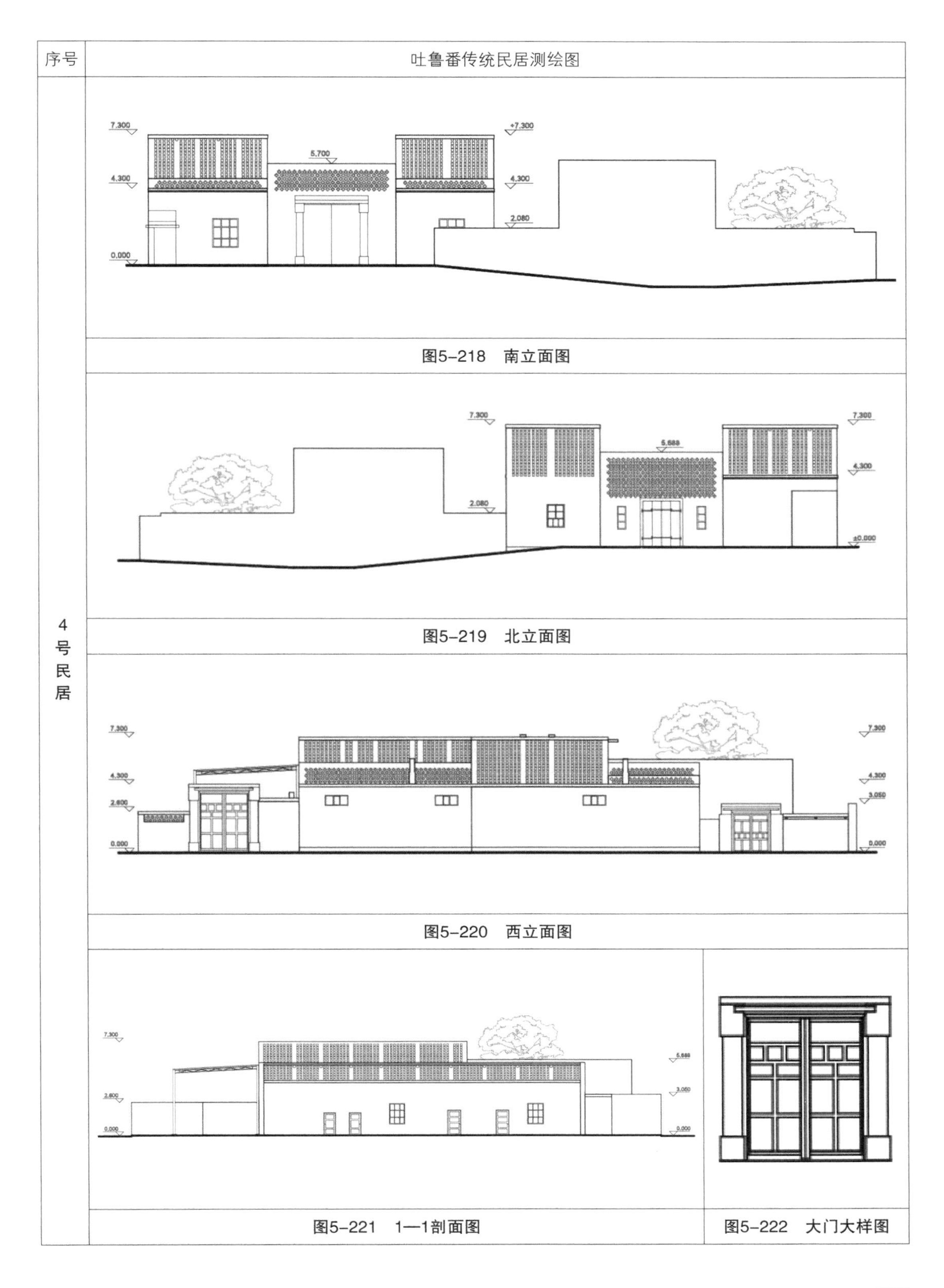

图5-218　南立面图

图5-219　北立面图

图5-220　西立面图

图5-221　1—1剖面图

图5-222　大门大样图

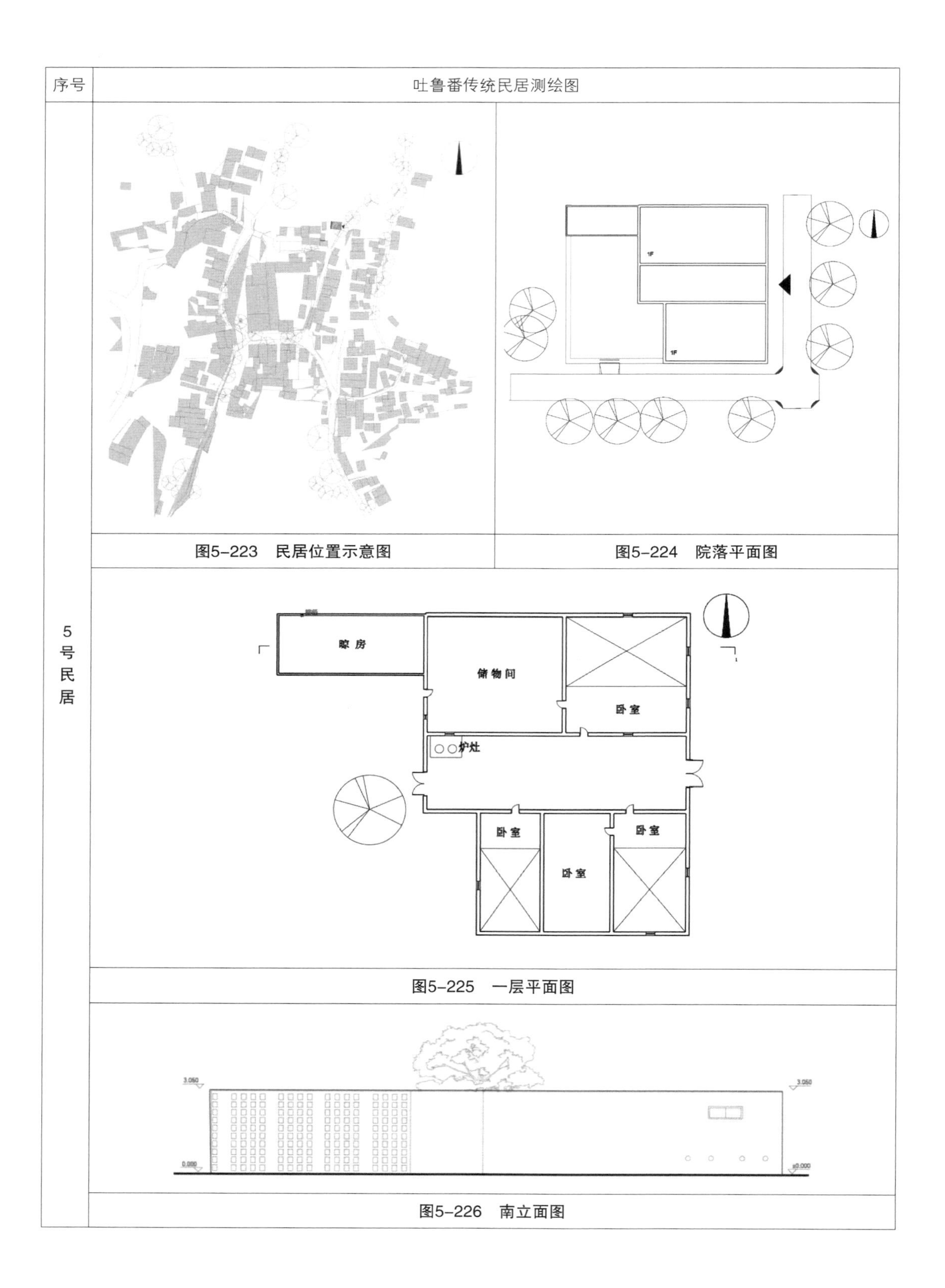

图5-223 民居位置示意图

图5-224 院落平面图

图5-225 一层平面图

图5-226 南立面图

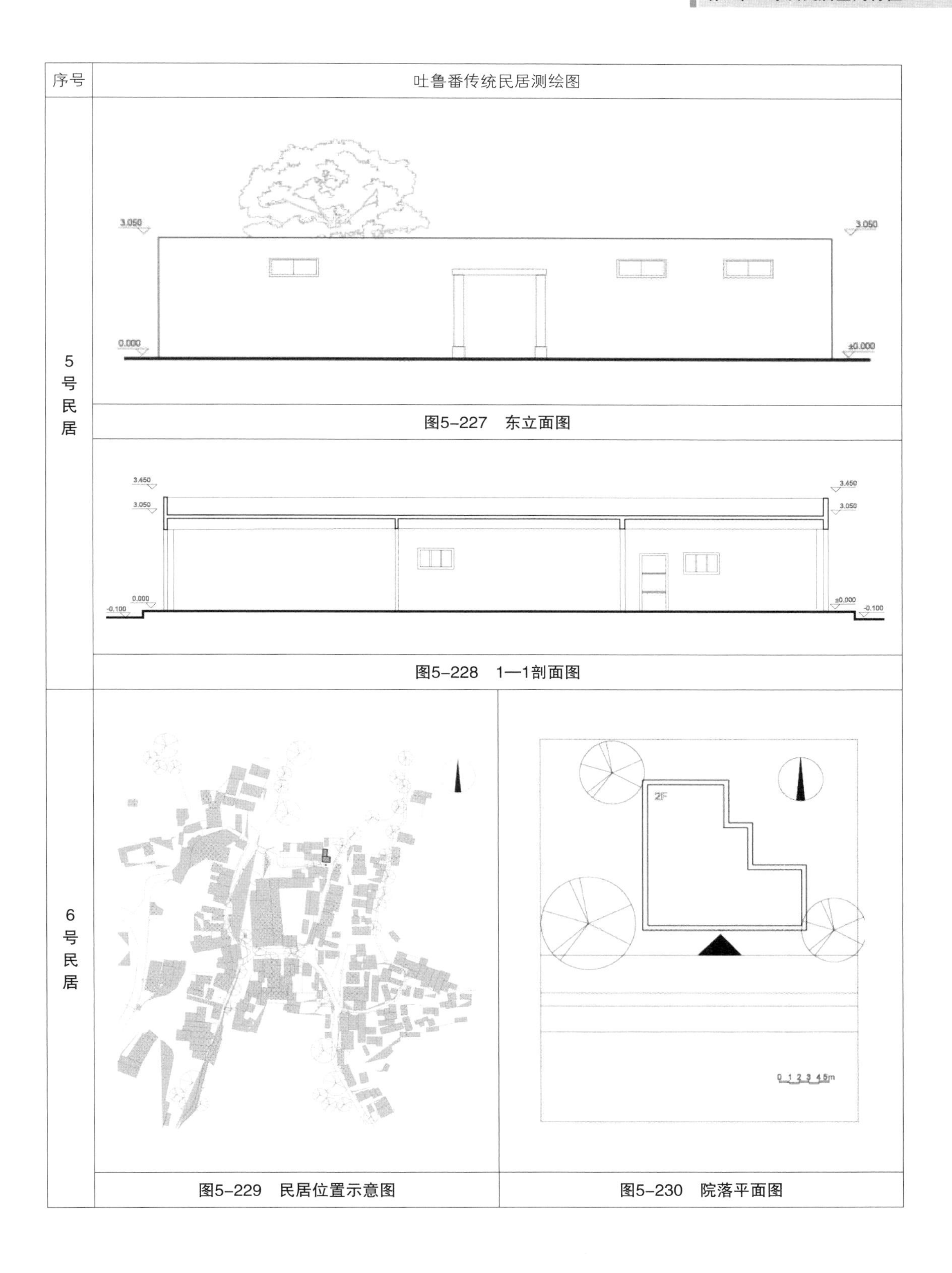

图5-227　东立面图

图5-228　1—1剖面图

图5-229　民居位置示意图

图5-230　院落平面图

序号	吐鲁番传统民居测绘图
6号民居	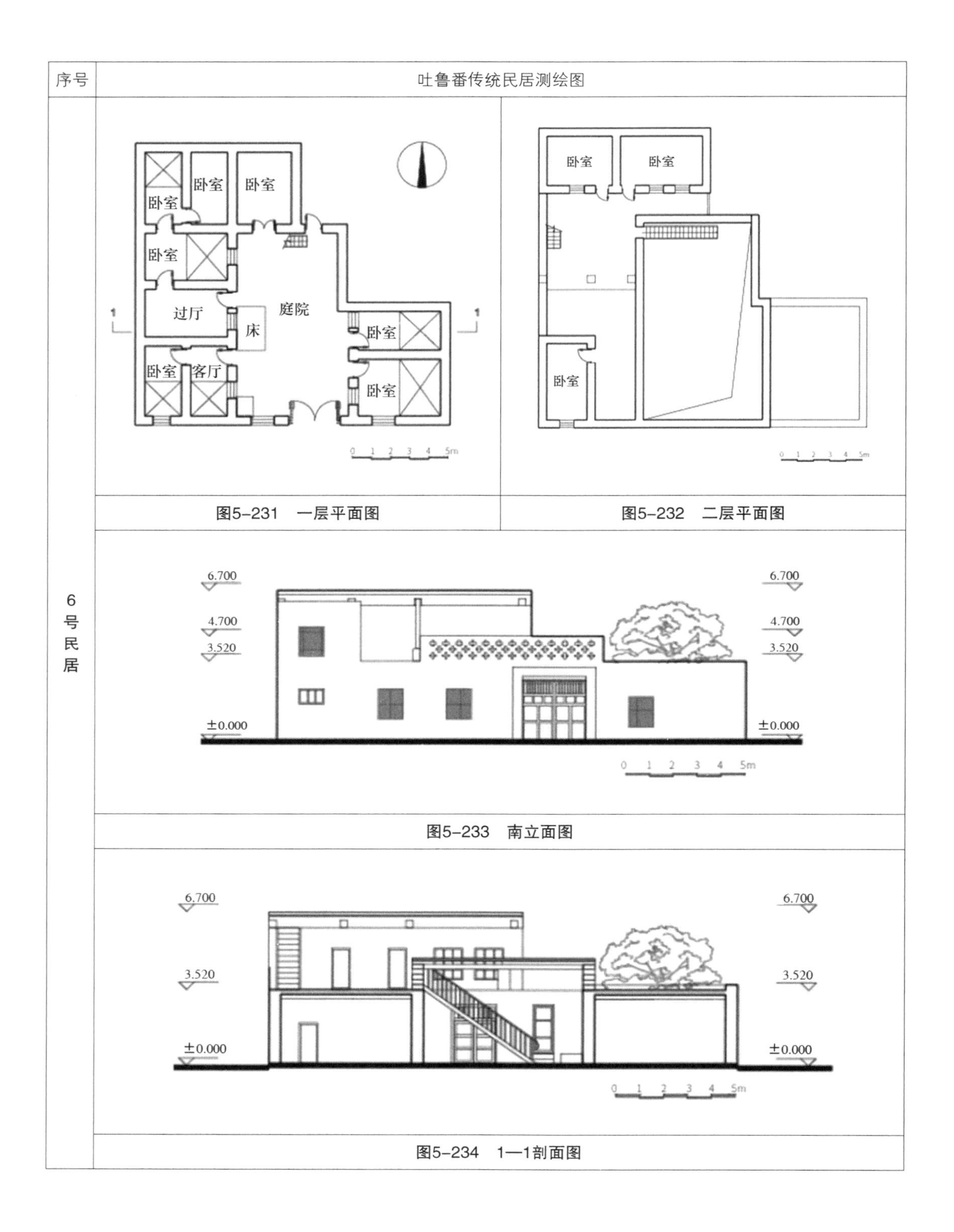 图5-231　一层平面图 图5-232　二层平面图 图5-233　南立面图 图5-234　1—1剖面图

5.6　哈密绿洲民居的空间特征

5.6.1　哈密传统民居概况

表5-6　哈密绿洲典型民居基本情况表

民居编号	民居定位	建筑面积（m^2）	建造时间	布局特点
1号民居	新疆维吾尔自治区哈密市五堡乡博斯坦村	323	1900年	庭院为前后院形制，大门朝西开启，庭院空间大部分由围墙围合而成，布局较为紧凑。建筑为单层，其平面、空间布局灵活；立面上突出多功能前室。北侧有三间房间，南侧有四间房间，其中有三间房间设有火炕
2号民居		121	1880年	庭院中建筑位置偏后，与围墙共同构成较为封闭的空间，大门朝南开启，前院空间完整，是日常生活中的主要生活区域。建筑为单层，共有两间房间，都设有火炕，房间内开有天窗
3号民居		125	1970年	庭院大门朝西开启，院落空间封闭，由建筑与围墙共同围合而成，面积较小。主要生活区上空加盖有棚盖，作为日常起居空间。建筑为单层，设有前室，共有四间房间，平面布局紧凑
4号民居		247	1960年	庭院为内向型布局，规模较小，大门朝西开启。庭院内设有棚盖与建筑相连，供屋主日常起居。建筑为单层，设有前室，前室作为枢纽性空间组织了7间房间
5号民居		120	1850年	庭院大门朝东开启，建筑与围墙构成封闭的院落空间，具有较强的围合感。 建筑为单层，布局呈现对称式，由封闭的前室组织四间房间
6号民居		123.2	1950年	庭院布局规整而紧凑，院落规模较大，为前后院布局形式，大门朝南开启。前院为主要的生活空间，加盖有棚架，为日常起居所用。后院为种植空间。建筑为单层套间式，布局紧凑，设有一较小的前室
7号民居		146.9	1950年	庭院规模较大，大门朝南开启。建筑和围墙共同围合成半开敞空间，庭院内设有棚盖，与建筑相接。建筑为单层，呈一字形，设有封闭前室
8号民居		319.9	1968年	庭院规模较大，建筑居中，空间布局较为自由。前院空间大，搭有棚盖，与植物空间相配。建筑为单层，前室与套间相连，作为枢纽兼起居空间
9号民居		173	1960年	庭院规模较小，布局紧凑，庭院大门朝西开启，建筑与围墙连接围合，营造出内向封闭的庭院空间。建筑为单层，建筑布局呈一字形展开，各房间相互贯通。由于房间开间进深不同，在形式上呈锯齿状
10号民居		146	1930年	庭院规模较小，建筑位于庭院中部，将整个庭院空间划分为前后院两个较小的空间，前院为生活空间，后院为种植空间。建筑为单层，布局为一字形，由于进深不同，呈现出“Z”形。在功能上由中间的起居室组织两侧的套间

5.6.2　哈密传统民居特征概述

在庭院布局上，当地民居根据建筑在庭院中的位置分为前后院半围合式和单前院围合式布局，院落内大多设置棚盖，作为建筑的拓展空间，用于起居与交流。当地院落内的植物景观皆为本土植物，人工景观多为居民用草泥或者原木自制而成，在风貌上具有古朴、素雅的特点。

在建筑布局上，大多数民居采用封闭的前室组织各个功能空间，或是前室居中，左右贯穿呈现一字形，或是由前室组织同时联通多个房间，呈现为矩形布局。前室在民居中起着重要的作用，一是作为居民日常起居的空间，二是作为整体建筑的热缓冲空间，降低室外气候对室内的影响。可以见得前室在当地民居空间中起着重要作用，因此在立面上也格外突出前室。此外，当地民居大多设“屯鲁克”（即天窗），满足室内的采光和通风的需求。

5.6.3　哈密传统民居建构特征归纳

哈密传统民居该民居采用传统的砖木结构，构造简单，施工方便。由于哈密地区降雨量稀少，所以当地传统民居一般均采用平屋顶。建筑内用砖、坯等砌成的炕，是北方居室中常见的一种取暖设备。建筑墙体上往往设有壁龛，用于堆放被褥、碗筷等生活用品。为了确保室内空气的新鲜度，部分建筑在立面上设计小型的格栅窗。

5.6.4　哈密传统民居风貌特征归纳

民居建筑的立面充分反映当地民族特色，具有丰富而深厚的文化内涵。建筑精雕细琢的窗框、极富雕琢的门框都体现了民族特色。门窗的组合使得立面丰富多彩。

室内摆设的精致与简洁的立面形成鲜明的对比，使人在平淡无奇中眼前一亮。室外墙体平和的色调与室内精致的装饰形成了独特的人文景观。院落的整体风貌具有传统与古朴的特点。

5.6.5　哈密传统民居测绘图

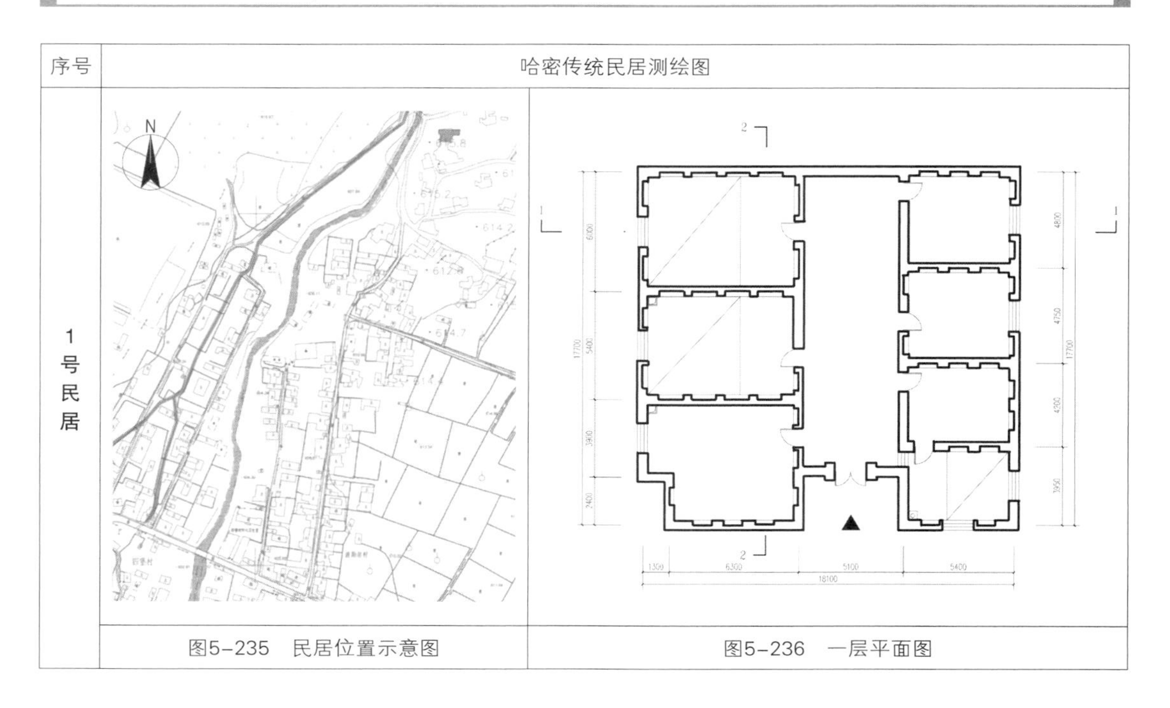

序号	哈密传统民居测绘图	
1号民居	图5-235　民居位置示意图	图5-236　一层平面图

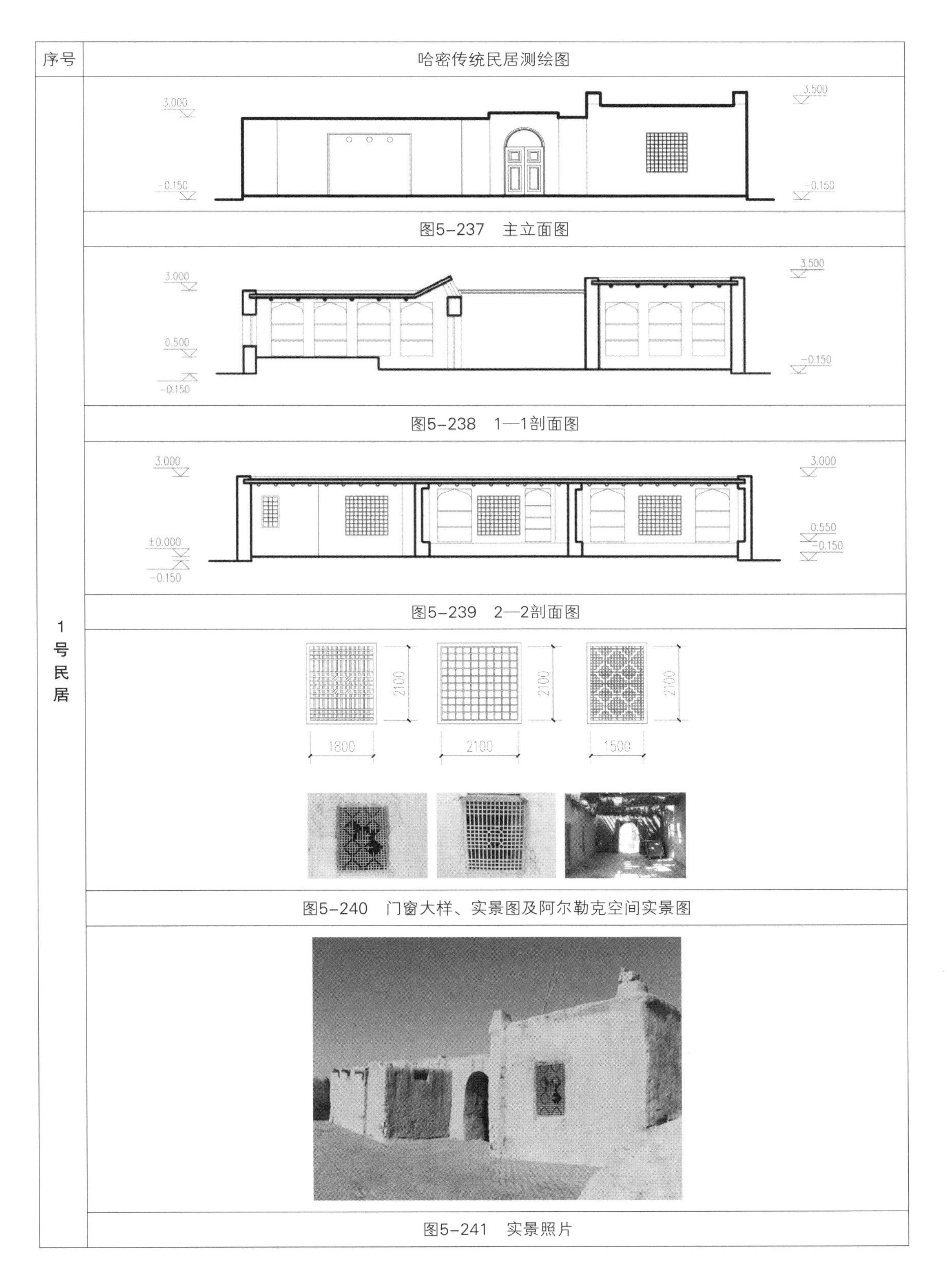

图5-237　主立面图

图5-238　1—1剖面图

图5-239　2—2剖面图

图5-240　门窗大样、实景图及阿尔勒克空间实景图

图5-241　实景照片

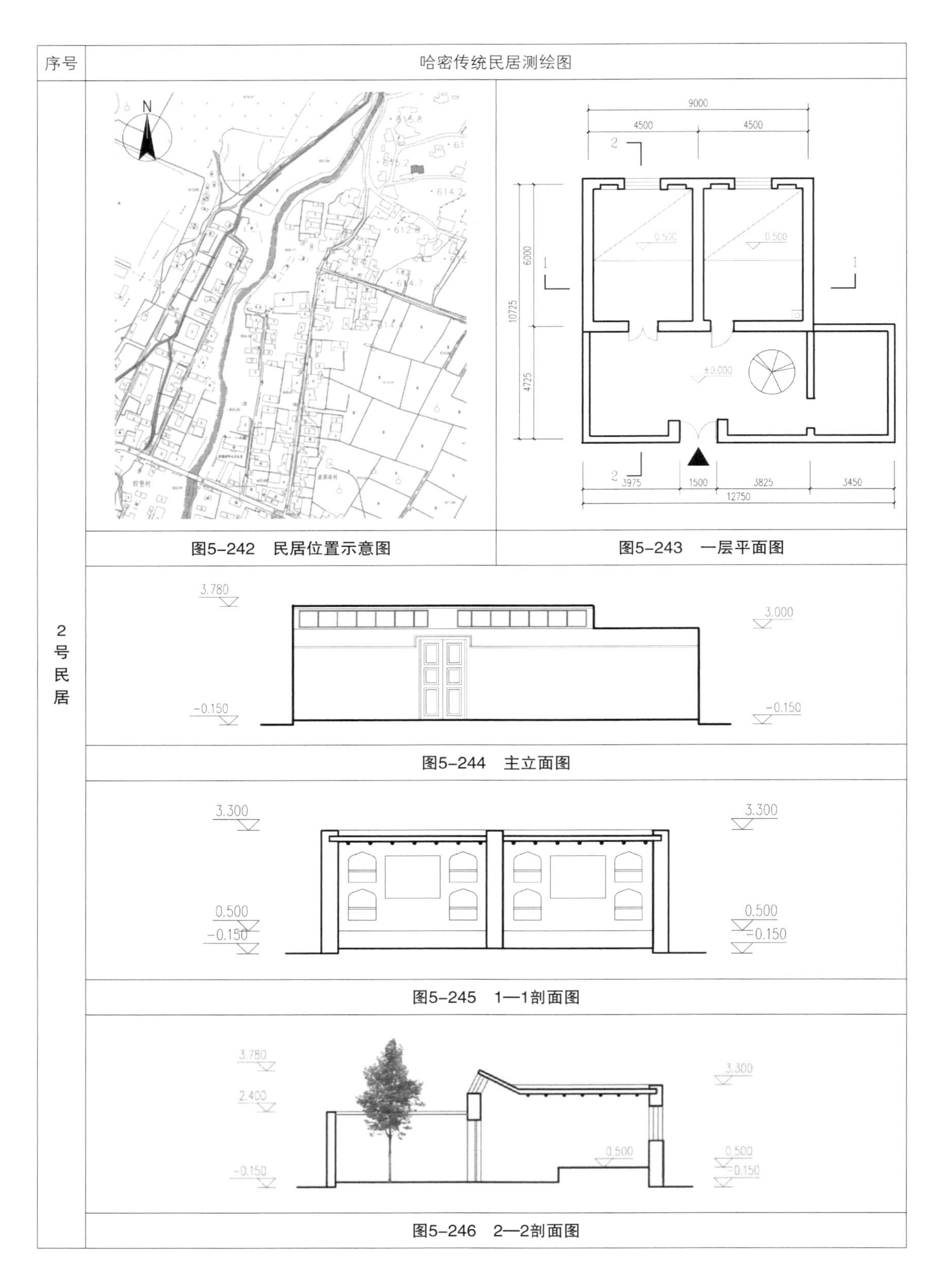

图5-242 民居位置示意图

图5-243 一层平面图

图5-244 主立面图

图5-245 1—1剖面图

图5-246 2—2剖面图

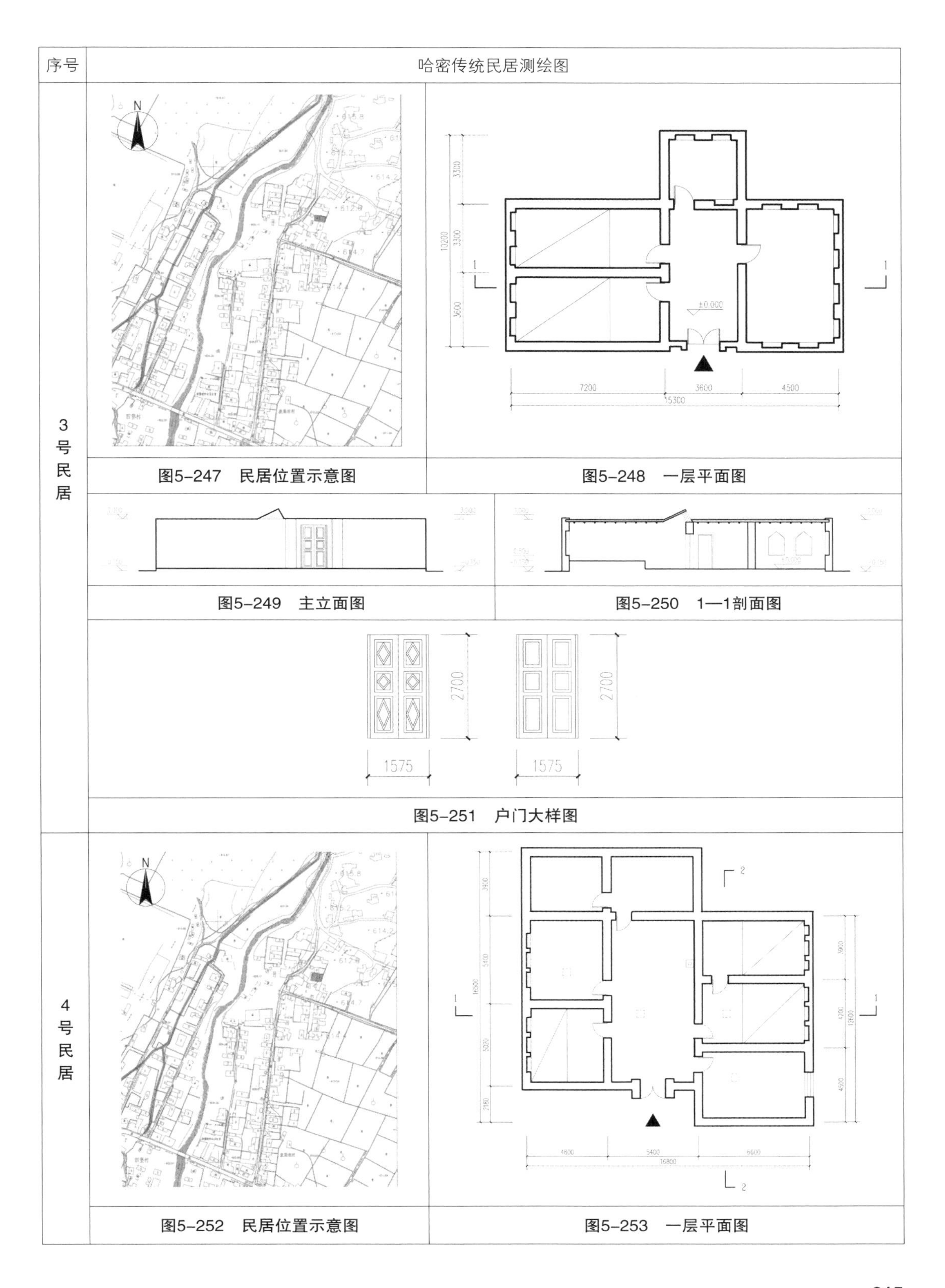

图5-247　民居位置示意图

图5-248　一层平面图

图5-249　主立面图

图5-250　1—1剖面图

图5-251　户门大样图

图5-252　民居位置示意图

图5-253　一层平面图

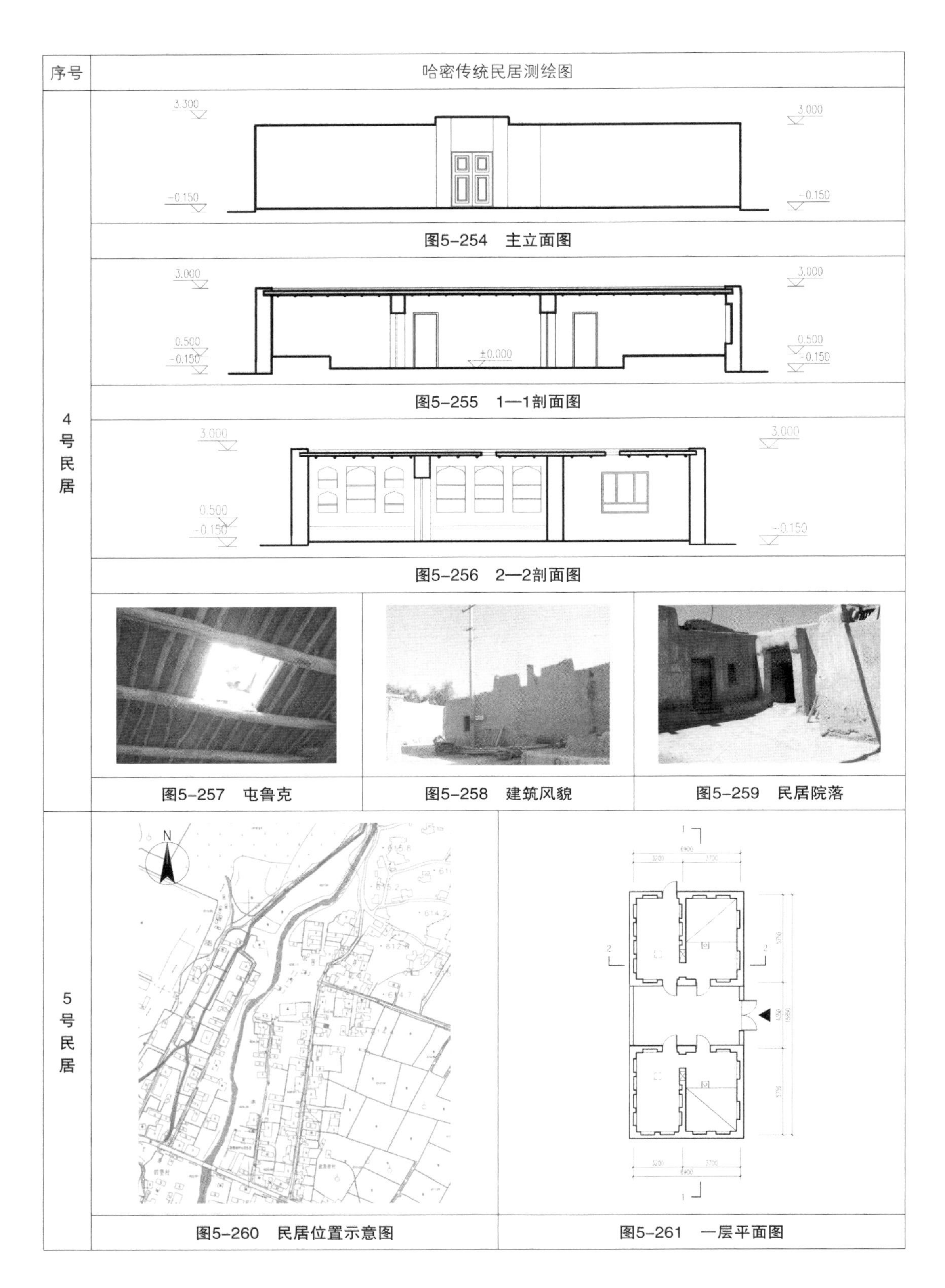

序号	哈密传统民居测绘图		
4号民居	图5-254 主立面图		
	图5-255 1—1剖面图		
	图5-256 2—2剖面图		
	图5-257 屯鲁克	图5-258 建筑风貌	图5-259 民居院落
5号民居	图5-260 民居位置示意图	图5-261 一层平面图	

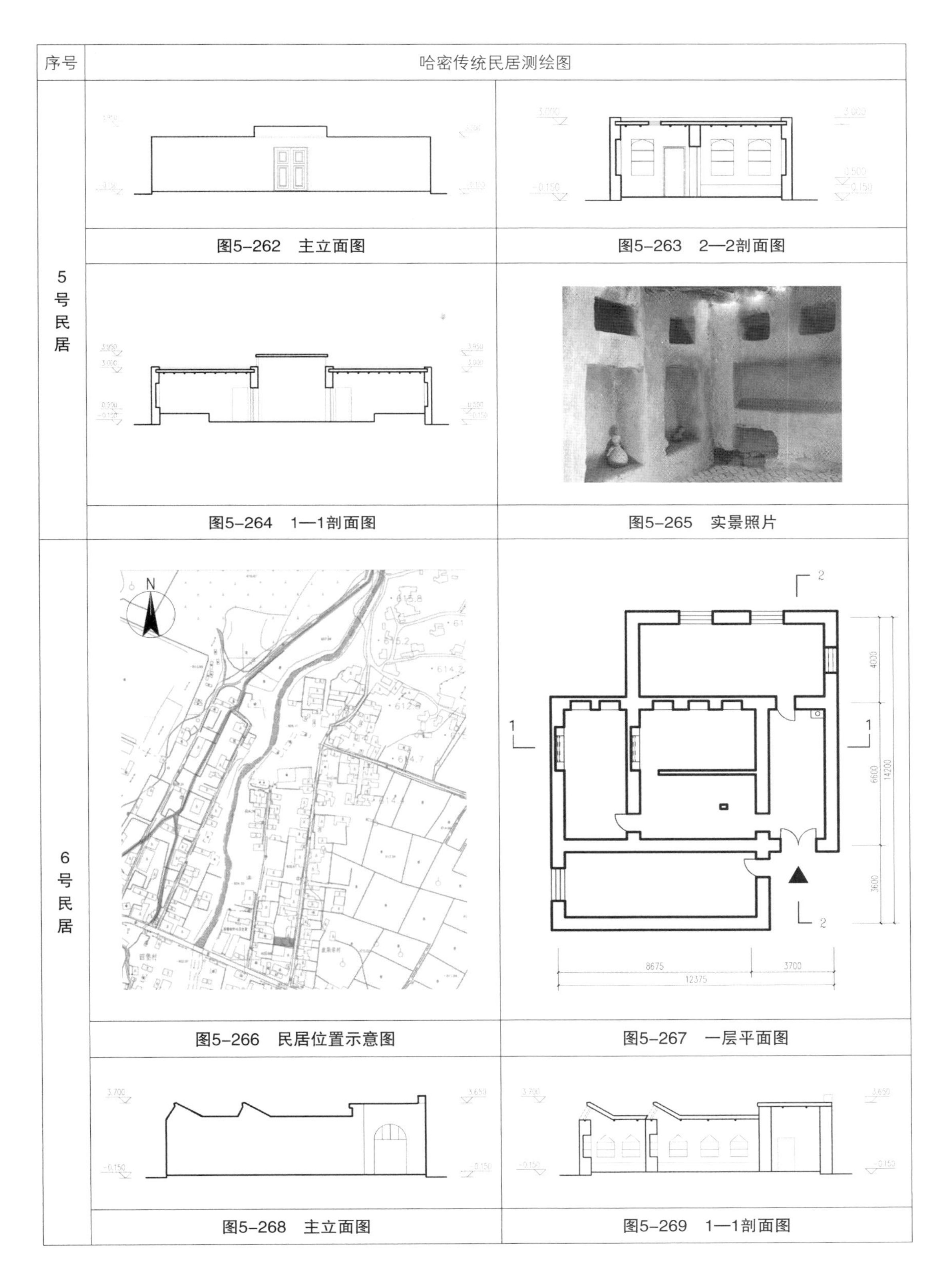

图5-262　主立面图

图5-263　2—2剖面图

图5-264　1—1剖面图

图5-265　实景照片

图5-266　民居位置示意图

图5-267　一层平面图

图5-268　主立面图

图5-269　1—1剖面图

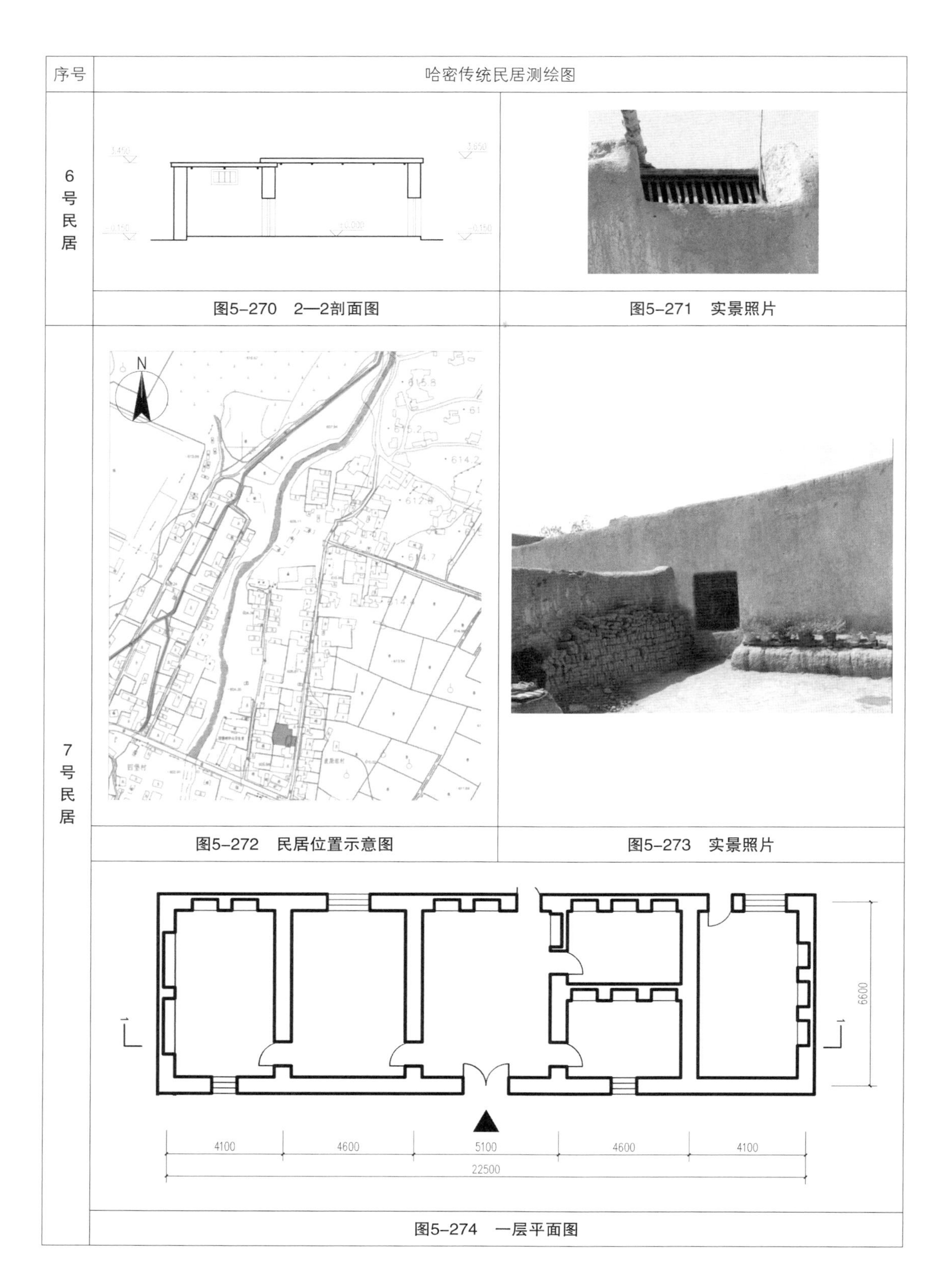

图5-270　2—2剖面图

图5-271　实景照片

图5-272　民居位置示意图

图5-273　实景照片

图5-274　一层平面图

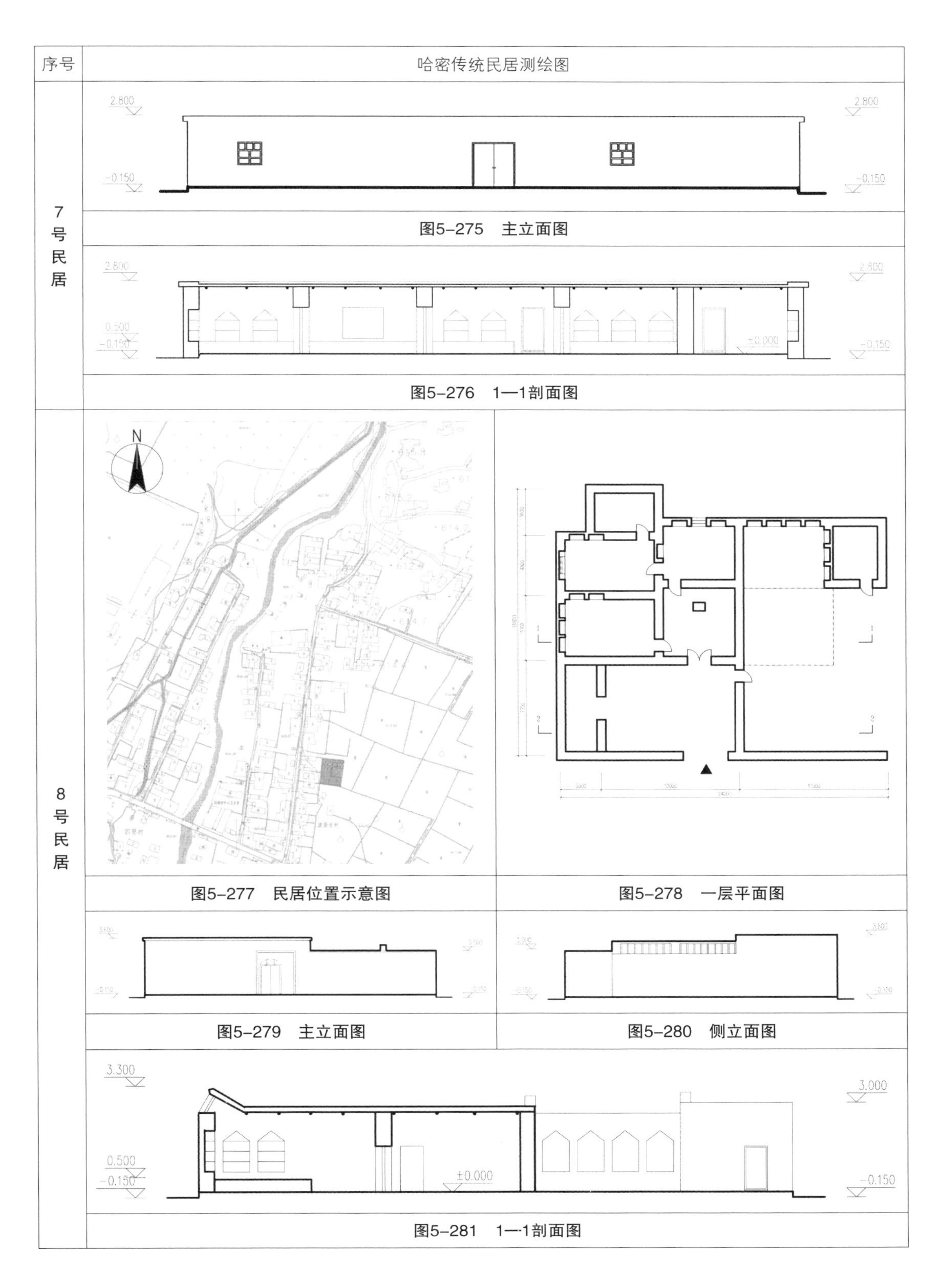

图5-275 主立面图

图5-276 1—1剖面图

图5-277 民居位置示意图

图5-278 一层平面图

图5-279 主立面图

图5-280 侧立面图

图5-281 1—1剖面图

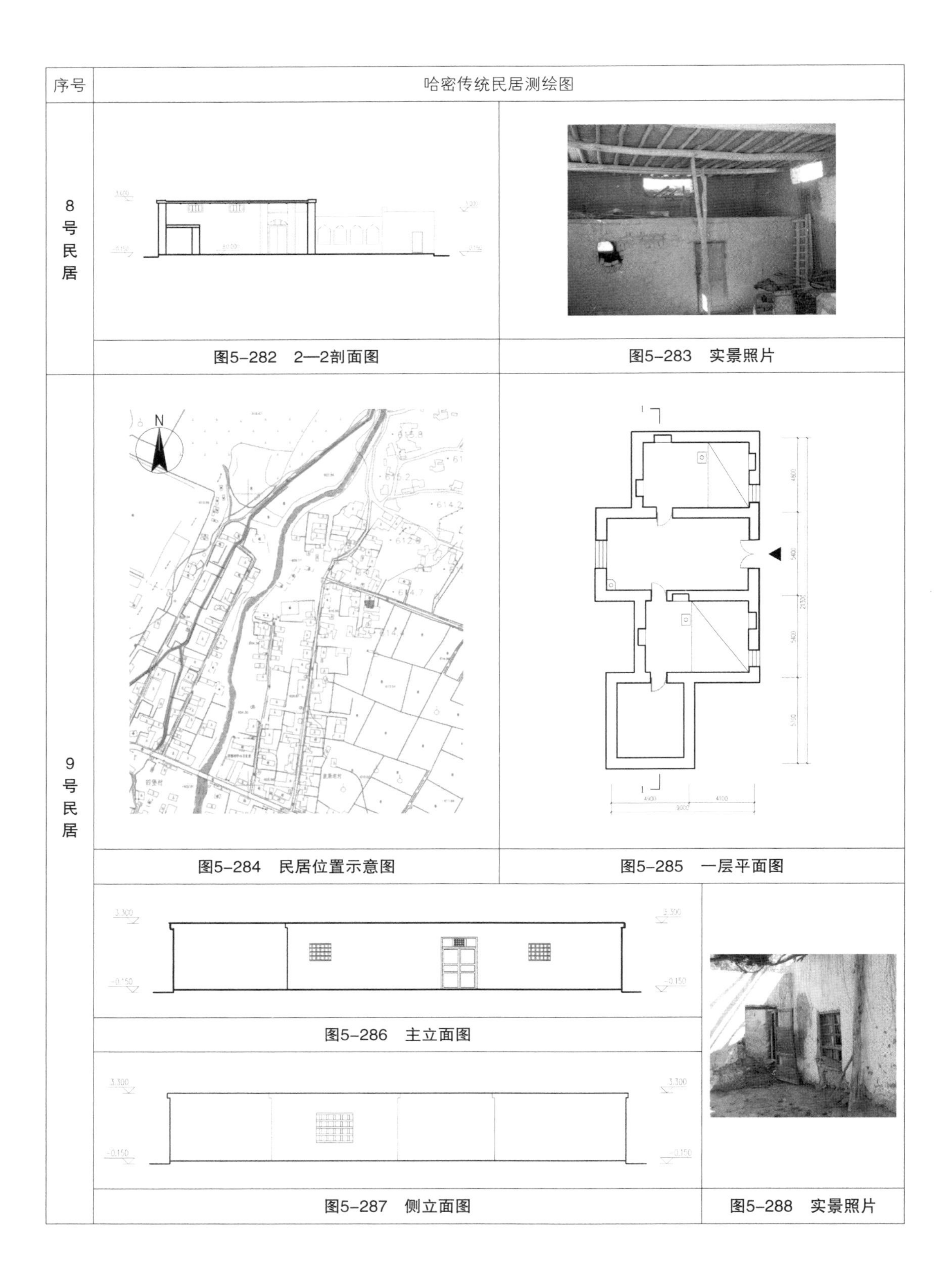

图5-282　2—2剖面图

图5-283　实景照片

图5-284　民居位置示意图

图5-285　一层平面图

图5-286　主立面图

图5-287　侧立面图

图5-288　实景照片

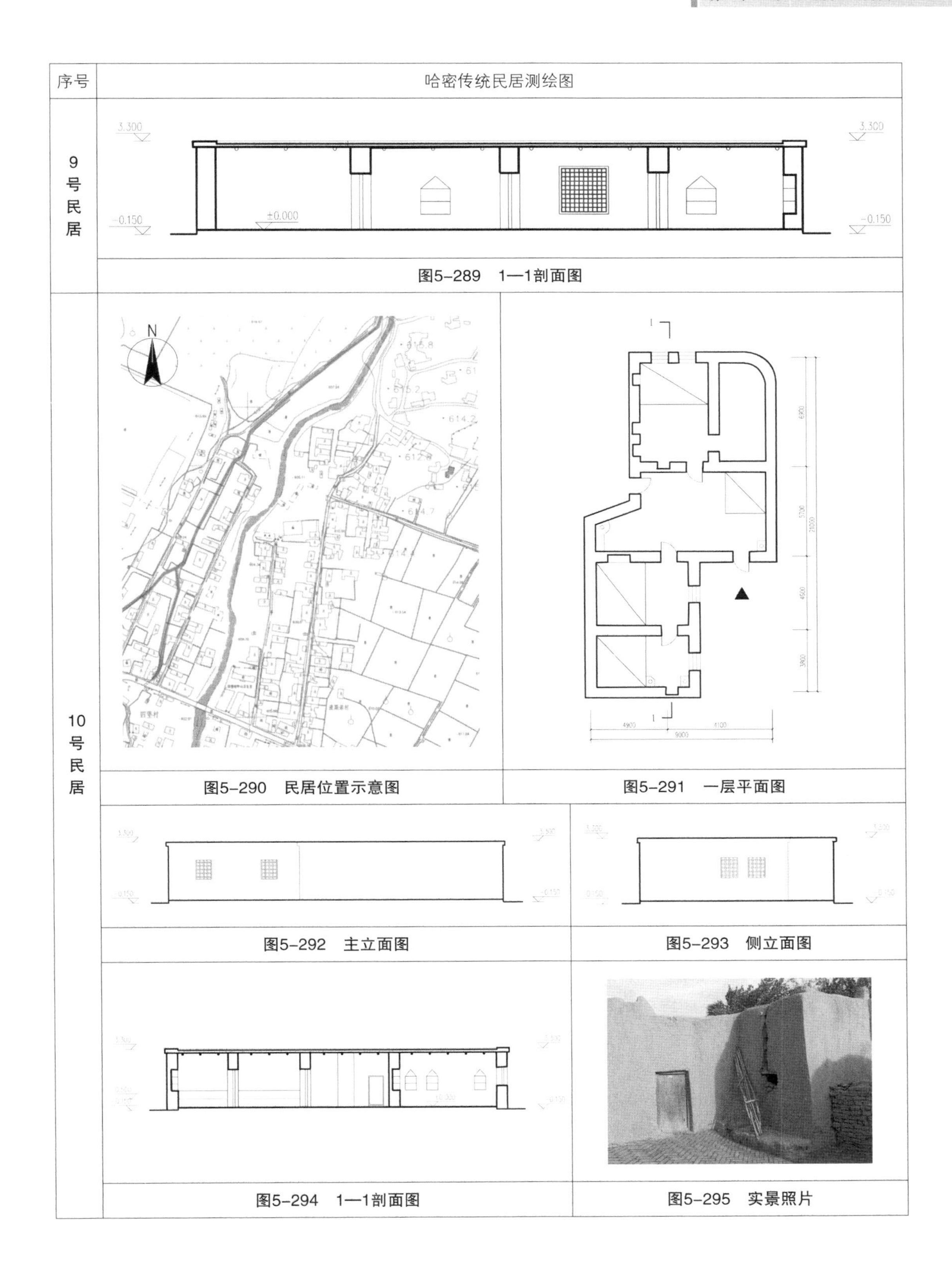

图5-289 1—1剖面图

图5-290 民居位置示意图

图5-291 一层平面图

图5-292 主立面图

图5-293 侧立面图

图5-294 1—1剖面图

图5-295 实景照片

第6章

绿洲民居建构特征

绿洲民居是适应于新疆自然环境而生长起来的具有地域性特征的建筑形式。在其历史长河的发展中，绿洲居民适应当地气候、地理环境等自然条件的过程中，为创造舒适优美的居住环境，发挥了无穷的智慧。创造了阿以旺、辟夏以旺、坎麦尔、阿尔勒克、屯鲁克以及卡普等各类民居空间，不同的空间建构都是绿洲地区劳动人民长期以来适应自然而产生的特殊建筑空间。

作为外围护结构的墙体是绿洲地区民居建构主要承重构件，其材料一般都是取材于当地，不同的地区按照当地盛产材料的不同产生了不同的墙体形式。由于新疆的土质大部分属于黏性大孔性土质，土质干燥时相对坚硬，故新疆绿洲利用生土营造墙体的现象比比皆是。此外，部分地区因土质较为松散、黏性较差，人们用树枝、灌木枝条等编织成墙壁，抹上泥巴而形成篱笆编制墙。因缺乏黄土和木材，故收集毛石、卵石以及开采山体石块筑建石头墙。随着建筑技术的发展以及砖材料使用的大众普及，绿洲地区民居墙体在建造的过程中也开始越来越多地运用砖来建构墙体。

屋顶作为建筑的第五立面，是建筑物的重要组成部分。具有防晒、隔热、防雨等基本功能。新疆绿洲地区因干旱少雨，民居大部分采用平顶的屋顶形式。绿洲民居还有用拱来作为屋顶的形式，大都出现在窑洞房地区，新疆吐鲁番很多民居就是采用拱顶的方式来进行屋顶砌筑。至于穹顶，更多地用于建筑房间面积较大且呈方形的建筑，由于穹顶砌筑工艺要求较高，因此民居中采用较少，大多用于公共建筑屋顶上。

除此之外，绿洲民居中的门窗、柱子、檐部、栏杆、台阶等构配件特征，是不同民族在不同地域长期生活画卷的反映。在长年累月的使用中，当地居民按照其民族文化的本源以及对美的追求，在门窗、柱子、檐部、栏杆、台阶等构配件的处理上体现出不同的风格和特色。

在绿洲民居建构的探索中，所产生的特殊空间、墙体、屋顶以及建筑构配件等众多形式和门类仍为今天的绿洲居民所延续着、传承着。同样是一扇门窗，在直观分辨下便可知道这是汉式的，那是欧式的，以及哪些是具有新疆地域特色的。这是因为不同地域、不同民族长期积累起来的历史文化底蕴对一扇门窗所赋予了独特的文化特征，新疆绿洲民居的建构特征即表现在空间的布局、立体造型、材料建构、色彩搭配等融合成的三维造型艺术上。这些在新疆绿洲各地不断生根发芽的民居建构，是新疆民间对传统建筑历史文脉的发扬。在新时代文化的背景下，梳理归纳绿洲民居建构特征，对新疆建筑文化的保护与传承具有重要的意义。

6.1 民居空间建构特征

6.1.1 “阿以旺”空间建构

“阿以旺”，维吾尔语，意为明亮的处所。阿以旺既是完全封闭的室内空间，又是一个带天窗的大院落。这种建筑至少已有2000年历史，约在公元3世纪之前，是楼兰、尼雅等地居民常用的民居形式。阿以旺民居主要分布在塔里木盆地中塔克拉玛干大沙漠南沿的城镇和乡村，多在和田、喀什等地区。阿以旺民居的空间组成有阿以旺（待客的内庭院）、沙拉依（客人留宿处）、塔西喀克欧依（外部居住空间）、依西喀克欧依（内部居住空间）四部分①。其中3间为一个生活单元，正中为客厅。它以独特的建筑形式、简

① 王川，《新疆阿以旺民居的气候适应性研究》，北京服装学院硕士论文，2012。

单有效的节能措施，深受当地居民喜爱（图6-1—图6-4）[①]。

在严峻的地理、气候环境中，为适应气候的阿以旺民居主要有三大特点：

第一，阿以旺厅具有采光、通风、降温的作用。和田地区风沙大、沙暴日较多，为了有效应对这种气候，阿以旺民居总体上表现出内向性、封闭性，仅阿以旺顶部的高侧窗用以采光。作为夏季的主要起居场所，因高侧窗顶部突出周边屋顶，开窗时能与建筑入口建立良好的空气对流，形成穿堂风，阿以旺厅可以起到风管的作用。

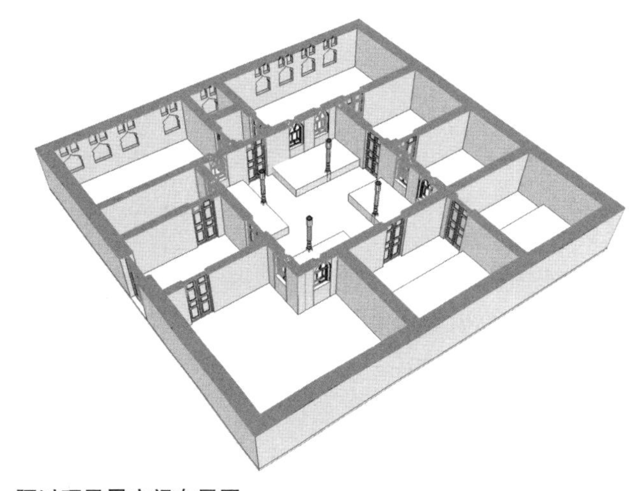

图6-1　阿以旺民居空间布局图

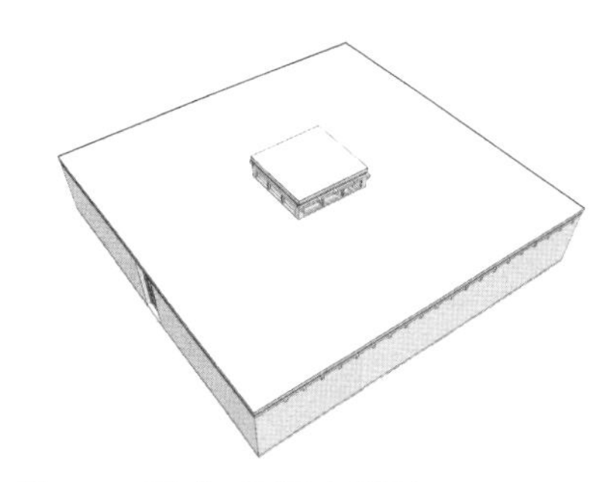

图6-2　阿以旺民居鸟瞰图

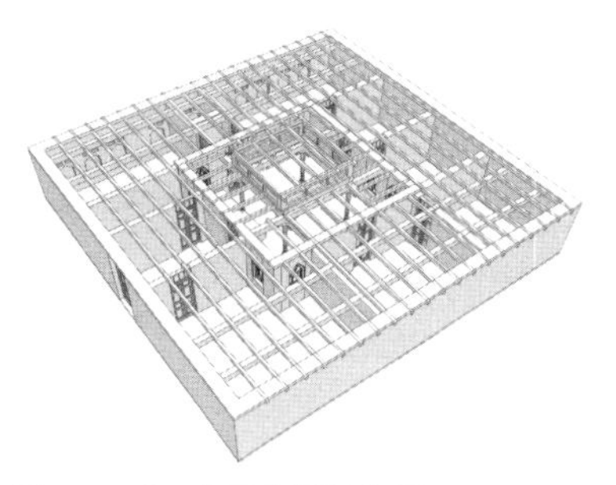

图6-3　阿以旺民居梁架图

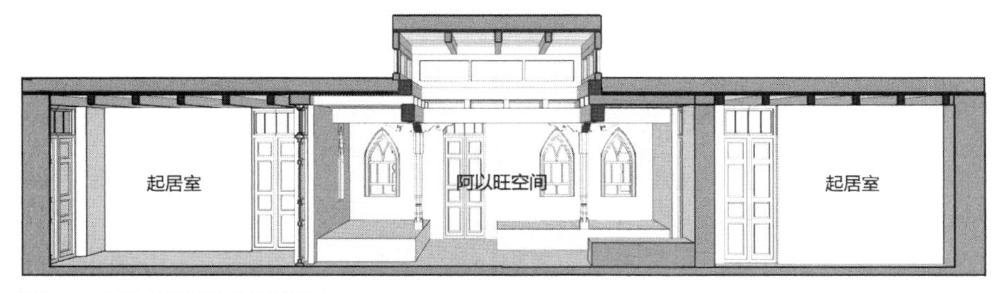

图6-4　阿以旺民居剖透视图

① 图片来源：作者自绘。

第二，体形系数小，可有效节能。在日照强烈、单位面积太阳辐射能极高、日夜温差大的和田、喀什地区，阿以旺民居体形系数较小，其以最小的表面积能围合出尽可能大的空间。由于建筑内部热量是通过围护结构散发的，体型系数越小，外表面传热面积越小，散失热量的途径越少，也就越能起到节能效果。

第三，阴影空间的塑造。由于新疆南部地区强烈的太阳辐射，因此夏季需要塑造舒适的阴影空间。一般地，以植被作天然屏障，用来抵御阳光的强辐射并防止沙尘暴入侵。阿以旺厅在夏季也能塑造出舒适的阴影空间，成为人们夏季的起居中心。这样的阴影屏蔽，既遮挡阳光，降低建筑外表面的太阳直射面积，又减少了墙体的热传递，展现出传统民居的生态智慧。

6.1.2 “辟夏以旺”空间建构

辟夏以旺是一种存在于新疆绿洲传统民居中的一种建筑形式，广泛分布于喀什、和田、阿克苏、伊犁、东疆等地区，是位于屋前、上檐下台、一面开敞向庭院的半开放空间，其出檐深度一般2～3米，用于室外起居，是居住、生产、娱乐、休息的活动中心。

实体房的正面，是由土坯或砖砌筑的厚实墙体（一般都在400毫米之上）所围合的实体空间中最为开敞的立面——实体房的门窗尽开于此面，此界面距离开敞面有两三米远，可见室内的采光弱。但这在炎热的夏季，对于实体房遮蔽强辐射的阳光具有显著作用（图6-5—图6-8）[①]。

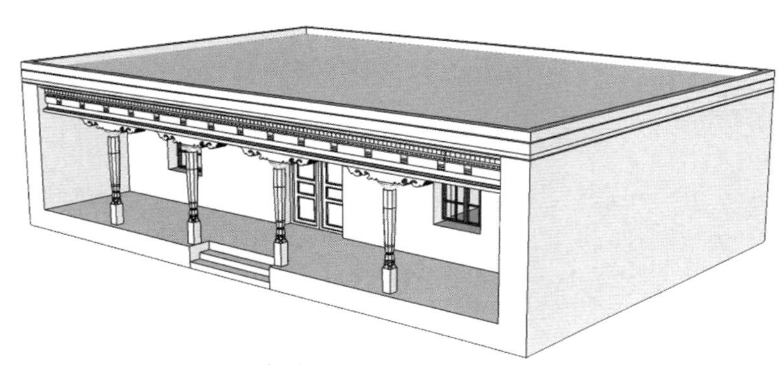

图6-5　辟夏以旺民居的鸟瞰图

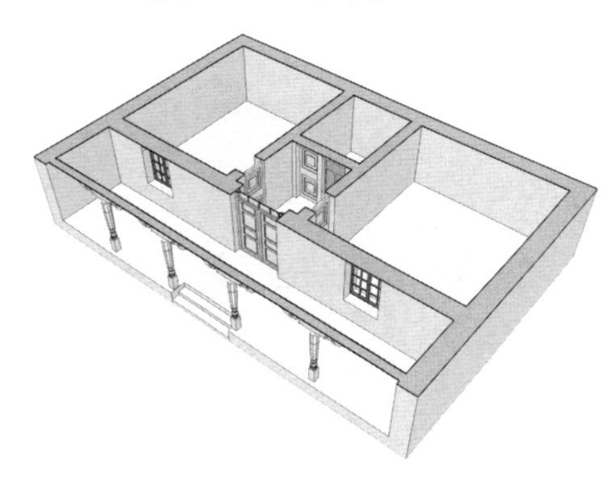

图6-6　辟夏以旺民居空间布局图

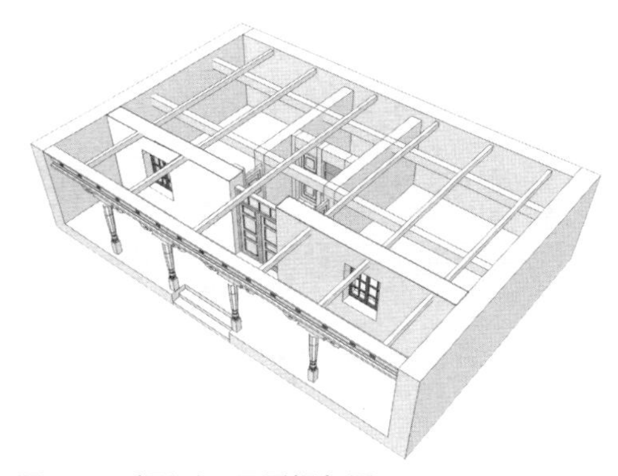

图6-7　辟夏以旺民居梁架图

① 图片来源：作者自绘。

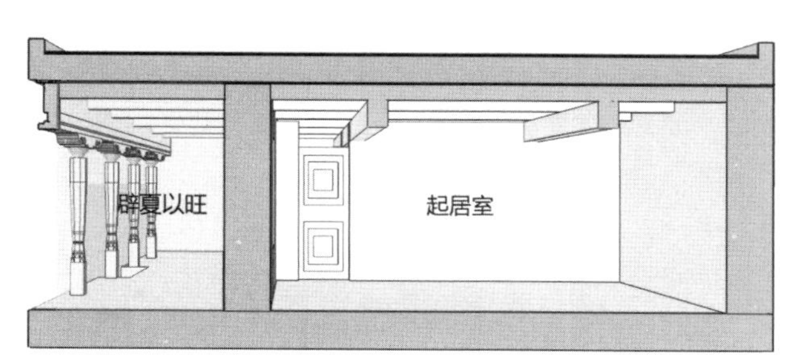

图6-8 辟夏以旺剖透视图

作为起居的坐卧家具，束盖（即实心的不能加热的炕）是辟夏以旺静态空间的最显著的标志。王小东院士将辟夏以旺称作维吾尔民居中居住的活动中心，可见辟夏以旺在民居中的中心地位。居住者一年四季对束盖的利用率都极高：适宜季节，在束盖炕上的起居自不用说；炎热的夏季，对于干燥的绿洲来说，阴凉尤为重要，在辟夏以旺的阴影下可享受微风，实为消暑的好去处；即使在寒冷的冬季，只要天气晴朗，居住者也常在束盖炕上晒太阳。束盖作为一家人的起居中心，空间大一些自是理所应当，这是辟夏以旺进深较大的重要原因。

遮蔽阳光是屋檐面最重要的功能，它包括建筑自遮阳和为辟夏以旺这一空间的遮阳。固定遮阳檐作为利用太阳高度角的遮阳措施，使得辟夏以旺既能在冬季用来晒太阳，又能在夏季提供阴凉。因夏季的起居要求，辟夏以旺进深必须要做大，以提供足够的阴影区。同时，夏季的阴影也惠及实体空间：一是为建筑最多门窗的这一立面遮阳；二是辟夏以旺中大面积的阴影充当了烈日下的炽热庭院的“白”与实体空间的“黑”之间的过渡空间——“灰”，这既能带来视觉上的舒适，又能作为“隔热层”给实体空间带来凉爽。

开敞面虽只有几根柱子，但其装饰却极尽奢华。柱子、檐部作为建筑正立面的第一层立面，被当作民居最重要的部位——“脸面”来装饰。此面向庭院开敞，而庭院空间中多种植花草果树，以作外部荒漠环境的心理补偿。因此，作为起居中心的辟夏以旺与绿意盎然的庭院之间的空间流动，因这一开敞面得以实现。在有些民居中，住户在辟夏以旺前种植藤蔓植物，使之在夏季能成为这一开敞面的绿化限定，用以遮阳和调节微气候。有些民居，在夏季特别热的时候，会在这一面上挂以帘幕，用以遮蔽阳光，形成更为封闭的空间。

6.1.3 “坎麦尔”空间建构

吐鲁番当地居民习惯把半地下空间称作“坎麦尔”，这个词也可指半地下室或土拱式空间。由于吐鲁番盆地气候干旱酷热，夏季最高温度达到49℃左右，是我国最热的区域，以“火州”之称，降雨量少，日照时间长，是典型的内陆沙漠气候。这种自然环境为生土建筑的发展奠定了得天独厚的条件。自古以来，不论这里的房屋如何千变万化，都离不开生土这种最基本的建筑材料。一般住宅是一明两暗式的布局方式，这种建筑墙体基本都较厚，有冬暖夏凉特点。另有一些民居建成半地下室式的二层楼房，即底层是全生土拱形建筑，二层为木结构平屋顶房屋，具有鲜明的地域特色（图6-9、图6-10）[①]。

① 图片来源：作者自绘。

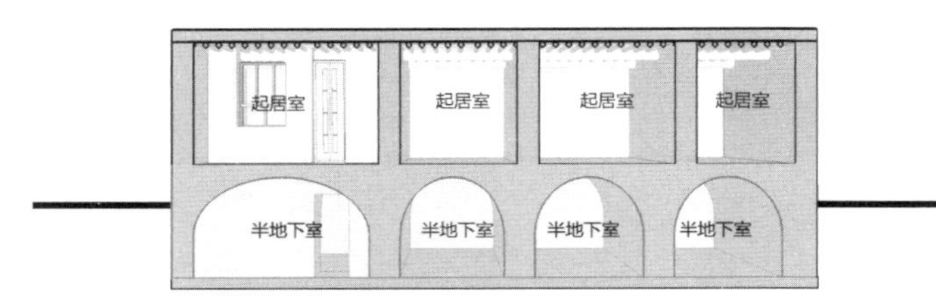

图6-9　坎麦尔空间剖透视

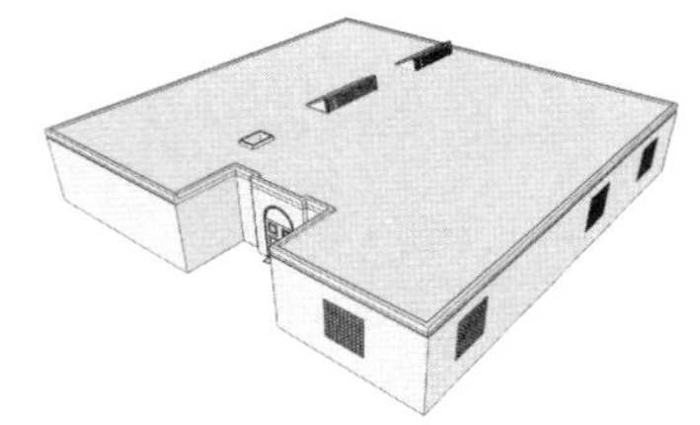

图6-10　坎麦尔外部空间透视

半地下室房屋用原生土作墙，上半部墙用土块砌筑成上半层的地坪，墙和楼盖拱顶全部为土坯砌筑，地下室是将原生土挖造成室，再用土坯砌拱，做成楼盖。这种房屋由于底层挖成半地下室，冬暖夏凉，一般人们夏季都住在底层半地下室，过了炎热季节，则可住在地上层的房间里。

吐鲁番地区建筑之所以采用半地下室，不采用全地下室，原因是地下室室温很低，和室外温差太大，人易生病，另外还有通风等问题，所以民居只采用半地下室作法。半地下室挖深根据地形地貌而定。一层屋顶用土坯起券砌成拱形建筑；二层屋面用木檩椽子铺芦苇，用干土做保温层，草泥抹面，且室外楼梯往往采用木制楼梯。

6.1.4　“屯鲁克”空间建构

在新疆南部与东部炎热干旱地区，尤其炎热的夏季不让紫外线直射，在房屋的外墙不开窗户，在房屋的顶部开小天窗，获得弱采光和通风。达到居住环境的舒适性。采用房屋顶部开小窗形式，当地老百姓称之为“屯鲁克”，该形式一般分两种做法，一种是“屯鲁克”高侧窗形式，一种是“屯鲁克”天窗形式（图6-11、图6-12）[①]。主要分布区域是塔里木盆地东部哈密地区和周边区域。

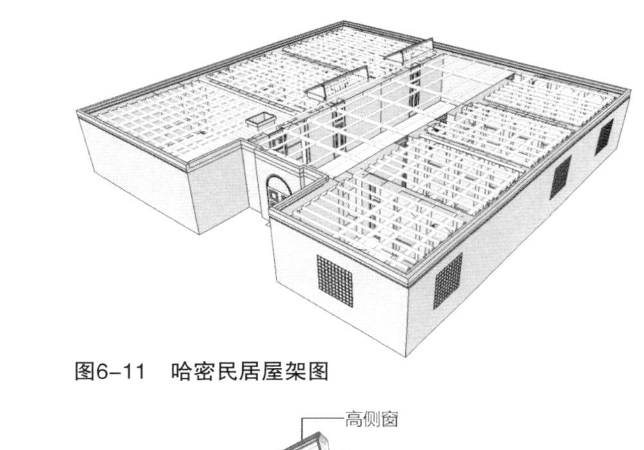

图6-11　哈密民居屋架图

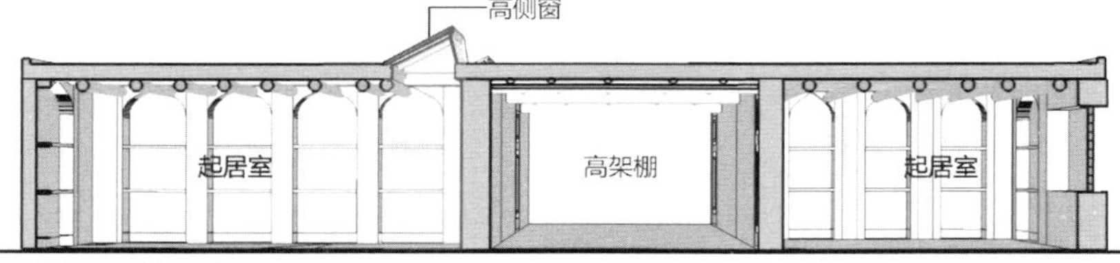

图6-12　哈密民居剖透视图

① 图片来源：作者自绘。

哈密地区的传统民居建构，受气候条件的限制，一般房屋外墙少开窗，采用“屯鲁克”建构形式，通过自然采光和通风，改善室内自然环境。该地区气候为干燥少雨、蒸发量大，日照时间长，夏季酷热，温度较高，冬季严寒。部分民居聚落紧邻林地，多以院落为单元的建筑群组成，整体建筑密度较小。

从院落布局来看，卧室和储藏室与主厅相连，其中主厅为半室外，室外多采用篷盖为顶，东西向建筑的各个部分一般呈南低北高的错落关系，窗洞尺寸较小，主要房间南向设高侧窗，利于各个房间的采光通风，篷盖为外设的遮阳设施，一般设在主厅上空，高出屋顶檐部1米左右，支撑篷盖的墙体多开孔以便通风散热。

6.1.5 “阿尔勒克”空间建构

阿尔勒克，在维吾尔语中有“中间空间”含义（图6-13—图6-15）[①]又称高棚架，即在院子中用木立柱或镂空花墙架起的高大凉棚，也就是把院落空间覆盖，两侧镂空通风采光。是吐鲁番、善善、哈密地区当地老百姓家庭生活中的不可缺少的综合性空间，主要是特殊的气候条件下遮阳，提高居住空间的舒适性。高棚架遮盖面积各有差异，有的全部遮盖，也有些只覆盖院子的一小部分。一般而言，为防止阳光直晒建筑正面（尤其是正面上的窗口），也为夏季塑造适于室外活动的阴影空间，高棚架多架在房前或两房之间[②]。

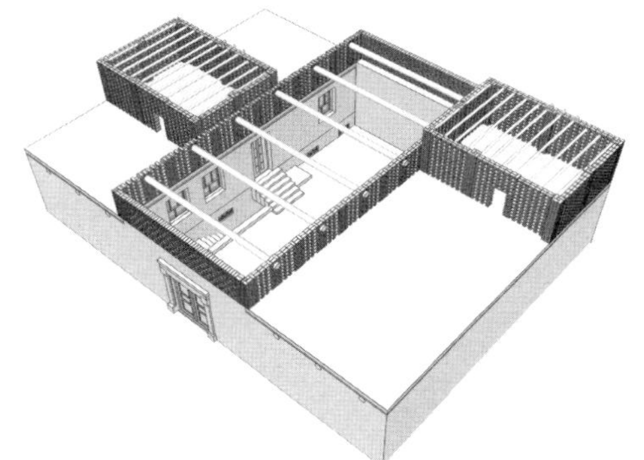

图6-13　阿尔勒克民居空间布局图

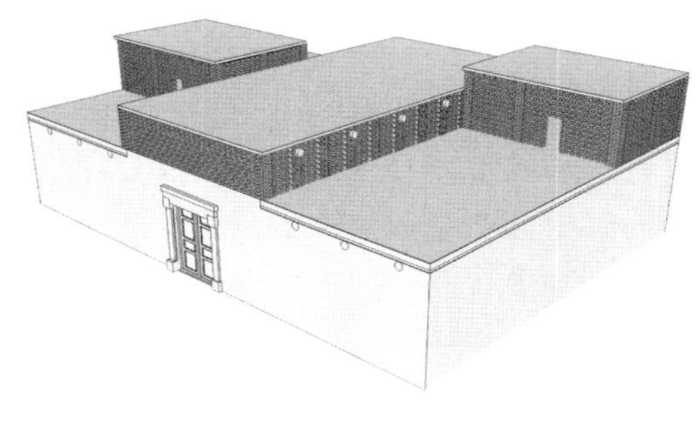

图6-14　阿尔勒克民居鸟瞰图

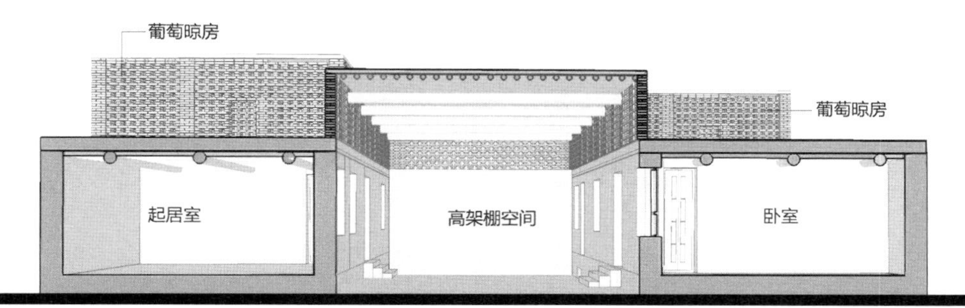

图6-15　阿尔勒克民居剖透视图

① 图片来源：作者自绘。

② 蔡五妹，《吐鲁番地区传统民居空间形态研究》，上海交通大学硕士论文，2011。

“阿尔勒克”或高棚架的处理手法可分依傍型和独立式两种。依傍型，即依托房子在其一侧架棚，或在两列对面而建的房子间架棚，抑或在三合院的凹形空间之上架棚。这类棚架一般高出屋顶 1 ~ 2 米，最高的棚顶与地面的距离可达 6 ~ 7 米，使屋前有一个高大开敞的空间。这一高大空间，实际上是居民日常生活内容的室外延伸，在适宜季节，起居待客、休息聊天、亲子嬉戏、烹饪餐饮、编织、木作、缝纫、修理、节日宴请、红白喜事、歌舞等都在棚下进行；在夏季甚至可以夜宿棚下，棚架几乎包揽下生活起居的一切活动。独立式则是院中空地上设棚，但不与建筑相连，这种棚相对低些，一般在 3 ~ 4 米的高度。独立式高棚架的使用性质相同，只是包含的内容少一些。假如是专为禽畜搭设的，则会更低些，仅以不妨碍居民添食、清扫为度①。

高棚架是吐鲁番居民御热、遮荫、纳凉的绝好空间，在高棚架与墙体的连接处，留出通风口/洞，起到高敞空间的通风组织作用。在炎热的夏天，高棚架不仅可以抵挡太阳直射院子，还能减少太阳对居室的直射，而通风口/洞的设置则能进一步保持空气流动，使得任何时间屋前都能留有一片阴凉的空间。随着生活方式的变化，人们倾向于追求民居的“现代化”，而忽视了传统民居的部分优点——原本室内空间外延的高棚架，逐渐被隐蔽紧凑的室内客厅所替代②。

此外，与高棚架同时存在于吐鲁番民居中的，还有半地下室、葡萄晾房。半地下室冬暖夏凉，是当地居民喜爱的躲避极端时节的居所，也用于冬季存储蔬菜等。葡萄晾房是吐鲁番乡村民居中最为常见的一种元素，是农业生产中葡萄农作物在建筑上的象征标志。

6.1.6 “卡普”空间建构

卡普空间，维吾尔语中早期的简易房屋的名称，又称窝棚。早在新石器时代，定居区的居住“建筑”就有了这种类型。起先是在昆仑山北麓绿洲区，即现今的巴州南部，以树干（或立杆）为支柱（或支架），围以枝叶或植物杆的原始窝棚式住宅，稍后即出现了悬搁在立杆上的双坡或平顶的窝棚。在潮湿的地段，为了满足起居卧榻的需要，人们开始用木材搭成低架后，再以窝棚围成居住空间，下部似干栏式建筑，上部则为悬搁式窝棚（图6-16—图6-18）③。

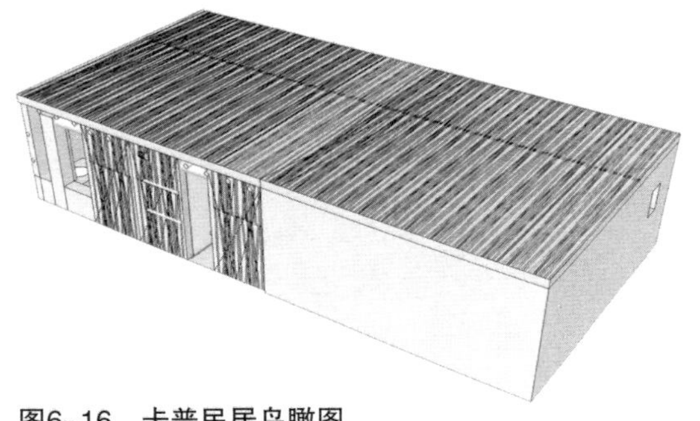

图6-16　卡普民居鸟瞰图

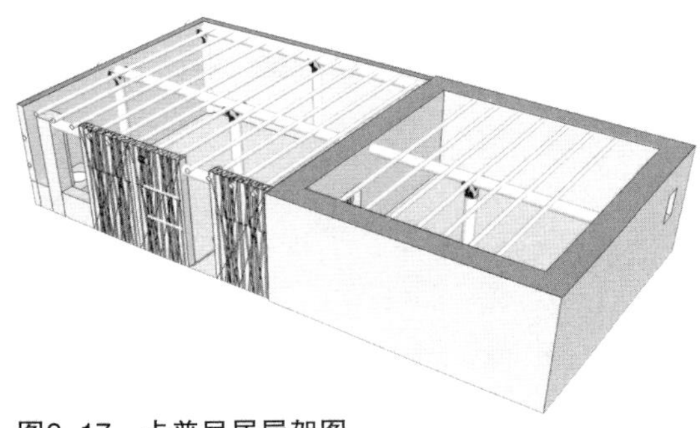

图6-17　卡普民居屋架图

① 子莹、塞尔江•哈力克，《吐鲁番民居建构空间适用性探究》，《西安建筑科技大学学报》(社会科学版)2018年第37卷第6期。

② 岳邦瑞、李春静、李慧敏、陈磊，《气候主导下的吐鲁番麻扎村绿洲乡土聚落营造模式研究》，《西安建筑科技大学学报》（自然科学版），2011年第43卷第4期。

③ 图片来源：作者自绘。

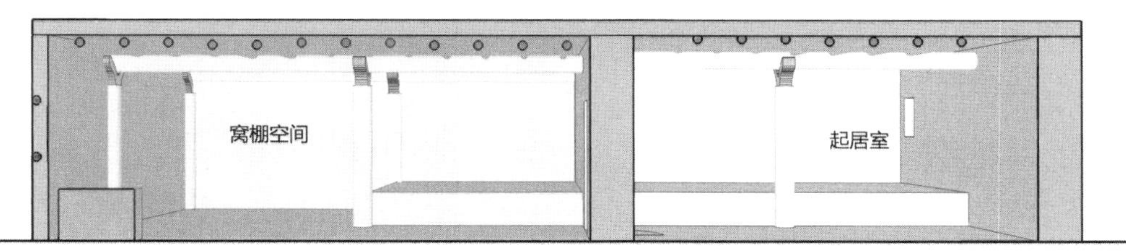

图6-18 卡普民居剖透视图

这可由库鲁克山兴地岩画中的建筑图像得到证实，其中“牌楼式”建筑应是悬搁于树干（或埋杆）间的窝棚；图像中的“长房”即“大房子”，为稍晚期的住房，是氏族社会组织供居民共同居住而建，是一种原始木构架的房屋，还保留着有半干栏式和悬挂窝棚的样式。这些初期的雏形建筑，与古代新疆南部绿洲密布着原始胡杨林和野生红柳、芦苇等荆条材料有关，因为这些材料常用于原始居住建筑，不仅易拆易搭而且又能满足干热少雨的栖身要求。

6.2 墙体建构特征

6.2.1 生土夯土墙

生土夯土墙是在模板之间填加糙土夯筑，在外力的作用下使土质更加密实牢固。这种生土夯土墙一种采用模具，另一种则不用。较大且厚的土工建筑都是夯筑建造；夯土墙作为绿色重质墙体，坚固、保温且蓄热性能良好，有利于冬季御寒和夏季防暑。① 但抗震性能较差。

夯土墙大多采用地下挖掘的原土（或称为素土）。打夯的方式因地而异，有相对法、相背法和纵横法（图6-19）②。这种建筑方法是用潮湿的黄土，掺以一定比例的砂粒或小石子（新疆各地因土质不同，为提高强度和防止干裂，在重黏土、黏土里常加一点儿砂、小碎石或戈壁土，在黏土中加些石膏、石灰、短麦秆）配成混合土。

夯筑墙下厚上薄，墙基约80厘米厚，上部约50厘米厚。模板的宽度为70～80米，版筑墙厚度般在35～40厘米之间，通常下面比上面较厚，这样有利于墙体结构的稳固。夯筑过程中，在夯层与夯层之间，往往放置木条、苇子，以起到横向拉结的作用。在门窗洞口上方，预埋木质过梁，一般情况下，门窗洞口与墙体一起夯筑，拆模后，再凿出洞口。在新疆南部地区，为了呈现夯土墙原始风貌，一般会任其保留粗糙的外观。由于土坯本身有一定的湿度，随着层层垒高，土坯会黏合起来，因而相当坚固，一般使用二三百年是没有问题的（图6-20）③。

① 李群、安达甄、梁梅，《新疆生土民居》，中国建筑工业出版社，2014。
② 图片来源：作者自绘。
③ 同上。

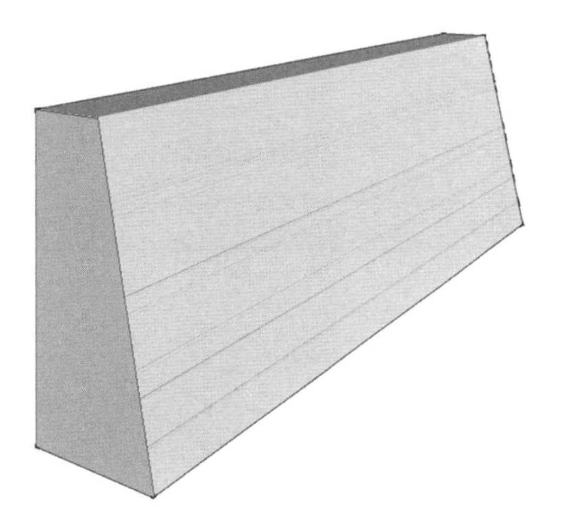

图6-19 夯土墙表面

图6-20 夯土墙表面实景

6.2.2 生土土坯墙

一般来说，土坯墙的建造比夯土墙更加简单方便，密实度也比夯土墙高，墙体表面也会比较平整、光洁，亦更加稳固。使用生土土坯墙是生土建筑中较为常用的一种建造方法，大多会采用人工或天然土坯砖。[①]

土坯砌筑是以土坯作为建造材料并施以泥浆砌作，用土坯直接起券是吐鲁番地区民居常用的传统砌法，墙内添加立木和木筋骨架，屋架和檩条搁在土坯墙上，用黏土、草泥黏合在一起。

生土坯可分为湿制土坯和干制土坯两种。湿制土坯是将生土掺水拌和至可塑状，直接铺摊在平整的地面上，厚度在10厘米左右，并将其切割成块，晾干后再行使用。干制土坯是将生土掺水拌和至可塑状，有时还会在生土里添加麦草等，以增加土质的黏性和硬度，混合搅拌后，再放入预先制作的坯模中，晾干后，以泥浆逐层咬叉进行砌筑。

生土坯砌筑的方法主要有：①侧丁与平丁交替；②侧顺与平顺交错；③侧丁与平顺交替；④全侧丁砌或平砌；⑤侧丁与平顺交替；⑥侧顺与平丁交替（图6-21）[②]。

6.2.3 篱笆编制墙

篱笆编制墙也称为木骨泥墙或挑土墙（图6-22）[③]。常用作法是在木构架上加密支柱和水平撑挡，用树枝条、红柳、芦苇束在构架上编成笆子，然后抹泥而成，等到适度干燥，再铲平修整。在新疆南部等部分地区常先垒起地基，在地基上用木头支起框架，并用杨树枝编成墙壁，抹上泥巴，再盖上房顶，与此相似的夹板墙在中原地区通常采用打墙板、绳子、立柱抬筐、插竿横杆等工具。在新疆，这类墙体给人的观感较为光滑，而土坯墙则看起来斑驳不堪。在库车，墙身内采用直径10厘米左右的圆木棍为骨架，在骨架

① 李群、安达甄、梁梅，《新疆生土民居》，中国建筑工业出版社，2014。

② 图片来源：作者自绘。

③ 同上。

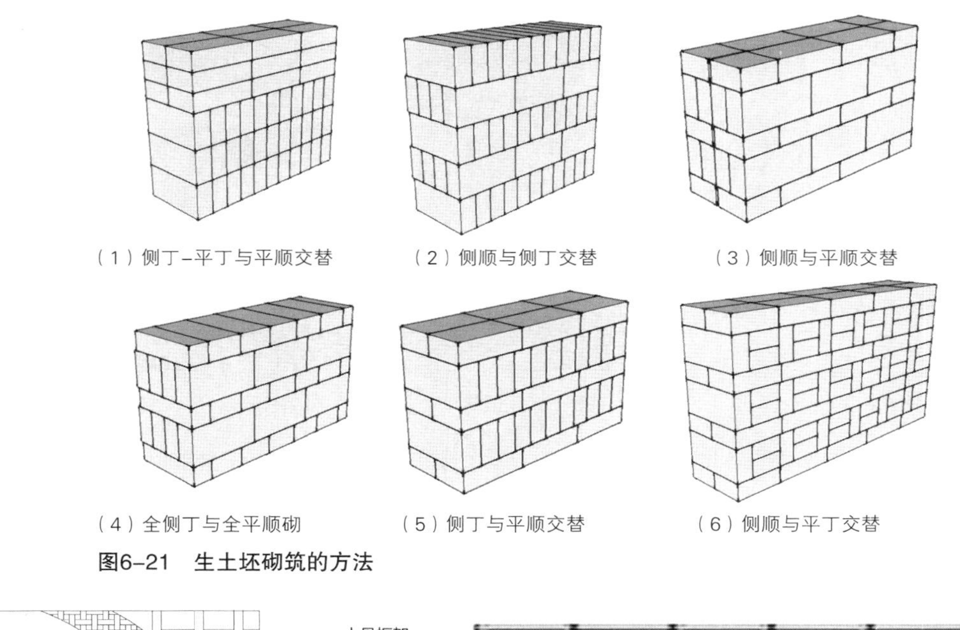
（1）侧丁-平丁与平顺交替　（2）侧顺与侧丁交替　（3）侧顺与平顺交替
（4）全侧丁与全平顺砌　（5）侧丁与平顺交替　（6）侧顺与平丁交替

图6-21 生土坯砌筑的方法

图6-22 篱笆编制墙

图6-23 篱笆墙骨架

间用土坯砖作为填充。外面再抹泥，将木骨架全部包起来，墙外多抹灰，形成白色饰面[①]（图6-23）[②]。

以木构架为主的建筑墙基一般都用原夯土夯实而不另做墙基，以木地梁承受荷载。这种墙体非常粗糙，现在仍然流行于和田地区，多数情况下用于牛羊马棚、院落围墙、住宅附属用房。

6.2.4 石头墙

新疆最早的生土民居与石块垒砌有着天然联系，至今在新疆一些地方仍然沿用石垒住房。这类住房用石块垒成墙体，上架简易棚顶或覆以泥土防漏（图6-24）[③]。土坯砌筑墙下部基础通常用当地的大块鹅卵石，或用当地产的片石、卵石或红砖砌筑。石垒屋是生土建筑的特有形式，按石材的不同可以分为三种：一是卵石构筑，例如在山区靠近溪水河流的地方，洪水冲下的卵石散布于河床，可以用来建筑民居；二是

① 李群、安达甄、梁梅，《新疆生土民居》，中国建筑工业出版社，2014。
② 图片来源：作者自绘。
③ 同上。

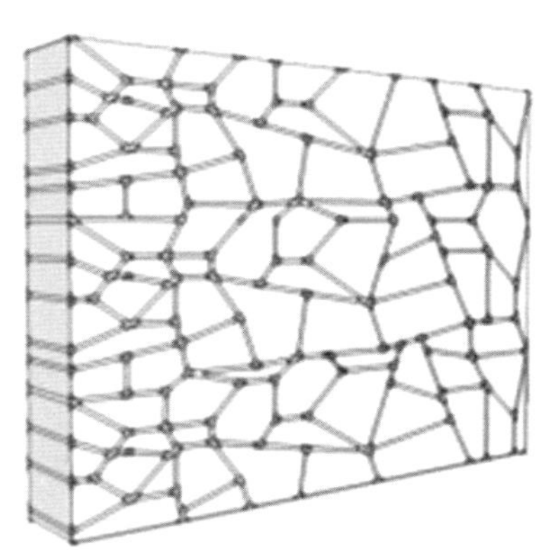

图6-24　石头墙

图6-25　石头建筑

毛石，在山区没有卵石的地方，收集不同形状的自然石块作为建筑材料；三是块石（图6-25）[①]。

6.2.5　砖墙

砖墙的砌筑方法主要有全顺砌法、两平一侧砌法、全丁砌法、一丁一顺砌法、梅花丁砌法、三顺一丁砌法六种形式。用砖砌筑墙体的时候，按照建筑物面阔方向摆放的砖，称为“顺砖”，按照进深方向摆放的砖，称为“丁砖”。一丁一顺法，就是砌筑完一块丁砖，再接着放一块顺砖，丁砖和顺砖交错摆放。一丁三顺法，就是砌筑完一块丁砖，再接着连续砌筑三块顺砖（图6-26）[②]。

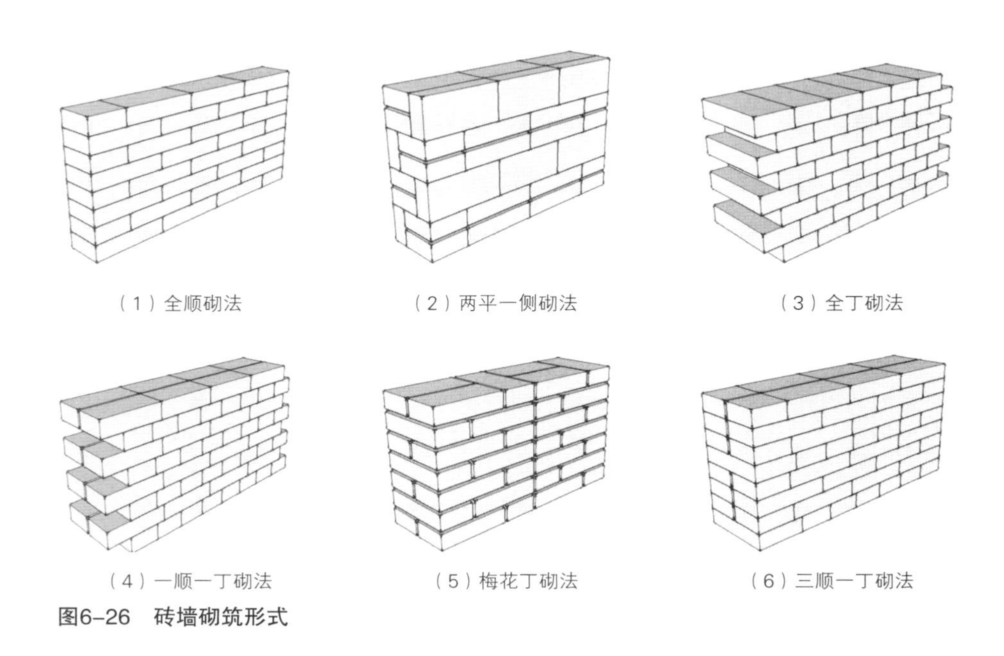

图6-26　砖墙砌筑形式

① 图片来源：新疆民居、陈震东编著. 北京：中国建筑工业出版社，2009. 第112页。

② 图片来源：作者自绘。

6.3　屋顶建构特征①

6.3.1　平顶

在民用建筑中，屋顶建造的方法各不相同。平屋顶大多采用草泥覆盖（图6–27，6–28）②施工方法是：第一层是填坑；第二、三层是凿平，约有10厘米厚；第三、四层是磨光；第五、六层是局部造型；最上面一层是用泥浆刷成，添加约有1厘米厚的碎草。前五层里面的草多，占所有体量的二分之一。

摊泥巴有两种方式：一种是取泥直接摊在地面上；另一种是在坑里面踩，然后切成30厘米×30厘米×8厘米厚的泥块。泡水泥浆时最好是人踩上去不粘脚且不容易陷进去的时候最佳，一般需要3～4天。一个人在上面踩，另一个人在下面递泥块，上面的人将泥巴踩平再踩一遍，泥块堆到60厘米之后再修墙，第一层做完后，晾干水分，待干到80%～90%，然后再继续做二层。每层有加红柳棱。加窗户时一般先预留好位置，再做第二层，目的是防止第二层的水分流下来，导致第一层软化坍塌。第二层之后，每一层留一天左右的时间晾晒，可以在上面抹上大约1：0.5的水浆。还有一种方法是把坑挖好土放进去，泡2～3天。

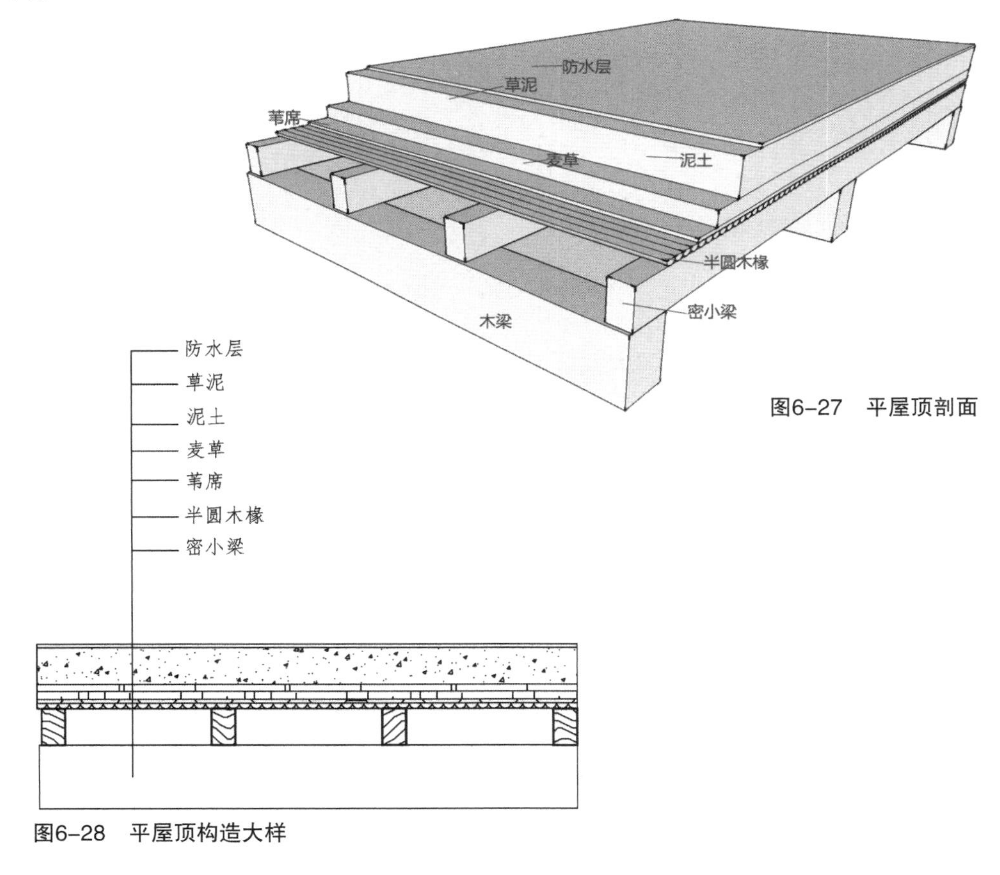

图6–27　平屋顶剖面

图6–28　平屋顶构造大样

① 李群，安达甄，梁梅：《新疆生土民居》，中国建筑工业出版社，2014年。

② 图片来源：作者自绘。

6.3.2 拱顶

拱顶依托模具的支托作用，被用作一种承重结构，它是靠材料之间的压力支撑的（图6-29）[①]。拱顶施工具体的操作方法是：在平地起墙的基础上，于两道山墙之间搭一个木制的拱架，在拱架上方用土坯和泥浆砌起拱形顶，等窑顶干透之后，再拆去木拱架，常被用在窑洞、通道、过厅等建筑部分。

在新疆的生土建筑中，吐鲁番地区就是采用这样的方式砌筑而成，一般面宽在3米左右，可连续并列多拱砌筑，进深不限，从而使建筑体量增大；在墙处两侧端要将墙体适当增厚，以抵御拱脚的推力，厚度在80～120厘米；拱体上部填实，以水和纤维拌和的黄胶泥抹平，干燥坚硬后可承载一定的荷载，甚至还可以砌成楼房（图6-30）[②]。

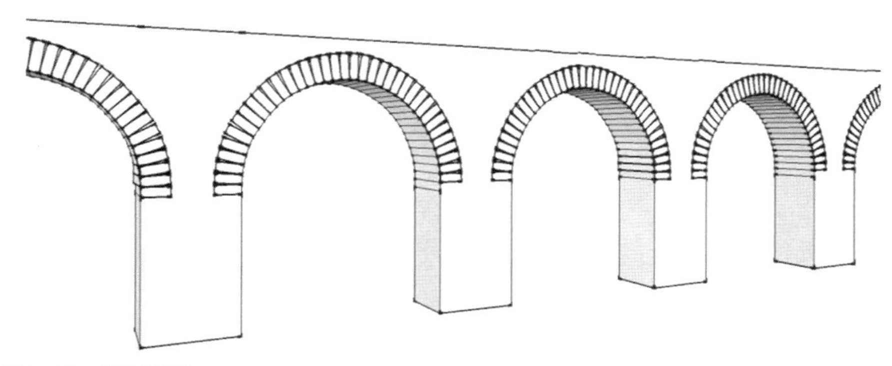

图6-29 拱顶剖面

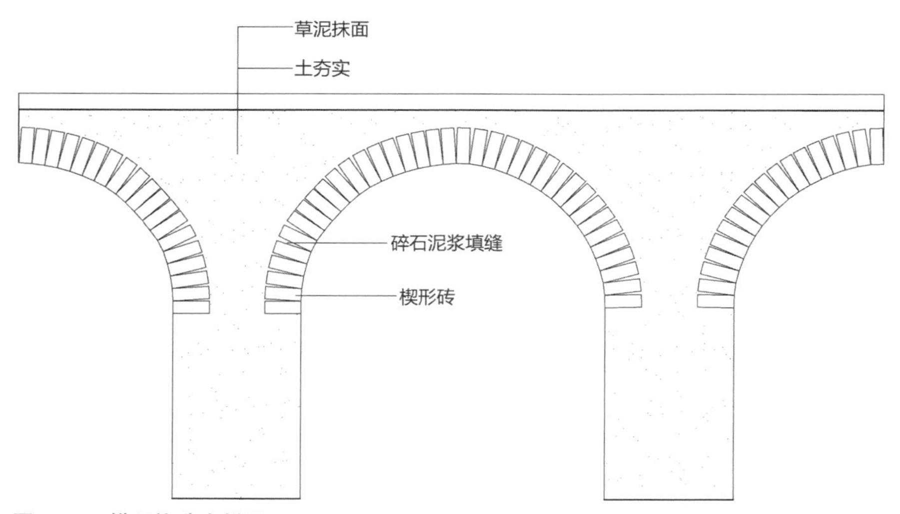

图6-30 拱顶构造大样图

① 图片来源：作者自绘。
② 同上。

6.3.3 穹隆顶

在新疆生土建筑中最为典型的形式是土坯砌的券顶或者穹窿顶（图6-31）[①]。这种屋顶做法是人类文明中最神奇而古老的技术之一，曲面大跨度在地心引力下能达到稳定的强度，砌法采用侧顺砌与侧丁砌排列两种，围绕拱心各层泥缝都依球心作放射状。土坯圆穹窿顶的施工也不用支模，就需要在拱脚平面上设置施工用的木梁，在木梁上找出球心，钉上铁钉，系一长与球体半径相同的绳子，以圆心和绳子为准，绕圈砌筑，如此层层贴砌即可完成。

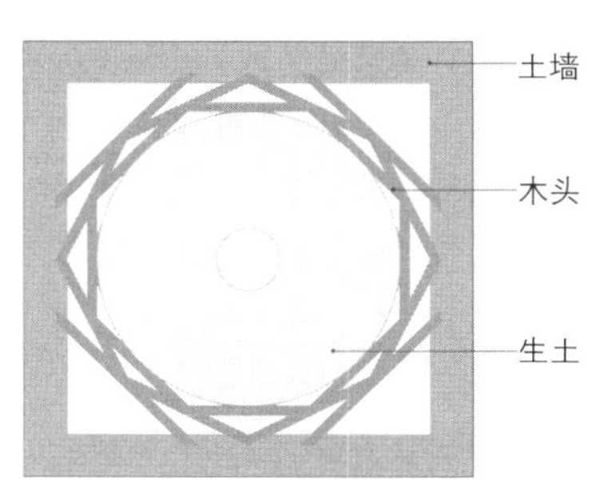

图6-31 土坯砌筑穹窿顶建构方式

6.4 房屋构配件建构特征

6.4.1 门

新疆南部地区的门一般都为双扇，且都有亮子，但大小有别。吐鲁番、巴州地区的门扇较为简洁，并无太多装饰；和田地区、喀什地区的门扇则较为华丽，装饰线脚较多，有的涂以非常富丽的彩绘；阿克苏地区的门扇处于简单与华丽的中间状态（图6-32）[②]。

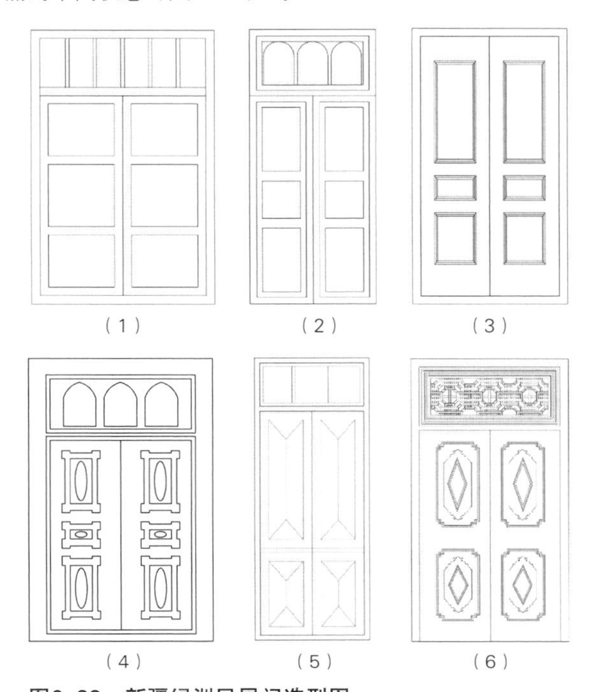

图6-32 新疆绿洲民居门造型图

① 图片来源：作者自绘。
② 同上。

6.4.2 窗

窗，有采光、通风和延伸视线的功能。在新疆南部地区，由于当地气候问题，外墙窗户尺寸都相对较小，可以避免危险和犯罪的发生，也保证了住户在建筑内部生活状况的私密性。外墙侧窗的设置在材料上因地制宜，基本是夯土块和木质材料，当然现在也有塑钢窗等新型材料。少部分的窗是由夯土块垒在外墙的窗口处，更多的则是木质窗。开向庭院内的窗户则相对较为敞亮，便于采光和通风。

从各地的门窗简图中可以看出，吐鲁番的格子窗能有效地抵御太阳直射光进入室内。这种格子窗简单大方，非常有目的性地应对了吐鲁番炎热的夏季气候。而巴州地区的窗则非常大，这样的窗是由于巴州当地相对适宜的地理条件，太阳辐射没有吐鲁番地区强，夏季也没那么炎热。阿克苏、喀什地区的窗都是有双层门扇的，可更有效地管控房屋内外在光、热、视线等方面的交换。

而和田整体式镂空花板窗在整片木板上镂刻而成，其透光效果较差；密拼花板窗也是较老的窗户形式，它的花板以很小的空隙紧密排列，透光性更差，实际上已接近为木装饰品，它更多地用在木隔断上。花棂木格窗是和田地区的特色之一，它图案严谨、制作精细、花式众多，木格密致，用于窗、天窗、门亮子、木隔断和半截花门扇上。各种图案在大面积隔断上混合使用，花样在统一中有变化（图6-33）[①]。

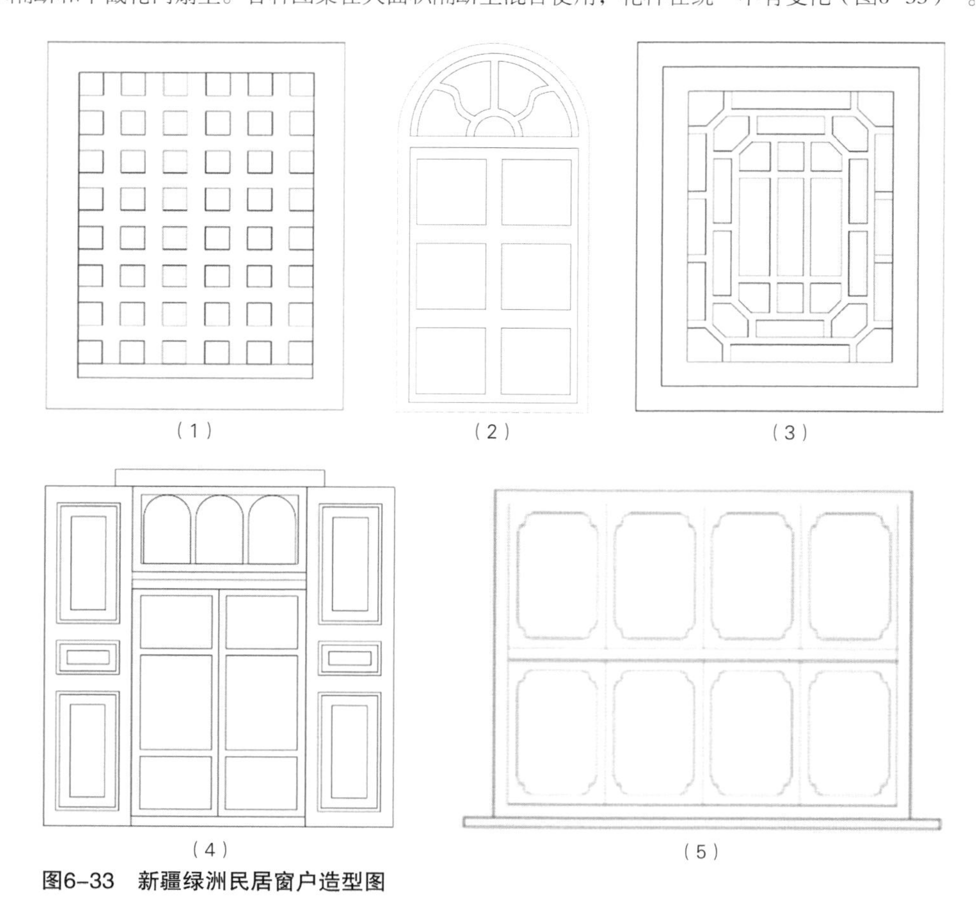

图6-33 新疆绿洲民居窗户造型图

① 图片来源：作者自绘。

6.4.3 柱子

新疆绿洲传统民居中的主要竖向构件为柱，柱的主要材料为木材。柱按照布置的位置不同分为内部柱与外部柱。内柱主要存在于“阿以旺”空间中（图6-34）①，外柱主要存在于“辟夏以旺”空间中，外柱与廊协同存在，衔接室内外空间，起到一个过渡作用（图6-34）。

柱的主要功能为支撑房屋整体结构体系。经大量的实地调研和文献查阅，将新疆绿洲传统民居中柱子的组成分为柱托、柱头、柱身、柱裙、柱础这五个部分（6-35）②。

柱托：主要存在于外部柱廊内，是连接廊与柱子之间的构件，材料一般为红木或核桃木，其主要特征是围绕柱子左右对称布置，主要功能是让柱子与檐廊连接的部分受力均匀，让整个结构体系更加稳固，间接延长房屋使用寿命。其主要肌理为体现当地地域特色的几何图形和花卉图案，如尖桃、圆拱、卷草等造型。

柱头：柱头是柱子与上部构件相连的首个接触构件，主要功能为承担上部的重力并向下传力，在柱头上通常会雕刻花卉或者几何图形等图案。

柱身：柱身是柱子的主要受力构件，起到承上启下的作用，是柱子中最重要的受力部分。柱身的形态特征主要为棱柱或者圆柱，柱身上通常会雕刻图案，主要为原木雕刻或者涂刷彩色油漆的浅浮雕。柱身的主要肌理较为简洁，主要装饰图案为几何图形或者植物花卉图案。

柱裙：柱裙的所在位置，就像女性裙子所在的位置一样。它的形态特征主要是由束腰、裙边、裙身、裙摆等构成。从上到下截面尺寸不一，逐渐变化，与柱身巧妙地进行了过渡，在色彩搭配上主要以浅红色、淡绿色、浅蓝色为主。

柱础：柱础的主要功能是将上部荷载传递给下部构件。主要的材料为木材，构造较为简单，在辟夏以旺空间下，大部分设有坑台，柱础一般直接插入到坑台里。柱础的形态特征主要为四棱柱或者圆柱，并绘有简单的几何图案装饰。图6-36③所示为常见的“阿以旺”空间中的内柱。图6-37④所示为常见的“辟夏以旺”空间中的外柱。

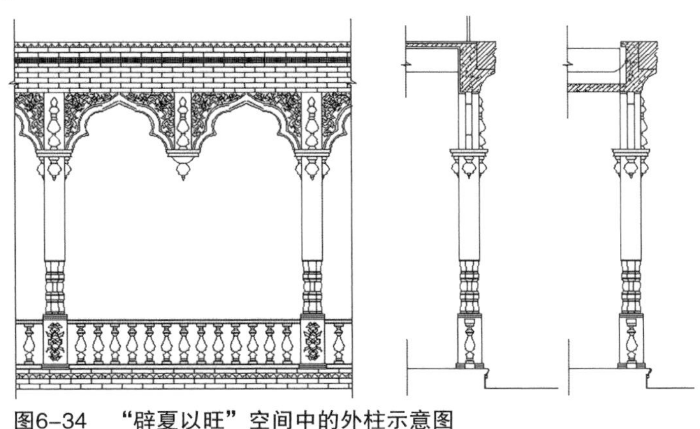

图6-34 “辟夏以旺”空间中的外柱示意图

① 图片来源：作者自绘。

② 同上。

③ 图片来源：喀普兰巴依•艾来提江拍摄。

④ 同上。

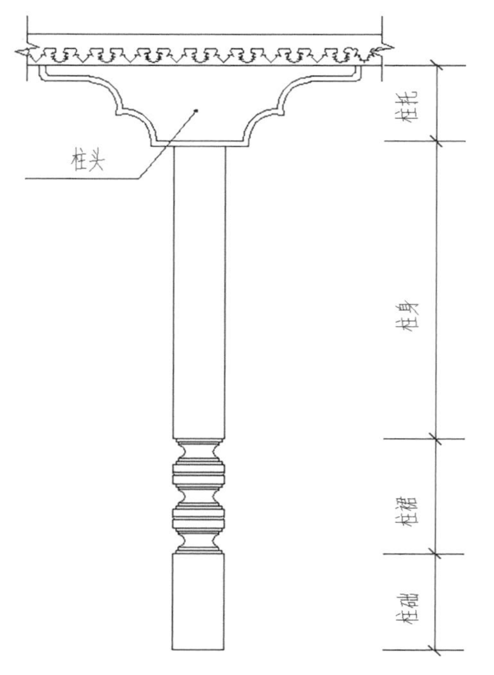

图6-35　柱子示意图

图6-36　内柱实景图

图6-37　外柱实景图

6.4.4　檐部

新疆绿洲民居中主要存在两种檐部。第一种是房屋主体围护结构的普通檐部（图6-38）①，这种檐部的主要特色是在保证房屋主体构造完整的情况下，增加了体现新疆绿洲文化的装饰元素。第二种是在辟夏以旺空间中，与柱廊共同存在的檐廊檐部（图6-39）②，尺度方面，檐廊的宽度为2.5米左右，长度与房屋的长边尺寸一致，这种檐廊在新疆绿洲民居中普遍存在③（图6-40）④，主要分为顶棚构件、顶棚与墙体交界构件和檐口构件（图6-41）⑤。

顶棚构件：主要材料为木材，采用密檩满椽式布置，维吾尔语称为“瓦斯屈勒普”，是指用较细的树干剖成两部分，其中圆弧面朝下，水平面朝上，在密梁上倒置连续满铺。

顶棚与墙体交界构件：主要材料为木材或者石膏。在木材或者石膏上进行彩绘或者雕刻。彩绘的图案大多为当地的山水风景或者瓜果图案。雕刻的造型种类较为丰富，普遍的造型为条带状雕花。

檐口构件：檐口构件主要材料为木材，使用拼接或者割据的施工方式，牢牢地将其固定在檐下木梁上，并且进行彩绘或者雕刻。檐口构件的主要造型有尖桃形和圆拱形等，彩绘和雕刻的主要图案以山水风景和植物花卉为主（图6-42）⑥。

---

① 图片来源：作者自绘。
② 同上。
③ 申艳冬：《喀什维吾尔民居柱廊装饰艺术研究》，新疆师范大学硕士论文，2012。
④ 图片来源：作者自摄。
⑤ 图片来源：作者自绘。
⑥ 图片来源：喀普兰巴依•艾来提江拍摄。

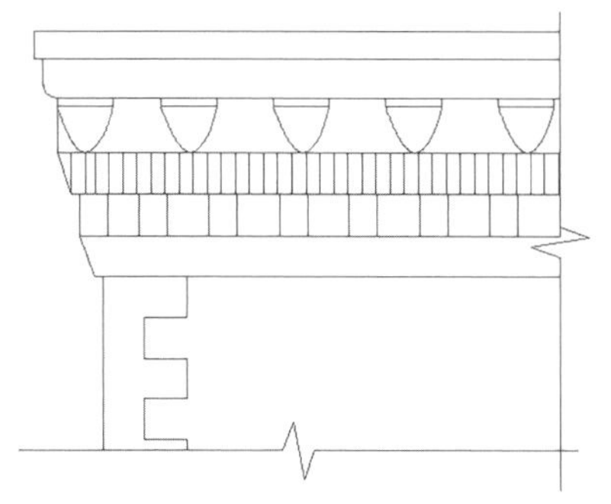

图6-38 普通檐部

图6-39 檐廊檐部

图6-40 库车县萨依巴格西街7-3号民居院落檐廊檐部

图6-41 檐廊示意图

图6-42 檐廊实景图

6.4.5 栏杆

栏杆是新疆绿洲民居中的一种安全设施构件，它主要出现在辟夏以旺空间内，与柱廊配合使用。它的主要功能是对柱廊内的行人，起到一定的保护和引导的作用。保护行人在行走的过程中不会跌落到栏杆以外的区域，并且对行人的行走路线进行一定指引，所以栏杆是新疆绿洲民居中必不可少的一种构件（图6-43）[①]。

新疆绿洲传统民居中栏杆的主要材料为木材，随着时代的发展逐渐出现了铁艺的栏杆。栏杆的尺度主要从两个方面来描述，一个是栏杆的高度，一个是栏杆间立柱的间隔尺寸。经过大量的实地调研，新疆绿洲传统民居的栏杆高度在1米左右，最高不超过1.1米，栏杆立柱间的间距不大于110毫米。栏杆的建构特征可以从两个方向来描述，分别是水平方向及竖直方向（图6-44）。

栏杆水平方向的建构特征主要体现在组间栏杆和组间立柱，由于栏杆本身在功能、审美、受力特征上都有各自的要求，所以决定了民居中栏杆的存在形式是组间栏杆和组间立柱相互交替结合存在。这样既满足受力要求，又满足审美要求，还能展现新疆绿洲传统民居的文化特性。组间立柱一般出现在栏杆需要转向拐弯的地方。组间立柱基本分为柱头、柱身、柱础三部分，柱础一般为方形棱柱，与地面结构构件相连接，柱头与柱身有很多种形式，常见的形式如图6-45[②]所示。

栏杆竖直方向的建构特征主要体现在扶手、普通立柱以及基座三个部分（图6-44）[③]，栏杆的扶手大多是较为简单的方形木板，扶手下面会有一个凹槽，通常在这个凹槽里会雕刻一些图案，如藤蔓、缠枝纹等。

栏杆的普通立柱样式非常丰富，主要的造型有宝瓶形、鼓形、陀螺形等，基本上是以连续的曲线勾勒。常见的普通立柱如图6-46[④]所示。

图6-43 库车县萨依巴格西路7-3号院落栏杆实景

① 图片来源：作者自摄。
② 图片来源：作者自绘。
③ 阿提姑丽·阿布力孜：《新疆传统建筑木雕装饰艺术研究》，新疆大学硕士论文，2019。
④ 图片来源：作者自绘。

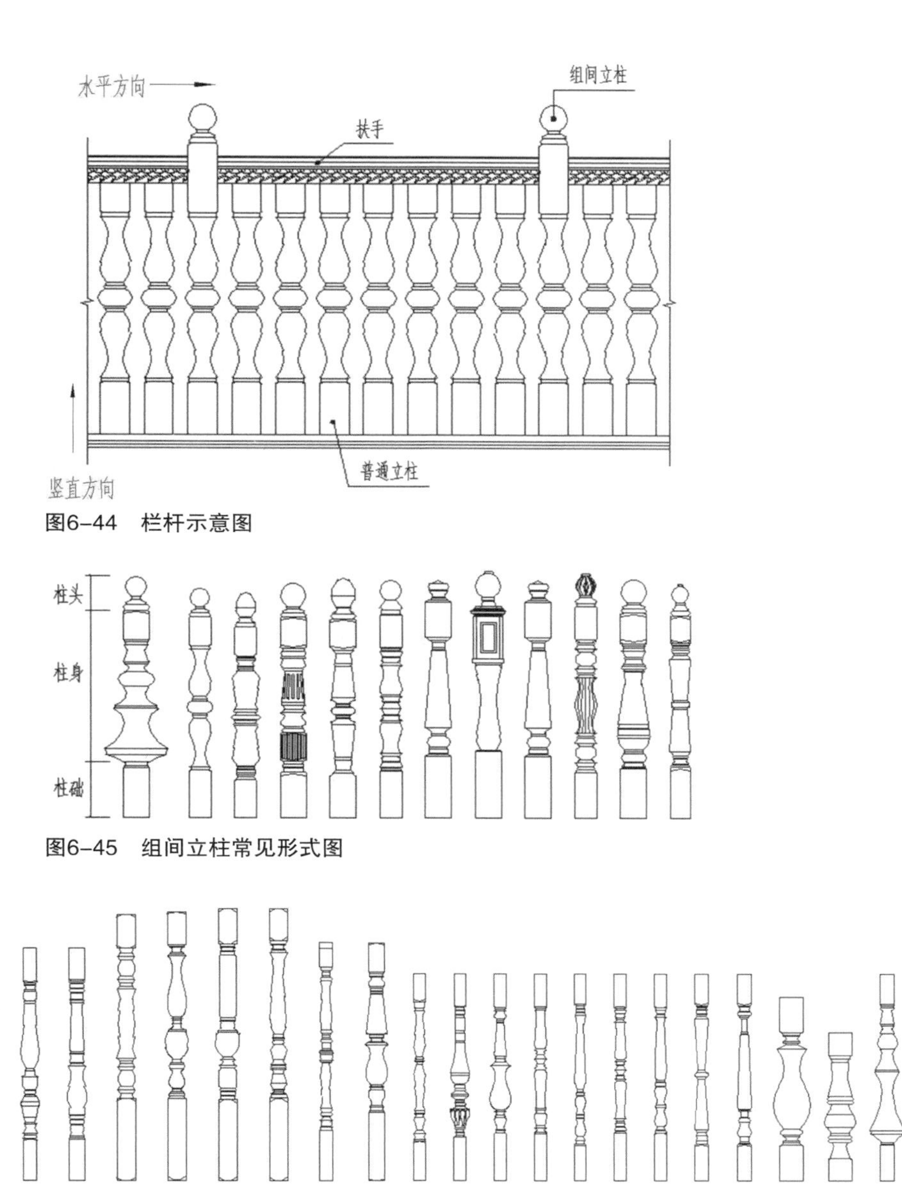

图6-44 栏杆示意图

图6-45 组间立柱常见形式图

图6-46 普通栏杆立柱图示

6.4.6 台阶

台阶，从语义上讲，包括“台”和“阶”两个要素。“台”是指不同高程的两个或多个水平面，“阶”就是指将这些不同高程的“台”联系起来供人上下行走的、阶梯状的建筑元素。台阶一般在存在形式上与栏杆和廊共同存在，配合使用，是垂直交通的主要构件。

在一般的建筑中，根据所处空间不同分为室内台阶与室外台阶，而在新疆传统民居中大部分为室外台阶。究其原因在于新疆民居在竖向分布上大部分为一层，少量为二层，而有二层的民居基本上功能分区明确（一层房间为居住功能，二层房间为生产功能，如晾房等），人们要到达二层一般都是直接从室外楼梯的台阶到达，所以新疆传统民居中多见室外台阶（图6-47）①。

首层台阶的主要功能是为了产生室内外高差，避免雨水倒灌及其他物体随意进入一层等。新疆南部绿洲所属的环境干旱少雨，所以台阶在材料的选择上大部分以木材及土块为主，通往二层的台阶主要是以木材为主。

台阶的尺度方面，每一个踏步的尺寸基本均匀，其高度在20～30厘米之间，踏步的宽度在25～35厘米之间。

台阶的肌理主要是以原木的颜色为主，原木色的台阶与特色的花式雕刻栏杆搭配在一起，显得交相辉映，深度体现了新疆绿洲民居传统文化的特色底蕴。

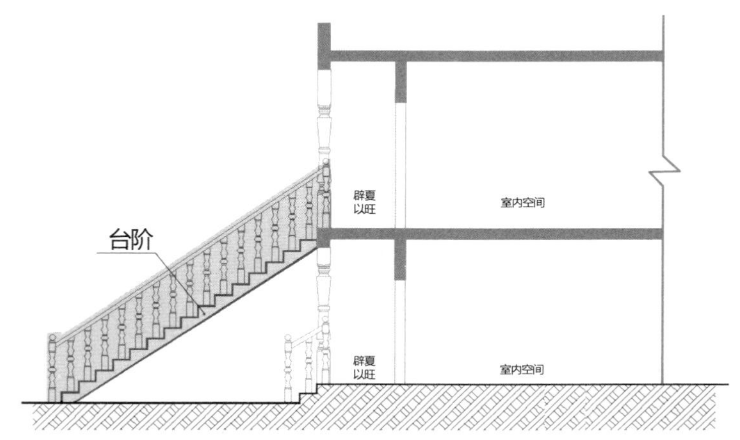

图6-47　台阶示意图

① 图片来源：作者自绘。

第7章

绿洲聚落的营建、生态智慧与设计策略探究

绿洲聚落的传统民居是当地一代又一代的长期居住的居民应对自然环境所营造的适应性居住形式，体现着诸多生态智慧。本章将目光聚焦于绿洲聚落传统民居的生态适应性智慧和生态基因，结合传统民居的典例，从聚落、景观、庭院、建筑、街巷等方面，对其所具备的低技术、低成本、适应性的特征进行分析与解读。

在传统生态智慧的应用与创新方面，本章针对当代对于绿洲聚落的多元化需求和新的营造与构建技术，提出适应自然生态环境与人文环境、适应时代需求的绿洲聚落建设和改造策略。

按照本地区研究核心内容，绿洲聚落的气候环境适应性设计策略，首先，要解决的问题是在特殊的气候条件下，借鉴传统聚落建筑在气候适应性方面的历史经验与方法，在今后新城镇建设与老城区改造中延续生态基因。其次，按照绿洲聚落的历史经验，建筑群体与单体建筑的气候适应性设计的落脚点是按照该区域的气候区特点，解决隔热、降温、防晒、防风沙与保温等主要事宜。再次，绿洲聚落建设中的传统技术需要与新型现代技术相融合，形成中间技术。最终通过上述内容，造福于人，让我们美好的家园可持续发展。

7.1 聚落营建阶段概述

绿洲聚落的营建是人类对环境的主动“选择”、被动“适应”，最后再进行主观“利用”的过程。在营建的过程中，人们不断地探索并适应自然。在大自然“优胜劣汰”的生存法则之下，如今得以保存的民居聚落皆是人类利用自然、适应自然的最佳产物，凝聚着当地居民对自然环境的理解以及应对来自自然的挑战的智慧。

7.1.1 主动选择

干旱区绿洲聚落的环境与资源有其局限性，但只要是人类可以居住的地方，便存在选择，即“择优而居”。早期的人类对聚居地的选择就是对自然生态环境的选择，其主要表现为依山势、就水形、逐水而居等，以创造相对便捷和宜居的环境（图7-1）[①]。

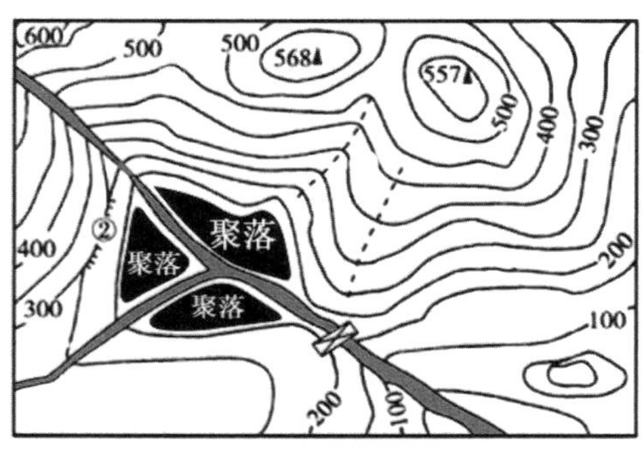

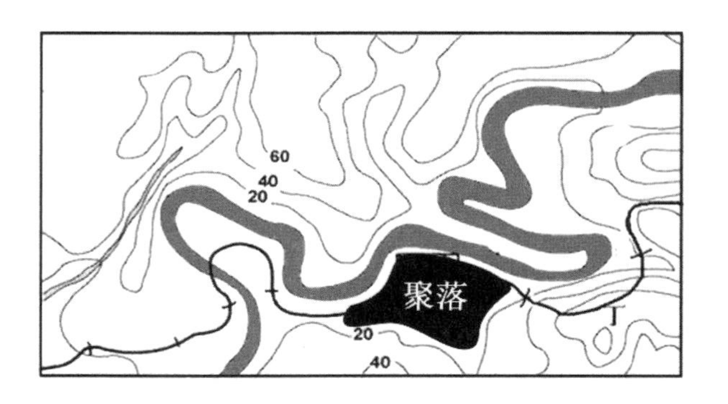

图7-1　依山而居与就水而居示意图

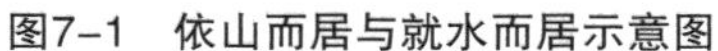

① 图片来源：作者自绘。

7.1.2　被动适应

人类通过主动选择确定聚落选址后，聚落的营建及发展便需要对所处的环境进行被动适应，主要表现为对地理环境的适应以及气候环境的适应两方面。

在适应复杂地形环境方面，人们通过聚落的边界和肌理来适应聚落外围的地形。例如四周环山、中间开敞平坦的地势环境造就了以公共建筑为中心、网状肌理的团状围合型聚落，这种聚落边界连续且清晰。而一侧临山体或带状河道的地势环境造就了狭长延伸、鱼骨肌理的条形拉伸型聚落，这种聚落的边界也是明晰的，南北（或东西）向发展受限，东西（或南北）向具有很大的张力和延伸空间。

在适应气候环境方面，人们通过街巷和建筑空间组织来达到抵御恶劣气候的目的。例如高密度的建筑排布以及狭窄而曲折的街巷空间能够有效地起到抵挡恶劣气候、提升居住环境的作用。

7.1.3　主观利用

人们对当地环境进行主动选择和被动适应之后，可通过对当地资源环境的进一步探索和认知，对其加以主观利用，主要表现为材料的利用及资源的利用。例如，人们就地取材，采用当地木材和生土材料，营造出适应当地气候的生态建筑；利用当地日照时间长的太阳热辐射资源，结合晾房，拓展了生产生活方式等。

7.2　干旱区绿洲聚落生态智慧解析

7.2.1　生态智慧概述

生态智慧是指理解复杂多变的生态关系并在其中健康生存和发展下去的主体素质，使之具有生存实践的价值。

将生态智慧的概念落实到干旱区绿洲聚落，可以将其智慧概括为两个原则：第一是全面适应自然，让聚落在复杂多变的生态环境中健康地发展下去；第二是利用与顺应自然，“基于自然，让自然做功”，在营建过程中减少对人力物力的耗费，并在此之下形成特色。

为了减少恶劣环境的负面影响，克服气候因素的制约，干旱区绿洲聚落的居民在应对严峻的气候的漫漫历史中，立足于生存与生活的需求，凝练出约定俗成的一套能应对当地极端气候的、以聚落为单元的生态智慧体系。

本章在前文一系列对于聚落研究分析的基础上，通过举出干旱区绿洲聚落的几个典型村庄之例，从聚落营造的角度对干旱区绿洲聚落的生态智慧进行例证，以此对干旱区绿洲营建与发展提出部分建议。

7.2.2　聚落营造中的生态智慧——以哈密市五堡乡博斯坦村为例

1）聚落营造的生态智慧

聚落营造的生态智慧主要体现在两个方面：一是其与地形地势的契合，是顺应与保护自然而非违背规律地改造自然；二是其在特定资源环境下所体现出来的韧性与灵活度。

以哈密市五堡乡博斯坦村为例，聚落位于白杨河流域下游，是哈密地区地势最低之处，总体的地势呈低凹形，北高南低。在村落营造方面，其整体形态与河流紧密相依，布局依照地势而起伏，村内建筑布局由北向南呈阶梯状降低。这种布局形式没有过多的场地平整，使得村落呈现高低错落、富有变化，与白杨沟紧密相依的状态，体现了村落与地理环境有机相融的生态智慧。

由于当地居民的主要活动集中在白杨沟河道绿洲上，并对其具有很强的依赖性。为了协调人地关系，防止人类活动破坏自然环境，聚落在功能布局方面也选择顺应自然，充分利用稀缺的土地资源。居住建设用地紧凑高效，极度密集，占地较少，呈大集中、小分散的状态。多种用地功能混合，方便满足人们的生活需求。大片农业耕作用地分布于聚落周边。墓地、晾房等大多分布于戈壁滩，其他用地尽量不占用土质、水源等环境良好的地块，而是将这些优质土地分配给农业、生活用地使用。① 这种既充分利用土地资源满足居民需求，又维持人地平衡保护生态平衡的布局方式，亦是聚落布局中生态智慧的体现。

2）景观利用的生态智慧

聚落中的植物往往起到重要的作用，一是有助于景观营造及生产，二是能够调节微气候，从细部达到改善微环境的效果。

以博斯坦村为例，当地居民为了适应当地的气候条件，提升院落舒适度，在院落内植树种花、搭建葡萄架。其中，爬满葡萄藤的廊架形成了较大面积的阴凉区域降低了区域内的温度，打造了舒适宜人的交流空间。同时在庭院内，居民种植能适应当地气候环境的大枣树，起到了降低热辐射、保水保湿的效果。总而言之，庭院内的各种植物，利用自身的蒸腾作用，吸收空气中的热量，营造了良好的微气候环境，为人们的活动创造了有利的条件，是景观利用方面生态智慧的体现。

3）建筑建材的生态智慧

合适的建筑材料往往具备三个特点：一是来源较广、便于利用，能就地取材者为最佳；二是对建材的取用及建造不会过多地破坏环境；三是建材须具备本土适应性，即建材须能够经受得住当地气候环境的考验。

以博斯坦村为例，当地可供建筑使用的树木较少，当地石材开采也具有难度，因此人们往往使用生土掺麦草作为主要的建筑材料，而少量使用木材。这种原生态的建筑材料具有很强的适应性及优越性，具有耗能低、成本低、循环利用的优点。就生土材料来说，其导热系数小，利于隔热和保温，且具有较高的可塑性，虽然其有怕水怕潮湿的缺点，但在干旱地区，这一缺点几乎可忽略。

当地居民利用生土材料砌筑围墙及其他主要构筑物，对于民居内部舒适性来说，在夏天，生土建成的厚重墙体可以减缓热传导的速度；在冬天，其又可以阻挡寒冷且强劲的大风，减少室内热量的流失，能够对室内起到很好的保温作用，给人以良好的居住环境。此外，这种材料在维护修缮时也较为方便，在其拆除后，不会造成能源的消耗和环境的污染，可谓是取之自然而还于自然，是建筑材料使用的生态智慧。

7.2.3 街巷空间营造中的生态智慧——以喀什老城区街巷空间为例

1）街巷组织的生态智慧

街巷作为一个重要的交通、交流空间，在人们生活中扮演着非常重要的角色。对于干旱区绿洲来说，

① 塞尔江•哈力克、徐路阳，《传统民居中的生态建筑经验刍议——以哈密市五堡乡博斯坦村为例》，《华中建筑》，2010。

街巷不仅起到了交通、交流的作用，还起到了抵御不良气候的作用。

以喀什老城区的街道为例，其街巷组织形式充分利用了当地的环境。喀什地区昼夜温差大，导致局部空气流速快，容易形成较严重的风沙。而如何利用主导风向与躲避风沙成为街巷组织的一个重点问题。

喀什老城区的街巷结构呈现出一种错综复杂的形态，街巷在若干处进行错位营建；主要街巷平行于常年主导风向，次要的街巷多采用尽端式布置。建筑的门洞开向街巷，垂直于聚落街巷。这些布局方式可以很好地利用风环境，当主导风穿过错综复杂的街道时，一方面，风速有所降低，外墙面热量的流失也相应减少，可起到保护性作用；另一方面，街巷对主导风的疏通能够带走由街巷两侧民居窗口散出的热空气，起到对流与热交换作用。这种既借风，又避风的模式是街道空间组织上生态智慧的体现。

2）街巷营建的生态智慧

街巷空间除了在布局组织上具有促进生态的正向作用，在构造营建上也充分考虑了环境特点。

同样以喀什老城区为例，当地由建筑所营造的街巷空间具有高墙窄巷的特点，这种空间不但能在夏日提供充足的阴影空间，降低因热辐射产生的自身温度，还可以有效地抑制街巷上的热空气和下部的冷空气的热交换作用。高墙窄巷可以产生烟囱效应，在某种程度上可以产生拔风的效果，带走更多热量。除了高墙窄巷的降温作用，“骑在街巷上”的过街楼也给街巷带来了较大且恒定的阴影空间，即便在烈日炎炎的夏日午后，人们也能够在过街楼下觅得一片凉爽的交流空间。[①]

总而言之，当地一代代居民为了使建筑街巷空间更好地适应特定的气候环境，在建造的过程中不断地积累、总结营建经验，形成一种约定俗成而又充分体现生态智慧的营建模式。

7.2.4 庭院空间营造中的生态智慧

院落是人们活动和交流的重要场所，其布局和空间对于其微气候中的热环境具有重要的影响。干旱区绿洲聚落的营建者基于当地特征，探索出了在当地最适于人居的布局、空间形态。

1）内向型院落布局

营建者基于对地域气候以及环境特征的长期探索，通过院落的空间布置来实现趋利避害的目的。以内向型院落布局为例，这种空间具有一定的封闭性，房屋的门都开向一个封闭的院落，而院落内通过植物种植及遮荫空间的营造来优化小气候区。这种布局既减少了外部环境的影响，又避免空间变得压抑，达到了宜居的效果。

2）植物空间

院落的要素除了建筑，还包括植物。在干旱区绿洲聚落，人们习惯在院落的前廊外种植各种果树和葡萄等耐旱植物，形成一条绿色室外走廊。这些植物与原有的建筑外廊形成了“双外廊”的结构，这种结构起到了很好的调节作用。在夏日，绿色植物可以遮挡阳光，而植物的蒸腾作用也起到了降温的作用；冬季植物凋零，呈现出稀疏的状态，有利于建筑空间接受阳光照射，吸收热量，减少室内热量损失。

---

① 王烨、塞尔江·哈力克，《喀什老城区冷巷空间的气候适应性研究》，《华中建筑》，2017。

7.2.5 建筑单体空间营造中的生态智慧

建筑作为人们最直接的生活居住空间，直接与人的生存、生活相关，在人与自然相互适应的过程中，人们将生态与建筑空间相融，形成了特有的生态建筑空间，既延伸了居民活动，又提供了良好的微气候环境。下面列举六例典型的建筑空间建构，以此阐述建筑空间的生态智慧（图7-2）[①]。

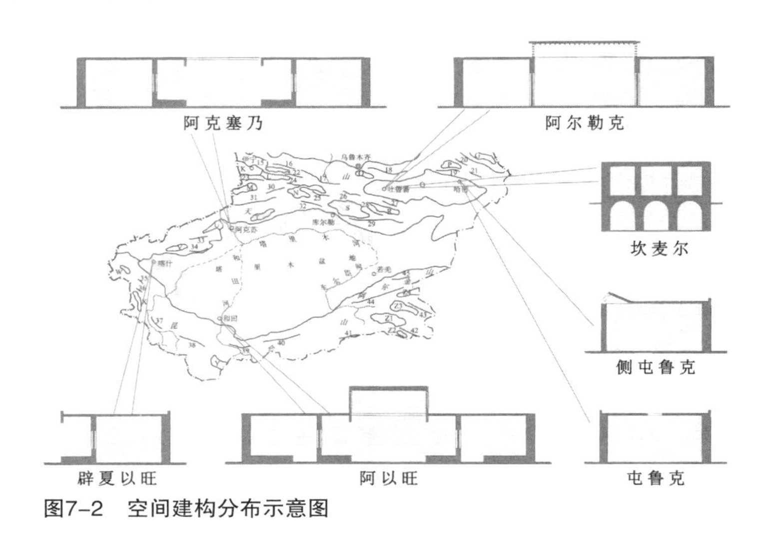

图7-2　空间建构分布示意图

表7-1　新疆南部地区建筑空间建构分类表[②]

建筑空间建构	概述	示意图
阿以旺	“阿以旺”是整个院落中的一小部分空间，即在小庭院上加盖平屋顶，并设有通风采光的天窗。从形式上看，它既是一个完全封闭的室内空间，又是一个具有天窗的大庭院。阿以旺空间被周边的生活用房围住，具有保温效果，而阿以旺的窗又能带来气流的循环，形成空间自生的微气候	阿以旺示意图
辟夏以旺	辟夏以旺”是位于屋前、上檐下台、一面开敞向庭院的半开放空间，其出檐深度一般2～3米，用于室外起居，是居住空间的活动中心。炎炎夏日，在辟夏以旺的阴影下可享受微风，实为消暑的好去处；即使在寒冷的冬季，只要天气晴朗，居住者也可在辟夏以旺的束盖炕（即实心的不能加热的炕）上晒太阳	辟夏以旺示意图
坎麦尔空间（半地下室）	吐鲁番的建筑常常会设置半地下室，半地下室房屋的墙由生土而制，上半部墙用土块砌筑成上半层的地坪，墙和楼盖拱顶全部为土坯砌筑，地下室是将原生土挖造成室，再用土坯砌拱，做成楼盖。这种空间冬暖夏凉，适宜人居，尤其是在炎炎夏日，半地下室既能起到降温的效果，又不至于像全地下室那样过于阴冷、缺少通风	坎麦尔示意图

① 图片来源：作者自绘。
② 表格来源：作者自绘。

建筑空间建构	概述	示意图
阿尔勒克	阿尔勒克是院子中用木立柱或镂空花墙架起的高大凉棚，是哈密等地区民居御热、遮荫、纳凉的绝好空间。在其与墙体的连接处，设有通风口/洞，起到高敞空间的通风组织作用。在炎热的夏天，阿尔勒克不仅可以抵挡太阳直射院子，还能减少太阳对居室的直射，而通风口/洞则能进一步保持空气流动，使得任何时间屋前都能留有一片阴凉的空间	阿尔勒克示意图
阿克塞乃	阿克塞乃是和田地区的一种建筑形式，是屋顶中央开敞的露天厅室，用于采光通风，也是居民日常起居的地方，其在形式上与阿以旺十分相似。 “阿克”的意思是白色，“塞乃”的意思是地方。因此其字面意思是白色的地方。但这里的“白色”并不仅仅指的是墙面粉刷的白色，而是指当阳光直射入庭院式，该空间便充满光照，形成“白色的空间”	阿克塞乃示意图
屯鲁克	哈密“屯鲁克”是以采光通风为主的空间建构形式，以当地老百姓习惯叫法，一般分两种形式，一种是“屯鲁克”高侧窗形式，一种是“屯鲁克”天窗形式	屯鲁克（高侧窗）示意图 屯鲁克（天窗）示意图

7.2.6　建筑建构技术中的生态智慧

在民居建造时，往往在越复杂恶劣的环境，越能够催生出独特而巧妙的营建方式，干旱区绿洲聚落的营建者非常重视建筑结构与自然环境适应，因此在建筑的建构技术中，所采用的建筑构建方式归根结底都是与自然相适应过程中的产物，皆体现了当地建筑建构技术的生态智慧，以下列举三项典型的当地民居建构技术来例证其中的生态智慧。

1）窗户

窗户是建筑中最容易散失热量的构件，其材料、大小及朝向都是决定其散热量的重要因素。干旱区绿洲聚落所处环境的典型特征是全年少雨，夏季酷热，冬季严寒。为了与环境相适应，当地的窗户普遍为双层结构，外层是不透光的板窗，内层是玻璃，这种窗户可以起到夏季隔热、冬季保温的作用。在窗户朝向的选择方面，居民一般选择在南侧开窗而避免在北侧或西侧开窗，因为北向的窗户采光差且容易散失热量，西侧的窗户易于受到西晒，而且容易引得主导风侵入，导致热量的散失。在窗户的体量方面，为了在夏季减少太阳辐射，在冬季减少失热面积，对外开放的窗户多为面积较小的高窗。

2）围护结构

围护结构主要指墙体，干旱区绿洲聚落民居的住宅墙体多为就地取材，且能够达到适应当地特殊气候、营造宜居环境的目标。按材质分，墙体的类型主要包括生土墙体、篱笆编制墙、石头墙体等。这些材料的共性特征皆为因地制宜，出于自然而融于自然，以生土墙为例，其厚度为50～70厘米，具有良好的隔热、保温性能。在夏季，其热惰性可以有效抵挡室外辐射热的进入并同时吸收室内的热量，达到降温效果；在冬季，厚实的墙体又能抵挡强劲的风沙，墙体自身蓄积热量，达到保温的效果。

3）平屋顶

干旱区绿洲聚落的民居多为平屋顶，这是在人与自然的适应过程中作出的一种选择，主要有三个原因：第一，当地气候干燥，降雨稀少，这种条件下无须考虑屋顶的斜坡排水；第二，以当地人的需求来看，建筑的平面布局、廊架空间营造等都是在平屋顶的基础上建造而成的；第三，当地的风沙较大，而平屋顶能够减少风沙的阻力，从而降低破坏性。

在材料选择方面，当地的平屋顶多为生土草泥覆盖，这充分地利用了热惰性，起到保温隔热的作用。草泥屋顶符合当地的资源特征且成本低廉，因此在当地十分普及。

此外平屋顶的存在还拓展了人们的起居、活动空间。在夏季炎热时节，人们在屋顶可以进行晾晒、休憩等活动，有些家庭还在屋顶上加盖房屋或搭建棚架来进一步地拓展生活空间。

7.2.7　干旱区绿洲聚落生态智慧启示

从典例中，不难看出，居民和自然环境之间的关系是通过多代居民在不断探索的过程中渐渐达到有机统一、相适相生的。从聚落的整体布局，再到微观的街巷、庭院、建筑空间，皆是营建者在对自然环境探索和实践的过程中凝练出的生态智慧。

在现代技术发达的今天，部分聚落营建的活动过多地依靠现代技术，而逐渐偏离了与自然相适应、相协调的初衷，也与“生态文明建设”的要求不符。在现代聚落的营建中，我们需要延续并发展传统聚落所体现的生态智慧，与现代建设活动有机结合，让现代技术起到正面促进环境与人相互适应的作用，营造既能适应当代人的生产生活需求，又能和自然有机相融，以实现“让自然做功”的宜居环境。

7.3　聚落群体建筑的气候适应性设计策略

7.3.1　通过绿地生态网络建设，防止沙尘天气影响城镇环境

城镇防护林是城镇建设的一部分，有防风固沙、涵养水源、净化空气、改善城市气候等作用，塔克拉玛干沙漠边缘城镇由于特殊的地理环境和气候特点，限制了绿地的规模化发展，该沙漠边缘城镇气候干旱，土壤盐碱化程度比较严重，降水稀少，水资源匮乏，植被生长困难，植被覆盖率较低，植物生长受风沙和水资源的影响很大；尤其是在相对干旱的地区，植物群落单一，生物多样性差。虽然，许多城镇绿色基础设施已初步形成，但未形成功能完整的绿地生态网络，影响城市生态景观格局发展。因此，城镇绿色廊道需要与城市外围绿色防护林有机联系，形成功能完整的绿地生态网络（图7-3）[①]。

① 图片来源：作者自绘。

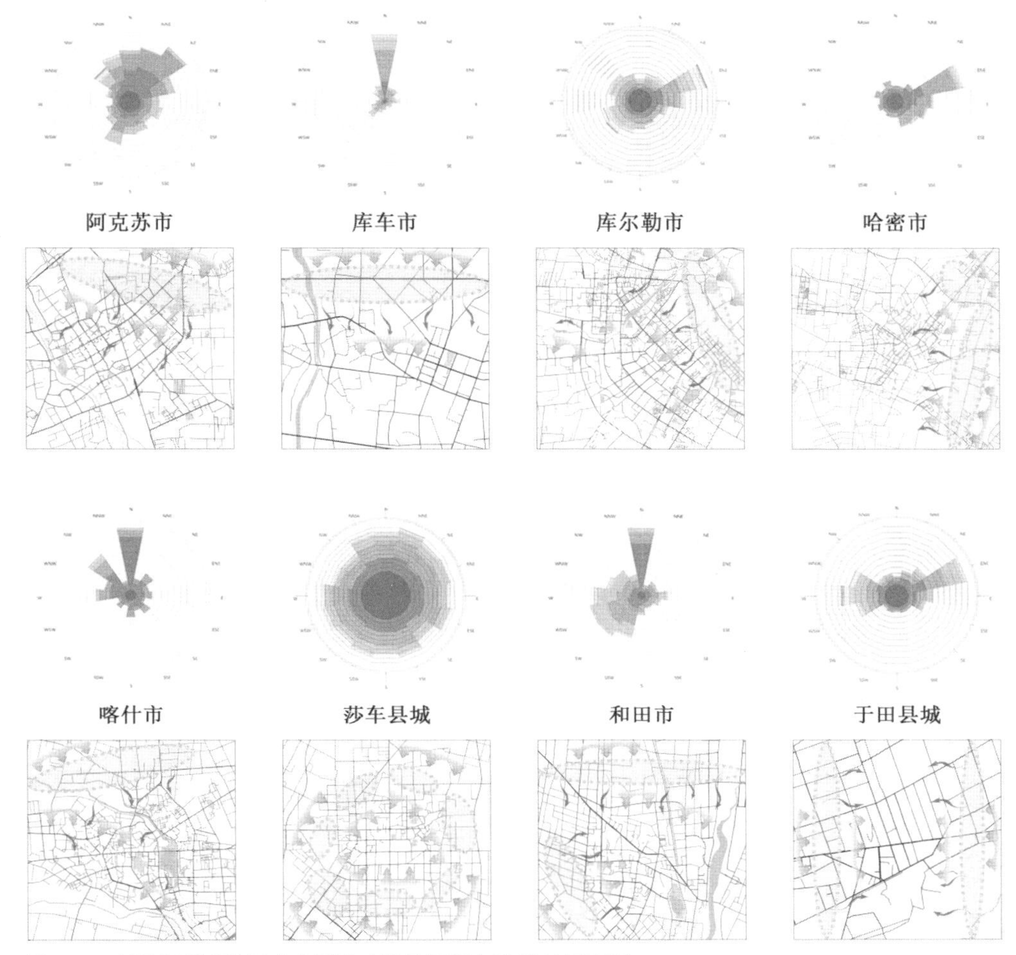

图7-3　南疆主要城镇风玫瑰图及建议外围绿色防护林示意图

7.3.2　聚落建筑通过紧凑式布局相互遮荫降温

通过空中俯瞰喀什老城区、莎车老城区、叶城老城区、吐鲁番老城区等绿洲聚落，对新疆南部绿洲聚落的空间与形态展开分析，可知其整体上呈现出“底层高密度”的紧凑式布局特征，而且老城区建筑高度基本一致，在水平和垂直面上均开口很小（图7-4）①。这种结构可以使得建筑外墙的表面积露出较少，阳光直射表面积小，通过的热量也少（图7-5）②。在干热气候条件下，聚落建筑相互遮阴降温，塑造了舒适凉爽、温度较为恒定的小气候环境。同时，在建筑群体布局的结构中，容易因热压形成“冷巷风”，增加凉爽。

① 图片来源：作者自绘。
② 同上。

图7–4 紧凑式布局相互遮荫示意图

7.3.3 通过气候区特征布置街道的方向及其通风道

从绿洲聚落的气候区特点来考虑，该地区群体建筑设计的要点是，如何满足干热气候区要求（表7–1）。该气候区有干热、风沙大、日照时间长、紫外线照射强烈等特点。因此为生活在这里的人们创建一个阴凉、防风沙、遮阳保温和温度相对稳定的人工环境迫在眉睫。从南疆诸多的老城区传统聚落的建筑群体调研结果来看，比较突出的特点是聚落紧凑式布局，聚落边缘明确，街巷多呈现丁字式或尽端式，十字路口少，多曲折弯曲。其目的是增加风阻，防风沙，同时在冬季保持恒温。

与此同时，风向也对街道朝向有着重要影响。例如，在塔克拉玛干沙漠地区，其西部盛行西北风，东部盛行东北风，总体来看，流动沙丘的移动方向是自北向南。在这一规律下，街道的朝向便需要在一定程度上避开风沙的运动方向，同时对于聚落的降温、遮阳、采暖和采光方面的设计会产生影响。

从聚落街巷布局特点来看，需要优先考虑以下几点：首先，聚落的主干道布置应该与主风向垂直，以避开该地区主要风向；其次，布置狭窄的街道与主风向平行，以遮阴、阻沙；再次，主街道的建筑群体需要遮阴，可在南北方向延长。干旱区绿洲聚落主干道的方向布置非常重要，以新疆南部气候特点为例，其风沙大，沙尘暴频发，主干道多与夏季主导风向垂直，体现出很强的地域气候适应性。至于在炎热潮湿的地区，可以相反布置，城市道路系统主干道走向多与夏季主导风方向一致。对聚落次干道而言，平行于主导风向布置，有利于弱化沙尘暴对聚落的危害程度。次干道在满足现代城市防火与公共通行功能的前提下，尽可能减少宽度布置，能使相邻建筑之间产生相互遮阴的效果，以创造相对凉爽的街道环境（图7–6）[①]。

① 图片来源：作者自绘。

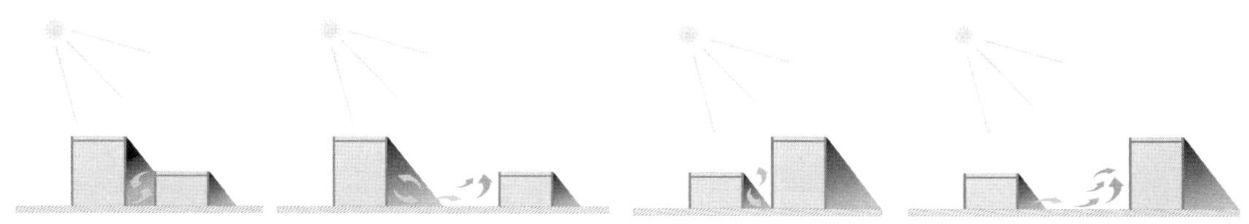

图7-5　通过紧凑式布局达到遮阳目的示意图

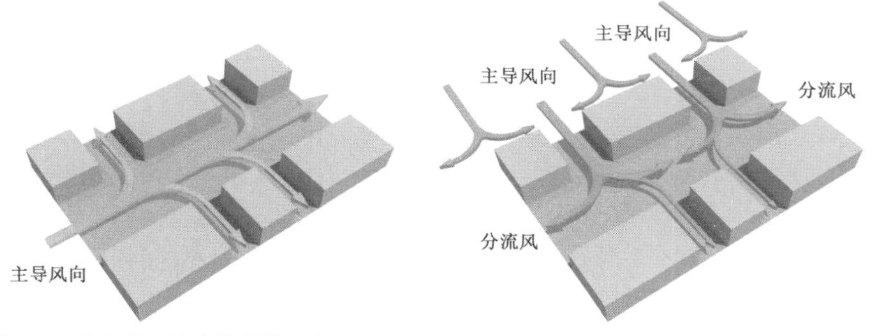

图7-6　主导风向的建筑布置示意图

在一个区域到底采用哪种方向的街道布置方式或怎样的组合模式才较为合适呢？这与气候类型和具体风向有关，进行建筑群体布置时可参考表7-1推荐的顺序选择。

表7-2　气候类型与街道安排的优先性[①]

室外气候与建筑类型		优先性		说明
内部得热型	外部得热型	首选	次选	
严寒气候	寒冷	避风	日照	1.严格按主要朝向安排，争取日照； 2.在冬季风向上，街道不连续布置； 3.布置东西向街道，以获得春秋季节的日照
寒冷气候	凉冷	日照	避风	1.严格按主要朝向安排，争取日照； 2.在冬季风向上，街道不连续布置； 3.布置东西向街道，以获得春秋分日照
凉冷气候	温和	冬季日照，夏季通风	冬季避风，夏季遮阴	1.朝向安排在南偏东±30°以争取日照； 2.可调节朝向，使夏季风向入射角为20°～30°； 3.布置东西向街道，并尽量延长
干燥温和	潮湿温热	夏季通风	夏季遮阴，冬季日照	1.安排狭窄南北向街道以遮阴； 2.与主要朝向成一定倾角，增加街道的遮阴； 3.如需要可布置东西向街道，并尽量延长
潮湿温和	潮湿温热	夏季通风	夏季遮阴，冬季日照	1.调节朝向，使夏季风向入射角为20°～30°； 2.与主要朝向成一定倾角，增加街道的遮阴； 3.布置东西向街道，并尽量延长； 4.增加街道宽度，以使通风流畅
干热	干燥炎热	所有季节遮阴	夜晚通风，白天避风	1.安排狭窄南北向街道以遮阴； 2.如东西立面被遮阴，可在南北方向延长； 3.东西向布置宽大的交通道路
湿热	潮湿炎热	所有季节通风	所有季节遮阳	1.调节朝向，使主导风向入射角为20°～30°； 2.也可以考虑第二个主导风向； 3.让空气流动最大化，但地面不要硬铺

① 表格来源：作者自绘。

7.3.4 通过建筑形体处理改善通风条件

新疆塔里木盆地是一个四周高山封闭的沙漠盆地，只有东南部有一个开口，塔里木盆地中心有塔克拉玛干沙漠，几乎终年无雨。基本风向来自东北部，然后往西移动再吹到南面，风向整体在盆地内从东北旋转到东南。另外，在不同季节里有西北风吹进盆地中心，然后风向有所变化。因此盆地周边各绿洲聚落所面临的风向都不一样，在考虑通风降温以外，还需要考虑防风沙，这方面在昆仑山北部区域尤其重要。

一般而言，风吹向大体量建筑物会引起四种效应：下冲涡效应、转角效应、尾流效应和峡口效应。[①]其中，①下冲涡效应是由于高处风速大，被阻滞时产生较高风压，低处风速风压较低，气流沿着建筑物迎风面向下流动，产生涡旋。下冲涡效应可能会使街道上的风速增大三倍，在炎热潮湿地区可使街道变得舒适凉爽。②转角效应，空气从建筑正面流向侧面，引起加速。③尾流效应，强大的螺旋产生不稳定的向上气流，使回流发生在建筑物背风面。当大体量建筑与周围体量小的建筑之间有很大的高差时，尾流效应达到最大。④峡口效应，当板块状建筑迎风面上开有洞口时，侧风速（洞口及其下风）增大，大小主要取决于迎风建筑的高度（图7-7）[②]。通过上述四种效应，可解决紧凑式建筑群体的街巷与院落在炎热的夏季的各种通风。

另外，通过以下措施，可以减弱不适气流：首先，将大体量建筑的外形设计成圆形，便于空气流动；其次，将建筑物窄面朝向主导风向，或与风向成斜角；再次，建筑高度控制，一般应当小于上风向建筑平均高度的两倍。

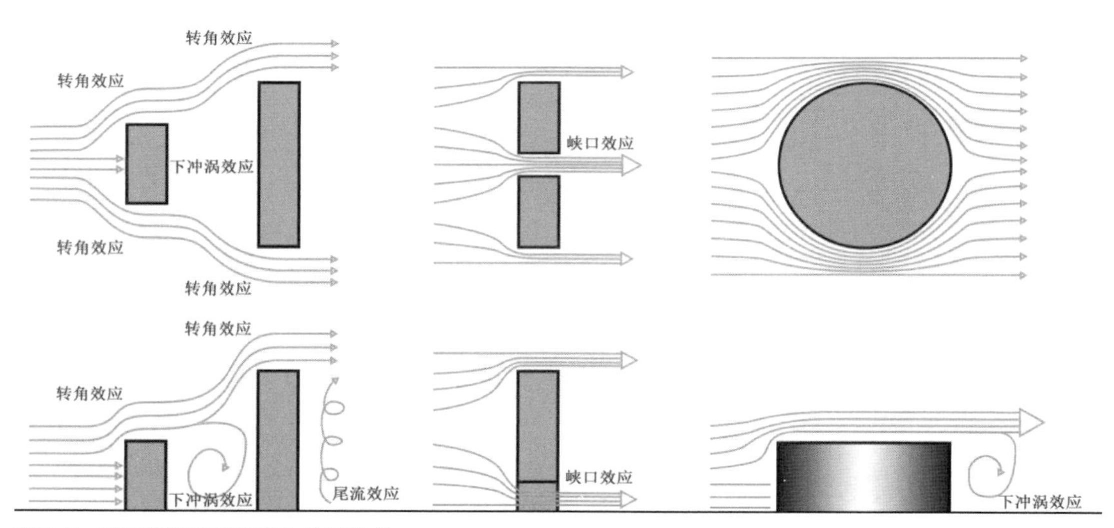

图7-7 不同体量建筑所产生的风效益

① 冉茂宇、刘煜：《生态建筑》，华中科技大学出版社，2008，第100页。

② 图片来源：作者自绘。

7.3.5　通过遮盖物营造公共凉爽空间

从南疆各老城区布局特点来看，群体建筑紧凑，街巷道路弯曲曲折，庭院房屋较多，密集的过街楼、带形走道大量存在，还有诸多的公共空间与部分商业中心。这些聚落的典型特征通常是聚落网格不规则、非正交、自由布置，因地制宜，就地取材等；它们的空间秩序与建筑群体的肌理与气候环境相适应，并同时提高了空间的利用率。因此，在新规划、建设城镇街巷时应借鉴喀什老城区的过街楼等历史经验，在满足公共空间的通行、防火和疏散要求的前提下，可以在部分公共广场和部分公共通道加盖具有艺术效果的顶棚或屋盖，用以遮阳并营造空间的凉爽氛围（图7-8）①。这也符合当代城市社区公共广场的建设要求，在这类社区公共广场上人们可以享受户外活动的乐趣，在现代城市空间营造中创造更大的社会效益与生态效益，同时改善街区的社会、经济和文化环境。

图7-8　公园/公共广场遮盖物

7.3.6　通过绿化与水体冷却的方法获取空气降温

"绿化降温"是由于水分的蒸发和蒸汽的产生、对阳光的反射和遮挡以及蓄冷等综合作用引起的（图7-9）②。"水面降温"是由于水面表面水分蒸发时吸收空气的显热而引起的（图7-10）③。研究显示，城市（一百万人口左右）绿化面积从20%提高到50%，产生的降温最小为3.3～3.9℃，而最大达5.0～5.6℃。④

例如，喀什老城区位于吐曼河和克孜勒河交界处，水体可调节温度，尤其在夜间可通过微风，把凉气带进老城区沿河的建筑群体，温度可随之下降几度，凉爽感十分明显。但通过调研发现，老城区内

① 图片来源：王向荣、林箐等，《城市环境设计》2019年01期。

② 图片来源：作者自绘。

③ 同上。

④ 冉茂宇、刘煜：《生态建筑》，华中科技大学出版社，2008，第110页。

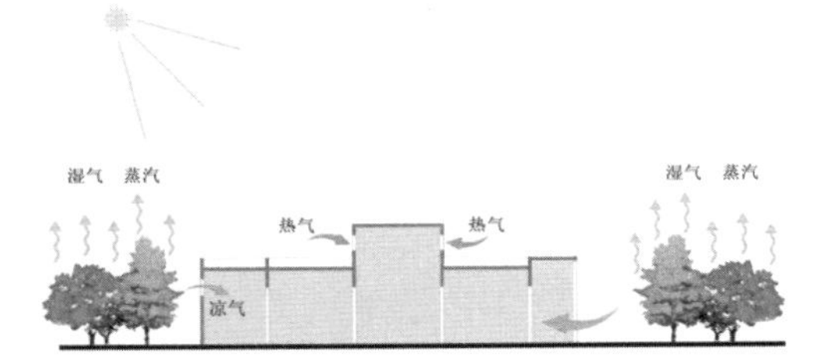

图7-9 通过绿化降温

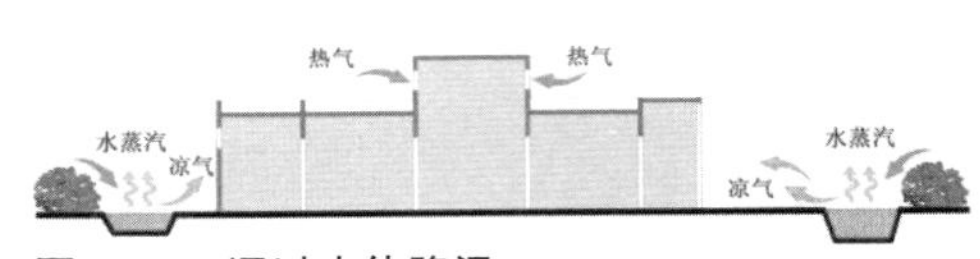

图7-10 通过水体降温

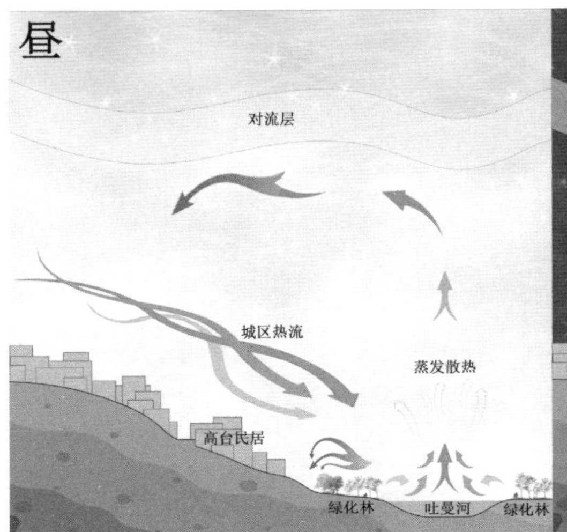

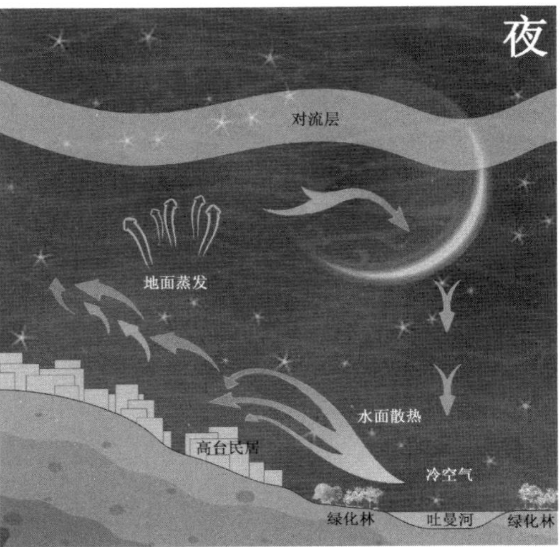

图7-11 喀什老城区绿化与水体在昼夜中的空气调节

部温度变化不明显。分析老城区内部温度高于河边的原因，主要是由于多数街巷是尽端式，没有完全打通，尤其是沿河处的院落布置过于紧密，缺少开口，导致夜间通过微风吹来的凉意无法顺利到达街巷内部（图7-11）①。另外，虽然喀什老城区的两河水体满足了沿线建筑群体的微气候调节需求，但该河水水体无法延伸到老城区的主次干道上；与此同时，绿化率也较低，这些缺陷导致无法实现对老城区气候调节。假如在老城区改造和新城建设中能克服上述缺陷，使市区与河域之间成功建起空气的循环流动，对于减弱老城区与现代城市热岛效应的效果将是十分显著的。同样，如果将绿化区和水体区与建筑交织布置，便会在高密度建设地区内形成多处冷汇，以形成空气的局部循环。

值得一提的是，有遮阴设施水池的冷却效果比较好。在水资源紧张的城市，推荐用植树降温的立体降温方法，而不用草坪和水体的平面降温，因为树木用较少的水就可以产生比草坪和水体更好的降温效果，而且具有遮阴的作用。

7.3.7 通过防风物抵御夏季风沙

在干燥炎热气候下，聚落内的防风设计可创造舒适的室内外环境，同时减少建筑的对流和渗透热损失。研究表明，在炎热地区，如能避开热风，通过遮阳措施可把热风转换成凉爽气流。在寒冷地区，如果

① 图片来源：作者自绘。

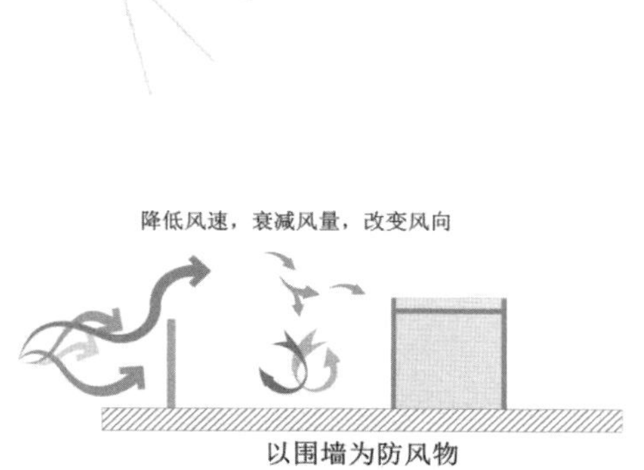

降低风速，衰减风量，改变风向

以树木为防风物

图7-12 防风物减弱风量及风速的示意图

能避开冷风的侵袭，同时争取充足的日照，那么即使气温降到零度以下，着装适中的人也会觉得户外空间的气温是舒适的。

防风设计通常有两种方式：一种是利用建筑物来挡风，将受风影响较小的建筑物布置在迎风面；另一种是布置专门的防风物，例如树木、围墙、构筑物、植物墙、生土墙等起到避风的效果（图7-12）①。

如果风向不垂直于防风物，风影区将会减少。由于建筑的风渗透量与风压成正比，所以进行防风设计时，减小风速比增大防风的范围更为有效。在布置建筑的防风时，如果没有确切的数据，可以按经验来对防风区域进行估算——下风侧风速减少区域，在建筑高度3～4倍以内，紧靠其后的风速最小，减少了75%～80%，并沿着下风向逐渐增加。

在干热气候区，防风物除了阻挡热风，还可以阻挡灰尘和风沙。当设计庭院避风时，庭院长度最好是建筑高度的2倍以上，从而可提供降尘防护带；用墙来避风时，墙的高度最好与建筑等高，并与建筑保持不大于6米的距离较为合适。如果是风沙较重的地区，沙会被较低的墙阻挡，在这种情况下，墙的高度可以降至1.7米。

7.3.8 通过顶部遮阳抵御夏季太阳暴晒

顶部遮阳可抵御夏季太阳暴晒，在干热或湿热的气候区，由于夏季太阳高度角大、辐射强，室外人行道路常被太阳暴晒，造成极不舒适的室外热环境，同时也会导致道路铺地和建筑立面吸热，增加了建筑区域的蓄热和人体受周围壁面的长波辐射。因此，在夏季防止室外人行空间被太阳直接辐射是十分重要的。

通过顶部遮阳抵御夏季太阳暴晒的方式之一是设置廊道与遮阳棚（图7-13）②。这种廊道与棚盖既可以采用百叶遮阳，也可以采用植物遮阳，还可以采用其他形式的遮阳。遮阳百叶既可以是固定的，也可以

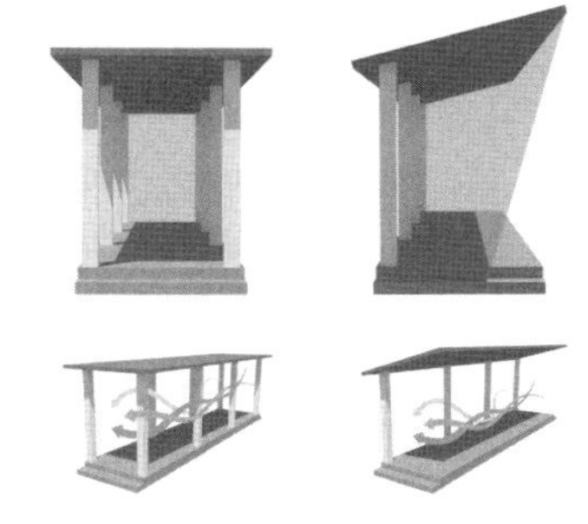

图7-13 廊道与遮阳棚的遮阳示意图

① 图片来源：作者自绘。

② 同上。

是活动的。植物遮阳的效果通常较遮阳构件要好，宜采用夏季叶茂、冬季脱叶的植物，以便让人行空间在冬季白天受到日照。在干热地区，要考虑防热风和尘沙，建筑群或可布置得比较封闭，遮阳廊道可以形成良好的循环路线。

顶部遮阳的另一种方式，是在室外或建筑之间形成专门的顶部遮阳空间，例如道路的停靠站、广场的休憩空间等，由于夏季白天需要遮挡太阳暴晒，晚上又需要有足够的天空辐射冷却，因此对于这些白天和晚上都使用的室外空间，宜采用可调节的活动装置。

7.4 单体建筑的气候适应性设计策略

7.4.1 依季节变化调整生活空间获取舒适环境

"依季节变化"的意思，是指按照不同季节天气的冷暖情况，把建筑物各功能区的效用尽可能提升，尤其是建筑物的内外与过渡联系空间之间可实现相互转换。对民居的房间和庭院等进行分区，当气候炎热时，人在较凉爽区域活动；当气候寒冷时，人在较温暖区活动。例如：民居中的厨房，根据季节转换，使用空间也可相应转换。夏季炎热，厨房通常设在院落中，紧邻住宅；到了冬季，室外温度较低，不便于室外做饭等，厨房转移到住宅内部（图7-14）①。通常建筑的室内外、上下层、地上下、南北侧与东西面，其微气候是不同的。例如，夏季夜间室外较室内凉爽，而白天室外较室内炎热。因此，人可以在建筑的不同空间之间迁移，以适应不同的气候环境。一般上述特征称为"气候空间"概念（即随着不同季节的变化，空间功能呈现周期交互变化的特征）。

新疆南部地区民居建筑中，由于气候因素，室内外空间比较丰富，有房屋中心空间的"阿以旺"，有宽大的外廊，即俗称的"辟夏以旺"空间、阿克塞乃，还有局部二层的"凉棚"等，目的是调整生活空间以适应气候变化。例如，新疆吐鲁番地区鄯善县传统民居中的凉棚，一般布置在民居建筑的上部空间，把室外生活区域全覆盖，主要遮挡朝南方向和朝西方向的阳光。人们在炎热季节里，夜间可使用凉爽的室外

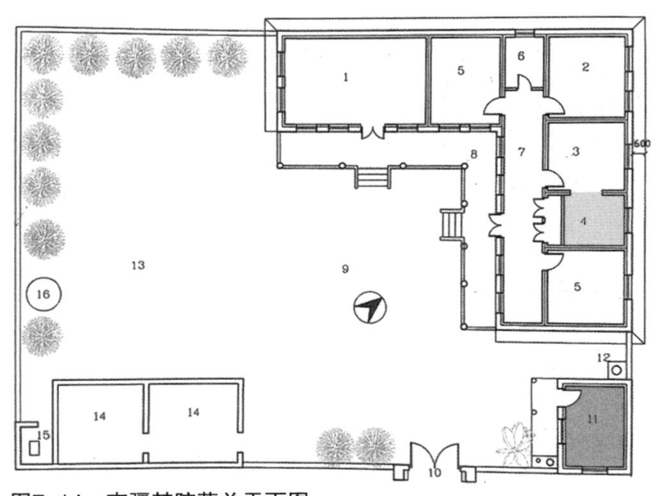

图7-14 南疆某院落总平面图

① 图片来源：作者自绘。

凉棚，而在白天则可使用隔热性能较好的室内空间；在寒冷的季节里，人们使用空间的情况正好相反。这是因为南向室外平台在冬季的白天能避风，且有充足的日照。室内房间在冬季白天吸收太阳热量蓄热，在夜间放热；在夏季夜间受通风和辐射冷却，在白天保持凉爽。类似的空间处理方法很多，一方面解决人居生活空间的舒适性，另一方面节约能耗，与此同时，还丰富了民居建筑的地域性与空间特色。因此，在传统民居中，常可见被动式太阳能技术的应用。

7.4.2 根据气候特征布置建筑户外空间

户外空间设计应兼顾“光”和“风”两点，因其受到建筑物的阻挡，会在其周边形成不同的小气候。或可设置多个不同位置的户外空间，以满足不同季节的需要；在较为潮湿的气候区，通风尤其重要，户外空间应当布置在主风向，同时可通过建筑物或顶部提供遮阳；在干热气候区，遮阳排在首位，同时防止主导风向，但在夜间，则需要一定的空气流动（图7-15）①。

另外，气候缓冲区也可以起到改善室内小气候的作用，缓冲区通常是指建筑物的外层房间，对内层房间有保温隔热作用。因此，可以将贮藏室、停车库、凉棚缓冲区等人们停留时间较短的空间布置在外层，形成过渡空间。但请注意，封闭的凉棚缓冲区可能会降低房间的采光，所以一般面向缓冲区的房间窗户都比较大。

7.4.3 利用综合遮阳措施提供舒适建筑环境

建筑的侧窗、屋顶天窗、中庭、内院等许多部位均需要适当的遮阳，不同的部位需要利用不同的遮阳构件。

该区域民居建筑的遮阳层通常采用花棂木格窗等固定遮阳方法，但固定的遮阳对于春季的日照和秋季的遮阳多是不能同时满足的。天气寒冷时需要阳光照射，而天气炎热时则需要遮挡阳光。因此，遮阳层的方式取决于不同地区太阳照射与高度角，固定遮阳与活动遮阳灵活应用，以满足不同的遮阳需求。

在研究区绿洲城镇现代化建设时发现，建筑物的遮阳通过活动式镂空的花菱格窗来遮阳通风，比较适

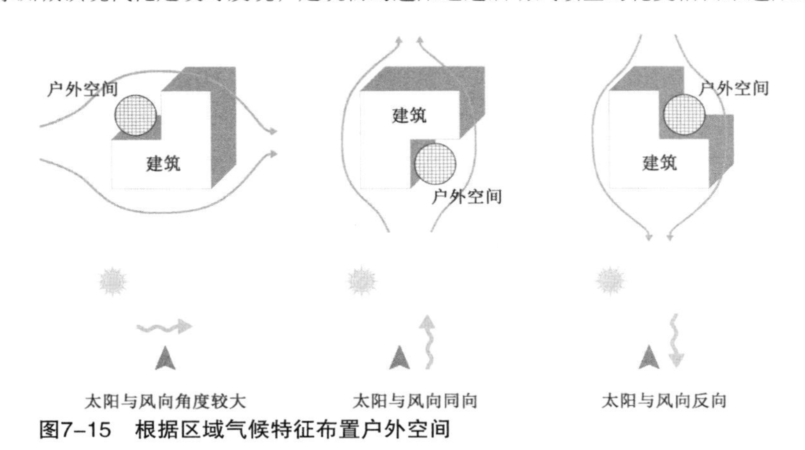

图7-15 根据区域气候特征布置户外空间

① 图片来源：作者自绘。

图7-16　Roof-Roof House

图7-17　帕里克住宅

图7-18　Hammed Said 住宅

和田市老城区

喀什市老城区

吐鲁番市老城区

图7-19　紧凑式布局城市设计

应于该地区的气候特征要求。在全球沙漠化地区普遍使用的遮阳措施类似于该方法，可同时满足了遮阳和建筑造型的要求——著名建筑师杨经文（Roof-Roof　House）（图7-16）[1]、查尔斯·科里亚（帕里克住宅）（图7-17）[2]、哈桑·法赛（Hammed Said 住宅）（图7-18）[3]等的建筑作品充分证明了这一点。

7.4.4　通过紧凑式布置节约土地、减少能耗

由于绿洲资源的匮乏，节约土地与减少能耗尤其重要。一方面从历史建筑经验与营造来看，民居建筑物的紧凑布置，外表暴露面积减少，抵御炎热与寒冷气候侵蚀的作用显著。一般建筑物的外围墙体越大、凹凸错位丰富、高低错落，其外露面也越大，受太阳辐射量也大，会导致房屋夏季炎热，同时冬季散热量也大，导致房屋保温差等。因此房屋的紧凑布置设计，有利于房屋在冬夏不同季节抵御不良气候的侵入。另一方面，新疆南部地区土地资源非常匮乏，节约用地是南疆各绿洲建设房屋时首要考虑的问题，同时也可以起到节约其他能源的效果（图7-19）。

7.4.5　通过设计与技术措施增强自然采光

在新疆南部地区，根据气候区特征，需要采用遮阳为主的设计方法。因此，窗户的大小和方向布局

① 图片来源：段锐、黄俊翔、梁锐，《当代西北地域建筑创作理论与探索》《山西建筑》，2021年10期。
② 图片来源：艾哈迈达巴德、刘泉，《帕里克哈住宅》《世界建筑导报》，1995年01期。
③ 图片来源：樊敏，《哈桑·法赛创作思想及建筑作品研究》，2009。

特征尤其重要。当建筑物的进深较大，并且超过了侧窗采光所及的尺寸时，通过无盖的天井、有盖的内天井、景观院落、错层、有玻璃顶的中庭等进行采光，同时形成气候缓冲区。由于不同的区域室外自然光量不同，天井的尺寸设计也相应不同。

对于南疆干热气候区，尤其是昆仑山北部各绿洲聚落，其气候环境较其他区域而言更为脆弱，这从和田地区阿以旺式（图7-20）[①]和辟夏以旺式（图7-21）[②]民居形制中不难看出。因此在绿洲的现代城镇建设中，需要尽可能在建筑设计与建设中采取封闭式有盖屋顶，选用四周采光。若四周布置的窗户散热量过大，则可采用单侧采光（北部开窗），太阳照射面大的部位可开小窗，既满足了采光，又实现了节能。

图7-20 阿依旺式民居平面图及实景图

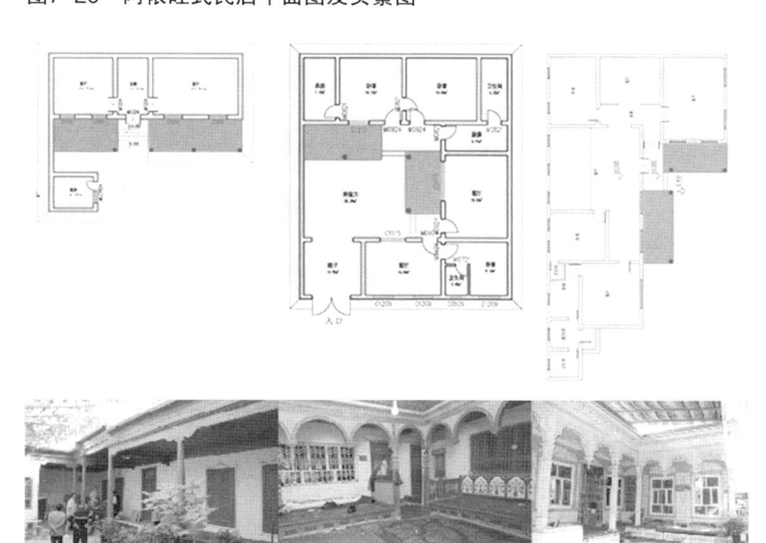

图7-21 辟夏以旺式民居平面图及实景图

① 图片来源：作者自绘、作者自摄。

② 同上。

图7-22　建筑物绿化降温示例

7.4.6　通过植物遮阳降温

通过在屋顶、立面和阳台布置绿化，可以实现建筑物的遮阳和降温。具体的做法可以有在建筑周围种植树木、设置草皮式屋顶或屋顶花园、立面布置藤类植物、构架藤类植物、外廊布置蔓藤植物等。

总的来说，现在的植被绿化降温已经向综合功能方向转化。因此，逐渐兴起了有关植被绿化对于城市生态环境因子的影响，以及植被遮阳降温的植物多样性分析和生态效益评价的科学研究（图7-22）[①]。

7.4.7　通过特殊辅助设施降温

在沙漠化严重的干旱区，为了降低室内温度，可通过自然通风的烟囱效益，在建筑物上设置辅助设施，包括陠风器、蒸发冷却塔等。在沙漠化严重的亚非地区已有成功经验和实践，而我们新疆南部地区的气候环境特点与亚非地区相似。因此，借鉴其他地区的成功经验来更好地解决建筑的气候环境适应性问题，也是未来研究的一个重要方向。

例如，在卡塔尔多哈城的卡塔尔大学，很多建筑物采用了八角形的形式。其顶部装有一个正方形捕风器，用以四面捕风。哈桑·法赛在设计埃及New Biariz露天市场时，考虑到庭院迎风一侧的商店对后面商店的通风有阻挡，便借鉴了传统建筑中的捕风器，设计了一系列高耸且不定向的捕风器，将风直接导入后面商店的下面两层；出风口上还装有倾斜的金属百叶风帽，以形成抽吸效应。

新疆南部地区很多绿洲聚落，尤其喀什老城区内的低层高密度建筑群，由于建筑物对风的阻挡，很难使每栋建筑都有良好的通风。在这种情况下，可将捕风器常置于屋顶上，把空气从高处引入室内，形成内循环，降降室内温度，并把室内的热气散发出去。

在研究设计捕风器时，首先要注意的是降温月份的风向，可从当地风玫瑰图得到。捕风器的捕风效率指的是实际捕风量与理想捕风量的比值，理想的捕风量为迎风口断面与风速之乘积（图7-23）[②]。

另一个辅助降温设施是蒸发冷却塔。水在干燥的空气中蒸发时，会使空气温度降低，同时使空气湿度增加。利用这一原理，可在干热气候区实现空气降温。亚非沙漠化地区相对湿度通常低于30%，非常干燥，当地传统民宅是利用蒸发冷却降温的典型范例（图7-24）[③]。西北热风被屋顶上斜度为45%的捕风器导入，经通风井中一排陶质水罐的滴水冷却，再由润湿木炭过滤，最后掠过水池进入室内。通风井宽度

① 图片来源：李忠东，《别具一格的绿色屋顶》，《知识就是力量》，2011年06期。
② 冉茂宇、刘煜，生态建筑，华中科技大学出版社，2008年，146页图5-90。
③ 同上。

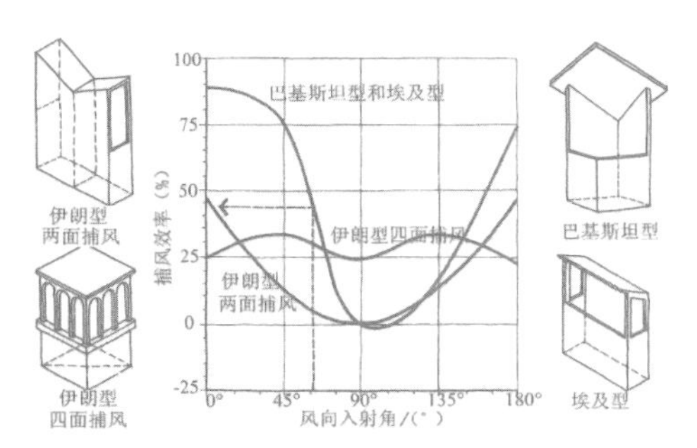

图7-23　各种捕风器的形式和效率

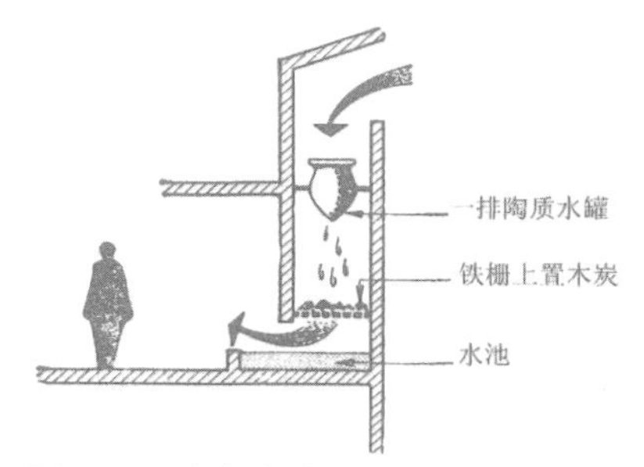

图7-24　中东传统民宅中蒸发冷却技术

图7-25　中东传统民宅中捕风器实景图

一般为0.9～1.2米，进深为0.6米。在没有主导风的情况下，通风井中空气被蒸发冷却，密度增大，自动下沉，形成热压通风。例如哈桑·法赛在设计埃及Kalabash的总统别苑（the President Rest Housing）时，借鉴了这种传统的蒸发冷却技术。他在通风井中设计了一个喷淋系统，并提高了通风井进出口高度。空气在通风井中经一系列多孔金属网状湿炭盘被加湿冷却，从通风井下部流出，经过娱乐房间后，最后从拱状的高窗或热压排风口排出（图7-25）[①]。

7.4.8　通过覆土实现建筑内冬暖夏凉

常见的建筑覆土形式为地下车库上覆土和屋顶覆土，前者可提高绿化率，后者除了能够起到节能的作用，还可以实现空中绿化。

① 图片来源：李海英，《传统伊朗建筑应对气候的设计策略》，载《2019国际绿色建筑与建筑节能大会论文集》，中国城市科学研究会、深圳市人民政府、中美绿色基金、中国城市科学研究会绿色建筑与节能专业委员会、中国城市科学研究会生态城市研究专业委员会：北京邦蒂会务有限公司，2019年6月。

通过实验与经验所知，较厚的土层不仅有良好的保温隔热能力，而且有相当好的热稳定性，对日温度波动和年温度波动都有衰减作用。利用覆土实现室内冬暖夏凉的典型实例是遍布于我国新疆东部吐鲁番地区的民居。

覆土建筑有三种基本形式：①将建筑物全部埋在地下，②将建筑物周边用土围合，③将建筑物一部分埋入坡地中。[①]

需要说明的是，设计覆土建筑时，除了要综合考虑结构、防水、维护、节能等问题外，通风和采光也是必须重点考虑的问题，特别是对于全覆土建筑，采光通风较难处理。图7-26[②]显示了多种覆土建筑的通风采光处理办法，可通过设计天窗或庭院采光，也可以通过单侧或多侧采光（图7-34）[③]。

采光			顶部采光	庭院采光	单侧采光	双侧采光
类型	下沉式					
	垒肩式					
	靠山式					

图7-33　覆土建筑的采光通风示意图

图7-34　国外某覆土建筑实例

① 冉茂宇、刘煜，《生态建筑》，华中科技大学出版社，2008年，第152页。

② 图片来源：作者自绘。

③ 图片来源：潘永伦、洪小春、季翔，《人造自然景观视野下覆土建筑空间营造——以荷兰代尔夫特理工大学图书馆为例》，《华中建筑》，2021年02期。

第8章

总结与展望

8.1 概述

本书基于“实施西部大开发”和“积极建设丝绸之路经济带”的时代背景，依据国家自然科学基金项目“干旱区绿洲聚落的空间建构与环境适应性技术研究——以南疆丝路沿线聚落为例”（51668058）历时四年的研究成果撰写而成。

本书从宏观、中观、微观三个层面，对我国新疆干旱区绿洲聚落的形态特征进行剖析，试图通过分析各绿洲的自然环境特点、聚落形态特征、民居生态空间及建构等内容，深入探究地域环境资源（土地资源、水资源、气候及水文资源、建材资源、文化资源等）、绿洲聚落营造及地域人文特色之间形成的各种联系，系统地总结了在多种因素共同作用下的绿洲聚落为适应当地地域环境特征而形成的聚落空间特征、院落空间布局及民居的建构模式、策略等内容。

8.2 宏观：水资源因素主导下形成的绿洲总体形态特征

干旱区绿洲具有较为独特的地域环境特征，当地干旱的气候制约着居民们的生产生活及民居的营建模式。在漫漫历史长河中，居民们为了适应当地有限的自然资源及极端恶劣的气候环境、不断的适应自然环境，逐步探索出适宜本地发展及操作的应对策略，从而创造出有限资源利用合理、居住环境生态宜居的绿洲聚落空间。

对于干旱区绿洲聚落来说，受地形、地势及资源的影响，其发展环境较为封闭；此外，水资源对于当地来说更是一种稀缺的资源。因此，聚落空间的营建也很大程度上受到水资源的约束和影响。由于水资源匮乏限制了土地资源的瓶颈。

概括来说，绿洲的总体形态特征很大程度上受到水源分布的影响，绿洲聚落的形态特征按照大类可以分为两种：①带状分布，当水源为带状河流时，其沿岸的绿洲也会相应地受其影响，延伸成带状；②散点状分布，部分地区主要的水源为泉水、井水以及小湖泊，在这些点状水源周边所形成的绿洲也相应地呈现散点状分布的特征。

8.3 中观：多因素共同缔造的村落形态特征

村落的布局形态往往是多因素共同影响下逐步形成的，包括气候环境、资源分布、生产生活方式、地域历史与文化等；同时，与这些因素形成承接与回应关系的正是村落内的功能布局、街巷空间、建筑分布特征等共同呈现出的村落形态特征，以下是对干旱区部分典型村落的功能布局、街巷空间、建筑分布形式的提炼和总结。

---

* 本章表格来源：作者自绘。

8.3.1　功能布局

表8-1　功能布局特征一览表

项目	特征	成因
围绕公共建筑圈层布置	村落以巴扎等公共商业建筑为中心，由内到外圈层状分布居住区、生产生活服务区以及农事耕作区，并与外部的自然环境相融合	地形地貌、区域交通、气候及资源等自然环境因素对村落土地资源具有限制作用；圈层布置的方式可以在满足居民生产生活的同时合理组织各功能空间，提高功能空间的可达性
围绕涝坝、古井、古树布置	涝坝、古树和古井是村落内的重要节点空间，是村落演变过程中逐步形成的公共活动空间、居民的活动中心。因此，居民便将住宅围绕其而建	古井和涝坝曾对居民生活起重要作用，现部分古井和涝坝虽已不再发挥作用，但仍承载着居民的记忆；古树即承载了村落的发展历史。围绕涝坝、古树和古井修建房屋可提高居民对中心活动空间的可达性，且易形成较强的中心凝聚力
垂直分布，上居下耕	部分村落地处地形地貌状况较为复杂的沟壑中，受其影响，民居紧靠台塬而建，形成垂直分布、上居下耕的形式	受当地地形条件的影响，村落呈现垂直分布的格局：农田一般位于地势低洼的谷底，有着相对肥沃的土壤和水源；建设用地对地势的要求较低，受土地资源的制约，依山势向山坡上发展
民居逐水而居，中心布置公共建筑	村落与水源相依相生，根据水源的形态呈现散点或者带状形式分布；民居依水而建，公共建筑布置在村落中心	逐水而居的布局形式，一方面能够解决村落居民的用水问题，距离较短减少水的流失，提高运水效率，实现低成本用水；另一方面河水滋养了树木的生长，形成了绿色屏障，一定程度上减弱了风沙影响，也调节了当地的温度。公共建筑（村委会）布置在村落中心，提高居民的可达性

8.3.2　街巷空间

村落的街巷空间承担着村民们日常出行、从事生产生活活动、邻里日常交往等功能，也是对村落建立初步感知的首要元素。

表8-2　街巷空间特征一览表

项目	特征	成因
窄街巷	街巷串联着村内建筑，宽度多为2～4米，远小于2~3层建筑高度（$D/H \leq 1$，街巷较为狭窄，易产生较强的压抑感）	当地太阳辐射强烈、气候炎热干旱且容易受到风沙侵袭，狭窄而高深的街巷既能遮蔽阳光又能减轻风沙的侵害
曲折街道	部分村落的街巷具有封闭性及走向曲折的特征，营造出了视觉效果丰富多变的街道景观	当地风沙猛烈，夏季炎热干旱，冬季寒冷，曲折的街巷能够有效地抵挡风沙，同时起到夏季降温、冬季保温的效果
自由形态	部分村落的街巷排布整体呈现不规则、自由式的布局特征	不规则布局的自由形态，与村落的自然风貌相适应的同时，满足了居民对居住用地集聚布置的需求，最终达到有限土地合理布局，满足最大需求的目的

8.3.3　建筑分布特征

村落内的建筑分布特征多受当地气候的影响，布局中一般注重防风避沙、调节小气候、高效集约土地资源等环境要点。

表8–3　建筑分布特征一览表

项目	特征	成因
低层数，密分布	部分村庄建筑为单层，排布呈现密度高，建筑沿水平伸展分布、建筑稠密复杂等特点	当地太阳辐射强度大、气温炎热干旱、风沙猛烈，高密度、低层数的建筑组织形态能够有效抵挡风沙的侵袭，并在空间上提供大量的阴影区域
朝向及衔接方式自由	部分村落民居朝向自由，不刻意追求采光需求；建筑与建筑之间呈现出自然的衔接方式；紧密相连、分散不相连、相契统一的形式	当地土地资源短缺，建造房屋时，一般秉持方便、实用、可行的原则，民居间衔接自由灵活，不刻意强调朝向，同时对零星的土地进行集约利用
过街楼及半过街楼	村落中部分居民为争取使用面积，建二层时向街巷延伸形成半街楼；较窄时在其上部加盖楼屋形成“过街楼”	过街楼能够营造出如隧道一般的空间，在巷道内形成穿堂风，同时起到遮挡烈日的效果，可以有效地降低街巷温度

8.4　微观：院落与民居建筑空间特征

院落与民居建筑空间是居民进行生活生产、交流的主要空间，其营建方式主要来源于两个方面：一方面是居民的需求，另一方面是依据多年积淀下来、约定俗成的做法。这些做法可以满足居民的生产生活需求，更重要的是可以减弱自然环境、气候等方面对居民生活影响（包括防风避沙、调节小气候、遮阳保温等）。

表8–4　院落与建筑空间特征一览表

项目		特征	成因
院落布局	院落紧凑，庭院式内向型布局	院落内民居布局紧凑，多为庭院式围合布置，形成具有归属感的院落空间	紧凑的院落布局一方面减少了每栋住宅的外表面积，减少外部气温对室内温度的影响；另一方面密集的布局形式产生了狭窄的巷道和高深的内院，可利于街巷组织通风
	窄院落	院落垂直于河流沿岸紧密排列，大门方向朝向河流，沿河方向的面宽狭窄，垂直河岸方向狭长	当地水资源缺乏，为保证更多住户用水便利、高效获得水资源，故其布局呈现临水而居、窄院落的形态
建筑空间	半地下室	部分地区的房屋设有半地下室，通常作为夏日居室或储物间	当地昼夜温差大、夏季酷热冬季严寒，半地下室能够起到恒温恒湿的效果
	屋顶空间	民居多采用平屋顶形式，人们充分利用平屋顶，使之成为生产与生活的重要场所，部分平屋顶上局部建有女儿墙	在干旱少雨的地区，多采用平屋顶形式，当地人有时会露宿屋顶，而女儿墙的建设不但能够防止人从屋顶坠落，还能抵御特定方向的夜风吹袭
	高架棚空间	高棚架是在院子中用木立柱或镂空花墙架起的高大凉棚，是吐鲁番地区维吾尔族民居中的综合性空间，用于展开丰富多彩的家庭生活娱乐活动	高棚架是御热、遮荫、纳凉的绝好空间，在与墙体的连接处，留出通风口/洞，起高敞空间通风组织作用。在炎热的夏天，不仅可以抵挡太阳直射院子，还能减少太阳对居室的直射，通风口/洞则能进一步促进空气流动，使屋前随时都能留有一片阴凉的空间
	廊下空间	廊下空间是屋前、上檐下台、一面开敞向庭院的半开放空间，出檐深度一般为2～3米，用于室外起居，是居住空间的活动中心	由于当地夏季酷热、冬季严寒，固定遮阳檐巧妙地利用太阳高度角，在夏季能享受到阴凉，冬季也能享受阳光

8.5 结语

本书将视野聚焦于南疆干旱区绿洲传统聚落建筑环境适应性，对传统聚落选址特征、聚落布局模式、院落及建筑空间建构技术进行罗列与分析。相较于当代诸多先进的建造技术，传统的建构技术并非最佳的选择，然而却时时刻刻在提醒着我们，在这个技术为重的时代系统中，有一种传统的生态建构智慧寓于前人的生活和实践过程之中。在特定的气候环境条件下，通过低技术、低能耗的方式，营造出了相对舒适的空间环境，有效地应对了极端自然环境带来的生存挑战。更重要的是，当这些建筑完成使命需要结束其寿命时，也不会对环境造成任何的负担和破坏，真正做到了生态可持续。在重视可持续发展的当下，对干旱区绿洲传统聚落的选址、布局、建筑的营建模式等方面体现出的传统生态智慧进行归纳和总结，并古为今用，将传统技术与现代技术有机融合，为极端自然及气候条件区域内的聚落提供更为科学、可操作性更强的绿色发展策略，为当地居民创造更为宜居居住生活环境，即是本书研究的最大意义，也是作者的期望。

参考文献

中外文专译著

[1] 张胜仪. 新疆传统建筑艺术[M]. 乌鲁木齐：新疆科技卫生出版社，1999.
[2] 陈震东. 新疆民居[M]. 北京：中国建筑工业出版社，2009.
[3] 严大椿. 新疆民居[M]. 北京：中国建筑工业出版社，1995.
[4] 刘国防. 新疆史鉴[M]. 乌鲁木齐：新疆人民出版社，2007.
[5] 冉茂宇，刘煜. 生态建筑[M]. 武汉：华中科技大学出版社，2008.
[6] 贾宝全，慈龙骏. 绿洲景观生态研究[M]. 北京：科学出版社，2003.
[7] 吴良镛. 人居环境科学导论[M]. 北京：中国建筑工业出版社，2001.
[8] 王静爱，左伟. 中国地理图集[M]. 北京：中国地图出版社，2010.
[9] 李晓峰. 乡土建筑——跨学科研究理论与方法[M]. 北京：中国建筑工业出版社，2005. 226～227.
[10] 《新疆新型城镇化发展规划研究》，中国城市规划设计研究院、新疆维吾尔自治区住房和城乡建设厅编制，2015.
[11] 岳邦瑞. 绿洲建筑论[M]. 上海：同济大学出版社，2011-09-01.
[12] 高建岭，王晓纯，李海英，等. 生态建筑节能技术及案例分析[M]. 北京：中国电力出版社，2007.
[13] 黄盛璋. 绿洲研究 [M]. 北京：科学出版社，2003. 1～ 40；160～170.
[14] （日）藤井明. 聚落探访[M]. 宁晶，译. 北京：中国建筑工业出版社，2003.
[15] 张钦楠. 特色取胜——建筑理论的探讨[M]. 北京：机械工业出版社，2005.
[16] 奥雷尔·斯坦因. 西域考古图记[M]. 中国社会科学院考古研究所，译. 1998. 桂林：广西师范大学出版社. 2000，73-171.
[17] 陈震东. 鄯善民居[M]. 乌鲁木齐：新疆人民出版社，2007.
[18] 奥雷尔·斯坦因. 亚洲腹地考古图记[M]. 巫新华，译. 桂林：广西师范大学出版社，2004.
[19] 孟凡人. 新疆考古论集[M]. 兰州：兰州大学出版社，2010.

中文期刊

[1] 张小雷. 塔里木盆地城镇的地域演化[J]. 干旱区地理，1993，16（04）.
[2] 韩茜，熊黑钢，于堃. 新疆脆弱生态区分类及评价[J]. 兰州大学学报，2006，42（04）.
[3] 徐羹慧. 南疆塔里木河流域生态环境近期变化的成因解释[J]. 新疆气象，2005，28（02）.
[4] 潘晓玲. 干旱区绿洲生态系统动态稳定性的初步研究[J]. 第四纪研究，2001，21（04）.
[5] 贾百俊，李建伟，王旭红. 丝绸之路沿线城镇空间分布特征研究[J]. 人文地理，2012，27（02）.

[6] 阚耀平. 近代新疆城镇形态与布局模式[J]. 干旱区地理，2001，24（04）.

[7] 楼兰古城——早期丝绸之路的西域门户[J]. 中国文化遗产，2007（01）.

[8] 原新. 丝绸之路——新疆绿洲城镇和人口发展概说[J]. 西北人口，1988（01）.

[9] 冯晓华，刘贡南. 谈新疆城镇建设中的环境保护[J]. 乡镇经济，2009（06）.

[10] 雍会. 新疆绿洲生态城镇建设可持续发展模式[J]. 农业环境与发展，2007（01）.

[11] 杜宏茹，张小雷. 近年来新疆城镇空间集聚变化研究[J]. 地理科学，2005，25（03）.

[12] 孙满利，王旭东，李最雄，等. 交河故城衰落的原因分析[J]. 敦煌研究，2005（06）.

[13] 张书颖. 对楼兰古城废弃原因的思考[J]. 丝绸之路，2012（16）.

[14] 樊德喜. 谈喀什高台民居的审美特征[J]. 湖南涉外经济学院学报，2008，8（04）.

[15] 罗静. 喀什高台民居中的交往空间[J]. 科技信息（学术研究），2008（12）.

[16] 杨涛，朱军. 传统聚落成功特质的分析及转换途径的思考——以喀什生土聚落建筑为例[J]. 城市规划，2012，36（12）.

[17] 张琪. 论喀什高台民居周边地域性景观空间营造[J]. 现代装饰（理论），2013（08）.

[18] 胡方鹏，宋辉，王小东. 喀什老城区的空间形态研究[J]. 西安建筑科技大学学报（自然科学版），2010，42（01）.

[19] 塞尔江·哈力克，黄一如，陶金. 新疆历史村落的空间特色保护与传承——以哈密博斯坦村为例[J]. 新建筑，2013（03）.

[20] 周兰兰. 解析喀什老城区民居院落空间结构[J]. 大众文艺，2011（23）.

[21] 杨晓峰，周若祁. 吐鲁番吐峪沟麻扎村传统民居及村落环境[J]. 建筑学报，2007（04）.

[22] 潘晶. 浅谈于田县民居的形制[J]. 华章，2013（14）.

[23] 王磊. 析论新疆库车老城区传统民居聚落建筑艺术[J]. 装饰，2011（12）.

[24] 张健波. 新疆“阿依旺赛来”民居建筑的营造法式与环境意识[J]. 齐鲁艺苑，2012（04）.

[25] 岳邦瑞，李春静，李慧敏，等. 气候主导下的吐鲁番麻扎村绿洲乡土聚落营造模式研究[J]. 西安建筑科技大学学报（自然科学版），2011，43（04）.

[26] 刘敏. 气候与生态建筑——以新疆民居为例[J]. 农业与技术，2002，22（01）.

[27] 胡林燕. 传统民居生态设计的影响因素[J]. 城市建筑，2013（02）.

[28] 刘立指. 从喀什民居谈地区文化与建筑形态的关系[J]. 西北建筑工程学院学报（自然科学版），1997（02）.

[29] 王小东，刘静，倪一丁. 喀什高台民居的抗震改造与风貌保护[J]. 建筑学报，2010（03）.

[30] 潘贺明，付丁. 喀什老城区民居保护与改造模式探讨[J]. 中外建筑，2009（09）.

[31] 杜莹. 历史街区保护改造与旧城更新的区别和联系[J]. 山西建筑，2008，34（11）.

[32] 王元林. 丝绸之路古城址的保存现状和保护问题[J]. 中国文物科学研究，2010（01）.

[33] 李并成. 论丝绸之路沿线古城遗址旅游资源的开发[J]. 地理学与国土研究，1998，14（04）.

[34] 刘琼. 论历史街区的可持续发展之路——保护性有机更新[J]. 小城镇建设，2002（09）.

[35] 李晓东. 中国古迹遗址环境法律保护[J]. 中国文物科学研究，2006（01）.

[36] 安瓦尔·买买提明，张小雷. 新疆南疆地区生态环境特点及其对城市化的约束[J]. 西南大学学报（自然科学版），2011，33（04）.

[37] 刘新平，韩桐魁. 新疆绿洲生态环境问题分析[J]. 干旱区资源与环境，2005，19（01）.
[38] 杨金龙，吕光辉，刘新春，等. 新疆绿洲生态安全及其维护[J]. 干旱区资源与环境，2005，19（01）.
[39] 刘佳，何清，刘蕊. 新疆太阳辐射特征及其太阳能资源状况[J]. 干旱气象，2008，26（04）.
[40] 阿肯江·托呼提，亓国庆，陈汉清. 新疆南疆地区传统土坯房屋震害及抗震技术措施[J]. 工程抗震与加固改造，2008，30（01）.
[41] 李雄飞，万启璇. 喀什名城保护规划[J]. 新建筑，1991（02）.

学位论文

[1] 陈跃. 南疆历史农牧业地理研究[D]. 西安：西北大学，2009.
[2] 孟福利. 乡土材料在传统聚落营造中的生态智慧及启示——以新疆代表性地区为例[D]. 西安：西安建筑科技大学，2011.
[3] 王庆庆. 地域资源视角下新疆乡土聚落营造体系类型研究[D]. 西安：西安建筑科技大学，2011.
[4] 李春静. 干旱区气候环境下的乡土景观设计对策研究——以吐鲁番麻扎村和于田县老城区为例[D]. 西安：西安建筑科技大学，2011.
[5] 李玥宏. 水资源约束下的乡土聚落景观营造策略研究——以新疆乡土聚落为例[D]. 西安：西安建筑科技大学，2011.
[6] 李春华. 新疆绿洲城镇空间结构的系统研究[D]. 南京：南京师范大学，2006.
[7] 袁榴艳. 新疆绿洲发生发展研究[D]. 杨凌：西北农林科技大学，2003.
[8] 于琳. 新疆绿洲生态经济系统可持续发展研究[D]. 重庆：西南大学，2006.
[9] 樊传庚. 新疆文化遗产的保护与利用[D]. 北京：中央民族大学，2005.
[10] 叶贵祥. 新疆少数民族聚集地生态环境与村落调查研究——以和田县罕艾日克乡霞村为例[D]. 乌鲁木齐：新疆大学，2009.
[11] 郭文礼. 库车老城区聚落民居空间语汇研究[D]. 乌鲁木齐：新疆师范大学，2011.
[12] 王丹萍. 阔孜其亚贝希巷街巷空间研究[D]. 乌鲁木齐：新疆师范大学，2010.
[13] 王小凡. 新疆的巴扎建筑与地域特色研究[D]. 长沙：湖南大学，2010.
[14] 蔡森. 喀什高台民居建筑特色保护与更新的探索[D]. 乌鲁木齐：新疆师范大学，2010.
[15] 郭盛裕. 应对气候变化的城市设计技术导则研究[D]. 武汉：华中科技大学，2013.

后 记

从2016年启动国家自然科学基金项目“干旱区绿洲聚落的空间建构与环境适应性技术研究——以南疆丝路沿线聚落为例”，一直到《图说新疆民居生态适应性》出版，我对南疆丝路沿线典型聚落的梳理经历了从模糊到清晰，从笼统到详细的过程。借此项目，我遍访干旱区绿洲的聚落，从获得的第一手材料中挖掘、分析、整合、规范成章。此过程是我作为一个新疆传统聚落的爱护者、研究者从“走近”聚落到“走进”聚落的过程，也是我的研究实现从个别聚落分析到区域系统分析的转化过程。

首先感谢同济大学建筑与城规学院郑时龄院士、黄一如教授，清华大学建筑学院张杰教授，西安建筑科技大学王军教授、岳邦瑞教授。他们对干旱区绿洲聚落的深刻见解对我研究课题的开展有很大的启发作用。感谢新疆大学建筑工程学院的领导与同事在撰写本书过程中对我的帮助与支持。

感谢在调研过程中对我提供帮助的各个县市、乡镇的领导以及配合调研工作的村民，没有他们的支持就没有详实而充足的调研数据和资料来支撑这本《图说新疆民居生态适应性》的完成。

感谢参与调研及《图说新疆民居生态适应性》编写的研究生们：喀普兰巴依・艾来提江、孙应魁、范峻玮、朱紫悦、张龄之、陈炳合、穆学理、王烨、巴恒古丽・吾木尔别克、谢姆斯耶・如则、努力夏提・迪里木拉提、阿曼古丽・艾山、克比尔江・衣加提、张巧、迪娜・努尔兰、张耀春、韦尼拉・沙依劳、高翔、刘锦涛、巴彦・塞尔江、叶克本・哈布迪西、蔡宇航等，在与他们的交流和讨论中，《图说新疆民居生态适应性》得到了不断的改进和完善，最终得以呈现出版。

还必须提及和感谢的是参考资料的所有书籍的作者，他们在学术方面已经取得的成就让我开阔了自身的认知境界，拓宽了我的研究思路，书中的一些图片与描述，充实了我所论及部分的内容。

感谢同济大学出版社江岱副总编和姜黎编辑的多方面的支持和帮助。

最后，感谢我的家人自始至终对我各方面的支持与理解，使我能够静下心来有大量的时间伏案写作，他们既是我前行的动力，也是我笑对困难的勇气来源。

塞尔江・哈力克
乌鲁木齐市
2021.3.26